POLITEXT 173

Manual de estiba para mercancías sólidas

OLITEXT

Ricardo González Blanco

Manual de estiba para mercancías sólidas

EDICIONS UPC

Primera edición: noviembre de 2006
Reimpresión: junio de 2010

Diseño de la cubierta: Manuel Andreu

© Edicions UPC, 2006
Edicions de la Universitat Politècnica de Catalunya, SL
Jordi Girona Salgado 31, Edifici Torre Girona, D-203, 08034 Barcelona
Tel.: 934 015 885 Fax: 934 054 101
Edicions Virtuals: www.edicionsupc.es
E-mail: edicions-upc@upc.edu

Producción: LIGHTNING SOURCE

Depósito legal: B-52420-2006
ISBN: 978-84-8301-894-1

"Dedicado a mi esposa Raquel y a mis hijos Raquel, Maria del Mar y Ricardo por haber entendido el porqué de las horas que les robé con éste libro".

"La mar es tu mejor amiga, pero cuando se enfada estas obligado a tomar decisiones en fracciones de segundo y para ello debes estar siempre preparado".
Creo que es el pensamiento que todo marino debe tener siempre presente.

R.G.B.

Justificación y Presentación

La evolución del transporte marítimo obliga a introducir constantes cambios para adaptarse a todas las circunstancias que lo rodean y las necesidades de los clientes. Nuevas herramientas son desarrolladas y puestas a disposición de las navieras para que asuman las peticiones del fletador en cuanto a seguridad y rapidez en el desplazamiento de las mercancías. La competencia hace que esta evolución sea progresiva y las empresas se vean obligadas a adaptarse a las nuevas tecnologías[1].

Este "Manual de estiba para mercancías sólidas" está pensado y concebido para dar respuesta a los actuales planes de estudio de las Facultades de Náutica[2], pero también va dirigido a todas las personas que tienen relación con el transporte marítimo y necesitan conocer los métodos y procedimientos que integran el arte de la estiba. Los profesionales del sector marítimo tienen en el manual un texto donde podrán consultar los nuevos métodos de estiba y además refrescar los tradicionales.

El estudio y desarrollo de los conceptos relacionados con la estiba implica un conocimiento previo de materias que es aconsejable repasar para el buen entendimiento de los temas que se analizan en este manual. Por ejemplo, es necesario conocer los conceptos generales relativos a la estabilidad, construcción naval, sistemas de servicios, instalaciones y seguridad del buque. Todos los temas enumerados están íntimamente ligados a la estiba, considerándose su conocimiento una premisa imprescindible que es necesario conocer y de la cual se parte.

Los capítulos serán desarrollados de acuerdo a las características de las mercancías manipuladas, ya que el objetivo principal de la estiba es conocer los procedimientos y particularidades de las acciones realizadas en las operaciones de carga y descarga, pero al mismo tiempo se irán estudiando y analizando los efectos que sobre las mercancías produce el transporte por mar. El planteamiento que se realizará sobre los objetivos que pretende conseguir este manual obliga a realizar algunas puntualizaciones, para una buena comprensión de los mismos, que serán aplicadas a todo el texto, siendo tenidas en cuenta durante el desarrollo de los capítulos.

La primera aclaración es que todas las operaciones y particularidades estudiadas referentes a la estiba de mercancías transportadas por mar se pueden dividir en dos partes. La primera parte se refiere al estudio de la estiba de mercancías sólidas, bien sean a granel o unitizadas (por ejemplo: cereales, minerales, contenedores, cargas rodadas o cargamentos de madera), y la segunda parte analiza los problemas de la estiba referidos a mercancías peligrosas líquidas, sólidas y gases licuados, envasadas o a granel (por ejemplo: explosivos, gases licuados o líquidos a granel y envasados). En ambos apartados se tendrá en cuenta que las mercancías podrán ser transportadas mediante la utilización de buques especialmente construidos para cada carga y derrota o buques acondicionados para una determinada carga, pero que pueden transportar otras en diferentes rutas.

La segunda aclaración es poner de manifiesto que, en ocasiones, para comentar algunos procedimientos de estiba será necesario generalizar, ante la imposibilidad de realizar un tratamiento particular para cada mercancía, ya que esto implicaría una extensión desmesurada de los temas, cuestión negativa desde el punto de vista de la concepción de este "Manual de estiba para mercancías sólidas", que pretende ser lo más conciso y concreto posible.

Por último es obligado puntualizar que la situación del estado actual de las operaciones de estiba indica que la mayoría de los procedimientos van encaminados a optimizar la forma de manipular la mercancía teniendo en cuenta dos cuestiones: primero la forma en que se ha diseñado y construido el buque, y en segundo lugar suponer que los buques están preparados con el equipamiento exigido para las rutas que cubrirán.

Índice

Índice de tablas

Índice de figuras

[1] Es justo realizar esta afirmación para eliminar aquellas antiguas formas de pensar de los responsables de navieras y armadores que concebían un buque como un modo de transporte cuya duración era eterna y en el cual cuantos menos cambios se introducían mejor. Como anécdota se puede recordar la problemática causada con la introducción del radar, que fue rechazado incluso por los propios marinos.

[2] Los cambios que se están introduciendo en los planes de estudio debidos a los acuerdos de Bolonia, han sido tenidos en cuenta y se han modificado ciertas partes del Manual para que tuvieran cabida.

1. Estiba de mercancías

1.1 Introducción

El estudio y desarrollo de los conceptos relacionados con la estiba implica, como se ha dicho, una conexión con otras materias de las cuales se deberán conocer los principios básicos por los que se rigen. Las materias enumeradas anteriormente están íntimamente ligadas entre sí y su conocimiento proporciona las herramientas necesarias para poder realizar una estiba basada en procedimientos seguros, respetando las características de las mercancías manipuladas. Todas las operaciones y particularidades estudiadas en los capítulos desarrollados en este manual se limitan a las mercancías sólidas a granel y a las mercancías envasadas estibadas en unidades de carga.

Los temas contenidos en este primer capítulo tienen por objetivo poner de manifiesto cuál ha sido el origen de la estiba, así como explicar los conceptos generales que serán aplicados en la planificación y sus diferentes apartados, describiendo el entorno en el cual se desarrollan las operaciones cuando se manejan productos o mercancías concretas. Se debe tener en cuenta que la planificación variará según sea el tipo de carga (envasada o a granel), las características de la carga (segregación), la configuración del buque (distribución de los espacios de carga), los equipos empleados (de tierra o del propio buque) y las condiciones meteorológicas (entorno marítimo, viento o mar). Todos los factores enumerados serán analizados en profundidad cuando se planifiquen las operaciones realizadas por el buque.

Un tema común a todas las mercancías que se adelanta en este capítulo son los problemas que plantea la manipulación, ya que su conocimiento ayudará posteriormente a planificar las operaciones. Así mismo se indican las características generales de los buques que transportarán las mercancías, incluidos los espacios en los cuales se estibarán. Finalmente se hace una referencia al puerto y la logística, ya que ambos complementan lo necesario para comprender la problemática generada en la manipulación y transporte de las mercancías sólidas.

1.2 Importancia de la estiba

La propia existencia del transporte marítimo proporciona suficientes datos que justifican la importancia de la estiba, ya que sin el cumplimiento de sus principios y reglas no podría realizarse ninguna operación, debido a los innumerables problemas que surgirían durante el traslado de las mercancías, los cuales, una vez que el buque está en la mar, tienen difícil solución. El buceo en los orígenes de la estiba conduce al comienzo de la navegación, pues cuando un buque manejado por personas permanecía un tiempo en la mar obligaba a que llevaran consigo alimentos para su manutención o pertrechos para sus faenas, lo cual significa disponer de recipientes con productos que deberían ser ubicados en los espacios del buque. Por otro lado, los movimientos del buque hacen necesario trincar los recipientes y colocarlos en el lugar del buque donde estén más protegidos para evitar su deterioro durante la navegación, es decir, estibarlos de manera segura y eficaz.

El transporte marítimo de mercancías ha sufrido durante los últimos años una profunda transformación debido a la introducción de las nuevas tecnologías, viéndose afectadas todas las áreas que integran los medios y equipos dedicados a la manipulación de las mercancías. Las necesidades de los usuarios de disponer de las mercancías con prontitud han motivado a las navieras a perfeccionar la planificación de las operaciones, especialmente la estiba, para reducir los plazos de entrega.

La puesta en práctica de nuevos sistemas de estiba o la modificación de los existentes afecta a cargadores y transportistas proporcionando soluciones a sus necesidades, por lo cual una colaboración entre ambos ayuda a su perfeccionamiento, lo cual incide en la mejora de los beneficios económicos producidos por el transporte marítimo aumentando su competencia frente a otros transportes.

La construcción de un buque significa una elevada inversión económica por parte de una naviera que en ocasiones debe solicitar préstamos, por lo cual, buscará rentabilizar el capital invertido en el menor tiempo posible, ya que de esta manera pagará menos intereses, y para ello sus ingresos deben ser constantes[3], es decir, que el buque transportará la mayor cantidad de mercancía, procurando viajar vacío durante cortos intervalos de tiempo. Como los mercados son competitivos, el buque debe ofrecer las mejores condiciones posibles, lo que le proporcionará una mayor posibilidad de actuar dentro del mercado de fletes. En la carrera emprendida para reducir los plazos de entrega de las mercancías, tiene un valor importante el tiempo dedicado a la estiba, lo cual supone que si se mejoran los procedimientos, se reduce el tiempo de entrega al cliente, lo cual incide directamente en la rentabilidad del buque, mejorándola.

1.3 Definiciones

El término estiba[4] o arrumaje es aplicado en el mundo marítimo para indicar que las mercancías han sido colocadas, distribuidas e inmovilizadas adecuadamente a bordo del buque en los espacios reservados para la carga. Como se verá más adelante, los espacios deben tener unas características que estarán de acuerdo al tipo de mercancías y al diseño general del buque. El término estiba es antiguo, figurando en el libro del "Consolat de mar", donde se encuentran expresiones como *stibar a trau*, estibar con gato o a presión[5], y *stibar en vert*, estibar en lugar húmedo.

El concepto de estiba se definirá desde el punto de vista práctico y de forma teórica, para explicar los criterios que van implícitos en él. La práctica y los antiguos manuales de estiba definen la estiba como el arte de distribuir hábilmente las mercancías para ubicarlas correctamente en áreas o zonas de carga de un modo de transporte o en un lugar de almacenamiento, teniendo en cuenta sus características y cumpliendo las normas de seguridad que sean aplicables en cada momento.

Considerando los conceptos que intervienen en la estiba y haciendo un análisis de cada uno, desde el punto de vista teórico se puede definir como la ciencia que permite el estudio y desarrollo de procedimientos para ubicar de forma segura los diferentes tipos de mercancías, teniendo en cuenta las características propias de cada una. El estudio comprende los cálculos numéricos necesarios para determinar el volumen de espacios y su resistencia, por ello se deberán tener en cuenta no sólo las características de las mercancías, sino las del modo de transporte, lo cual hace necesario hacer referencia a conceptos de otras materias, especialmente de Construcción Naval y Teoría del Buque.

El buque mercante es un medio de transporte que se desplaza mediante propulsión propia sobre un líquido en el cual flota; por ello, si tiene que llevar mercancías, es justificable no sólo que se tengan en cuenta las características de las mercancías, sino también los datos de volumen, peso y resistencia del buque a la hora de realizar las operaciones de estiba.

Por último, se debe poner de manifiesto que la estiba conlleva, como se ha dicho, una serie de procesos u operaciones que implican la manipulación de productos, lo cual hace necesario y obligatorio la utilización de elementos de protección para las personas que intervienen en ellas. Dependiendo de las características del producto, será necesario utilizar gafas, casco, guantes, calzado o prendas de vestir, como medios para proteger a las personas de los riesgos en los que se puedan estar involucrados durante las operaciones con las mercancías.

La siguiente descripción resume los conceptos que intervienen en el término de estiba. En primer lugar, producto o mercancía es todo aquello que se puede comprar o vender, lo cual significa que los titulares pueden tener necesidad de realizar su traslado de un punto a otro. En segundo lugar, para el traslado se necesita un modo de transporte, que es la manera o la forma de desplazar las mercancías, variando en función de las características de éstas. En tercer lugar, hay que considerar el medio, que es el elemento a través del cual se mueve y circula la forma de transporte. Finalmente, el manejo de las mercancías que se ha enunciado requiere que las personas que estén implicadas en actividades relacionadas con las mercancías deban respetar las normas y reglas para poder ejercer su trabajo con eficiencia, rapidez y seguridad.

1.4 Objetivos de la estiba

La mayoría de las operaciones que el buque realiza tienen una relación directa o indirecta con los procedimientos aplicados para obtener una buena estiba de las mercancías. La planificación sirve de base a la creación de procedimientos seguros. Partiendo del objetivo básico planteado, cuando se proyecta la construcción de un buque hay que tenerlo en cuenta y utilizarlo como inicio de conseguir una estiba que cumpla varios criterios capaces, todos ellos están de disminuir los costes del transporte, aumentando el promedio de tonelada/milla desplazada de un puerto a otro. La finalidad será hacer rentable la explotación del buque para su armador.

El cumplimiento del objetivo básico indicado para rentabilizar la explotación del buque se desdobla en cuatro apartados que son objetivos para todos los procedimientos utilizados en las operaciones de estiba, que los deberán incluir y cumplir estrictamente, siempre que las condiciones del buque y las mercancías a las cuales se apliquen lo permitan. Estos apartados deben estar siempre incluidos en el "Manual de carga de un buque" para el conocimiento de su tripulación y son los siguientes:

1. Optimizar el volumen de los espacios dedicados a las mercancías, para conseguir transportar la máxima cantidad de producto en cada viaje realizado por el buque.
2. Distribuir la carga de acuerdo a un plan de estiba que permita su ubicación y trincaje a bordo, proporcionando una navegación segura y que además facilite la descarga en el puerto de destino.
3. Proteger la carga para que mantenga su integridad y sea entregada en perfectas condiciones a su dueño.
4. Evitar que las mercancías puedan dañar al buque, a la tripulación o al entorno, realizando el embarque con la mayor rapidez posible respetando las normas de seguridad.

Los objetivos enumerados deben incluir para su cumplimiento un conjunto de normas, equipamientos y procedimientos que estarán homologados por las organizaciones nacionales e internacionales. Se pueden dividir en dos apartados, uno para las mercancías que se estiban sobre cubierta, y otro dedicado a las mercancías ubicadas en el interior del casco; teniendo en cuenta la situación, el cumplimiento de los objetivos enumerados tiene algunas variaciones que afectan a la planificación de las operaciones necesarias para cada caso.

Primer objetivo

Lograr el primer objetivo de la estiba conlleva realizar una serie de cálculos que permitan obtener todos los datos sobre volumen y peso de la mercancía que se va embarcar, ya que ello ayudará a disponer lo necesario para realizar una estiba adecuada. El buque es construido con unos determinados espacios dedicados a las mercancías que será capaz de transportar, por lo cual, su capacidad volumétrica no puede ser alterada y es conocida antes de comenzar las operaciones de carga. La optimización consistirá en lograr ocupar el mayor volumen posible evitando que queden espacios libres. Especialmente se tendrá cuidado cuando se deban cargar mercancías de poco peso y volumen irregular, ya que puede ocurrir que se desperdicien grandes espacios.

Segundo objetivo

Respecto al segundo objetivo, distribuir la mercancía en los espacios del buque significa preparar un plano de estiba. Hay que tener en cuenta que su concepción y preparación es el pilar básico sobre el cual se sustentan los demás objetivos. Si se pone el debido cuidado en estudiar cómo se colocarán las mercancías y de qué forma se trincarán, tendremos resueltos los problemas de navegación, los daños que se puedan producir en las mercancías y los que ellas puedan ocasionar durante las operaciones de carga o mientras dure el transporte.

Cumplir con este segundo objetivo de la estiba significa que se deberá tener muy en cuenta las condiciones en que se recibe la mercancía. Es necesario conocer cuales son sus características físicas y químicas para preparar los medios y ejecutar los adecuados procedimientos para trincar la carga. Resumiendo, se debe realizar un estudio detallado de las mercancías relativo a los factores de segregación, peso, volumen y destinos.

También se debe tener presente que un buen plan de estiba debe facilitar las necesidades de navegación que en muchas ocasiones son prioritarias, por ejemplo, una mala distribución de la mercancía puede hacer que al finalizar la operación, los calados sean inadecuados, por lo cual el buque no podrá salir de puerto, debido a que no lo permite la Autoridad Portuaria en cumplimiento de los reglamentos internacionales. Otro ejemplo sería que saliera con los calados exigidos, pero debido a que las operaciones de estiba no se han realizado correctamente, el buque puede perder la estabilidad necesaria para navegar, por lo cual durante el desplazamiento entre puertos podrían producirse serios problemas en el buque, en la carga o a la tripulación.

Tercer objetivo

La protección de la mercancía mediante los embalajes, envases y marcas tienen el cometido de evitar los desperfectos en las cargas embarcadas y supone el cumplimiento del tercer objetivo. Las operaciones enumeradas deben realizarse en origen, ya que el fabricante o productor es el que conoce el estado del producto y el que con arreglo a las normativas vigentes deberá proporcionar la protección adecuada. Durante las operaciones de estiba, las posibilidades de protección consisten en manipular la mercancía con arreglo a las normas de seguridad que le puedan afectar y vigilar que sean cumplidas en toda su extensión. Otra posibilidad es controlar que no se produzcan desperfectos al ser cargadas a bordo, para lo cual se comprobará durante la operación que se utilizan los dispositivos adecuados que no puedan dañar las mercancías o a sus embalajes y envases. Por último, para cumplir este tercer objetivo es necesario, en algunos tipos de mercancías, disponer de los elementos necesarios y adecuados para su trincaje e inmovilización.

Cuarto objetivo

Los daños que las mercancías pueden infringir al buque, tripulación o entorno, también pueden ser evitados con una buena estiba, para ello este cuarto objetivo se plantea, en primer lugar y con respecto a la tripulación, inspeccionar si se protege con los equipos adecuados que permitan evitar la acción negativa de las mercancías manejadas o los golpes producidos por sus envases/embalajes. En segundo lugar, las acciones contra el buque surgen cuando la mercancía no ha sido estibada en el lugar adecuado o no se ha tenido en cuenta su peso, lo cual hace quedar al buque sin la horizontalidad y estabilidad necesaria para navegar con seguridad. Los daños contra el entorno provienen de los fallos en el cumplimiento de alguna de las numerosas normas de seguridad que lleva consigo la realización de una buena estiba, por ejemplo cuando en algunos tipos de buque se realiza el embarque con rapidez por necesidades en el cumplimiento de un horario.

Ejercicio.
El ejercicio que se propone tiene como meta visualizar prácticamente y mediante números concretos los objetivos de la estiba. Supongamos que la figura 1 es una bodega de un buque cuyos mamparos son lisos, siendo sus medidas las siguientes: 21,5 m de eslora, 8,5 m de manga y 6,2 m de puntal. Se quieren cargar cajas de 4,2 m de largo, 3 m de ancho y 2 m de alto.

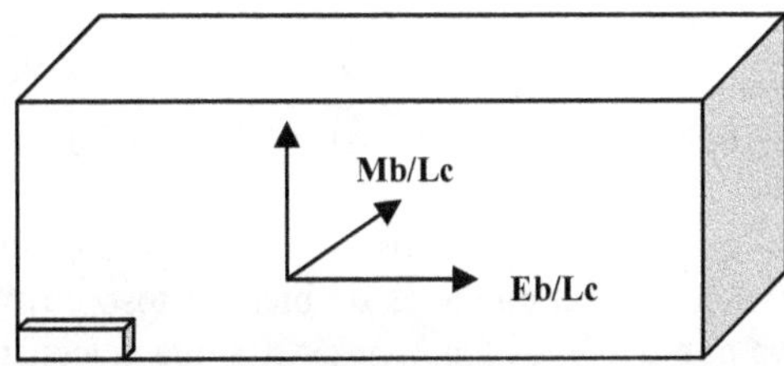

Figura 1 Opciones de carga en bodega

Solución:

1. Se calcula el volumen y la superficie de la bodega y de las cajas que se quieren cargar.
   V_{bodega}=21,5*8,5*6,2=1133,05 m^3 disponibles de espacios para la carga
   S_{bodega}=21,5*8,5=182,75 m^2
   V_{caja}=4,2*3*2=25,2 m^3
   S_{caja}=4,2*3=12,6 m^2

2. Cálculo previo:
   Si todo el espacio de bodega fuera aprovechable, se dividiría el volumen de la bodega por el volumen de una caja y daría el número total de cajas en bodega. El espacio estaría ocupado al cien por cien, pero esto es muy difícil que ocurra, debido a que las cajas no son flexibles[6], es decir, que siempre habrá espacio perdido.

3. La solución es distribuir las cajas en función de la superficie disponible.
   a) Considerando la eslora del buque:
      E_{bodega}/L_{caja}=21,5/4,2=5 cajas + 0,5 m
      M_{bodega}/A_{caja}=8,5/3=2 cajas + 2,5 m
      Superficie ocupada: 2*5=10 cajas * 12,6 m^2= 126 m^2
      Superficie pérdida: 182,75-126=56,75 m^2
   b) Considerando la manga del buque:
      E_{bodega}/A_{caja}=21,5/3=7 cajas + 0,5 m
      M_{bodega}/L_{caja}=8,5/4,2=2 cajas + 0,1 m
      Superficie ocupada: 7*2=14 cajas * 12,6 m^2= 176,4 m^2
      Superficie pérdida: 182,75-176,4=6,35 m^2

   Las cajas se distribuirán según la opción b), ya que el espacio perdido es menor. Se colocarán transversalmente, según se indica en el plano de estiba (figura 2).

Los espacios vacíos en bodega no se dejan en los costados, sino en el centro, por ser más fácil el relleno, sin embargo en los espacios longitudinales se dejan a proa y popa.

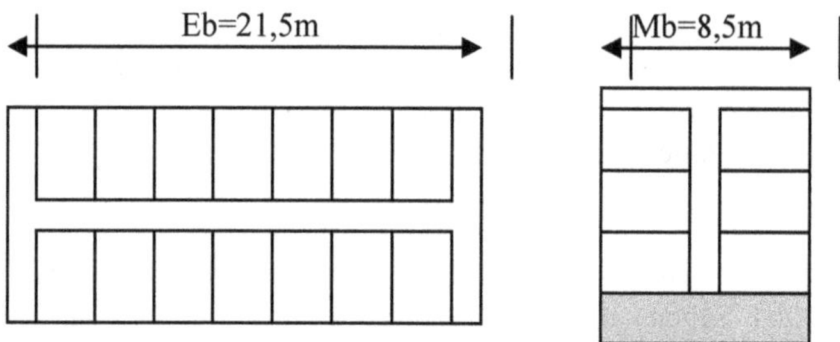

Figura 2 Plano de estiba en superficie y en corte transversal

4. El volumen total perdido en la bodega, sin contar el de las escotillas, será:
   V_{total} de cajas= 14*3*25,2=1058,4 m^3
   V_{total} de bodega=1133,05 m^3
   V_{total} perdido=1133,05 – 1058,4=74,65 m^3, lo cual significa una pérdida del 6,59%

La descripción que se ha realizado de los objetivos necesarios para obtener una buena estiba permite terminar con una conclusión evidente: el buque es un bien costoso cuya amortización es difícil y en algunos casos complicada, ya que debemos tener en cuenta que es construido por el armador que ha invertido un capital que deberá recuperar durante la vida del buque y además buscará obtener unos beneficios económicos. Actualmente, por su complejidad, la construcción de un buque significa una inversión inicial muy elevada, si a ello sumamos los gastos de explotación, nos encontramos ante una imperiosa necesidad de planificar su actividad de manera meticulosa, buscando obtener el máximo rendimiento, es decir, que transporte la mayor cantidad de carga en cada viaje y esté operativo durante largos períodos de tiempo.

El cumplimiento de los cuatro objetivos, además de garantizar una buena estiba, facilita las labores del personal encargado de ubicar las mercancías a bordo, proporciona medidas de protección para todos los implicados en la aventura marítima y disminuye la estancia del buque en puerto, es decir, proporciona al armador mayores beneficios económicos, ya que disminuye los gastos.

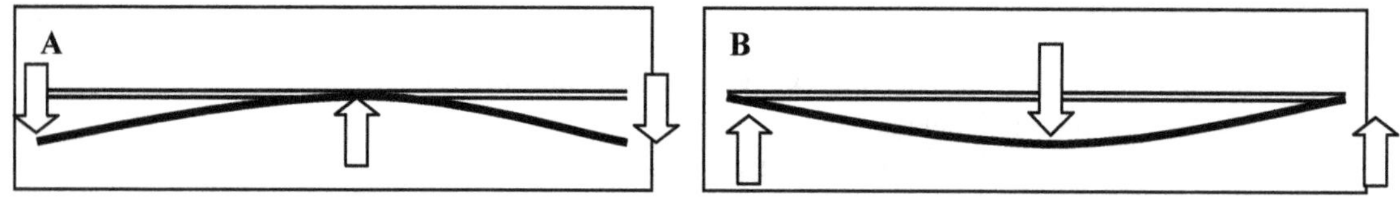

Figura 3 a) Quebranto, b) Arrufo

Una reflexión sobre las implicaciones del comportamiento del casco de un buque permite compararlo con el de una viga flexible en la cual se aplican diferentes fuerzas perpendiculares, que representan los espacios de carga. Si estos espacios están llenos, crearán una fuerza que hace hundir el buque, ya que el peso será mayor que el empuje. Si los espacios están vacíos, ocurre lo contrario, el empuje es mayor que el peso y el buque flota. Estas fuerzas aplicadas de forma continua se traducen en la aparición de esfuerzos cortantes y momentos flectores, cuyos valores no deben sobrepasar los calculados para el casco del buque, ya que producirían la rotura del espacio de carga.

Una mala distribución longitudinal de los pesos dará lugar a una deformación que puede ser provisional o permanente; cuando los pesos están distribuidos de tal forma que la fuerza ejercida por los mismos es mayor que el empuje en la parte central del casco, éste flexiona, denominándose la deformación arrufo. Cuando el peso en los extremos es mayor que en el centro la deformación producida se denomina quebranto. (Figura 3.).

La mayoría de los problemas causados por las deformaciones del casco son consecuencia de una mala estiba y afectan negativamente al cumplimiento de las funciones del buque para las cuales es construido, ya que tendrá problemas de estabilidad, calados o resistencia y además no podrá navegar con seguridad. Debido a las deformaciones, la cubicación de los espacios de carga no será correcta y económicamente representará pérdidas para la cuenta de explotación del buque.

1.5 Unidades y medidas

El tratamiento de este apartado se hace sobre dos puntos, el primero, de generalidades, relativo a las unidades y medidas empleadas en las operaciones de carga que es necesario conocer para plantear los cálculos que se deben hacer para la estiba de las mercancías de forma segura, con objeto de realizar su transporte. El segundo punto es para destacar dos conceptos: el francobordo y el factor de estiba, cuya relación con la carga que puede transportar el buque es evidente, siendo valores que son manipulados en los cálculos y documentos que justifican el estado final de la estiba.

1.51 Generalidades

Las unidades utilizadas en el transporte marítimo para efectuar medidas pertenecen actualmente al sistema métrico decimal, pero considerando la tradición que representa en el mundo marítimo la marina inglesa y la supremacía de la utilización de su lengua, se siguen usando las antiguas unidades inglesas, razón por lo cual es necesario conocer ambas y la relación que entre ellas existe.

Algunas de las unidades más utilizadas son las siguientes:

- Para longitud:
  - Sistema métrico: metro y centímetro
  - Sistema inglés: pie y pulgada
  - Relaciones:

    1 metro = 100 centímetros
    1 metro = 3,2808 pies
    1 pie = 12 pulgadas
    1 pulgada = 2,54 centímetros

- Para volumen:
  - Sistema métrico: metro cúbico (m^3) y centímetro cúbico (cm^3)
  - Sistema inglés: pie cúbico (pie^3)
  - Relaciones:

    $1\ m^3 = 10^6\ cm^3$
    $1\ m^3 = 35{,}315\ pies^3$
    $1\ pie^3 = 0{,}028317\ m^3$

- Para peso:
  - Sistema métrico: tonelada métrica (Tm) y kilogramo (kg)
  - Sistema inglés: tonelada larga (LT) y libras
  - Relaciones:

    1 Tm = 1000 kg
    1 Tm = 0,9842 LT
    1 LT = 2240 libras
    1 libra = 0,4536 kg
    1 LT = 1016,064 kg

1.5.2 Francobordo

El "Convenio Internacional sobre Líneas de carga" establece que ningún buque saldrá a la mar si no tiene un "Certificado Internacional de francobordo" o, cuando corresponda y en casos muy particulares, un certificado internacional de exención de francobordo. Las disposiciones del convenio permiten a una Administración asignar a un buque un francobordo superior al francobordo mínimo.

El convenio define el puntal de francobordo como el trazado en el centro del buque desde la parte alta de la línea de cubierta a la parte alta de la línea de carga sobre la que se está cargando.

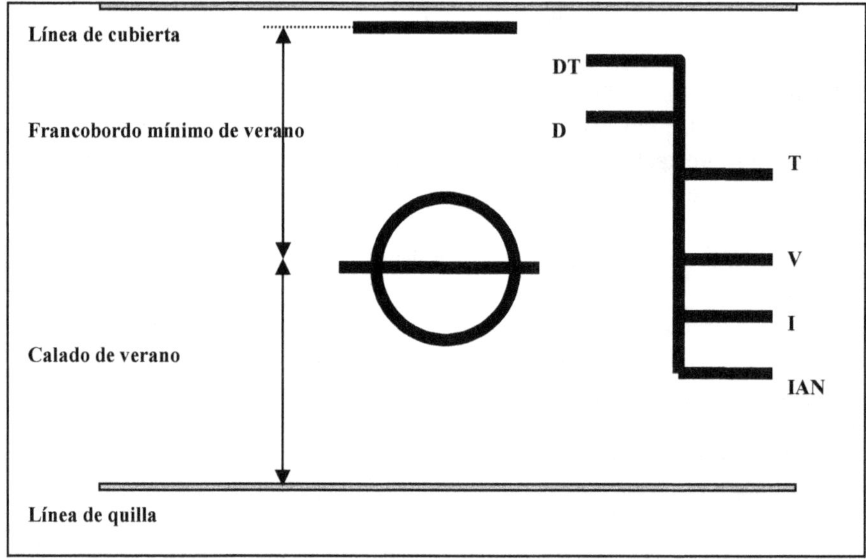

Figura 4 Marca de francobordo y líneas de carga

El convenio también señala las pautas que se deben seguir para el trazado sobre ambos costados del buque de las marcas y líneas de francobordo mínimas para diferentes tipos de buques. Teniendo como referencia el francobordo mínimo, se establecen las líneas de máxima carga, que corresponde a los máximos calados autorizados para que el buque pueda salir de puerto, no debiendo sobrepasarlos ni navegando ni a su llegada a puerto. Los calados correspondientes a las líneas de máxima carga vienen dados en la siguiente tabla.

	Símbolo	Fórmulas	Notas.
Calado de verano	C_V	C_V	p, permiso de agua dulce. D_V, desplazamiento para el calado de verano. T_{Cv}, toneladas por cm, para el calado de verano. $P = D_V/40\ T_{Cv}$ (1) Aplicable a buques de eslora < 100 metros. (2) Aplicable a buques de eslora ≥ 100 metros.
Calado en agua dulce	C_D	$C_D = C_V + p$	
Calado en agua dulce tropical	C_{DT}	$C_{DT} = C_D + C_V/48$	
Calado tropical	C_T	$C_T = C_V + C_V/48$	
Calado de invierno	C_I	$C_I = C_V - C_V/48$	
Calado para Invierno en el Atlántico Norte	C_{IAN}	$C_{IAN} = C_I - 50$ mm (1) $C_{IAN} = C_I$ (2)	

Tabla 1 Calados correspondientes a las líneas de máxima carga

1.5.3 Factor de estiba

El factor de estiba (FE) es un parámetro utilizado en los cálculos de las cantidades de carga manejada, especialmente cuando se trata de mercancías sólidas. Se puede definir como el volumen en metros cúbicos de espacio de carga que ocupa una tonelada métrica de mercancía. Su conocimiento permite realizar los cálculos de la carga embarcada y confeccionar los planos de estiba, para distribuir las mercancías destinadas a cada puerto y colocarlas en el espacio de carga adecuado.

Los valores utilizados para el factor de estiba vienen en unidades del sistema métrico decimal o el sistema inglés, siendo los siguientes:

- FE métrico = volumen en m^3 / peso en Tm
- FE inglés = volumen en $pies^3$ / peso en LT
- FE (m^3/Tm) = FE ($pies^3$/LongTon) / 35,84

Los anteriores valores del factor de estiba pueden resultar aproximados al ser aplicados a un espacio de carga determinado, ya que dependiendo de las características de la carga puede resultar imposible realizar una estiba optimizada, ya que las obstrucciones obligan a dejar espacios libres. El valor exacto del factor de estiba se tendría cuando una misma carga realizada repetidamente en los mismos espacios proporcione el igual peso.

La relación entre el peso (P) y el volumen (V) es establecida mediante la densidad (δ), es decir, que el conocimiento de dos valores permite averiguar el tercero:

$$\text{Peso} = \text{volumen} * \text{densidad}$$

Mediante el peso embarcado y el volumen ocupado, se calcula el factor de estiba cuya relación con respecto a la densidad es:

$$FE = 1/\delta$$

Debido a que la densidad, es el peso en kilogramos dividido por el volumen en dm^3 o el peso en toneladas métricas dividido por el volumen en m^3, el peso resultante es el mismo, si utilizamos densidad o el factor de estiba.

Producto	Pies³/LT	m³/Tm	Estiba
Azúcar	38/50	1.060/1.395	sacos
Cartón	61	1.702	-
Corcho	480	13.392	balas
Mármol	18	0.502	cajas
Patatas	66	1.841	sacos
Papel	65	1.813	balas

Tabla 2 Factores de estiba de algunos productos

1.6 Legislación

Los procedimientos y normas que deben ser observadas durante la manipulación y estiba de las mercancías están regulados mediante códigos, convenios, manuales, directivas o reglamentos. Los documentos son emitidos por organizaciones nacionales e internacionales, siendo la mayoría de los casos de obligado cumplimento, por lo cual su infracción lleva consigo una sanción. El principal organismo es la Organización Marítima Internacional, que es el encargado de generar y mantener actualizada todas las circulares y normativas relativas al transporte marítimo.

El cumplimiento de una norma puede depender, en casos puntuales, del país donde esté ubicado el puerto en relación con el pabellón del buque, no obstante en general las normas internacionales son aceptadas por todos los países, por lo cual un buque en puerto deberá cumplir con la legislación nacional y la internacional. Las normativas que se referencian a continuación son resumidas indicando solamente las particularidades relativas a las mercancías sólidas que son transportadas a granel, envasadas o formando unidades de carga independientes. Su articulado será comentado y analizado en los capítulos donde se haga referencia a las mercancías a las cuales deban ser aplicadas.

1.6.1 Convenio internacional para la seguridad de la vida humana en el mar

La primera legislación que debe ser tenida en cuenta en cualquier proceso de manipulación de mercancías cuando son transportados por mar es el Convenio Internacional para la Seguridad de la Vida Humana en el Mar (SEVIMAR o SOLAS[7]), debido a que es un compendio de las normas de seguridad que obligatoriamente se deben cumplir para mantener la integridad del buque, carga, tripulación y entorno durante el transporte por mar.

El convenio tiene algunos capítulos dedicados a las condiciones en que se debe realizar el transporte y manipulación de mercancías, indicando de forma detallada todos los pormenores que se tendrán en cuenta respecto a las normas de seguridad aplicadas. En general en todo el texto del convenio, hay numerosos apartados que hacen referencia a normas sobre la manipulación y carga/descarga de mercancías, los cuales se deben respetar en su totalidad.

Hay otras legislaciones con reglas puntuales a las cuales es necesario remitirse para complementar los procedimientos utilizados. Los capítulos del convenio que explícitamente indican cómo estibar mercancías y hacen referencia a su manipulación son los siguientes:

- Capítulo VI. Transporte de cargas
- Capítulo VII. Transporte de mercancías peligrosas en bultos o en forma sólida a granel

- Capítulo XI. Medidas especiales para incrementar la seguridad marítima
- Capítulo XI. Medidas de seguridad adicionales aplicables a los graneleros

1.6.2 Otros códigos

Las diferencias existentes entre las mercancías transportadas por mar obligan a la utilización de otros códigos. Las organizaciones internacionales intentan adoptar y reunir las experiencias que se van adquiriendo en la manipulación de las mercancías. Cuando las organizaciones creen que las normas que se deben respetar para realizar una buena estiba de un producto son suficientes, las promulgan en forma de código. En el desarrollo de los capítulos correspondientes al tratamiento de cada mercancía, se desgranarán los contenidos de los códigos, no obstante a modo de presentación se enumeran e indican algunas de sus características principales:

Convenio internacional sobre líneas de carga
La Conferencia Internacional de la IMCO[8], celebrada en Londres durante los días 3 al 5 de abril de 1966, aprobó este convenio entrando en vigor el 21 de junio de 1968. Con posterioridad se han ido aprobando enmiendas[9] al convenio con el objeto de actualizar algunas de sus reglas y artículos que lo han enriquecido, haciendo de él un instrumento capaz de evitar problemas y accidentes durante las operaciones que el buque debe desarrollar a lo largo de su actividad mientras permanezca operativo.

El origen del convenio surge de la necesidad de establecer límites respecto a los calados hasta los que se puede cargar un buque respetando las reglas que contribuyen de manera importante a su seguridad. Esos límites se establecen en forma de francobordo, y constituyen, junto con la estanqueidad a la intemperie y la integridad del buque, el objetivo principal del convenio de 1966.

El primer "Convenio internacional sobre líneas de carga", adoptado en 1930 se basaba en el principio de la reserva de flotabilidad, aunque se reconoció entonces que el francobordo también debería asegurar una estabilidad adecuada y evitar esfuerzos excesivos sobre el casco del buque como resultado de la sobrecarga. También se establecen disposiciones por las que se determina el francobordo de los buques mediante su compartimentado y cálculos de estabilidad con avería.

Las reglas tienen en cuenta los posibles peligros que surgen en diferentes zonas y en distintas estaciones del año. El anexo técnico contiene varias medidas adicionales de seguridad relativas a puertas, portas de desagüe, escotillas y otros elementos del buque. El objetivo principal de estas medidas es garantizar la integridad en la estanqueidad del casco de los buques por debajo de la cubierta de francobordo.

El convenio obliga a que las líneas de carga asignadas deben marcarse en cada costado del buque en su parte central, junto con la línea de cubierta. Los buques destinados al transporte de cubertadas de madera tienen asignado un francobordo menor, ya que la cubertada proporciona protección contra el impacto de las olas.

Convenio internacional sobre la seguridad de los contenedores
El convenio se aprobó el 2 de diciembre de 1972, y su entrada en vigor se produjo el 6 de septiembre de 1977, habiendo sido enmendado posteriormente el texto original en algunos de sus apartados para recoger las novedades técnicas. Su origen se debe a la aparición del contenedor, que significa un profundo cambio en la forma de manipular y transportar las mercancías e introdujo modificaciones en los procedimientos de estiba.

El convenio[10] nació con la idea de promover y desarrollar dos objetivos. El primero, mantener un elevado nivel de seguridad en el transporte y manipulación de contenedores, estableciendo para ello procedimientos de prueba y prescripciones en su resistencia. El transcurso de los años ha demostrado que en general los resultados han sido aceptables. El otro objetivo es facilitar el transporte internacional de contenedores proporcionando reglas de seguridad internacionales uniformes, aplicables a todos los modos de transporte de superficie, para de esta manera evitar la proliferación de reglas nacionales de seguridad divergentes. Las prescripciones del convenio se aplican a la gran mayoría de los contenedores utilizados internacionalmente, con excepción de los dedicados al transporte por vía aérea.

El convenio establece procedimientos en virtud de los cuales los contenedores que se utilicen en el transporte internacional deberán haber sido aprobados siguiendo las normas de seguridad vigentes, por la administración de un estado contratante o por una organización que actúe en su nombre. La Administración o su representante autorizado facultarán al fabricante para que coloque en los contenedores aprobados una placa de aprobación relativa a la seguridad con los datos técnicos pertinentes. El contenedor es además el origen de la aparición de buques especializados para realizar su transporte, los portacontenedores, donde los sistemas de carga varían con respecto a los tradicionales buques de carga general.

Código de prácticas de seguridad para la estiba y sujeción de la carga

La OMI, mediante la resolución A.714 (17), aprobó el 6 de noviembre de 1991 el código, que fue enmendado y modificado posteriormente[11] para recoger las novedades producidas en la estiba y trincaje de las mercancías. El código incluye resultados de las investigaciones sobre algunos accidentes ocurridos en los cuales se demostró que los medios de sujeción a bordo eran inadecuados, por lo cual el CPS nace para resolver las deficiencias en los dispositivos de trincaje.

La finalidad del código[12] es establecer una norma internacional para la seguridad de la estiba y sujeción de la carga, proporcionar asesoramiento sobre las distintas formas de estibar y sujetar la carga, y también ofrecer orientaciones completas sobre las cargas que presentan dificultades o riesgos, indicando asimismo las medidas que se deben tomar con mal tiempo en caso de producirse el corrimiento de la carga. La necesidad de mejorar la estiba y sujeción de algunos tipos de cargas hace que en el CPS se incluyan métodos y procedimientos como medidas especiales para la manipulación de varios tipos de mercancías. Por ejemplo:

- Contenedores transportados en la cubierta de buques que no están especialmente proyectados y equipados para ese tipo de transporte
- Cisternas portátiles (contenedores cisterna)
- Receptáculos portátiles
- Cargas especiales sobre ruedas (cargas rodadas)
- Cargas pesadas, como locomotoras, transformadores
- Rollos de chapa de acero
- Productos metálicos pesados
- Cadenas de ancla
- Chatarra de metal a granel
- Recipientes intermedios flexibles para gráneles (RIFG)
- Troncos estibados bajo cubierta
- Unidades de carga

Código de prácticas de seguridad relativas a las cargas sólidas a granel

El transporte de cargas sólidas a granel es uno de los más antiguos, pudiendo remontarse a la época de los egipcios donde se puede confirmar que ya se transportaban mercancías sólidas. Modernamente el transporte del carbón, minerales y cereales se ha incrementado cada año, siendo materias en las cuales los procedimientos de manipulación son objeto de cambios. Los problemas generados en su transporte son recopilados e incorporados en forma de reglas que sirvieron para crear el primer código de prácticas de seguridad relativas a las cargas sólidas a granel que fue publicado en 1965.

El objeto del código es indicar las medidas de seguridad para la estiba y transporte marítimo de cargas a granel, y fomentar su uso. Para ello, en sus secciones y apéndice desarrolla una normativa donde, por ejemplo, se ponen de relieve los peligros relacionados con el transporte de algunas cargas a granel; se proporcionan orientaciones sobre los procedimientos empleados para la manipulación de las cargas; se enumeran los productos típicos y sus propiedades, y se describen los métodos de prueba para determinar algunas características de los materiales cuando son transportados a granel.

Código internacional para el transporte sin riesgos de grano a granel

El transporte específico de cereales a granel ha sido cubierto por el código para responder a la creciente necesidad de ampliar la reglamentación del transporte de todo tipo de cargas que puedan entrañar un peligro para los buques o el personal a bordo, por lo cual el Comité de Seguridad Marítima decidió sustituir el capítulo VI del Convenio SEVIMAR 1974, que contiene reglas detalladas sobre el transporte de grano a granel, por prescripciones de índole más general, e incorporar las disposiciones pormenorizadas sobre el transporte de grano en un código obligatorio. El código adquirió efectividad el 1 de enero de 1994, fecha de entrada en vigor de las enmiendas al capítulo VI del Convenio SEVIMAR.

Código de prácticas de seguridad para buques que transporten cubertadas de madera

El código de prácticas fue distribuido por primera vez por la Organización Marítima Internacional en 1972, siendo posteriormente enmendado en 1978. Los siniestros que se producen por corrimiento y pérdida de las cubertadas de madera, la utilización de buques cada vez mayores y más perfeccionados para este tráfico, las nuevas técnicas y la conveniencia de que haya recomendaciones de seguridad más completas en este sector han hecho necesario revisar y actualizar el texto.

La resolución A.715 (17), aprobada el 6 de noviembre de 1991 en la 17 Asamblea de la OMI, permitió la adopción de un código revisado y actualizado, elaborado principalmente con la idea de ofrecer recomendaciones sobre el transporte sin riesgos de cubertadas de madera y también normativas aplicables a la estiba de troncos bajo cubierta. El objetivo del código está fijado en presentar recomendaciones sobre la estiba, sujeción y medidas de seguridad para la ejecución de procedimientos operacionales destinados a asegurar el transporte sin riesgos de cubertadas de madera.

Código marítimo internacional de mercancías peligrosas[13]

La necesidad de disponer de una reglamentación internacional específica para el transporte marítimo de las mercancías peligrosas fue aceptada desde las primeras conferencias internacionales sobre la seguridad de la vida humana en el mar. Desde la celebrada en 1929, se recomendó que implementaran reglas internacionales relativas a dicho transporte, elaborando un código que reuniera todas las de reglas.

El estudio de las mercancías peligrosas envasadas obliga a realizar un análisis del código valorando su incidencia y utilización en el transporte y manipulación de mercancías. La problemática planteada por la estiba de las mercancías peligrosas es doble; por un lado las necesidades de estiba y trincaje, y por otro los cuidados que se debe tener a la hora de segregar los envases, para evitar los problemas de contaminación.

La normativa desarrollada en el código reúne los productos clasificados en nueve clases indicando cuáles son sus características y la forma en que se deben manipular. En el código se establecen los principios básicos y las recomendaciones detalladas para cada sustancia y cuenta además con un índice general de mercancías peligrosas, que facilita el procedimiento cuando se quiere buscar la ficha correspondiente a una sustancia, materia o artículo determinado.

1.6.3 Reglamentos de estiba y desestiba

Los reglamentos utilizados para la estiba/desestiba son promulgados por la administración de cada país para que sirvan de referencia en las operaciones portuarias y además de contener normas propias suelen incluir legislación internacional. A continuación se presentan algunas de las particularidades de la reglamentación española.

Las actividades de estiba y desestiba en los puertos españoles constituyen un servicio público y están gestionadas por organizaciones[14] que desarrollan las actividades integrantes en los servicios ofrecidos, que son las labores de carga, descarga, estiba, desestiba y transbordo de mercancías, objeto de tráfico marítimo dentro de la zona portuaria.

Las organizaciones o empresas estibadoras nacen para ofrecer un servicio a las terminales ubicadas en el puerto, ya que, aunque cuentan con personal fijo para atender a los buques, no es suficiente para atender puntas de buques operando en la terminal. El número de sociedades que operan en el puerto dependerá del volumen e importancia del tráfico que en él se realice.

La carga/descarga y estiba/desestiba comprende:

- La recogida de la mercancía en las zonas cubiertas o descubiertas del puerto
- El transporte horizontal de las mismas hasta el costado del buque
- La aplicación de ganchos y dispositivos que permitan izar la mercancía directamente desde un vehículo de transporte o desde el muelle
- El izado de la mercancía y su colocación en la bodega o a bordo del buque
- La estiba de la mercancía en bodega o a bordo del buque

El transbordo comprende varias operaciones, comenzando por la desestiba de la mercancía en el primer buque; en segundo lugar habrá que realizar la transferencia directamente de un buque a otro, y finalmente será necesario la estiba en el segundo buque.

En algunas ocasiones en los muelles comerciales del puerto se producen operaciones que no están incluidas en las actividades que han sido enumeradas anteriormente, por ejemplo cuando concurren las siguientes circunstancias operativas o supuestos:

- Cuando los productos y equipos manipulados son propiedad de la Administración Portuaria. Por ejemplo, cuando se cargan/descargan grúas, carretillas o cabezas tractoras para la operativa portuaria.
- Cuando los productos pertenecen al Ministerio de Defensa. Por ejemplo, cuando sea necesario trasladar efectos militares en buques civiles o cuando se carguen o descarguen en buques militares.
- El embarque y desembarque del correo, ya que es considerado un servicio nacional, no obstante si los efectos postales pertenecen a empresas privadas, no tendría efecto la norma.

- El embarque y desembarque de camiones, automóviles o cualquier tipo de vehículo a motor, cuando estas operaciones sean realizadas por sus propietarios, usuarios o conductores habituales dependientes de aquellos, así como las labores complementarias de sujeción, cuando sean realizadas por las tripulaciones de los buques.
- La conducción, enganche y desenganche de cabezas tractoras que embarque o desembarquen remolques, si el transporte se produce sin solución de continuidad desde fuera de la zona portuaria hasta su embarque, o desde el barco hasta fuera de la zona portuaria.
- La descarga, arrastre hasta lonja y almacén de cuantos trabajos se deriven de la manipulación de pescado fresco, provenientes de buques de menos de 100 trb.
- Las operaciones que se realicen en instalaciones portuarias en régimen de concesión.
- Las operaciones relativas a los equipajes y efectos personales de los pasajeros y tripulantes.
- Las operaciones de carga, descarga y transbordo que se realizan por tubería o para el avituallamiento o aprovisionamiento del buque, cuando se precise contratar personal.

1.6.4 Documentos de embarque

La justificación del deterioro de las mercancías mediante un documento acreditativo es la forma más segura de hacer frente a los problemas que puedan surgir durante la manipulación y transporte, por lo cual a continuación se hace referencia, a modo de ejemplo, a algunos de los documentos utilizados en el transporte marítimo.

- Conocimientos de embarque[15]
- Recibo del piloto o embarque[16]
- Cláusulas principales de las Reglas de la Haya
- Cartas de garantías
- Averías en la carga
- Protestas de mar

El estudio y desarrollo de los documentos citados es una cuestión que el Derecho Marítimo explica ampliamente, por lo que aquí sólo se citan como ejemplos enumerando algún detalle que puede servir como referencia de las justificaciones que se pueden hacer con ellos.

- La función de los conocimientos de embarque es acreditar la recepción de mercancías a bordo. El contrato de fletamento es un documento mediante el cual un buque es puesto al servicio de otro por un precio (flete) para realizar un determinado viaje transportando mercancías.
- Las cláusulas de los contratos de fletamento conllevan una valoración económica, por lo cual, las partes firmantes del contrato tienen interés en su cumplimiento, ya que tienen el riesgo de ser sancionados.
- Recibo del piloto. Es un documento que el primer oficial del buque que va a transportar la mercancía extiende para que, de manera provisional, quede reflejado el embarque de la mercancía en el buque.
- Carta de garantía. Es un documento de compromiso de garantía emitido por el embarcador, a favor del porteador, con objeto de mantener un conocimiento de embarque sin reservas.
- Avería de la carga. Es la diferencia producida entre el estado de la mercancía y la condición que viene detallada en el Título del Transporte (conocimiento de embarque o similar).
- Protestas de mar. El diccionario la define como "declaración justificada del que manda un buque para dejar a salvo su responsabilidad en casos fortuitos", es decir se pretende clarificar

que, por ejemplo, durante la navegación las mercancías puedan sufrir daños de los cuales el capitán no sea responsable.

La mayoría de documentos hacen referencia en su contenido a reglas que se deben cumplir durante las operaciones del transporte de las mercancías. Interesa destacar que pueden ser utilizados para evitar sanciones de las repercusiones que la estiba tiene sobre las mermas, daños y pérdidas que se producen. Los problemas deben contabilizarse desde que se empieza la carga hasta que vuelve a ser depositada en el muelle. En ocasiones intervienen en la estiba personas ajenas a la tripulación, por lo cual conocer la procedencia de los errores cometidos suele ser muy complicado y es objeto de arduos e interminables debates.

1.6.5 Manuales de carga

Los buques son construidos para el transporte de mercancías por mar y en su documentación incluye un manual de carga donde se reúne todos los datos necesarios para planificar y realizar las operaciones, proporcionando ejemplos con una descripción detallada de la respuesta del buque en varias condiciones de carga. Entre los datos que figuran en el manual están los planos de los espacios de carga con sus características y dimensiones.

Concretamente los procedimientos de estiba utilizados a lo largo del manual estarán en función del tipo de mercancía, y tendrán pequeñas variaciones según sean los espacios utilizados para su colocación, pero además es obvio que las pautas seguidas en la estiba de un producto sólido o uno líquido varían, por ello es necesario establecer una clasificación de las mercancías para conocer sus características físicas o químicas.

1.7 Clasificación de las mercancías

Las mercancías transportadas por mar son de diferentes tipos y características, dependiendo su transporte de varios factores, principalmente de la cotización del mercado de fletes y de la cantidad de producto que se deba desplazar. En ambos factores es necesario conocer las características de las mercancías y para ello deben estar clasificadas, porque además esto servirá para establecer los procedimientos que son utilizados para su manipulación.

Para delimitar la mejor forma de clasificar las mercancías habría que tener en cuenta, por ejemplo, su estado físico, peso, volumen, o peligrosidad, es decir, que reuniendo todas sus características y propiedades tenemos una primera clasificación en dos grandes apartados: mercancías sólidas y líquidas. Es necesario añadir en ambos grupos una subdivisión para diferenciar las mercancías que están envasadas de las que son manipuladas a granel. A partir de esta clasificación se pueden obtener otras en las que se tendrán en cuenta las particularidades específicas de cada mercancía, para poder plantear los procedimientos operativos necesarios en la manipulación y demás operaciones que se tengan que realizar.

1.7.1 Mercancías sólidas

El tratamiento dado a las mercancías sólidas se realiza considerando en primer lugar un procedimiento general para todas ellas, debido a su estado sólido, y en segundo término seguir otro procedimiento, normalmente específico y particular para cada producto. Se deberá tener en cuenta que las diferencias serán ostensibles dependiendo de si se trata de la manipulación de graneles o mercancías envasadas.

Las mercancías sólidas a granel son transportadas en grandes cantidades y su manipulación implica el conocimiento de sus características para aplicar las normas de seguridad que eviten riesgos durante las operaciones que con ellas se efectúen. Las diferencias entre las mercancías sólidas a granel pueden ser grandes, por ejemplo entre un cargamento de mineral de hierro, una carga de grano o un cargamento de madera, por lo cual la forma en que deben ser tratadas para poder cumplir los objetivos de la estiba y mantener la integridad del buque durante el transporte es muy diferente.

Respecto a las mercancías sólidas envasadas, se consideran dos casos: los pequeños bultos o cajas que son manejados individualmente en pequeñas cantidades y suelen contener mercancías peligrosas, o el caso de mercancías envasadas en sacos o cajas, que son agrupadas en paletas, estibadas en el interior de contenedores. Posiblemente la diferencia más importante entre las mercancías envasadas y a granel es que el envase/embalaje que contiene a la mercancía permite que se coloquen marcas y etiquetas que ayudan a la identificación del producto y proporcionan una ayuda para poder realizar una manipulación segura.

En las figuras adjuntas se presentan varios ejemplos de mercancías sólidas a granel y envasadas, que pueden ser estibadas en los espacios de carga del buque que reúnan las condiciones exigidas para cada caso por ejemplo, las bobinas y los sacos podrán ubicarse en bodegas o entrepuentes, pero el carbón es conveniente estibarlo en bodegas cuyos mamparos sean lisos, con lo cual se facilitan las labores de descarga o las de limpieza cuando haya que cambiar de carga.

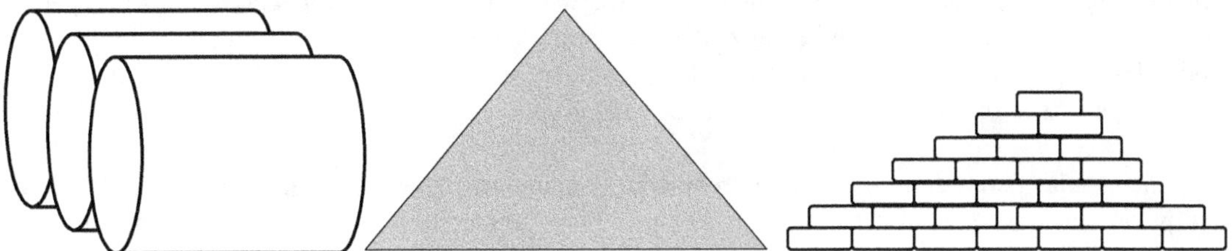

Figura 5 Bobinas. Pila de carbón. Sacos de cereales

Una característica destacable respecto a la manipulación de las mercancías sólidas es que en las operaciones de carga/descarga se pueden utilizar equipos que estén a bordo y sean manejados por la tripulación o por personal de tierra. Cuando el buque carece de equipos para las operaciones, estas se realizan mediante los medios de las terminales donde opere el buque. Estas dos formas de manipulación pueden representar problemas que en algunos casos dan lugar a opiniones enfrentadas entre el personal del buque y de tierra.

1.7.2 Mercancías líquidas

Los procedimientos de manipulación seguidos con las mercancías líquidas tienen semejanza con los utilizados en las sólidas, en cuanto a las diferencias establecidas cuando son mercancías a granel o envasadas, pero en la mayoría de los casos la peligrosidad de los productos manejados obliga a establecer variaciones en la forma de actuar.

Dentro del grupo de productos líquidos se contemplan los gases licuados, que son transportados en sus dos formas, a granel o envasados. Tanto los productos líquidos como los gases licuados, cuando se trata de grandes cantidades, son transportados a granel y, en el caso de pequeñas cantidades se realiza en diferentes tipos de envases.

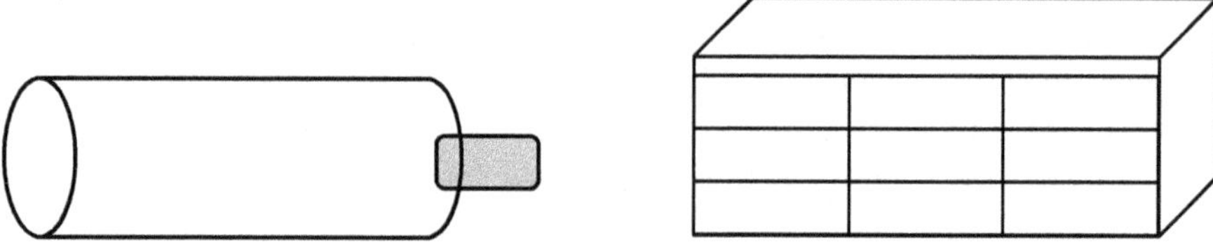

Figura 6 Cilindros para gases. Contenedor con cajas estibadas en el interior

Los ejemplos de mercancías líquidas a granel y envasadas que se presentan en las figuras pretenden proporcionar una idea sobre las necesidades que cada una de ellas tendrá para realizar las operaciones de manipulación y de estiba, siendo diferentes y estando marcadas por las características de cada producto y la forma en que se encuentren: envasadas o a granel.

1.7.3 Otras clasificaciones

La clasificación que se ha realizado reuniendo las mercancías en dos tipos: sólidas y líquidas es una generalización que incluye todos los productos o mercancías que puede haber en el mercado. Particularizando, las características de las mercancías sólidas o líquidas se pueden agrupar como se ha dicho, pero además hay que subdividirlas en perecederas, peligrosas y especiales. Esta agrupación significa que una mercancía puede ser clasificada como sólida y a la vez estar dentro de alguno o todos los grupos indicados, es decir, podría ser mercancía sólida, perecedera, peligrosa y especial, por tener alguna de las características que definen a cada grupo.

Las mercancías perecederas son las que requieren condiciones especiales para ser conservadas desde su punto de origen a su destino, por ejemplo: una temperatura y ventilación adecuada a sus características. Estas mercancías por su condición natural pueden resultar dañadas durante la manipulación y llegar al mercado o destino con una merma en su calidad comercial, por lo cual deben ser manejadas con cuidado. Por ejemplo: las frutas, pescados, mariscos, carnes y verduras son productos perecederos que deben ser transportados a temperatura regulada, pero en su estado de conservación intervienen otros factores que permiten considerar a la mercancía como perecedera.

Las mercancías peligrosas son aquellas que puede causar algún daño a otras que se encuentren próximas o a la tripulación, al buque o entorno, razón por la cual se rigen por normativas especiales, contenidas la mayoría de ellas en el IMDG. Las operaciones de transporte de mercancías peligrosas han ido aumentando desde la finalización de la Segunda Guerra Mundial, debido al incremento del uso de un mayor número de productos que encierran cierto potencial peligroso.

Los procedimientos de manipulación efectuados por la tripulación con las mercancías peligrosas requieren la observancia de normas y regulaciones para evitar que sus propiedades dañen a las personas, a otras cargas, al buque o al entorno. Los accidentes son en muchos casos evitables, pero en buena lógica se producen cuando la estiba no es correcta, por ejemplo, un envase de ácido sulfúrico mal trincado puede caer rompiéndose y dañar físicamente al tripulante, pero además, el ácido puede contaminar a otras mercancías que no podrán ser entregadas en perfecto estado al cliente.

Las mercancías especiales, como su nombre indica, son las que requieren de un transporte y procedimiento especializado, bien sea por su peso, volumen o características físico/químicas. Su manipulación es posiblemente la que más complicaciones puede proporcionar a la tripulación, debido a que en ocasiones no se dispone de legislación específica, por lo que se recurre a las normas generales para realizar las operaciones. También, se obtiene información de las circulares publicadas por las organizaciones que generan normas de seguridad adecuadas a la mercancía que se quiere transportar.

1.8 Manipulación de las mercancías

La estiba de mercancías significa aplicar unos procedimientos de manipulación que, como ya se ha dicho, estarán en función del tipo de mercancía, variando según sean los espacios donde se deban ubicar a bordo. Estos procedimientos buscarán no dañar la estructura del buque y mantener la integridad de las mercancías durante las operaciones.

Las operaciones realizadas con las mercancías que van a ser transportadas por mar tienen su origen en el punto donde nace el producto y terminan cuando es entregada al cliente. Dependiendo del estado físico en que se encuentran las mercancías, el número de operaciones variará. La manipulación de la mercancía puede seguir el siguiente orden: empezar por las operaciones de selección de envase y/o embalaje, después se almacenan en condiciones seguras en espera de ser transportada por carretera o ferrocarril para ser colocadas al costado del buque o en el área de almacenamiento portuaria, mientras llega el buque, finalmente la mercancía será embarcada y estibada a bordo. Todas estas acciones están regidas por procedimientos específicos generales de manipulación.

Resumiendo, las operaciones necesitan de procedimientos para una manipulación correcta de las mercancías y tienen una relación directa con la estiba, carga, descarga, almacenamiento y transporte de las mercancías. Hay también algunas operaciones que de forma indirecta pueden ser relacionadas con la estiba y que serán abordadas en los apartados correspondientes, ya que están incluidas dentro de las operaciones generales. Por ejemplo, las operaciones de limpieza, mantenimiento o ventilación de espacios de carga, y las operaciones de lastre y deslastre.

Si se establece que una operación es una secuencia de procesos que es necesario llevar a cabo para cumplir su fin último, es decir, la realización de una actividad, al aplicar la definición dada de estiba, se puede concretar que cada operación comprende un determinado número de procesos reunidos de forma ordenada en los llamados procedimientos. Estos son realmente los que definen la operación:

- Almacenar: consiste en depositar una mercancía en estera de su traslado.
- Cargar: significa colocar la mercancía sobre un medio de transporte.
- Descarga: sería lo contrario a la carga.
- Estibar: es la inmovilización de las mercancías en el medio de transporte.
- Transportar: es el desplazamiento de las mercancías de un lugar a otro.

Es necesario un estudio detallado de los procedimientos de manipulación que se deben emplear en cada una de estas operaciones para evitar los problemas que pueden surgir en el transcurso de su realización, especialmente para conservar la integridad de la mercancía y entregarla a su dueño en perfecto estado.

1.8.1Integridad de la carga

Las operaciones que se realizan con las mercancías están basadas, como se ha dicho anteriormente, en los procedimientos. Lógicamente estos van encaminados a evitar que las mercancías se deterioren para que puedan ser entregadas en perfectas condiciones en el puerto de destino. Los medios utilizados para la manipulación y la forma de estiba empleada son determinantes para conseguir mantener la integridad de la mercancía.

Los problemas que presentan la integridad de las mercancías durante su manipulación son diferentes según el buque utilizado sea especializado o no especializado, ya que las normas de seguridad y los medios utilizados en ambos casos son diferentes; no obstante, se debe tener en cuenta que la actividad de un buque y la propia mercancía están amparados por documentos y certificados cuyo contenido describe de forma clara las condiciones en las que se debe efectuar el transporte.

Las responsabilidades sobre cómo mantener la integridad de la carga son asumidas por la tripulación desde el momento en que la mercancía es embarcada a bordo. Las medidas de seguridad empleadas están descritas en los códigos y manuales que hacen referencia a las diferentes mercancías que el buque puede transportar.

1.8.2 Riesgos y averías

Las operaciones que es necesario realizar con las mercancías para trasladarlas desde su punto de origen al de destino no están exentas de riesgos, por lo cual se deben adoptar precauciones para evitar que se produzcan o al menos minimizarlos. Los riesgos que corren las mercancías en el transporte marítimo son los que se derivan del tipo de transporte utilizado un buque, del medio en el que se realiza el transporte por mar o río, de los procedimientos de manipulación empleados y de la forma en que se estiban.

Los daños que soportan las mercancías debido al tipo de buque pueden ser casi todos controlables, siempre que el buque elegido sea el adecuado a la mercancía que se quiere transportar, que se haya hecho una buena estiba de la carga siguiendo las normas de seguridad y, por último, que se utilice un trincaje adecuado y realizado de forma correcta.

El segundo grupo de riesgos es más difícil de controlar, ya que aun contando con la inestimable ayuda de las previsiones del tiempo, la evolución de las condiciones meteorológicas puede ser mas rápida que ellas, por lo cual se debe reservar un tanto por ciento de riesgo para los imprevistos de la climatología. El medio en el cual se mueve el buque es agresivo y la tripulación siempre debe estar preparada para afrontar los peligros que aparezcan.

Por último, el tercer tipo de riesgos son los que nunca debieran aparecer, porque tendrían que haber sido subsanados con la aplicación de mejoras en los procedimientos de manipulación, capaces de conseguir que la mercancía, una vez estibada en el buque, no sea maltratada por su entorno antes de ser entregada a su dueño[17]. Los criterios para determinar cómo modificar los procedimientos y evitar que se produzcan los daños deben ser establecidos considerando que un mismo daño sufrido por una determinada mercancía puede ocurrir durante dos procesos diferentes, pero las condiciones que se deben evaluar no son las mismas. Por ejemplo, la humedad puede afectar al café, pero los datos por los que se evalúa el procedimiento cuando está siendo cargado en la bodega o cuando es transportado en esa misma bodega no pueden ser iguales, aunque el resultado sea el mismo: el deterioro y pérdida de las propiedades del café.

Las averías que se produce a las mercancías pueden ser numerosas, su supresión y control es difícil, ya que algunas pasan desapercibidas, normalmente porque no son detectadas, unas veces por ser imperceptibles y otras por a ser escamoteados los pequeños defectos durante la carga; por ejemplo, una abolladura o raja en un envase realizada por los estibadores. Una forma de evitar los daños es estudiarlos y clasificarlos teniendo en cuenta el momento en que se producen; es lo que se hace a continuación, resumiéndolos en lo sucedido antes de efectuar la cargar, durante la carga/descarga y en el transcurso de la travesía.

a) Antes de cargar

La mercancía, antes de llegar al costado del buque, puede haber sido manipulada defectuosamente en el intervalo que discurre desde su punto de origen. Estos defectos son los que se intentarán descubrir antes de cargarla a bordo.

Las opciones de realizar el control de la mercancía por parte de la tripulación antes de la operación de carga son prácticamente nulas, ya que está fuera de sus responsabilidades, es decir, que sólo podrá empezar a prestar atención al estado de la mercancía cuando es recibida para el embarque y aún permanece en el muelle. Las posibilidades de control se concretan en comprobaciones del estado físico de la mercancía o de su embalaje/envase. Todas las mercancías vienen acompañadas de un certificado en el cual se especifican sus características, además se indican las condiciones en las que deben ser manipuladas y transportadas, lo cual sirve de punto de partida para comprobar los daños. La problemática aparece a la hora de verificar que el estado de la mercancía se ajuste a lo descrito en el certificado antes de su carga a bordo, es decir, cuando la mercancía se encuentra en el muelle o almacén, planteando en ocasiones discrepancias difíciles de solucionar.

Cuando se advierte que las mercancías o los envases presentan características diferentes a las de sus certificados, no se deben modificar corrigiendo las averías para el embarque, sino que hay que rechazar las mercancías no admitiéndolas como carga. Los daños que sufren las mercancías una vez han sido embarcadas se consideran responsabilidad del buque, por lo cual no se debe asumir riesgos inútilmente, admitiendo envases en mal estado o mercancías deterioradas.

b) Durante la carga/descarga

Los riesgos y daños sufridos por las mercancías durante las operaciones de carga/descarga son consecuencia en su mayor parte de una manipulación defectuosa, debida generalmente al empleo o aplicación de métodos o equipos inadecuados. Generalmente, la estiba incorrecta unida a una climatología adversa durante las operaciones de carga/descarga causa problemas, deteriorando el estado físico de la mercancía o del envase/embalaje. También se debe tener en cuenta que las mercancías, en ocasiones, son dañadas de mala fe, sometiéndolas a un trato brusco, o son sustraídas.

La experiencia y el conocimiento de las deficiencias que se producen en las mercancías ayudará a recoger información que servirá para preparar normas y reglas más estrictas, encaminadas a mantener su integridad durante las operaciones de carga/descarga evitando las pérdidas que por diversas averías se producen durante esas operaciones.

➢ *Manipulación defectuosa*

La falta de preparación en los estibadores o el empleo inadecuado de los elementos utilizados para la estiba suele derivar en una manipulación defectuosa de las mercancías, causando daños en las mismas. Por ejemplo, la utilización indebida de ganchos produce deterioro de los envases, por lo cual no se deben usar para manipular cajas de cartón, balas de algodón o sacos de azúcar, café, o harina, es decir, envases/embalajes con escasa resistencia física a la acción de elementos punzantes. Otro dispositivo que puede dañar el embalaje produciendo su rotura, con un resultado que se traduce en la pérdida de mercancía, es el uso indebido de eslingas o redes para la manipulación de mercancías envasadas.

El mal uso de equipos de carga/descarga (por ejemplo: puntales, aparejos, grúas o carretillas) tiene como consecuencia la manipulación inadecuada de las mercancías. Algunos de los equipos pueden ser utilizados por personal del buque o por el de la terminal, lo cual en ocasiones representa diferencias sustanciales. El personal del buque siempre será más cuidadoso, ya que conoce por experiencia que una mercancía que sufra daños durante la carga y sea estibada en bodega causará problemas durante su transporte. El estibador, aunque ponga cuidado en la manipulación, nunca tendrá en cuenta los problemas posteriores a la carga.

Respecto a la utilización de grúas o puntales, debe realizarse cuidadosamente, evitando los acelerones de las maquinillas o los golpes violentos de las izadas contra las brazolas de las escotillas. El personal del buque debe vigilar estas operaciones especialmente cuando las grúas y puntales sean manejados por personal ajeno a la tripulación. El volumen y peso de las izadas debe ser controlado, cuidadosamente cuando se trate de envases frágiles, ya que pueden romperse y derramar sus contenidos produciendo desperfectos, contaminando otras mercancías e incluso originar focos de incendio.

Los daños producidos por fricción y rozamiento en las mercancías son el resultado de arrastrarlas desde el centro de las bodegas o entrepuentes para ser estibadas durante la operación de carga, o bien por ser desplazadas hacia el centro de la bodega para ser descargadas. Los productos más propensos a sufrir averías por rozamiento son las mercancías ensacadas o las que no van envasadas en cajas de cartón. La forma de evitar estas averías es controlar su embarque/desembarque a pie de bodega, con lo cual podremos corregir a los estibadores denunciando la forma en la cual realizan la manipulación.

- *Estiba inadecuada*

Las operaciones de estiba deben ajustarse a las indicaciones que figuren en los planos de estiba, pero suelen cometerse imprudencias que, si no son detectadas, pueden causar serios problemas al buque. Por ejemplo, se debe tener cuidado con el relleno entre las mercancías en buques polivalentes o de carga general cuando los envases/embalajes son variados consistiendo en paletas, sacos, cajas de frutas o cajas de bebidas. Si el espacio entre dos bultos no es rellenado para evitar el movimiento, puede dar lugar a roturas de envases/embalajes y salida de las mercancías de sus lugares de estiba.

Otro problema que puede producirse cuando se estiban mercancías con diferentes características en una misma bodega es la contaminación de ellas, bien sea por contacto directo o bien por absorción de las emanaciones de gases que ciertos productos pueden desprender si no están en envases herméticos. También hay productos que despiden olores penetrantes y por ello deben ser estibados lejos de los alimentos. Por ejemplo, algunas frutas y pescados no pueden colocarse en la cercanía de sacos de café, harina o azúcar, ya que estos absorben los olores.

- *Climatología adversa*

El estado del tiempo puede dificultar las operaciones de carga de mercancías, bien sean a granel o envasadas, por lo cual la mayoría de las veces deben ser suspendidas, especialmente cuando llueva, nieve o haya nieblas intensas, ya que los productos y sus envases pueden ser afectados por el agua y la humedad. Por ejemplo, si se trata de productos a granel, especialmente cereales, las escotillas deben estar cerradas, para evitar la entrada de humedad en las bodegas o que el grano se moje. Los cereales, al absorber agua, fermentan y se pudren perdiendo todas sus características.

El caso de la nieve es más complicado, ya que puede depositarse sobre los envases que protegen las mercancías y dañarlos durante el transporte, por lo cual, cualquier mercancía que esté depositada al aire libre en espera de embarque debe ser protegida, y antes de ser cargada, se debe inspeccionar y eliminar la nieve. La operación de carga debe ser suspendida en caso de lluvia, alto grado de humedad o nevada.

➢ *Pérdidas por robos*

Las operaciones realizadas con bultos pequeños deben ser muy cuidadosas para evitar los robos durante el tiempo que dura su carga/descarga no obstante, debido a la utilización de contenedores, los robos son cada vez más difíciles y las pérdidas, cuando se , son en grandes cantidades. Se han dado casos de la desaparición de un buque con su cargamento completo.[18] También suelen producirse robos en contenedores rompiendo los precintos y colocando nuevamente otros falsos.

c) Durante la travesía

Las averías que se producen durante la travesía realizada por el buque para transportar las mercancías son consecuencia de varios factores: por en los movimientos del buque, por no haber realizado una buena estiba durante la carga, por la pérdida de la condición óptima de las bodegas, durante el viaje y por otros imprevistos. Cualquiera de los factores enumerados puede dar lugar a que se produzcan daños en las mercancías, se deterioren y lleguen en mal estado a su destino.

➢ *Movimientos del buque*

Los daños producidos en las mercancías por haber realizado procedimientos incorrectos de estiba se manifiestan con los movimientos del buque, por ejemplo, el aplastamiento que se produce cuando la presión ejercida sobre los envases/embalajes es mayor que su propia resistencia. Una forma de evitar los daños producidos por aplastamiento es observar un orden programado en la estiba y hacer una segregación de las mercancías antes del embarque, evitando colocar bultos pesados encima de los livianos o de envases frágiles.

La presión sobre las mercancías puede ser vertical o lateral, la primera se evita colocando las mercancías mayores y más pesadas en la parte inferior, es decir, es necesario tener cuidado con los envases frágiles y no cubrirlos con cajas pesadas. Si hay entrepuentes se deben colocar los cuarteles de las escotillas, con lo que además de separar las mercancías reducimos la presión de las mercancías más altas sobre las colocadas en la parte inferior. Los pantocazos del buque son movimientos verticales, que transmiten sus fuerzas y presiones sobre las mercancías. La presión lateral sobre las mercancías, se evita realizando una buena estiba de babor a estribor en las bodegas, procurando no dejar espacios. Si el tipo de mercancías exige dejar espacios, por ejemplo, cuando cargamos mercancías perecederas, se debe reforzar con elementos resistentes los huecos para dejar circular el aire, pero impedir el movimiento de los bultos. Los bandazos transmiten una fuerza lateral sobre las mercancías, ejerciendo una presión sobre las mismas.

Además del aplastamiento, los movimientos del buque durante la navegación pueden dar lugar a una fricción entre unidades de carga (bultos, paletas). Los daños se producen en las mercancías cuando se juntan por una estiba inadecuada con un trincaje defectuoso y los movimientos del buque en condiciones de mar agitadas. Suele afectar a envases frágiles, bien sean cajas o garrafas de vidrio, las cuales con los movimientos del buque se rozan unas con otras. También ocurre cuando se colocan envases frágiles de relleno entre cajas o bultos de gran tamaño.

Otro problema que puede suceder es cuando las mercancías son estibadas en el plan de la bodega junto a los mamparos; si estos no están protegidos mediante almohadillas o materiales blandos y las mercancías no disponen del trincaje adecuado, hará que se compriman, sufriendo daños por aplastamiento lateral y rozamiento con los movimientos del buque.

➢ *Condiciones óptimas de la bodega*

Las bodegas son preparadas y acondicionadas según las características de la carga que deben recibir, pero durante la travesía puede perder algunas de esas características dando lugar a un deterioro de las mercancías que en ella han sido estibadas. Veamos los ejemplos de calentamiento, condensación y estanqueidad.

El calentamiento y condensación en los espacios de carga se producen por los cambios de temperatura en la bodega durante los días que dura el viaje, dando lugar a daños en las mercancías, pudiendo incluso perderse la carga. La incidencia de la temperatura sobre la mercancía se manifiesta de dos maneras:

- Por el efecto que los cambios de temperatura producen sobre la estructura interna o externa de los espacios de carga donde hay productos, que cuando han sido sometidos a una elevación o bajada importante de la temperatura respecto a la suya, aunque ésta sea restablecida, quedan dañados, ya que el deterioro en su estructura es irreversible. Por ejemplo, los lácteos o grasas, cuando van estibadas en la bodega a temperatura ambiente. Otro ejemplo son las mercancías que son transportadas en condiciones de refrigeración, ya que si repentinamente sufrieran un cambio brusco de temperatura quedarían estropeadas.
- Por el deterioro que la evaporación y condensación produce sobre determinadas mercancías. Estos dos problemas se plantean por variaciones de temperatura en la bodega. Hay mercancías que emiten vapores, los cuales deben ser evacuados para evitar la contaminación de otros productos. También puede ocurrir daños en mercancías envasadas con recipientes de hojalata o materiales galvanizados (conservas de pescados o frutas), los cuales pueden dañarse por la formación de sudor y exceso de humedad en el interior de la bodega, cuya condensación se deposita sobre los envases, oxidándolos, por lo cual se deterioran y quedan inservibles para proteger la mercancía. Los daños se evitan realizando una ventilación de la bodega con aire seco, para eliminar la humedad y trazas de calor.

Por lo tanto, se puede afirmar que es necesario controlar la temperatura de los espacios de carga durante toda la travesía, ya que las mercancías pueden ser dañadas de tal forma que queden inservibles para su uso o consumo, y esto es responsabilidad de la tripulación, ya que está obligada a entregar la mercancía en el mismo estado en que las recibió en el puerto de carga.

Otro de los problemas que puede afectar a las mercancías por variar las condiciones de las bodegas en que se cargaron es la pérdida de estanqueidad durante la travesía. Una de las causas que dan origen a la entrada de agua en las bodegas suele ser mal tiempo, que hace embarcar el agua sobre cubierta golpeando repetidamente sobre las escotillas. Los golpes de mar pueden producir grietas o roturas de las juntas en las escotillas, dando lugar a una pérdida de la estanqueidad de las bodegas, produciendo una filtración que afectará a las mercancías y a sus envases o embalajes.

➢ *Imprevistos*

Los daños producidos en las mercancías por los imprevistos que se producen durante la navegación son difícilmente corregibles por la tripulación, no obstante podrían haberse evitado si durante la operación de carga se hubiera puesto mayor cuidado con la estiba y trincaje, por lo cual se puede afirmar, una vez más, que los daños que se producen en las mercancías pueden ser evitados poniendo especial cuidado en los procedimientos de estiba. El corrimiento de la carga, los incendios que se pueden producir en la bodega, los efectos perniciosos de roedores e insectos y los vicios de la mercancía están dentro de los daños causados por los imprevistos.

Los problemas por corrimiento de cargas, es decir, un desplazamiento significativo de la ubicación primitiva de la carga, se produce por falta de trincaje o destrucción del mismo, por efecto de una climatología extrema representada por fuertes vientos y grandes olas con mares cruzadas. Este último factor podría haber sido contemplado dentro de las averías que ocurren durante la navegación, pero se incluye en los imprevistos al considerar la climatología extrema como tal. Algunos tipos de buques son más propensos que otros a sufrir este tipo de averías, por ejemplo:

- En buques que transportan mercancías sólidas a granel, se produce por asentamiento del producto, a causa de los movimientos del buque.
- En buques que transportan cargas rodadas, contenedores, mercancías en cubierta o cubertadas, normalmente se produce por falta de trincaje o por rotura de los mismos.

Los corrimientos producidos por una climatología adversa tienen mala solución, pues lo único que se puede hacer es actuar sobre la velocidad y rumbo del buque, pero en ocasiones no es suficiente. Los trabajos de estiba y trincaje durante la carga, colocando los dispositivos necesarios para que la mercancía constituya un bloque sólido, son suficientes en condiciones normales de navegación; no obstante, se pueden aumentar los dispositivos inmovilizadores cuando se vaya a navegar por rutas donde las condiciones climatológicas son cambiantes.

Las averías de las mercancías por incendios que se produzcan durante la navegación son evitables en su mayoría manteniendo normas de seguridad estrictas, referentes a eliminar ciertos malos hábitos y costumbres en la tripulación. Por ejemplo:

- No se deberá permitir en las cercanías de las escotillas, cuando estas estén abiertas, fumar, usar lámparas desnudas o el empleo de cables eléctricos desprovistos de material aislante.
- Se impedirá la salida de chispas por la chimenea, colocando rejillas metálicas, cuando se tenga que abrir los espacios de carga durante la navegación.

Por supuesto hay incendios que se producen de forma imprevista; por ejemplo, hay mercancías que son propensas a la combustión espontánea, debiendo ser vigiladas con atención durante la navegación mediante la disposición de sensores en las bodegas que indiquen la temperatura a diferentes niveles.

Actualmente los daños producidos por los roedores no son apreciables en la mayoría de buques debido a las precauciones adoptadas; no obstante, serán más o menos eficaces, dependiendo del envase del producto; por ejemplo, tratándose de productos alimenticios ensacados como puede ser azúcar o harina, la acción de los roedores ocasiona destrozos apreciables, ya que los sacos son fácilmente rasgados, y además del producto que consumen, se debe tener en cuenta los efectos contaminantes de sus excrementos, quedando invalidados los productos para el consumo humano. Otro problema causado por estos inquilinos y que debe ser tenido en cuenta es que trasladan enfermedades de un puerto a otro, por lo cual es necesario comprobar su presencia, y si existen a bordo deben ser exterminados y retirados de las bodegas.

La importancia de la acción de los roedores y las consecuencias que de ella se derivan ha sido considerada por la Convención Sanitaria Internacional, la cual dispone en su normativa que los buques sean desratizados periódicamente e indica las medidas que se deben tomar para impedir la presencia de los roedores a bordo. El buque debe tener un certificado donde se refleje la fecha de la última inspección realizada.

Las averías y daños producidos por los insectos son controlables antes del embarque de las mercancías, mediante las operaciones de fumigación. Pero pueden aparecer en la bodega debido a la putrefacción de la mercancía, por variaciones en la temperatura en el espacio de carga. Hay otras mercancías que llevan consigo insectos, por ejemplo cargas de maderas tropicales, fardos de trapos y pieles de animales (cueros). El problema que representan los insectos es que se multiplican rápidamente y actúan durante la navegación. El buque debe realizar, como se ha indicado, una operación de desinfección y fumigación de los espacios de carga y acreditarlo mediante el certificado correspondiente. En ocasiones, incluso se debe desinfectar y fumigar todo el buque, ya que algunos insectos se acomodan en la habilitación y pueden ser perjudiciales para la tripulación.

Finalmente se debe mencionar que las averías y daños producidos en las mercancías por sus propios vicios son difícil de detectar antes o durante el embarque, ya que aparecen durante la navegación, especialmente cuando las travesías son largas, por lo cual las medidas que se deben adoptar para la conservación de la integridad de las mercancías deben ser lo mas estrictas posibles.

1.8.3 Estiba y desestiba

Una de las actividades del buque durante su vida es el transporte de mercancías razón fundamental para la cual ha sido diseñado y construido. Dentro de esa actividad están los procedimientos que se deben aplicar a las mercancías para colocarlas adecuadamente a bordo en el puerto de carga y después descargarla en el puerto de destino. Estos procedimientos tienen influencia en las condiciones marineras del buque, pueden evitar que las mercancías se deteriore y se mantengan intactas las características con las cuales fueron embarcadas.

La manipulación de las mercancías está incluida en las responsabilidades del Capitán, por lo cual los procedimientos de estiba y desestiba, aunque sean realizados por personal ajeno al buque, deben ser controlados por su tripulación. Hacer una buena estiba se refiere no sólo a proteger las mercancías, sino también a segregarlas y ubicarlas en el espacio de carga adecuado, para lo cual es necesario conocer las características de los productos. Por último, apuntaremos que de forma general y para todo tipo de mercancías, la buena estiba de las mismas es la solución idónea, capaz de suprimir la mayoría de las averías que se producen en la carga.

El problema que presenta la estiba/desestiba es que se debe realizar teniendo en cuenta demasiados factores y además, como se indicó al definir el término, es necesario contar con la habilidad de la persona encargada de realizarla y ésta se adquiere con experiencia a bordo del buque. Por todo ello, las dificultades que entrañan las operaciones son aún mayores cuando se trata de carga general, pues como se verá puede resultar que varias opciones de estiba sean igual de buenas para un buque determinado, pero para otro, aunque sea gemelo, no servirían o los resultados serían diferentes.

1.9 Tipos de buques

La mayoría de los buques se construyen actualmente en función de las mercancías que van a transportar y la zona por la cual van a navegar, por lo que realizar una clasificación de buques es complicada si pretendemos que todos estén reunidos en ella, por lo que puede hacerse además teniendo en cuenta sus características y otras consideraciones que proporcionan las pautas para realizar un agrupamiento coherente, por ejemplo:

- tipo de construcción
- trafico al que se dedican
- actividad desempeñada
- carga que transportan

Considerando la estructura de capítulos en la que se ha dividido este "Manual de estiba" la clasificación que parece más lógica es la que se establece en función de la carga que el buque transporta, por lo cual se reúnen de la siguiente forma:

- Buques que transportan cargas a granel sólidas
- Buques que transportan cargas a granel liquidas
- Buques que transportan cargas envasadas y/o unitizadas.

En los tres grupos se pueden integrar casi todos los tipos de buques que existen en el mercado cuya finalidad es el transporte de mercancías. Algunas características destacables de los buques de cada grupo son:

➢ Para la carga a granel sólida:
  - Graneleros: son buques que están acondicionados para recibir todo tipo de cereales, que son estibados a granel en bodegas de mamparos lisos y doble fondo.
  - Mineraleros: son buques que tienen su espacio de carga distribuido en cinco, siete o nueve bodegas, con doble fondo alto. Se utilizan para el transporte de mercancías de alta densidad, que suele estibarse en bodegas alternas.
  - Cementeros: suelen ser buques con medios de autoestiba por las especiales características del cemento, que tiene un tratamiento entre producto líquido y sólido.
  - Madereros: son buques dedicados al transporte materias primas de productos forestales. Tienen como característica diferencial líneas de francobordo diferentes al resto de buques, requieren efectuar parte de su estiba en cubierta, debido a la relación entre volumen y peso.

➢ Para la carga a granel líquida:
  - Petroleros: dos son los grupos de buques que reciben esta denominación, los dedicados al transporte de productos derivados del crudo y los que transportan crudo. Dentro de los primeros tenemos los asfalteros, productos limpios y productos sucios. En el segundo grupo entran los VLCC (*Very Large Crude Carrier*), ULCC (*Ultra Large Crude Carrier*) y los denominados *Shuttle* (lanzadera).
  - Quimiqueros: son aquellos buques que la OMI ha clasificado en tres grupos (IMO I, II y III), en función de la peligrosidad del producto transportado.
  - Gaseros: grupo de buques en los cuales se incluyen los LPG[19] y LNG.[20] Todos ellos transportan gases licuados, bien sean procedentes de pozos u obtenidos del petróleo crudo. Los espacios de carga tienen diferentes configuraciones y reciben los productos mediante tuberías.
  - Buques para productos líquidos de consumo: vino, zumos, aceites.

➢ Para la carga a envasada y/o unitizada además de la relación que figura a continuación se podrían incluir los buques madereros que en ocasiones transportan unidades de carga:
  - Transbordadores: buques acondicionados para estibar carga rodada y además llevar pasajeros. Las cubiertas o garajes son ininterrumpidas sin mamparos transversales.
  - Ro-ro[21] y ropas: son buques especializados en el transporte de cargas rodadas que suelen ser de un sólo tipo, por ejemplo, motos, o automóviles. Como característica destacable se puede decir que el acceso de la carga se realiza median rampas situadas a proa, popa o en los costados.

- Portacontenedores: hasta hace poco estos buques tenían un diseño convencional formado por bodegas con grandes escotillas, encima de las cuales se estiban contenedores. Actualmente se construyen buques sin escotillas, facilitando de esta manera la carga que es más rápida.
- Frigoríficos: los dedicados a rutas oceánicas suelen tener cuatro bodegas divididas por entrepuentes y acondicionadas para recibir carga paletizada. Algunos tipos de buques frigoríficos llevan do bodegas y normalmente realizan navegación de cabotaje. El acceso de la carga puede ser vertical o transversal.
- Buques de carga general: son buques que disponen de bodegas con entrepuentes para facilitar la estiba y segregación de las mercancías. Son buques que en el transporte oceánico tienden a desaparecer, pero que en cabotaje todavía suele utilizarse.
- Multiusos o multimodales: son buques preparados para transportar contenedores, cargas sobre paletas u otras cargas formando unidades, incluso vehículos.

1.10 Espacios de carga

Los diseñadores y constructores de buques para el transporte de mercancías, además de poner cuidado en el diseño de las formas del casco, deben prestar especial cuidado en configurar su interior de acuerdo a sus necesidades. Teniendo en cuenta las características de las mercancías, una forma de clasificar los espacios de carga es dividirlos en cuatro apartados: tanques, bodegas, cubiertas y garajes. Los espacios de carga deben tener suficiente resistencia para almacenar de forma segura en su interior la carga para la cual fueron diseñados. El espacio debe estar además acondicionado para evitar que las mercancías se deterioren, por lo cual dispondrán de los equipos necesarios.

Los tanques están dedicados a graneles líquidos: gases licuados, productos químicos, petróleo, zumos, vinos o lácteos. Las bodegas son preparadas para contener graneles sólidos y cargas unitizadas, por ejemplo: cereales, minerales, paletas, bobinas o madera. Las cubiertas pueden estibar contenedores, madera y grandes unidades de carga. Los garajes se utilizan para la estiba vehículos y cargas rodadas, por ejemplo: camiones, remolques, automóviles o trenes.

Otra forma de clasificar los espacios es realizarlo teniendo en cuenta la forma de acceso de la carga al buque, resultando dos grupos: uno de cargas de acceso vertical y otro formado por las cargas de acceso horizontal. En el primer caso las mercancías entran por las escotillas y en el segundo caso a través de aberturas en el casco, pudiendo ser aberturas laterales, en proa o en popa.

Además de los espacios preparados para recibir la carga, el buque dispone de otros lugares que podrían contener pesos importantes, estas áreas son tres:

- Espacios destinados a habilitación, servicios, talleres y pañoles
- Espacios donde se ubican las máquinas propulsoras y auxiliares
- Espacios dedicados a tanques de lastre, *coferdans*, doble fondos, tanques de residuos, o tanques de consumo

Aunque no son espacios de carga, el peso que puede haber en ellos en un momento determinado puede hacer que la carga embarcada disminuya, es decir, que la mercancía transportada por el buque estará en función de los anteriores pesos que se denominan pesos muertos.

1.10.1 Bodegas

Las bodegas son espacios del buque situados bajo cubierta destinados a las mercancías sólidas, bien sea a granel, envasadas o cargas unitizadas, y en las que la carga se estiba introduciéndola verticalmente a través de unas espaciosas aberturas denominadas escotillas. Algunos tipos de buques también disponen de bodegas a las que la mercancía accede lateralmente a través de portas, por ejemplo: en el caso de mercancías dispuestas sobre paletas. La configuración de las bodegas se puede observar en la configuración de la cuaderna maestra, por ejemplo en la figura 7 hay un buque granelero (A), un buque maderero (B) y un buque de carga general (C).

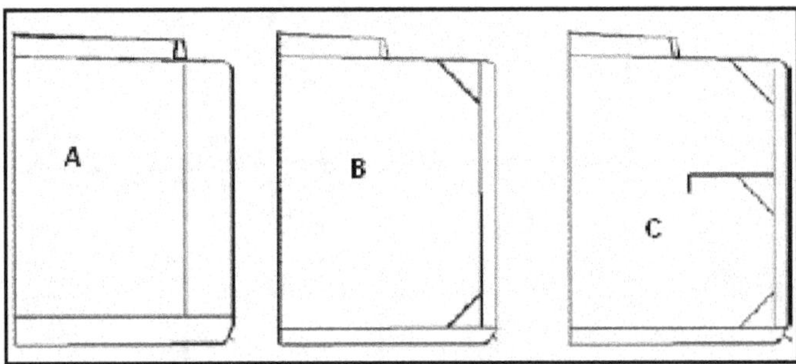

Figura 7 Diferentes bodegas

La mayoría de las características de las bodegas están en función del tipo de mercancía que se estibará en su interior, por lo cual se hablará de ellas en posteriores capítulos; no obstante, como características generales se pueden apuntar las siguientes:

- La forma normalmente es rectangular, excepto la situada más a proa, y en el caso de buques con puente central, la bodega situada a su popa.
- La estructura de las bodegas suele estar en función del tipo de buque y mercancía que se estibará en ella. Están separadas entre sí por mamparos transversales estancos.
- Hay bodegas que están divididas horizontalmente en espacios denominados entrepuentes. Si el buque dispone de un solo entrepuente, para mantener la estabilidad se sigue una regla general, cargando 2/3 del peso de la carga en el plan de la bodega y 1/3 en el entrepuente.
- El interior de las bodegas en algunos tipos de buques suele albergar equipos y dispositivos, utilizados para el mantenimiento y control de la mercancía durante su transporte.
- Las dimensiones de una bodega varían en función del tamaño del buque y del tipo de mercancía que es estibada en su interior para ser transportada.

Un elemento importante en las bodegas son las escotillas, aberturas a través de las cuales se realizan las operaciones de carga/descarga. Están formadas por las brazolas dispuestas verticalmente delimitando la abertura y una tapa situada encima que cierra la bodega. La maniobra de apertura y cierre de la tapa de escotilla es realizado de forma mecánica. Una característica imprescindible de las tapas de escotilla para que ejerzan su cometido es que sean completamente estancas, para evitar la entrada de líquidos o gases que deterioren las mercancías que estén estibadas en su interior. Las tapas de escotilla disponen de un sistema de trincaje para evitar que cualquier incidente pueda moverlas y pierdan sus propiedades de estanqueidad.

Otros elementos que configuran una bodega son: enjaretados para la protección del plan de la bodega y entrepuente, respiraderos, tubos de aireación, pocetes para la recogida de los residuos líquidos, filtros, caseta de cubierta y escalera de acceso. Antiguamente (aún hoy quedarán algunos buques), se usaban cuarteles y pontones de madera o metálicos para cubrir las escotillas. Los cuarteles gruesos cuyas dimensiones estaban reguladas por el "Convenio Internacional de Líneas de Carga de 1966". Los pontones colocados de forma manual fueron derivando hacia la formación de bloques accionados automáticamente, que son los que componen las tapas de actuales de escotillas.

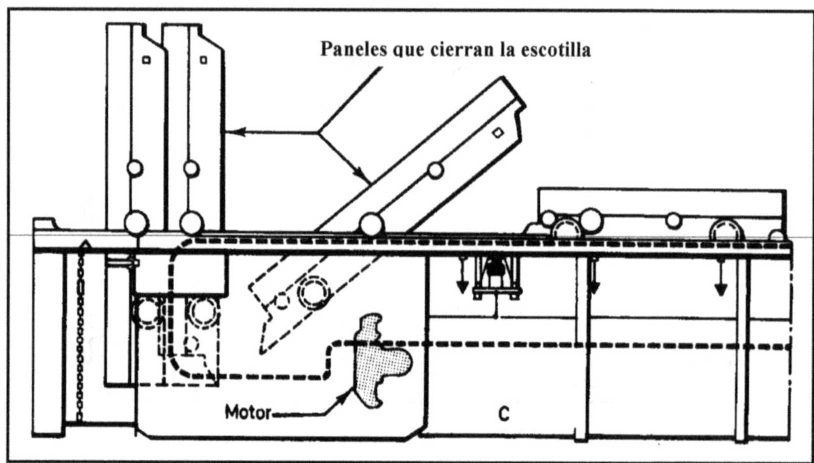

Figura 8 Tapa de la escotilla

En la figura 8 se presenta una tapa de escotilla formada por varias secciones que se retiran mediante engranajes movidos de forma eléctrica, hidráulica o mecánica, estibándose una parte a proa y otra a popa de la abertura.

1.10.2 Tanques

Los espacios de carga destinados a estibar productos líquidos a granel reciben el nombre de tanques, estando situados en el interior del casco, no obstante hay algunos buques destinados al transporte de gases licuados o productos químicos que pueden llevar tanques colocados sobre cubierta para la carga o destinados a residuos.

La forma de los tanques es muy variada, pero todos ellos se agrupan en dos tipos denominados tanques integrales o tanques independientes. Los primeros forman parte del casco por división del espacio de carga situado bajo cubierta y los independientes son los que están acoplados en el interior del casco o los situados sobre cubierta. Ambos tipos podrán tener otras denominaciones en función de la resistencia del material con el que han sido construidos, ya que dependiendo de su valor podrán aguantar presiones muy elevadas.

La problemática planteada por los accidentes marítimos de petroleros durante las últimas décadas puso de manifiesto la necesidad de utilizar buques con doble casco, lo cual fue reglamentado mediante una nueva legislación. Esta nueva disposición del casco hace que todos los tanques tengan una estructura interior lisa y libre de obstáculos, facilitando las operaciones de descarga y limpieza, permitiendo que los residuos en el interior de los tanques sean eliminados totalmente.

1.10.3Cubierta y garaje

La utilización de la cubierta como espacio de carga es aprovechada cuando es necesario transportar cargas cuya relación volumen/peso se decanta por el primer factor; por ejemplo, en los buques madereros se carga en cubierta formando una cubertada, aprovechando este espacio para aumentar la carga transportada. También se utiliza la cubierta si se cargan mercancías especiales que por su volumen sólo pueden ser colocadas sobre cubierta, por ejemplo: yates, depósitos o grandes máquinas. Finalmente, los buques portacontenedores llevan parte de su carga estibada sobre las tapas de escotilla en cubierta. En todos los casos enumerados se suele utilizar la cubierta en toda su extensión o solamente las tapas de escotilla para hacer firme las mercancías. La carga se realiza simplemente depositándola sobre cubierta o escotilla y trincándola con los medios de sujeción dispuestos a tal fin, que dependerán de la configuración estructural de la propia mercancía o del embalaje que la proteja.

El término garaje se emplea para designar los espacios horizontales en los cuales se alojan las cargas rodadas y vehículos. Una característica destacable en los garajes son los dispositivos de acceso denominados rampas, que son solidarios con el casco y sirven además como dispositivo de cierre. Hay buques que tienen rampas en popa y proa, lo que facilita la entrada y salida de vehículos. En otros las rampas están situadas sobre los costados.

La configuración interior de los garajes está diseñada de la siguiente forma: una cubierta con el menor número posible de obstáculos, corrida de proa a popa, con rampas o ascensores laterales para facilitar el acceso a las cubiertas inferiores y superiores. Los garajes no disponen de mamparos transversales, pero la última legislación surgida de los accidentes marítimos de varios transbordadores con carga rodada y pasaje obliga a que dispongan de medios para realizar una división transversalmente.

1.11 Puertos

Los puertos son espacios terrestres naturales o artificiales que están constituidos por varias zonas o áreas costeras en las cuales las mercancías puedan ser recibidas, almacenadas o depositadas. Además el puerto deberá disponer muelles para buques, trenes y camiones. La función del puerto es acoger a los buques que transportan pasajeros o mercancías, lo cual lleva implícito disponer de una serie de equipamientos para facilitar las labores de embarque o desembarco. Como complemento a estas funciones el puerto necesita disponer de servicios y comunicaciones terrestres para los movimientos de salida y entrada.

El buque que llega a puerto necesita realizar sus operaciones con agilidad buscando permanecer el menor tiempo posible en el muelle de atraque. Para ello necesita de empresas estibadoras que realicen los trabajos de estiba y desestiba. Además el puerto debe contar con trabajadores portuarios que cumplan todas las funciones de ayuda al buque. Por último, se debe hacer constar que los trabajos de tierra están regulados mediante reglamentos que la administración marítima de cada país publica.

a) Funciones de las terminales
Ante la imposibilidad de poder ofrecer todos los servicios en una misma zona portuaria, los espacios del puerto han sido divididos en zonas especializadas, denominadas terminales portuarias, que deben estar acondicionados para permitir realizar las funciones para las cuales se construyen, operando de una manera rápida y segura. Una terminal debe permitir:

- Operaciones de carga/descarga de las mercancías que pasen por la terminal, que pueden ser las que llegan por tierra para ser embarcadas, las que traen a bordo los buques y son almacenadas para ser transbordadas a otros buques, o las que son cargadas en vagones y vehículos para salir por tierra. Para el desarrollo eficiente de las operaciones, la terminal deberá disponer de suficiente línea de atraque para buques, estaciones para vehículos y vagones de tren.
- Disponer de espacios adecuados para el almacenamiento provisional o durante un tiempo determinado de las mercancías que entran y salen de la terminal.
- Facilitar las conexiones desde ella con las redes de transporte terrestres, para agilizar el desplazamiento de mercancías, permitiendo una salida de forma rápida, o entrada a los almacenes y muelles.

Los problemas del funcionamiento de una terminal surgen cuando no se puede cumplir adecuadamente alguna de las funciones enumeradas, normalmente por falta de capacidad de la terminal, y ésta suele estar en la mayoría de los casos condicionada por la amplitud del puerto, ya que su desarrollo no es posible si no dispone de espacio para poder crecer.

b) Trabajadores portuarios

Las funciones de los trabajadores portuarios tienen como objetivo ejercer labores de vigilancia de las mercancías depositadas en los muelles y almacenes, ayudar a las operaciones de atraque del buque y realizar la manipulación de las mercancías durante la carga de las mismas. En los temas que se abordan solamente se tratará de las funciones que desarrollan los trabajadores respecto a la estiba, ya que las otras no entran dentro de la materia desarrollada en este manual.

Las leyes de cada país facilitan una normativa sobre la formación y competencias que deberán asumir los trabajadores portuarios durante las operaciones de estiba. En España tenemos varios reales decretos[22] que proporcionan las directrices que se deben cumplir para obtener los certificados que capaciten profesionalmente a una persona. Los contenidos y materias de formación a los que deben ajustarse los cursos se ciñen a los siguientes objetivos:

- Poder realizar las operaciones relacionadas con la preparación y mantenimiento preventivo de los equipos y área de trabajo, según las especificaciones técnicas recibidas, aplicando los procedimientos adecuados, con objeto de asegurar un estado óptimo de forma permanente.
- Conocer el funcionamiento de los diferentes equipos y dispositivos de estiba/desestiba para manipular las mercancías.
- Efectuar la conducción horizontal y vertical de los equipos, operando los controles y mecanismos de forma segura y precisa, al objeto de garantizar la máxima seguridad y eficacia en las operaciones y el óptimo rendimiento de los equipos.
- Conocer la configuración general del área de trabajo en la cual se deben desarrollar sus competencias.
- Realizar la preparación, control, agrupamiento, protección, estiba y almacenaje de mercancías utilizando las técnicas y procedimientos más adecuados.
- Aplicar los procedimientos de seguridad laboral establecidos para evitar accidentes/siniestros en la realización de la actividad.
- Prever los riesgos en el trabajo y determinar acciones preventivas de protección de la salud, minimizando factores de riesgo y aplicando medidas de primeros auxilios en caso de accidentes o siniestros.

Los trabajadores portuarios pertenecen a las organizaciones que desarrollan su actividad en los recintos portuarios y estarán sujetos a las normas que la empresa disponga para el cumplimiento de los contratos firmados para asistir a los buques en las operaciones de estiba/desestiba y manipulación de las mercancías.

c) Empresas estibadoras

El avance producido en todos las áreas del sector marítimo también se ve reflejado dentro de las empresas estibadoras por las inversiones realizadas en tecnología punta, lo que ha propiciado nuevos sistemas capaces de realizar las operaciones de forma más segura y rápida, poniendo de relieve la importancia que en el desarrollo del transporte tiene una empresa bien organizada y con sistemas de operativos actualizados.

La viabilidad de una empresa estibadora requiere atender los requisitos de las partes implicadas y satisfacer sus expectativas. Debe cumplir con sus clientes y ser económicamente rentable, haciendo el mejor empleo posible de sus recursos materiales y humanos, dedicando el tiempo estrictamente necesario para proporcionar cada servicio. Se trata de ser capaces de concebir nuevos modos de hacer las cosas basándose en la tecnología y aprovechando sus posibilidades.

La existencia de las empresas estibadoras surge de la imposibilidad en muchos casos de que la tripulación pueda realizar los trabajos de estiba/desestiba por falta de equipos adecuados. Actualmente, con la reducción realizada en las tripulaciones de los buques, las empresas estibadoras son aún mas necesarias, incluso se puede decir que son imprescindibles, ya que, si no existieran, por ejemplo, los grandes buques portacontenedores no podrían operar.

1.12 Logística

La magnitud de los conflictos bélicos obligó a un movimiento masivo de tropas y medios de cuya coordinación se ocupaba un departamento logístico. El término fue empleado por los militares durante muchos años y después con el desarrollo del transporte marítimo pasó a las actividades comerciales donde el significado es el mismo pero aplicado a movimientos de mercancías y pasajeros. La logística busca una eficaz combinación entre el transporte marítimo, el aéreo y el terrestre para poner las mercancías a disposición del dueño lo antes posible.

El futuro del transporte nacional e internacional está basado en la interconexión de los cuatro modos de transporte marítimo, por carretera, ferrocarril, y aéreo. La logística está potenciada por los avances en comunicaciones que permiten la creación de sistemas de información que abaratan los costes económicos de las operaciones y fundamentalmente el tiempo empleado en las mismas, por lo cual las mercancías tienen una mayor fluidez entre los lugares de origen y destino. En definitiva, la logística constituyó el mejor argumento para la creación y posterior potenciación del sistema intermodal de transporte.

Los países avanzados destinan una importante parte de sus presupuestos a inversiones relacionadas con el transporte y la logística como forma de ser competitivos frente a otros de su misma área, mejorando la calidad y los plazos de entrega de las mercancías a los clientes. El caso concreto de España es que tiene en la logística una herramienta imprescindible para coordinar los diferentes transportes de pasajeros y los movimientos de mercancías. Debido a la especial configuración del territorio nacional compuesto por una parte peninsular, las Islas Canarias e Islas Baleares y las ciudades de Ceuta y Melilla, la potenciación de la logística es un objetivo constante en las empresas de transporte españolas, lo cual permite el desarrollo de la actividad económica del sector naviero.

El transporte marítimo, aéreo y terrestre crecen continuamente, primero porque los centros de producción y consumo se alejan ante el encarecimiento de los costes de mano de obra, segundo porque el aumento de consumo implica mayor movimiento de productos, y tercero el aumento del bienestar económico y social facilita el incremento del flujo de pasajeros. El número de centros productivos, estaciones de almacenamiento, centros de distribución, nodos de comunicaciones y redes terrestres mercancías, puertos y aeropuertos, aumenta continuamente, por lo que las plataformas logísticas deben incrementar sus esfuerzos para permitir la perfecta coordinación de los movimientos de mercancías.

Actualmente, el tema de la logística es un apartado básico en el transporte que es potenciado creando departamentos para desarrollar el flujo de información, buscando la rentabilidad presente del movimiento de mercancías para reducir los costes. La efectividad de un sistema logístico está basada en una planificación y en el conocimiento en cada momento de la situación de las mercancías, para coordinar su movimiento y agilizar su entrega.

1.13 Comunicaciones

El conocimiento de la situación y condiciones en las que se encuentran las mercancías en todo momento es una necesidad de las partes implicadas en su desplazamiento. Para ello es necesario disponer de una buena comunicación que garantice en todo momento la situación de las mercancías. Las comunicaciones están constituidas por documentos físicos y mensajes de voz que son intercambiados durante todo el tiempo que tarda la mercancía en llegar a su propietario final.

Actualmente, las nuevas tecnologías están permitiendo el cambio progresivo de los sistemas de comunicación, desapareciendo los formatos físicos que son sustituidos por formatos electrónicos, constituyendo el denominado intercambio electrónico de documentación. El sistema permite el flujo de información entre ordenadores, pudiendo en muchos casos conseguir que llegue directamente desde el fabricante al receptor pasando por el transportista.

Uno de los factores que miden el grado de competitividad de un puerto es la rapidez con la cual se realiza el despacho de las mercancías. La agilización del circuito documental se consigue mediante la introducción del EDI[23], y con él se logra la optimización de la burocracia documental entre los diferentes agentes portuarios y los organismos públicos. En España los primeros serían los consignatarios, agentes de aduanas, transitarios o responsables de las terminales de estiba, y de los segundos destacan la Capitanía Marítimas, la Aduana o la Autoridad portuaria. El número de documentos que pueden llegar a ser emitidos e intercambiados sobrepasa la cuarentena, lo que significa un gran volumen de papel y posibilidades de pérdidas o errores en los diferentes documentos.

---

[3] El único ingreso obtenido por el buque es el flete de las mercancías.
[4] Término que deriva del latín, *stipare*, significando amontonamiento.
[5] Se hacía en los cargamentos de balas de algodón.
[6] Si la bodega tiene obstrucciones siempre hay espacio perdido.
[7] *Save of Live at Sea*. Se hará referencia a la edición Enmendada hasta la fecha.
[8] Siglas que corresponden al antiguo organismo.
[9] Las últimas enmiendas antes de la impresión de éste Manual han sido las de 1995 que adoptadas el 23 de Noviembre de 1995, entraron en vigor un año después; y las enmiendas adoptadas en Junio de 2003, que entraron en vigor el 1 de Enero de 2006.

[10] La edición de 1996 incluye las enmiendas aprobadas por el CSM mediante la resolución MSC.20 (59) en mayo de 1991. Incluye la última enmienda A.737 (18).

[11] MSC/Circ.664 de 22 diciembre 1994, MSC/Circ.691 de 1 junio 1995, MSC/Circ.740 de 14 junio 1996 y MSC/Circ.812 de 16 junio 1997.

[12] Resolución A.489 (XII) sobre la estiba y sujeción seguras de unidades de carga y de otros elementos de carga en buques que no sean portacontenedores celulares, y la circular MSC/Circ.385, de enero de 1985, que contiene las disposiciones que se han de incluir en el manual de sujeción de la carga que los buques deberán llevar a bordo. Otra resolución A.533 (13), relativa a los factores que procede tener en cuenta al examinar la estiba y la sujeción seguras de unidades de carga y de vehículos en los buques. Finalmente la resolución A.581 (14) relativa a las Directrices sobre medios de sujeción para el transporte de vehículos de carretera en buques de transbordo rodado. Directrices OMI/OIT sobre la arrumazón de la carga en contenedores o vehículos. Peligros relacionados con la entrada en espacios cerrados. MSC/Circ.487.

[13] Conocido por las siglas inglesas, IMDG, cuyo significado es: *International Maritime Dangerous Goods*. La última versión tiene fecha de enero del 2000 y entró en vigor 12 meses después.

[14] Reglamento fue aprobado por el Real Decreto 371/1987 del 13 de Marzo.

[15] Término en inglés, *Bill of leading*.

[16] Termino en inglés, *Mate's receipt*.

[17] Una de las funciones del oficial encargado de planificar y controlar la estiba, debe ser precisamente, evaluar el procedimiento aplicado para detectar los posibles fallos y posibilitar la introducción de mejoras que eviten los daños en las mercancías.

[18] En la década de los noventa desapareció un buque cargado de azúcar.

[19] *Liquen Petroleum Gas*.

[20] *Liquen Natural Gas*.

[21] Buque Ro-Ro (*Roll on/Roll Off*).

[22] Real Decreto 1999 (6 de Septiembre de 1996), por el que se establece el Certificado de profesionalidad, para la ocupación de operador de estiba/desestiba y desplazamiento de cargas. Real Decreto 797, 19 de Mayo de 1995.

[23] *Electronic Data Interchage*.

2. Elementos y medios para estibar

2.1 Introducción

La ubicación de mercancías a bordo del buque de forma correcta obliga a manejarlas con seguridad, evitando que se deterioren antes de ser entregadas en puerto, que el buque no sea afectado y que las personas sufran daños. El capítulo contiene un resumen de los elementos, dispositivos y medios que sirven para trincar las mercancías, protegerlas, estibarlas/desestibarlas correctamente a bordo del buque o en las explanadas y lugares de almacenamiento de las diferentes terminales portuarias.

Los apartados incluyen los conceptos básicos del manejo de los medios utilizados en la manipulación y desplazamiento de la carga que es transportada por vía marítima, con el propósito de analizar posteriormente la viabilidad de su utilización en los diferentes tipos de cargas. Además se indican desde el punto de vista de la seguridad, las medidas a adoptar, aplicando las condiciones en las que se deben desarrollar todas las operaciones.

Los condicionantes económicos a los que se ve sometido la explotación del buque hace que algunos de los elementos descritos a continuación hayan dejado de utilizarse de forma general en los buques,[24] pero las particularidades de algunos tipos de carga obligan en ocasiones a su utilización, razón suficiente para describirlos en este "Manual de estiba".

2.2 Elementos para trincar

La utilización de diferentes medios para sujetar las mercancías de forma que queden fijadas a la estructura del buque en los lugares y puntos preparados para ello está justificada por la necesidad de evitar que se dañen durante el viaje. Los elementos que se van a describir son los cabos y cables, cuya utilización es tan antigua como el mismo transporte marítimo de mercancías. Posteriormente se enumeran aquellos utensilios y dispositivos que pueden ayudar a trincar de forma segura las mercancías en los espacios de carga del buque evitando que se muevan.

El objetivo de usar una gran variedad de utensilios con distinta forma y construidos de materiales diversos es, en primer lugar, para cubrir las necesidades creadas por la manipulación, trincaje y estiba, en segundo lugar se debe a la diversidad de mercancías transportadas, y por último es una forma de evitar la demora del buque en los puertos de carga/descarga. En todos los casos hay dos características importantes que se deben tener muy en cuenta a la hora de elegir los dispositivos: la carga de rotura y el factor de seguridad. La carga de rotura es un valor que indica la carga a la cual el elemento se rompe por falta de resistencia. Hay que tener en cuenta que nunca se podrá trabajar con valores cercanos a este dato. El factor de seguridad es un coeficiente asignado por el fabricante y en el cual se considera, además de las características del material, las propiedades físicas que pueden hacer disminuir la eficacia del elemento utilizado, por ejemplo, desgaste por el tiempo de uso.

Los elementos de trincaje son utilizados de forma general de tres maneras para sujetar y proteger la mercancía: primero, para fijarlas en el buque o en la terminal; segundo, formando parte de equipos que introducen o sacan las mercancías a bordo, y en tercer lugar, unidos a otros dispositivos constituyendo las denominadas unidades de carga. Este tercer uso tiene dos objetivos: proteger las mercancías evitando robos y daños, y constituir una unidad de carga. Un ejemplo completo lo tendríamos en la manipulación de contenedores.

2.2.1 Cabos

La utilización de cabos como elementos para fijar o ayudar en el trincaje de la mercancía ha sido posiblemente la primera opción usada en el transporte marítimo debido a que permite realizar sencillas operaciones de inmovilización para el embarque o desembarque de mercancías envasadas y unidades de carga. A pesar de su antigüedad, los cabos siguen usándose para trincar las mercancías actualmente, bien sea como elementos principales o complementarios. Por ejemplo, en el empleo de aparejos y puntales, aprovechando su flexibilidad y facilidad de manipulación.

Las diferentes partes que se diferencian en un cabo son:

- chicote: extremo libre de un cabo
- firme: parte más larga del cabo
- seno: longitud del cabo entre los dos extremos
- mena: es la longitud de la circunferencia circunscrita al cabo, puede estar formada por cordones[25]

Las referencias y características generales que se han indicado respecto a los cabos permiten hacer una clasificación, conocer su resistencia y realizar las operaciones necesarias para su mantenimiento su cuidado y mantenimiento con objeto de que estén aptos para usar.

a) Clasificación

Los cabos utilizados a bordo para la manipulación y trincaje de las mercancías pueden ser clasificados de varias maneras. Por ejemplo, atendiendo al material empleado en su construcción, por el sistema de fabricación utilizado o por su mena. Las necesidades de trincaje son las que determinan las características del tipo de cabo que se debe utilizar, siendo tenidas en cuenta y evaluadas para su selección.

La construcción de cabos se realiza con materiales flexibles, pudiendo ser fibras vegetales o fibras sintéticas, siendo las segundas las más empleadas actualmente por las ventajas que suponen sobre las primeras. El sistema de fabricación se denomina colchado o trenzado, pudiendo ser a la izquierda (S) o a la derecha (Z). Una característica del conchado es el ángulo entre fibras, y cuanto mayor sea, más duro y menos flexible se hace el cabo, lo cual producirá más resistencia por rozamiento.

b) Resistencia

Los datos que hacen referencia a la resistencia de un cabo deben constar en el certificado[26] que acompañará a la nota de pedido realizada desde el buque, bien sea en el momento de su armamento durante la construcción, o cuando es necesario reponerlo por deterioro de sus propiedades. Algunos de estos datos pueden ser modificados por factores que aumentan o disminuyen su resistencia, por ejemplo: conservación, tipo de colchado, número de filásticas o carga de ruptura. Además, también depende de si el problema se produce en el interior o es la superficie del cordón.

El valor de la resistencia es calculado mediante la expresión general:

$$R=k*c^2$$

Donde:

k es el coeficiente seguridad cuyo valor depende de la fibra y el colchado, estando en función del tipo de trabajo al que se destina el cabo, por ejemplo: para pesos fijos, k=5; aparejo trabajando: k=8.

c es la mena del cabo.

Otros valores que se deben tener en cuenta en los cabos con los cuales se trabaja son: la carga de trabajo, que es el valor resultante de dividir la carga de ruptura por el coeficiente de seguridad, y la intensidad de la carga, que es el valor de la resistencia por unidad de sección (kg/mm^2). El cálculo de la resistencia a la rotura de un cabo construido con fibras sintéticas está indicado en los documentos facilitados por los fabricantes, pero se puede realizar un cálculo de forma aproximada[27] o cuando no se dispone de los certificados, utilizando las tablas de valores de a bordo y las siguientes fórmulas:

- Poliamida, $Rr=5*D^2/300$
- Poliester, $Rr=4* D^2/300$
- Polipropeno, $Rr=3* D^2/300$

c) Mantenimiento

La utilización de los cabos de fibras sintética está actualmente generalizada por las ventajas que tienen sobre los de fibras vegetales, superando con creces los inconvenientes, por ello los han sustituido en las funciones de trincaje o en el equipamiento de medios de izado. En general, las ventajas de los cabos de fibra sintética sobre los de fibras vegetales son: que no se pudren ni enmohecen cuando se utilizan en lugares húmedos; tienen una mayor resistencia; poseen mayor elasticidad; tienen menor peso. Todas estas ventajas facilitan su utilización y manejo.

Algunos problemas o inconvenientes que pueden presentar los cabos de fibra sintética respecto a los de fibra vegetal son, por ejemplo:

- Tienen menor poder de adherencia, por lo cual es necesario fijar bien los nudos, para evitar que se suelten los trincajes.
- Se "queman" con el sol, por ello hay que tener cuidado cuando se utilizan o estiban en lugares que están a la intemperie.
- El desgaste por rozamiento al trabajar sobre guías fijas es mayor.
- Sufren aplastamiento, al ser comprimidos en el lugar sobre el cual trabajan.
- El agua salada afecta a su estructura disminuyendo su resistencia.
- Las grasas y aceites deterioran las fibras que componen el cabo, por ello cuando trabaja sobre un motón debe estar engrasado con sebo, nunca con grasa o aceites.

2.2.2 Cables

La poca resistencia de los cabos para su uso en el trincaje y manipulación de grandes unidades de carga ha obligado a que éstos sean sustituidos por cables. Las funciones asignadas a los cables son las mismas que las ejercidas por los cabos en lo que respecta a los dispositivos de fijación y a su uso en los medios utilizados para la carga/descarga de mercancías pesadas, bien sean grúas, puntales o aparejos de carga.

El material de fabricación es en general una aleación de acero y su configuración suele estar formada por alambres arrollados helicoidalmente formando cordones, que a su vez están sobre un alma de fibra o acero, pudiendo dividirse los elementos que componen un cable en tres: alma, cordones y alambres.

Las características destacables de los cables utilizados en la estiba dependerán del uso a que vayan a ser destinados como elementos de trincaje o para equipar medios de carga, pero de forma general se tendrá en cuenta:

- Longitud. La pieza de cable utilizada debe ser completa con una longitud un poco mayor que la que deba cubrir. A ser posible, no se deben utilizar trozos de cable yustados, ya que su resistencia será inferior al cable de una pieza.
- Diámetro: es un valor que debe ser medido entre dos cordones opuestos, abarcando de esta forma la máxima circunferencia del cable.
- Composición: viene proporcionada por el número de cordones que sirve para la designación de un cable haciéndose mediante una notación en la cual se expresa: 7*3+1, lo cual quiere decir que el cable tiene 7 cordones, 3 alambres por cordón y un alma. Otro ejemplo sería: 7*3+ (4*2+1), que significa un cable formado por 7 cordones, 3 alambres por cordón y un alma formada por 4 cordones de 2 alambres sobre un alma.
- Torsión o arrollamiento: es una característica que indica la forma de cómo ha sido construido el cable. De manera general se consideran dos tipos de torsión del alambre:
  - Sentido contrario al de los cordones en el cable, denominada torsión ordinaria. Los alambres trabajan conjuntamente en paralelo al eje del cable, lo cual reparte el esfuerzo del cable.
  - Mismo sentido de los cordones, en este caso los alambres forman un ángulo de aproximadamente 30º, presentando una mayor longitud de apoyo sobre los canales de las poleas y tambores, por lo cual resisten mejor el desgaste. Como ventaja se apunta su fácil manejo y que tienen tendencia a girar bajo la carga.
- Flexibilidad. Los cables al ser utilizados pueden trabajar doblados o arrollados sobre puntos de trabajo, esto hace que la fatiga de flexión se acumule, pudiendo producir su rotura. En la manipulación de los cables es importante comprobar antes de utilizarlo si tiene cocas o faltas y cuando se hacen trabajar inspeccionar su ubicación sobre la pieza antes de que aumente la fuerza.
  - Fatiga por flexión de un cable: es una característica que varía al aumentar el diámetro de los alambres, al disminuir el diámetro de las poleas y tambores que trabajan, cuando se reduce el coeficiente de seguridad y al aumentar la presión del cable sobre las poleas y tambores. Hay que tener en cuenta que los cables transmiten fuerzas al producirse los cambios de dirección guiados por poleas. El diámetro de las poleas debe ser lo suficientemente grande para que la flexión a que obligan al cable no dañe excesivamente a los alambres o al conjunto deformándolo.
  - Los factores que aumentan la flexibilidad son, entre otros, un diámetro menor del exigido, por lo que es más fácil de manejar, ya que tiene menos rigidez. Otro factor es el preformado, ya que mediante él los alambres de un cable normal al fabricarlos adoptan una forma de hélice debido a una deformación elástica que crea tensiones internas en los alambres. El proceso de preformado es una deformación permanente que adopta la posición que ocupará en el cable, por ello quedan eliminadas las tensiones internas y con ello la tendencia a la rotura no recuperando su forma original. Las ventajas de los preformados son mayor flexibilidad, ya que las tensiones internas han desaparecido y no se suman al esfuerzo por flexión, y mayor duración. debido a la mayor flexibilidad y fácil manejo.
- Resistencia. Uno de los parámetros determinante en el uso del alambre es su resistencia, que se expresa en kg/mm^2 y depende entre otros factores del contenido de carbono y del proceso de trefilado[28]. Los términos para definir la resistencia son varios y cada uno expresa una de sus características, así tenemos:

- La resistencia a la tracción de los cables es mayor que la de los cabos del mismo diámetro. Su ruptura se produce cuando debido al exceso de tensión que soporta empieza a perder resistencia y sus hilos faltan, pudiendo ser exterior o interior.
- El término tracción define la resistencia que tiene el cable para soportar la carga de trabajo, multiplicada por un coeficiente de seguridad, es decir, que el cable debe tener como característica destacable una elevada resistencia a la tracción.
- Carga de rotura: está en función de la sección del cable y la resistencia del acero empleado en su construcción. Se obtiene de la suma de los valores obtenidos de la carga de cada alambre del cable en los ensayos.
    - Carga de rotura efectiva, $R_{\text{rotura efectiva}}$: es un valor proporcionado por el fabricante.
    - Carga de rotura nominal, $R_{\text{rotura nominal}}$: se obtiene al sumar los productos de la sección recta de cada alambre por el valor de su resistencia mínima, es decir, que $R_{\text{rotura efectiva}} < R_{\text{rotura nominal}}$.
- Coeficiente de seguridad de cables: es relación entre la carga de rotura y la carga de trabajo que debe realizar el cable[29]. Para calcular este coeficiente que desarrolla una función dinámica, además de la carga de trabajo se debe tener en cuenta: la velocidad de desplazamiento del cable, las aceleraciones y desaceleraciones, el número y tamaño de las poleas o tambores, la naturaleza de la instalación y la clase de trabajo a realizar.

- Resistencia a la abrasión. El roce del cable con los tambores y las poleas produce un desgaste que es inversamente proporcional al diámetro, es decir, proporcional a su flexibilidad. Los factores que influyen en el desgaste de los cables: rozamiento en el manejo y al trabajar con ellos, gargantas en mal estado, rozamiento al arrollarlos en los tambores en capas superpuestas, presión de los alambres sobre la garganta de las poleas, lubricación insuficiente.
  Para un mismo diámetro de alambres se tiene que la resistencia a la tracción aumenta la dureza y la resistencia al desgaste, pero pasados ciertos límites disminuye su resistencia a la flexión y a la torsión. Ejemplos de desgaste:
    - Cordón de 7 alambres (6+1), presenta desgaste mínimo y una rigidez máxima.
    - Cordón de 17 alambres (18+1), presenta desgaste y rigidez medias.
    - Cordón de 61 alambres (60+1), presenta desgastes máximos y rigidez minina.
- Aplastamiento: es la presión que soporta el exterior de un cable. Esta presión se transmite de los cordones a los alambres interiores de trabajo. La presión se produce normalmente en los puntos de apoyo del cable, sobre las poleas y tambores en que trabaja. Las causas de aplastamiento de los cables pueden ser:
    - Excesiva presión superficial; suele producirse en cables que no tienen protección y sobresalen del elemento que están asegurando.
    - Recepción por parte de los cables de violentos golpes.
    - Cuando el cable forma parte de un aparejo de carga, es estibado en un tambor en varias capas, por tener una longitud excesiva, pudiendo sufrir un aplastamiento al trabar el aparejo.

La conservación y mantenimiento de un cable obliga a que sean revisados e inspeccionados con frecuencia para garantizar su perfecto funcionamiento, para lo cual es necesario sacarlo del carretel y extenderlo sobre cubierta, limpiando las partes oxidadas y lubrificando con la grasa recomendada por el fabricante. Durante estas operaciones se debe evitar la formación de cocas y, una vez terminado todo el proceso, hay que volver a estibar el cable con cuidado sobre el tambor, realizando el arrollado con tensión para evitar, cuando sea utilizado, que se produzca una variación de la velocidad. Los cables se consideran defectuosos cuando tienen una reducción del 10% en su diámetro o existe alguna rotura de cordones

Diámetro en mm	Tipo	Peso aproximado. Kg/100 m	Carga nominal de rotura (ton)
8	6*12	16	1,94
12	6*12	36	4,35
16	6*12	64	7,75
18	6*12	80	9,80
20	6*12	100	14,60
8	6*24	20	2,60
12	6*24	45	5,85
16	6*24	79	10,40
18	6*24	100	13,20
20	6*24	124	16,20

Tabla 3 Carga de rotura de cables flexibles de acero

2.2.3 Cadenas

Las cadenas están construidas por eslabones de diferentes tipos de acero y su utilización como elemento de trincaje es consecuencia de su gran resistencia y menor capacidad para ceder tensión cuando trabajan, lo cual hace que sea muy útil para mantener firme la mercancía en su lugar de estiba.

Las organizaciones que certifican las cadenas consideran que el factor de seguridad será al menos cinco veces la carga nominal máxima, teniendo en cuenta que la carga teórica de rotura es igual al producto de la carga en kg/mm^2 por el doble de la sección nominal de la cadena en mm^2, expresado en kilogramos.

Un dato importante en el uso de las cadenas usadas para inmovilizar las mercancías es la forma en que trabajan y la colocación que tienen con respecto a las mercancías, ya que el desgaste que pueden sufrir es muy elevado. Estas consideraciones obligan a tener muy en cuenta los coeficientes y parámetros de seguridad que se aplican, para evitar que se queden cortos, cuando tengamos la necesidad de hacer trabajar una cadena de forma inadecuada.

2.2.4 Utillaje

El trincaje de las mercancías requiere de medios normalmente constituidos por varios elementos, que se reúnen y describen en éste epígrafe. Algunos de ellos son utilizados como elementos fijadores de la mercancía o del bulto y otros como elementos auxiliares que ayudan al desplazamiento de las mercancías hacia fuera o dentro de los espacios de carga del buque.

Grilletes. La unión rápida, cómoda y segura entre dos elementos se puede realizar mediante un grillete. Es un elemento metálico en forma de U, que termina en dos orejetas por donde pasa un perno, que puede ser roscado o con orificio por el pasa una chaveta.

Los tipos de grilletes que existen en el mercado son de varios materiales y formas, dependiendo sus características de la función en que se vayan a emplear. Por ejemplo:

- Grilletes rectos u ovalados, cuyas orejetas permiten que el perno pase por una y se rosque en la otra. Se utilizan para unir eslingas, ganchos, tensores, cadenas o estrobos. Algunos modelos de perno son los siguientes:
  - Cabeza cuadrada para que con la ayuda de una llave pueda ser roscado

    - Cabeza agujereada donde se introduce un punzón para realizar el roscado
    - Cabeza ranurada para acoplar un destornillador y roscar
- Grillete giratorio, que puede ser simple, es decir, cerrado atravesado por un perno que gira dentro de un orificio practicado en una cavidad en forma de campana; o doble, compuesto por dos grilletes abiertos unidos por la parte opuesta al perno. Son utilizados, por ejemplo, para que los cabos, cadenas y cables no tomen vueltas.
- Grilletes mordaza: no tienen perno que ha sido sustituido por una placa con dos orificios por donde pasan las partes rectas que tienen rosca. La mordaza se realiza al comprimir la placa mediante las tuercas. Este tipo de grillete se utiliza para realizar empalmes en los cables.

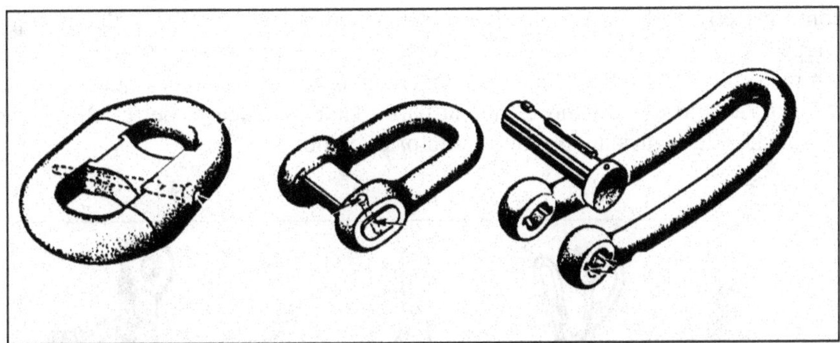

Figura 9 Grilletes

La combinación de diferentes dispositivos ayuda a cubrir las necesidades que en momento determinado se necesiten para inmovilizar las cargas embarcadas. Por ejemplo, en la siguiente figura se observa que un tensor puede terminar por un lado en un eslabón y por el otro en un gancho con un dispositivo de seguridad para impedir que pueda soltarse, de esta forma se puede lograr que la carga no se mueva del lugar donde fue ubicada.

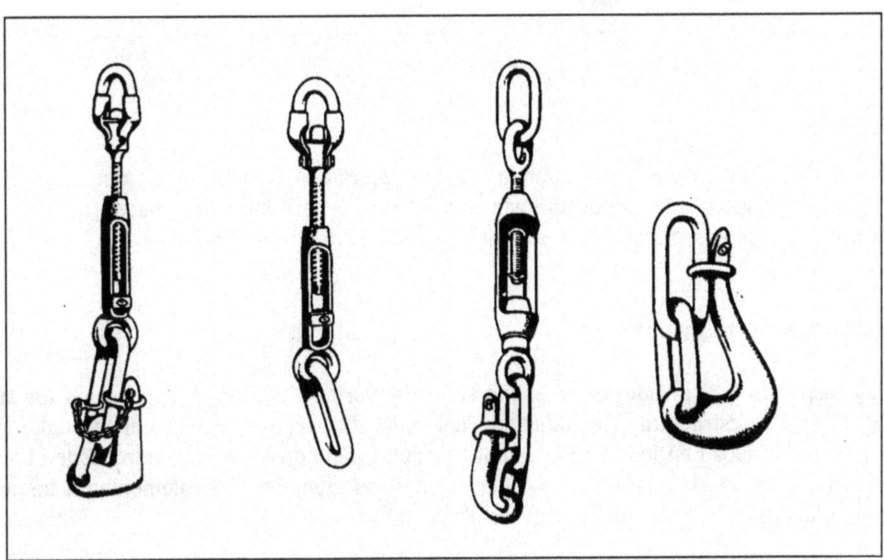

Figura 10 Combinación de ganchos y tensore.

Tensores. El nombre de tensor se aplica a una pieza tubular abierta o cerrada, formada por dos tornillos de paso contrario que se enroscan por cada uno de sus extremos. Cada tornillo termina en un grillete, gancho u orejeta. La función del tensor es mantener la tensión constante en una cadena, cabo o cable, acción realizada mediante un punzón que se introduce en el centro del tensor que al girar consigue roscar o desenroscar los dos tornillos. Algunos de los tipos que se utilizan son presentados en el dibujo y, al igual que en los grilletes, la configuración de los tensores depende de la función a la cual se les destine.

Ganchos. Una forma rápida de trincar momentáneamente una mercancía para desplazarla, por ejemplo desde el muelle a la bodega, es el uso de ganchos. Son elementos de acero o hierro, utilizados como parte final de un cabo, cable o cadena, su función es fijar las piezas que debemos izar o mover para estibar en los espacios de carga. Los ganchos tienen diferentes medidas y sus formas son muy similares, estando las variaciones en función del uso al que se les destine. La superficie interior del ojo del gancho es ancha para evitar el desgaste del eslabón o argolla. Por ejemplo, hay ganchos de seguridad, de carga, giratorio, o doble.

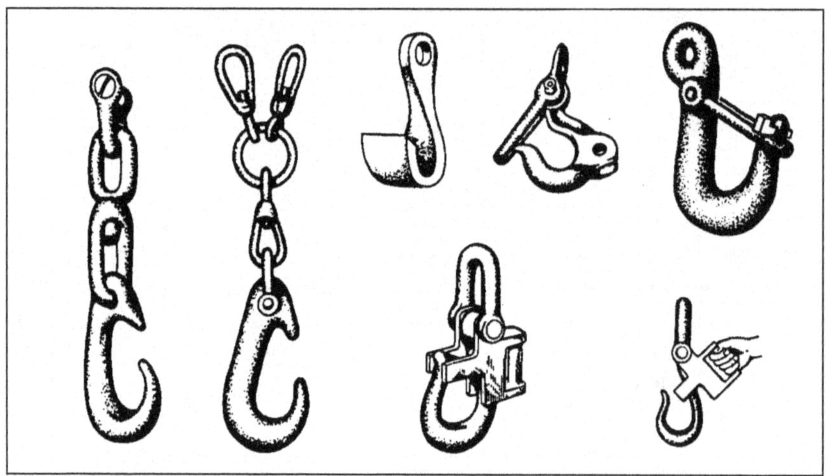

Figura 11 Tipos de ganchos

Cáncamos. Los espacios de estiba disponen de unas piezas en forma circular que están fijas en la cubierta, puertas o mamparos que se denominan cáncamos y son utilizados para hacer firme los tensores, ganchos y otros dispositivos, cuya función es trincar la carga para inmovilizarla.

2.3 Elementos para manipulación

Los útiles y dispositivos utilizados en la estiba son muy variados, como se ha visto en los anteriores párrafos, debido a la estructura y volumen de los tipos de cargas que son transportadas por mar. También hay una variedad en los materiales con los que están construidos, yendo desde el acero más resistente a fibras de manila o propileno. Algunos de estos utensilios complementan a los anteriores para la manipulación de las mercancías; son los siguientes:

Estrobos: fueron los primeros elementos que se utilizaron para manipular cargas y siguen aplicándose en muchos casos, debido a la facilidad de manipulación que ofrecen. Están construidos de una cierta longitud de cabo, cadena o alambre unidos por sus chicotes mediante costuras redondas[30], y se utilizan en las operaciones de carga/descarga de algunos recipientes o envases. Por ejemplo, para izar cajas, bidones, bobinas, sacos o cilindros.

Eslingas: son elementos compuestos por tramos de cable, cadena o cabo que pueden ser simples o dobles, también se aplica la denominación de eslinga a trozos de lona o red. En los extremos deben llevar argollas, ganchos, tensores o grilletes, para fijar los envases y embalajes de las mercancías que queremos manipular. El uso de las eslingas es muy variado, siendo utilizadas, por ejemplo, para cajas, sacos, fardos, troncos de madera o bidones.

Figura 12 Uso de la eslinga

Teniendo en cuenta el material empleado en la construcción y las funciones para las cuales se emplean las eslingas, se pueden clasificar en: simples, dobles, de lona, de red, tipo gafa, o para caja. En las figuras se observan los tipos más usados, que como características generales:

- deben ser ligeras, flexibles y resistentes;
- cuando se empleen con cargas delicadas, deben evitar el dañar su superficie;
- el cuerpo de algunos tipos es ancho para proporcionar estabilidad a las mercancías.

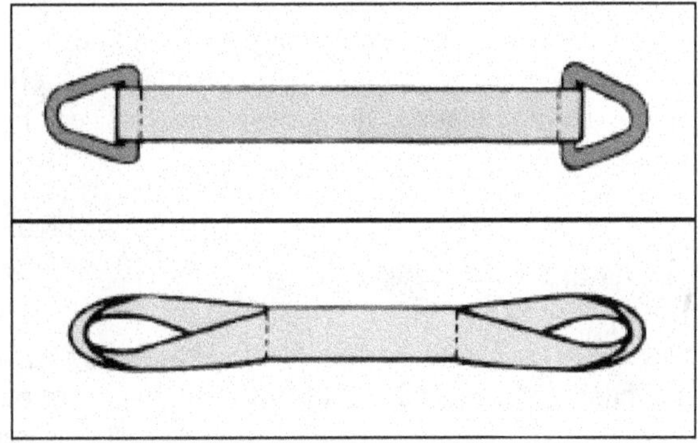

Figura 13 Eslingas de cinta textil

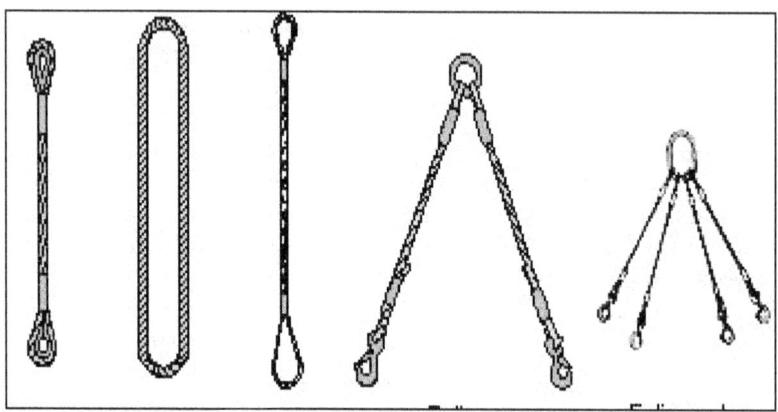

Figura 14 Tipos de eslingas para diferentes usos

La manipulación de las eslingas requiere un procedimiento adecuado en el que se debe tener en cuenta el tipo de eslinga y la mercancía que se manipulará. Especialmente cuando se utilizan eslingas dobles, triples o cuádruples, es necesario tener en cuenta el ángulo que forma respecto a la mercancía, ya que de él dependerá su efectividad. Hay que supervisar la longitud del tramo de la eslinga, debiendo ser suficiente para rodear el envase o embalaje; también se controlará el diámetro, pues de él depende que tenga suficiente resistencia o no para trabajar con seguridad.

2.4 Elementos para proteger

La utilización de elementos protectores en las mercancías es necesaria para poder mantener su integridad durante su transporte. Dos son los tipos de elementos usados: primero los que sirven para proteger la mercancía durante su manipulación; segundo los que son utilizados para proteger la mercancía cuando queda estibada a bordo del buque en los espacios de carga[31]. Algunos de estos últimos ya han sido descritos y se volverá sobre ellos cuando se estudie la manipulación concreta de algún producto.

Los dos tipos de elementos de protección tienen una incidencia directa en el cumplimiento de los objetivos de la estiba, especialmente en lo referente a la seguridad e integridad de las mercancías. Envases, paletas, contenedores, materiales y marcas son elementos específicos para proteger a las mercancías durante su manipulación, pero también indirectamente protegen a las mercancías cuando son estibados a bordo evitando que los bultos se muevan y golpeen unos contra otros. Respecto a los elementos que se describen en los siguientes párrafos, se resaltan las características que deben cumplir para realizar su cometido, evitando además de perder espacios en la estiba y mantener la incompatibilidad entre las mercancías.

2.4.1 Envase, embalaje y envoltura

La utilización de los envases como elementos protectores de las mercancías se ha realizado desde los comienzos del transporte marítimo. Ánforas, pellejos y toneles, fueron, entre otros, los primeros envases utilizados por fenicios, griegos y romanos para el transporte de aceite, esencias, aceitunas o vino. Actualmente entra en la denominación de envase cualquier recipiente o caja utilizada para guardar una mercancía.

La finalidad de una envoltura, envase y embalaje es la de dar protección a la mercancía para que no se deteriore durante la manipulación que sufre antes de llegar al consumidor. Las características de los dispositivos de protección indicados son en ocasiones muy similares y en general dependen de las propias características del producto objeto de protección.

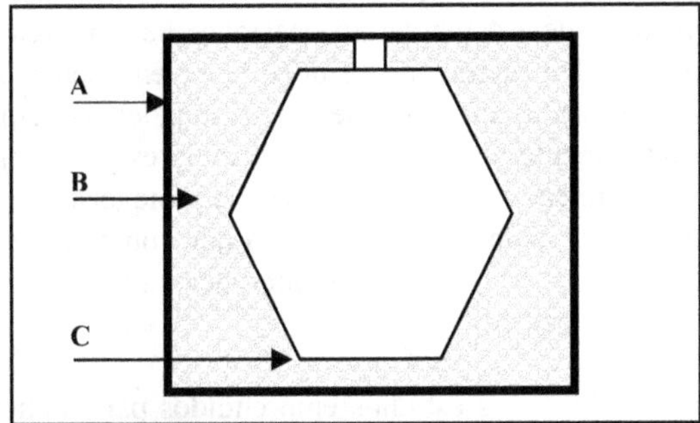

Figura 15 Mercancía envasada

El primer medio que protege la mercancía es la envoltura (A), normalmente es una cubierta sobre el producto, por ejemplo cuando se recubre una fruta con un suave papel, o bien cuando se envuelve con una capa de plástico una paleta en la cual se han estibado varias filas de sacos de azúcar. Esta envoltura es considerada en algunos casos como un elemento de la comercialización del producto, promocionando su venta mediante publicidad, es decir, que no se considera un medio de protección, aunque también contribuye a su seguridad.

El envase (C) es una forma cómoda para contener las mercancías desde el momento de su fabricación, en el caso de productos manufacturados, o desde su recogida, cuando son productos del campo o del mar, hasta el lugar de consumo. Los envases tienen unas medidas estándares facilitando de esta forma su estiba, ya que se pueden adecuar a los espacios de carga disponibles posibilitando cumplir los objetivos de la estiba.

La forma de los envases es variada y dependerá del tipo de mercancía que se tiene que manipular. En función de su consistencia se dividen en rígidos, por ejemplo: bidones, garrafas, cilindros, toneles y cajas, y flexibles, por ejemplo: sacos, fardos y balas. Los primeros tienen como característica general que deben ser herméticos y resistentes, para cumplir su doble función de proteger y segregar las mercancías sólidas y líquidas. Los segundos se utilizan para proteger y segregar, casi exclusivamente mercancías sólidas; solamente hay algunos envases flexibles que se utilizan para líquidos, pero a su vez están protegidos por una estructura rígida.

La tercera protección forma de proteger las mercancías es mediante el embalaje que puede ser material de relleno (B) o un envoltura rígida exterior (A). En ocasiones la mercancía está protegida por una envoltura, después se introduce en un envase y finalmente se rodea mediante un embalaje, todo ello para preservarla de las agresiones que pueda sufrir durante su transporte y manipulación, evitando de esta forma que se deteriore.

2.4.2 Paletas

El término paleta[32] se utiliza para definir una plataforma portátil formada por un enjaretado de tablas apoyadas en largueros, en dados, denominados pies, o en otra plataforma. El conjunto es una estructura sólida sobre la cual se estiban las mercancías que, cuando son pequeñas unidades, se colocan en cajas. La distancia entre la plataforma superior y la inferior o el suelo es la suficiente para permitir el paso de las horquillas de las carretillas elevadoras y medios mecánicos que se utilizan para manipular las paletas. La separación entre planos suele ser de 10 cm.

Los materiales empleados para la construcción de paletas son madera, aluminio, plástico, cartón y otros metales. El material utilizado suele depender en ocasiones de la mercancía que van a soportar, siendo la madera el más utilizado. Un factor que se debe tener en cuenta en la construcción de la paleta es la calidad del material utilizado, que dependerá de si la paleta es retornable o desechable por el receptor de la mercancía; lógicamente las primeras serán mejores y las segundas construidas para un solo transporte serán más económicas. La paleta, además de proteger la mercancía, ayuda a reducir el tiempo que se necesita para la operación de embarque, ya que constituye una unidad de carga más fácil de manipular y estibar. Su uso está extendido internacionalmente y sus medidas, como se indicará más adelante, están estandarizadas.

El origen de la paleta es el resultado de los estudios emprendidos para aumentar la velocidad en las operaciones de carga/descarga de los buques. Se aplicó en primer lugar al desplazamiento de mercancías entre las áreas de almacenamiento y recepción del puerto. Constatadas las ventajas de la utilización de las paletas, se pasó a transferir su uso desde el tinglado donde se recibían hasta el costado del buque mediante el empleo de grúas, puntales y cintas, desplazándolas a continuación hasta su estiba en la bodega del buque. La internacionalización y estandarización del uso de la paleta incidió en la construcción de nuevos tipos de buques, diseñados especialmente para el uso de la paleta como unidad de carga. La abertura de portas en los costados posibilitó que la carga fuera introducida lateralmente, lo cual aumentó la velocidad de las operaciones.

Algunas de las mercancías estibadas en paletas son posteriormente recubiertas con plástico con el fin de proporcionar una mayor protección. También en el caso de estibar sobre las paletas cajas o sacos, se trincan para evitar que se caigan y estropeen. Otro sistema de utilización de la paleta es que, una vez preparadas y estibada la carga, se colocan sobre plataformas o contenedores, con lo cual la mercancía está aún más protegida y es más manejable.

➢ *Medidas*

Los comienzos de la utilización de paletas en el transporte fueron algo confusos por la intención de cada usuario y transportista de querer hacer prevalecer las medidas que se adaptaban a sus necesidades. La internacionalización en la utilización de paletas obligó a las organizaciones inmersas en su uso a dictaminar reglas y medidas para su estandarización.

Las dimensiones exteriores e interiores y las características técnicas de diseño, así como los materiales de construcción, están definidas por las normas ISO[33] mediante tablas de parámetros. Las dimensiones de las paletas más utilizadas en el transporte son:

- 800 * 1200 mm
- 1000 * 1200 mm
- 1200 * 1600 mm
- 1200 * 1800 mm

Los dos primeros tamaños[34] reúnen aproximadamente el 90% de las paletas usadas en operaciones de distribución en Europa, habiendo sido los ferrocarriles los mayores propulsores de la paletización. Así por ejemplo, la conocida como europaleta, que se identifica con las siglas EUR, ha sido definida por Unión Internacional de Caminos de Hierro[35] a través de su norma UIC-435.2, siendo sus características generales las de una paleta de madera de cuatro entradas con medidas de 800*1200 mm.

La problemática planteada con las medidas de las paletas y su estandarización tiene que ver con su estiba en el interior de los contenedores utilizados especialmente en el transporte marítimo. Las referencias concretas a medidas y su incumplimiento de la estandarización son debidas a algunas de las siguientes causas:

- Algunos usuarios prefieren perder volumen de carga en contenedores ISO y utilizar paletas que satisfagan mejor sus necesidades, ya que se adaptan a sus medios mecánicos de manipulación.
- La relación entre la densidad de la carga y el volumen que ocupa puede ser otra razón para la utilización de paletas no estandarizadas.
- La creación de una unidad a base de carga de paletas no estándar dentro de un contenedor puede ser debido al sistema de distribución de la mercancía transportada.
- Cuando se trata de tráficos transoceánicos, se suelen utilizar paletas no retornables, por lo cual, en cada viaje, además de la pérdida de volumen, se debe añadir un incremento por la paleta. Si el coste de paletizar cargas con paletas no estándar es inferior a las ventajas, se estibarán en contenedores.

En Europa, donde la paletización en los modos de transporte terrestres está muy extendida, la situación es bien distinta, pues tomando como base la europaleta de 800*1200 mm, las dimensiones interiores de los furgones de ferrocarril, los semirremolques de carretera y bimodales, las cajas móviles y los contenedores terrestres tienen todos un ancho de 2440 mm, que sí permite colocar tres paletas alineadas transversalmente por sus lados de 800 mm o dos por sus lados de 1200 mm.

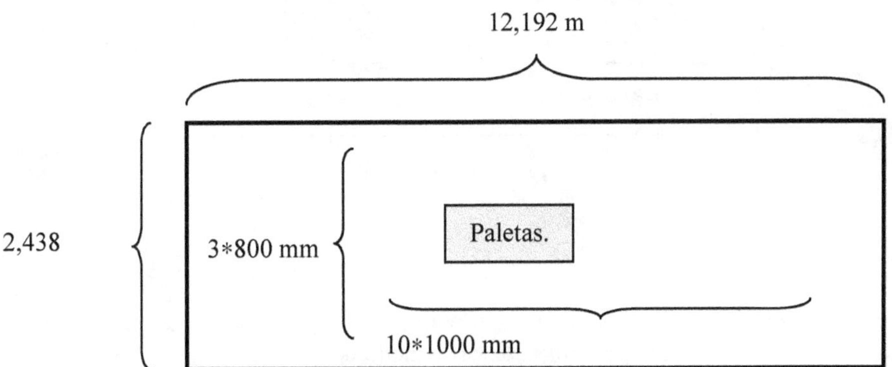

Figura 16 Distribución de carga en un contenedor

Mientras que la altura de la propia paleta sí está estandarizada en las normas ISO e UIC anteriormente citadas, la altura total de las paletas planas, incluida la carga, no lo está, pues lógicamente depende de las características de la mercancía y de la cadena de distribución física. La altura es un dato importante, ya que puede imponer limitaciones, por ejemplo en las estanterías de almacenamiento o en algunos medios de transporte.

➢ *Tipos*

Anteriormente se ha visto que hay algunos tipos de paletas que están estandarizados en lo referente a medidas y características, otras sólo están en lo que se refiere a los materiales de construcción. Por lo que respecta a los tipos que se construyen para cumplir las necesidades del usuario, las más usadas son las paletas de pisos y las de pisos y paredes. Entre las primeras están:

- Paleta de un solo piso destinado a recibir carga. El piso está superpuesto a los largueros o pies.
- Paleta de doble piso tiene un piso superior y otro inferior, las hay que son reversibles, es decir, pueden recibir carga en ambos pisos, y en otras solo el superior es apto para recibir carga.
- Paleta de dos entradas: en ellas los largueros solo permiten el paso de las horquillas de la carretilla desde dos lados opuestos.
- Paleta de cuatro entradas: su construcción está diseñada para permitir el paso de las horquillas por los cuatro lados, lo cual facilita la manipulación en la estiba.
- Paleta con montantes que son fijos o desmontables, para permitir el apilado, con o sin los travesaños laterales.

Paletas de pisos y paredes:

- Paleta caja: dispone de un piso y tres paredes verticales, que pueden ser fijas o desmontables. También puede estar formada por un piso, tres paredes y una tapa.
- Paleta silo: es una caja completa y con un sistema de vaciado. Son utilizadas para el transporte de mercancías a granel.
- Paleta tanque: tiene como la anterior forma de caja, pero se utiliza para el transporte de productos líquidos. Dispone de una válvula de vaciado en la base y tapa de cierre superior.

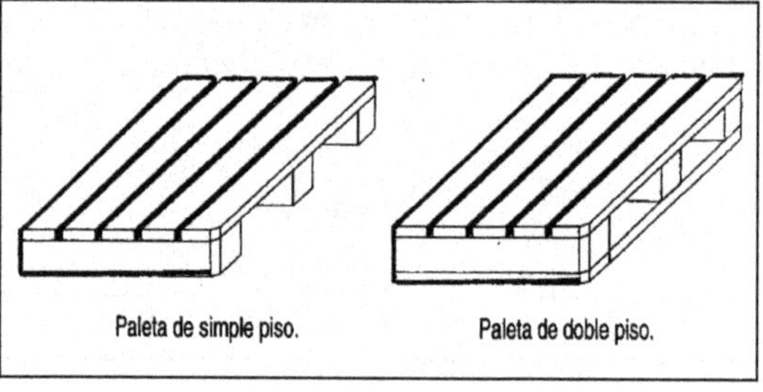

Figura 17 Tipos de paletas

2.4.3 Contenedores

El tema de contenedores es ampliamente desarrollado en el capítulo siete, por ello en este epígrafe sólo se dan unas referencias generales sobre sus características a modo de introducción. Cuando se introduce el contenedor como unidad de carga en el mercado, supone un incremento en la seguridad y una protección de las mercancías, naciendo una nueva concepción para transportarlas. En el transporte marítimo se manifiesta de dos formas características: como un simple contenedor de diferentes clases y como contenedor sobre una plataforma con ruedas. Ambas formas son utilizadas para estibar mercancías y facilitar la protección de las mercancías; también presentan la ventaja de poder segregarlas.

El contenedor se puede considerar como el mejor medio mejor para proteger las mercancías. Consiste en una caja o armazón metálico de forma paralepípeda, con ocho puntos de anclaje situados en sus esquinas que son utilizados para su manipulación y trincaje. La mayoría de contenedores son usados para estibar en su interior mercancías envasadas, pero también hay contenedores diseñados para el transporte de mercancías a granel bien sean sólidas o líquidas. Envasados en pequeños bultos pueden ir los alimentos, las bebidas, el material de oficina, los libros, electrodomésticos o artículos semimanufacturados. Respecto a los graneles, se transportan productos químicos líquidos y sólidos, productos lácteos, aceites o zumos.

Los contenedores se clasifican en abiertos y cerrados, existiendo en ambos varios tipos, cuyas denominaciones suelen estar en función del tipo de mercancías que son capaces de transportar. Por ejemplo: hay contenedores cerrados para carga general envasada; contenedores térmicos para cargar mercancías que deben mantener una temperatura; contendores abiertos: por su parte superior lateralmente; contenedores cisterna utilizados, para mercancías a granel líquidas, gases a presión y productos en polvo.

Las diferencias entre los tipos de contenedores son mayores en función de si están dedicados a transportar graneles sólidos, líquidos o productos envasados, por lo cual en su construcción se debe tener en cuenta las características del producto que se va a estibar en su interior.

Los contenedores constituyen, actualmente, el medio de transporte más utilizado para las mercancías sólidas envasadas, por lo cual, los más utilizados tienen medidas que han sido estandarizadas, siendo las más comunes de 20 y 40 pies, que forman de manera predominante el parque del transporte marítimo. Si tenemos en cuenta todas sus características básicas en medidas del sistema métrico, resultan los datos de la tabla 4:

Denominación ISO	1AA 40'	High cube	1CC 20'
Longitud exterior	12,192m	12,192m	6,058m
Longitud interior	11,998m	11,998m	5,867m
Anchura exterior	2,438m	2,438m	2,438m
Anchura interior	2,330m	2,330m	2,330m
Altura exterior	2,591m	2,896m	2,591m
Altura interior	2,350m	2,649m	2,350m
Capacidad en volumen	67 m^3	76 m^3	33 m^3
Capacidad en toneladas métricas	26,8	26,6	21,8
Tara toneladas métricas	3,7	3,9	2,2
Peso máximo (tara+carga)	30,5	30,5	24

Tabla 4 Características de contenedores

Las dimensiones estándar tienen la gran ventaja de poder construir buques portacontenedores con espacios de carga donde las dimensiones de las bodegas y los sistemas de anclaje también son estándares, logrando un aprovechamiento máximo del espacio. Hay algunos buques de reciente construcción, cuyos espacios de carga, bodegas y cubierta, están preparadas para recibir contenedores con otras medidas exteriores.

2.4.4 Materiales y marcas

Las mercancías deben ser protegidas en origen por el fabricante o propietario para evitar que pueda llegar deteriorada a su destino. Los elementos para proteger las mercancías dentro de los espacios de carga están basados en la utilización de materiales como la madera, plástico y aluminio, que eviten que se dañen las mercancías o sus envases. Las características de los materiales y las necesidades que se deban cubrir son los indicativos del material de uso más idóneo en cada momento y para utilizar en cada espacio de estiba, bien sea en el buque u otro medio, por ejemplo camión o contenedor.

Todos los materiales están perfectamente definidos y contrastados por organizaciones con capacidad para estas funciones. En el caso de los espacios del buque, los materiales están reglamentados por los códigos de la OMI y los manuales de las sociedades de clasificación. Respecto a los materiales utilizados para confeccionar los envases y embalajes para la contención de las mercancías, también están normalizados por organizaciones cualificadas, por ejemplo:

- La ISO (*International Standardisation Organisation*), que proporciona las reglas y parámetros que se deben utilizar en el transporte marítimo.
- En España AENOR (Asociación Española de Normalización y Certificación) se cuida de normalizar de acuerdo con normas UNE (Una Norma Española), que siguen los principios y reglas de la ISO.
- Cuando se trata de elementos implicados en el transporte aéreo, IATA (*International Air Transport Association*) es la encargada de dictar las normas de normalización.

Los elementos de protección utilizados en los espacios de carga del buque, en las paletas, envases, vehículos y contenedores, realizan la misma función, no obstante se puede concretar específicamente la función de algunos elementos, por ejemplo:

Madera de estiba: se usa para realizar separaciones en las cargas y evitar su movimiento. La madera de estiba bien utilizada puede evitar muchos problemas a las mercancías, por ejemplo:

- Que se humedezca por la condensación o por el derrame de líquidos
- Los daños producidos por rozamiento
- Aplastamiento, cuando los envases y/o embalajes son frágiles

La madera de estiba es utilizada en forma de listones que se colocan en el plan de la bodega o entrepuentes y entre las mercancías según los casos. Cuando se usa la madera para evitar el aplastamiento, los listones son gruesos en forma de puntales; su espesor debe ser controlado, ya que un espesor inadecuado representará una pérdida de espacio de estiba y un menor peso de carga a embarcar. También se considera madera de estiba las planchas de madera sobre las cuales se colocan los envases metálicos para evitar el rozamiento del envase con las planchas de acero del plan de la bodega. Otro material de madera son los enrejados colocados en el plan de la bodega o en los entrepuentes, cuando es necesario, que tienen la misión de permitir el paso de aire para la ventilación de las mercancías.

Bolsas de plástico, que son infladas con aire y, una vez cerradas, se utilizan como material de relleno del espacio que queda entre paletas de carga, evitando que se golpeen entre ellas con los movimientos del buque.

Serretas: son tablones de madera que se colocan sobre las cuadernas del costado horizontalmente y firmes a ellas por medio de soportes llamados galápagos. Son utilizadas para proteger interiormente los espacios de carga. Las medidas suelen ser 10 o 15 cm. de anchura por 5 cm de espesor, siendo la longitud variable.

Calzos y cuñas. El material utilizado es preferentemente tacos de madera de base rectangular y una altura diferente en ambos lados. Los calzos son utilizados en la carga rodada y en la estiba de envases cilíndricos o rollos de papel, chapa de acero o bidones metálicos. Las cuñas tienen aplicación para fijar el movimiento de cajas o bultos.

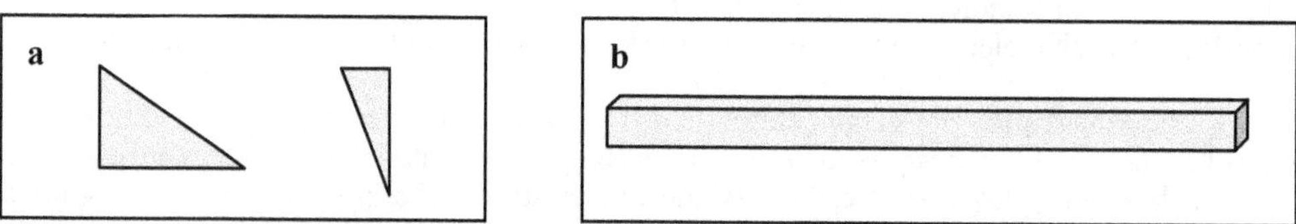

Figura 18 a) Calzo y cuña. b) Serretas y madera de estiba

Marcas e identificación

La protección de las mercancías envasadas durante la manipulación exige que tengan colocadas marcas y etiquetas para ser identificadas. No sólo se conocerá el tipo de mercancía que contiene el envase, sino que sabremos como aplicar los equipos y elementos utilizados para desplazar la mercancía al interior de las bodegas, aumentando con ello la seguridad de que no se producirán daños. Especial significado tiene la utilización de las etiquetas de identificación cuando se trata de mercancías catalogadas como peligrosas. El código IMDG facilita para cada producto la forma de colocar las identificaciones sobre los envases y embalajes, siendo obligatorio cumplir esta normativa.

Algunas marcas, aunque están estandarizadas, son normas de uso internacional y la mayoría de los fabricantes recomiendan su utilización, en especial para mover las cajas y envases de forma segura. Estas marcas en forma de símbolos y dibujos son de gran ayuda para las personas que deben manipular las mercancías, ya que no sólo sirven para proteger la mercancía, sino también para evitar que la persona pueda verse dañada por la mercancía.

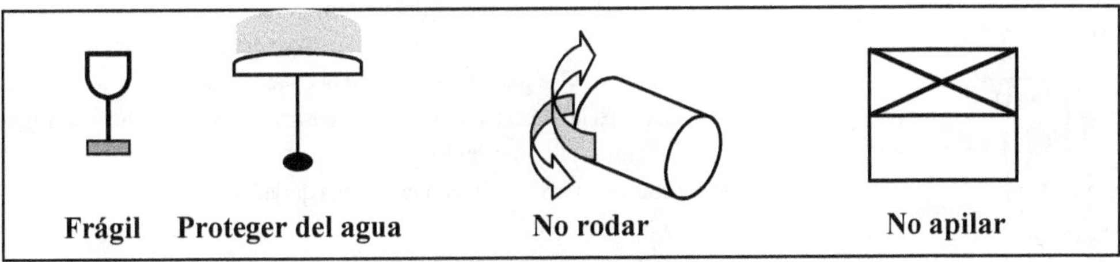

Tabla 5 Marcas de protección

2.5 Medios utilizados a bordo

La manipulación de las mercancías precisa de medios situados a bordo de los buques que sean capaces de introducirlas o retirarlas de los espacios de carga sin que sufran daños. Esta necesidad y la no disponibilidad de medios de carga y descarga en algunos puertos han sido las razones para que se haya incluido una serie de equipos, que en buques avanzados y puertos de países desarrollados no son necesarios. Los medios varían según el tipo de mercancía manejada, por ejemplo aparejos, cabrías, puntales, grúas, cintas transportadoras, tubos de aspiración y descarga, bombas, tuberías y válvulas.

Los medios enumerados tienen que ver en su mayor parte con mercancías sólidas a granel y envasadas. De su eficacia puede depender la rentabilidad económica del buque, ya que la función de estos medios es introducir y retirar las mercancías verticalmente y para ello deben estar dotados de elementos auxiliares y complementarios que aumenten la fiabilidad de los medios.

El diseño de los primeros buques incluía los medios necesarios para manipular la mercancía que el buque transportaría durante su actividad. La evolución tecnológica fue introduciendo cambios en los tipos de medios, simplificando su manejo y disminuyendo el número de personas necesarias para operarlos. El desarrollo de las instalaciones portuarias ha sido determinante para retirar en algunos tipos de buques los medios de carga y descarga, no obstante sigue habiendo actualmente buques que incorporan sus propios medios para realizar las operaciones con las mercancías, por lo cual se describen algunos de ellos.

2.5.1 Aparejo

El medio más simple que se puede utilizar para desplazar una mercancía es un aparejo, cuya función es multiplicar el esfuerzo físico de las personas, permitiendo el movimiento de pesos mayores que los que podrían mover dichas personas con su fuerza. Los elementos necesarios para constituir un aparejo son cables, cabos, grilletes y los diferentes tipos de motones. Con ellos se mueven mercancías a bordo estibándolas adecuadamente. Las características de algunos de los elementos que forman el aparejo se han desarrollado en apartados anteriores, por lo cual ahora se estudiarán los diferentes tipos de motones, su utilidad en las operaciones de carga/descarga y las reglas para realizar los cálculos.

a) Motón

El motón es una pieza cuya forma es de caja ovalada, pudiendo ser de madera o metálica con una abertura central dentro de la cual gira una roldana, que es atravesada por un perno. Por la roldana pasan el cabo o alambre que sirve para multiplicar la fuerza y disminuir, por tanto, el esfuerzo de laboreo. Las partes que componen un motón, son las siguientes:

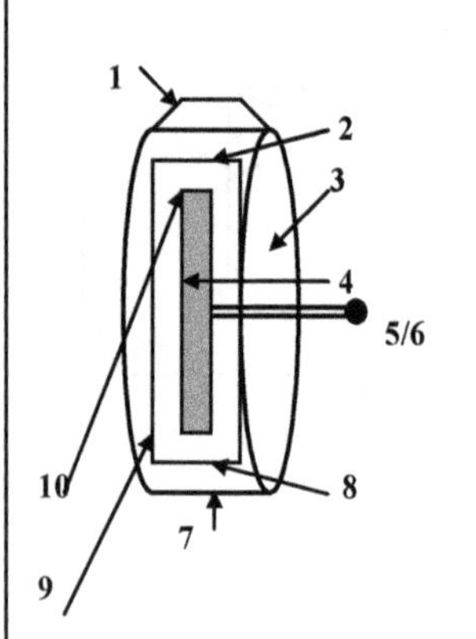

1.- Cuello: es la parte superior del motón.
2.- Dado: es la pieza que sirve de unión a las cajeras.
3.- Quijadas: son las piezas laterales de la caja.
4.- Roldana: es la pieza sobre la cual se desliza el cable o cabo y su función es disminuir el rozamiento.
5.- Groera: es un orificio hecho en ambas quijadas por las cuales pasa pasa el perno (6).
7.- Culo: es la parte inferior del motón.
8.- Escotadura: es una hendidura que sirve para alojar y afirmar la gaza.
9.- Cajera: es la abertura dentro de la cual gira una roldana. Cuando las cajeras están muy unidas el motón es chato.
10.- Garganta: es la separación que hay entre el dado y roldana.

Figura 19 Motón y sus partes

Hay motones utilizados en operaciones muy específicas que no tienen roldana, denominándose motones ciegos. Otros tipos de motones están muy relacionados con el uso al cual se les destina dentro del equipo de carga. Por ejemplo los siguientes:

- Motón de gancho. Disponen de un gancho con un guardacabo en la gaza del motón y sirve para fijarlo en cualquier lugar, pudiendo usarse de inmediato.
- Motón de cosidura. Lleva un guardacabo en su gaza y en el cabo para afirmarlo. Es decir, es el mismo que el anterior, pero con un cabo para hacerlo firme en vez de un gancho.
- Motón de rabiza. Su gaza se transforma en una cajeta y una rabiza larga, para poderlo hacer firme con una vuelta de la rabiza.
- Motón de paloma. En buques de vela se engancha a la cruz de las vergas de gavia para pasar por él la osta de la driza.
- Cuadernales. Son motones formados por varias cajeras y su nombre suele estar en función de su número, llamándose, por ejemplo, cuadernal de dos ojos, o de tres.
- Pasteca. Es un motón herrado o enteramente metálico que tiene abierta una de sus caras laterales para que pueda introducirlo por seno el cabo o cable de laboreo. Para evitar que el seno se salga lleva una aldabilla con una chaveta. El gancho o grillete del arraigado es giratorio.

- Poleas. Se denominan así a los motones metálicos cuya roldana lleva un rodamiento de bolas para reducir el rozamiento que se produce con el perno.

b) Tipos de aparejos

La utilización de un motón requiere de un punto fijo para multiplicar el esfuerzo; si se utilizan varios, necesitaremos varios puntos de apoyo, lo cual hace complejas las operaciones, y para remediarlo se idearon los aparejos, que nos sirven para multiplicar los esfuerzos, es decir, se realiza un trabajo mecánico mayor con menos esfuerzo físico.

Los aparejos tienen una aplicación directa en los puntales y grúas que son utilizados para la carga/descarga de mercancías. Se emplea la expresión guarnir un aparejo, que significa armarlo, es decir, proveerlo de todo lo necesario para realizar el cometido que se le ha asignado. Concretamente, un aparejo está formado al menos por dos motones, o dos cuadernales, o un motón y un cuadernal. Los cabos o cables utilizados en el aparejo tienen cuatro partes perfectamente diferenciadas:

- La beta, que es el cabo o cable que pasa por las cajeras o cuadernales.
- La tira, parte final del cabo o cable, chicote, desde el cual hala una persona. La longitud de tira que necesitamos será equivalente a multiplicar el número de roldanas que tengan los cuadernales y motones que se han de guarnir por la distancia al punto de trabajo, más un seno de resguardo de seguridad.
- El arraigado, chicote firme al cuadernal o motón.
- El guarne, que es la parte del cabo o cable comprendida entre dos motones o cuadernales.

Los aparejos se clasifican teniendo en cuenta el número de guarnes o también por la combinación de motones y cuadernales que lo forman. Los mas usados en las operaciones de estiba y desestiba son palanquín, aparejo de combes y aparejo real. Todos ellos pueden tener una utilización puntual para la realización de una operación de desplazamiento o acondicionamiento de una carga en un espacio, por lo cual se referencian a continuación sus características.

- **Palanquín:** es un aparejo compuesto por un motón fijo y otro móvil. El arraigado se hace firme sobre el culo del motón fijo, pasando el cabo por el motón móvil y vuelve al fijo por donde sale la tira. En el culo del motón móvil estará fijado un gancho o grillete que servirá para sujetar el envase o bulto que queremos manipular. La ley de equilibrio indica, que sin tener en cuenta las resistencias de rozamiento, la potencia aplicada será la mitad de la resistencia, es decir que: $P=R/2$.

- **Combes**[36]**:** es un aparejo compuesto por un motón móvil y un cuadernal de dos ojos fijo. El motón tiene un gancho o grillete fijo en el culo el cual se hará firme al bulto o envase, y el arraigado sobre el cuello que pasa por un ojo del cuadernal, volviendo a la cajera del motón y finalmente pasa por el segundo ojo del cuadernal del cual sale la tira. La ley de equilibrio indica que sin tener en cuenta las resistencias de rozamiento, la potencia aplicada valdrá un tercio de la resistencia, es decir: $P=R/3$.

- **Real:** es un aparejo formado por dos cuadernales de dos o más ojos. Se utiliza cuando necesitamos desplazar grandes pesos y el valor de la potencia aplicada está en función de la colocación del arraigado: cuando el arraigado está firme en el cuadernal fijo, $P=1/4*R$; cuando el arraigado está firme en el cuadernal móvil, $P=1/5*R$. En ambos casos se debe tener en cuenta que el peso está sustentado del cuadernal móvil.

Un dato a tener en cuenta en el empleo de fórmulas para calcular los aparejos es que el diámetro de las roldanas y tambores están en relación con la mena del cabo o cable. Estos datos son obtenidos experimentalmente, pero nos proporcionan una idea bastante exacta para poder elegir los motones y cuadernales que sean proporcionales a la beta que debemos emplear.

c) Reglas empleadas en cálculos

Los factores para evaluar la capacidad de trabajo de un aparejo son aquellos que proporcionan los datos necesarios que permiten emplearlo en un punto determinado de la operación y realizarla de modo correcto, estos factores son los siguientes:

- Potencia aplicada (P)
- Velocidad aplicada (Va)
- Resistencia ofrecida (R)
- Velocidad de la resistencia (Vr)

La resistencia (R) ofrecida por el aparejo está formada por las pérdidas que son producidas por el rozamiento y la rigidez de los cabos, que estará equilibrada por la potencia aplicada para producir el movimiento (P). Suponiendo que todos los guarnes son paralelos entre sí, cada uno tendrá la misma potencia aplicada. Si el aparejo solo tiene un guarne, toda la potencia se aplicará sobre él. Cuando el aparejo tiene un número (n) de guarnes, la potencia se repartirá proporcionalmente en cada uno, es decir que:

$$R=P*n$$

Si tenemos en cuenta la posición en la que es colocado el arraigado, es decir, si está firme sobre el motón o en el cuadernal fijo, entonces: P/R=1/n; pero cuando el arraigado está firme sobre en el cuadernal o motón movible P/R=1/n+1. Se puede deducir de las anteriores fórmulas que los motones o cuadernales móviles multiplican la fuerza por un número igual al de guarnes y que los fijos sólo cambian el sentido de la fuerza.

Una forma más exacta de obtener los valores de la potencia aplicada a los aparejos es tener en cuenta las resistencias pasivas, lo cual se hace con las fórmulas o reglas de Grennet y Knight.

Las reglas de Grennet proporcionan la potencia necesaria para izar un peso dividiendo su valor por el número de guarnes del cuadernal móvil, añadiendo 1/3 del cociente obtenido para compensar las resistencias pasivas, es decir, nos quedaría la fórmula [1] de la cual se obtiene la resistencia máxima que puede soportar un aparejo:

$$P=R/n + R/3n= 4R/3n \qquad [1]$$

$$R=3nP/4$$

La regla de Knight indica que la resistencia total (R_t) que es preciso vencer para levantar un peso se halla sumando al peso dado su décima parte multiplicada por el número de roldanas, lo cual daría una formula más completa que la anterior, ya que tiene en cuenta el número de roldanas:

$$R_t = p+p*N_r /10$$

$$p = 10*R_t/(10+N_r)$$

Las resistencias en los aparejos son debidas, entre otras, a las siguientes causas:

- Presión de la roldana sobre el perno. Esta presión se ejerce sobre el perno que es el eje de giro de la roldana, por lo cual obstaculiza la velocidad de giro y el aparejo trabajará con dificultad.

- Rigidez de la jarcia, ello conlleva además la dificultad para el manejo de toda la maniobra. Esta resistencia será mayor en la jarcia de alambre y su valor aumentará con la velocidad de trabajo del aparejo y al disminuir el diámetro de la polea.

Para reducir las resistencias pasivas, algunas técnicas utilizadas son trabajar con los aparejos a velocidades moderadas, emplear roldanas de gran diámetro, mantener los luchaderos lubricados, lo cual disminuye el rozamiento, utilizar motones y cuadernales con amplias gargantas, evitando que la beta roce con la cara interna de las quijadas.

2.5.2 Cabria

Una cabria es un equipo con un diseño simple utilizado en caso de emergencia para el izado de pesos. Está formada por dos perchas cuyos extremos altos se han cruzado y amarrados mediante una ligada, especialmente está indicada la portuguesa, donde es afirmado un cuadernal. Los extremos opuestos de las perchas se calzan sobre cubierta y a la altura de la coz se unen ambas mediante una retenida, lo cual evita que se produzca una abertura excesiva.

La cabria puede trabajar en dos posiciones: vertical o inclinada. En el primer caso, el peso suspendido del cuadernal (P) es repartido por igual en ambas perchas, descomponiéndose en dos fuerzas (A y B), que a su vez se descomponen en una vertical que ejerce su presión sobre cubierta (F_2 o F_3) y otra horizontal, que tiende a abrir la percha (F_1 o F_4).

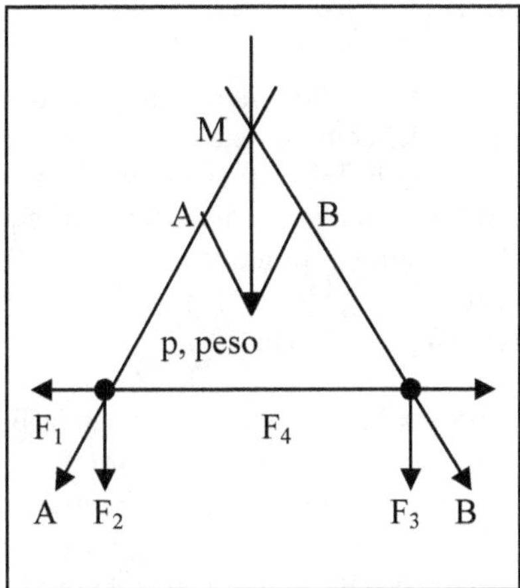

Figura 20 1er. caso de utilización de la cabria

En el segundo caso, una cabria inclinada, el peso (p) se descompone en una fuerza de compresión sobre las perchas (C_P) en la dirección de su bisectriz, y en otra según la dirección del viento: tensión del viento (T_V), que será más pequeña, cuanto mayor sea el ángulo entre el viento y las perchas. La fuerza C_P se descompone en A y B, cuyo punto de acción es la cubierta del buque, a su vez las fuerzas A y B se descomponen en F_1 y F_2 La primera hace que la percha se deslice sobre la cubierta, lo cual se soluciona colocando un aparejo en la coz, y la segunda transmite su fuerza sobre la cubierta.

Actualmente, el principio de trabajo empleado en el segundo caso explicado es el utilizado en la construcción de grúas para levantar grandes pesos, que son instaladas a bordo de buques o barcazas para operar en la mar realizando operaciones como recuperación de naufragios o trabajos en instalaciones petrolíferas.

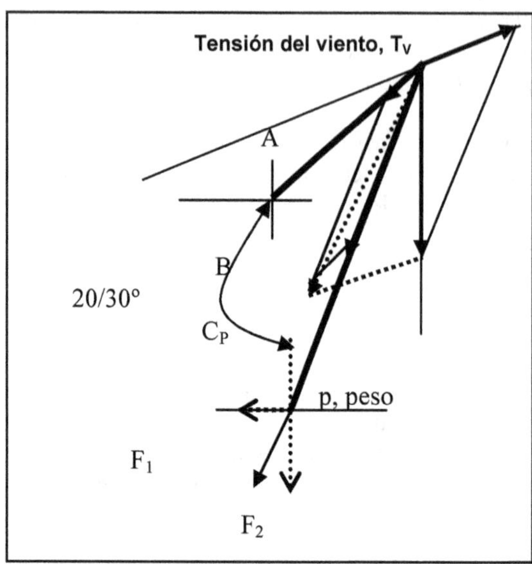

Figura 21 2° caso de utilización de la cabria

2.5.3 Generalidades sobre puntales

La introducción de los puntales a bordo de los buques supuso un cambio profundo en la forma de manejar la mercancía, ya que se pasó del empleo de la fuerza física para cargar/descargar los buques a la utilización de aparejos que multiplicaban el esfuerzo físico de las varias personas que los manipulaban halando cabos. Posteriormente se introdujeron equipos y dispositivos mecánicos, logrando con esta segunda forma eliminar prácticamente el esfuerzo físico de las personas. La sustitución de los cabos por cables para guarnir el puntal[37] aumentó la resistencia ofrecida por el aparejo, permitiendo mover mercancías más pesadas.

Los puntales han seguido armando los buques para subsanar la falta de equipos e instalaciones en los puertos de países con baja renta económica para poder realizar las operaciones de carga/descarga de las mercancías; no obstante, como se verá mas adelante, se están sustituyendo por grúas, que realizan el mismo trabajo de manera más simple. Los inconvenientes que presentan los puntales respecto a las grúas se pueden cifrar en una menor rapidez operativa. El arranchado de los puntales supone una operación larga y tediosa hasta conseguir ponerlo a punto para realizar la carga/descarga de mercancías.

El movimiento de mercancías mediante puntales comporta una serie de riesgos derivados de la rotura o mal funcionamiento de alguno de los equipos o por un control defectuoso de los dispositivos. Además, se debe tener en cuenta que los puntales trabajan sobre buques y estos están flotando, lo cual complica aún más su función, que es introducir y sacar las mercancías de las bodegas por elevación vertical de las mismas. Los puntales tienen varias formas y configuraciones, siendo los más utilizados el tipo convencional, el tipo *Velle* y el *Stuelcken*, que serán los que se describan en este capítulo.

Los puntales de forma general, además de la pluma, el poste y los aparejos, para poder trabajar, necesitan cables, grilletes, ganchos, tensores, pastecas y cuadernales, los cuales ya han sido descritos anteriormente, por lo cual, a continuación, se estudiarán los elementos de fijación y tracción.

a) Elementos de fijación del puntal

El puntal cuando trabaja, es decir, se utiliza para la manipulación de las mercancías se ve sometido a la acción de fuerzas externas por lo cual necesita de elementos que refuercen su fijación sobre el buque para evitar que las mercancías se dañen, esto se logra mediante obenques, *estays* y soportes.

Obenques. La necesidad de reforzar la resistencia de los palos que soportan al puntal obliga a la utilización de obenques, que son cables que soportan los esfuerzos producidos sobre los palos en dirección babor y estribor, bien sea cuando el buque navega o bien cuando realiza operaciones de carga/descarga.

Estays. El refuerzo de la resistencia de los palos que soportan al puntal en las direcciones proa y popa se hace utilizando *estays*. Son cables colocados para lograr que el palo aguante cuando se producen movimientos bruscos al navegar o al mover la pluma durante las operaciones de carga/descarga.

Soportes. El puntal debe colocarse sobre soportes cuando el buque está navegando, para evitar que la rotura de los aparejos pueda hacerlo caer sobre cubierta. Dos son las formas de arranchar los puntales, una fijarlo levantado contra el palo mediante aros con un pasador, o bien colocarlos arriados sobre un soporte, al cual se fijan también mediante un aro y pasador.

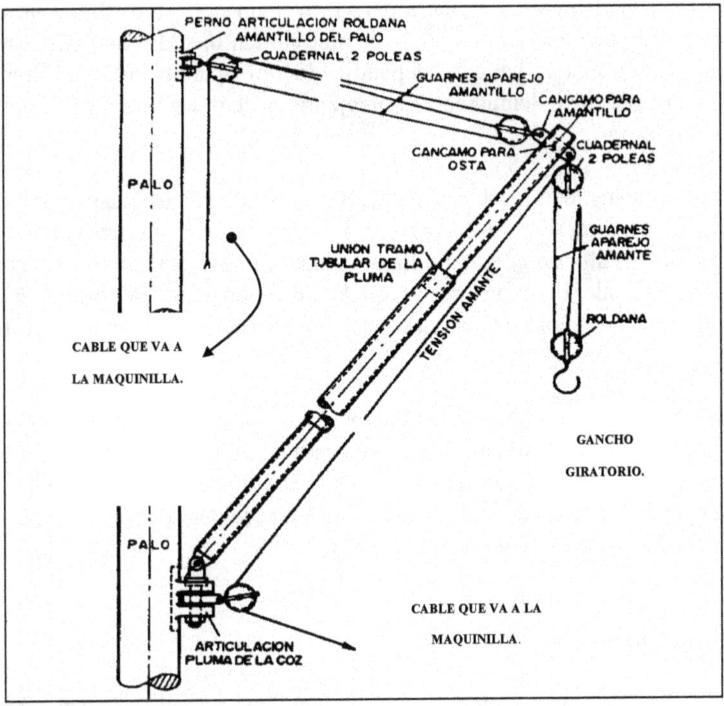

Figura 22 Elementos del puntal

b) Elementos de tracción

Los elementos utilizados para la tracción son de dos tipos: aparejos constituidos por la osta[38], amante[39] y amantillo[40], y maquinillas que proporcionan la potencia para mover los aparejos, el puntal y la carga.

Osta. Los cables que permiten abanicar el puntal a estribor y babor son dos y reciben el nombre de ostas. En su forma de trabajo más simple van fijas al penol y a una maquinilla que dispone de dos carreteles, donde se fijan una osta en sentido de las agujas del reloj y la otra en sentido contrario, de forma que cuando una osta se aduja sobre el carretel, la otra se desvira, logrando de esta manera ejercer su acción sobre el puntal moviéndolo de banda a banda.

Amante. El cable sobre el cual se suspende el gancho de carga se denomina amante. Su otro extremo está fijo en el carretel de la maquinilla que lo mueve, pudiendo de esta forma arriar o virar las eslingadas de mercancía, depositándolas en el muelle o en el interior de la bodega del buque. Como norma de seguridad hay que procurar que sobre el carretel queden al menos tres vueltas, para que el cable trabaje bien y no se produzca el aplastamiento de las vueltas.

Amantillo. La colocación de la pluma a la altura requerida para poder manipular la mercancía se realiza mediante un cable denominado amantillo, que está fijo por un chicote al penol y por el otro al carretel de una maquinilla. El amantillo permite abatir o levantar el puntal, logrando que aumente o se reduzca su radio de acción.

Maquinillas y chigres. Los términos de maquinilla y chigre son empleados indistintamente; son equipos de tracción que se utilizan para mover los aparejos con los cuales se guarnen los puntales. La energía utilizada para accionar las maquinillas puede ser eléctrica, vapor e hidráulica, siendo estas últimas, posiblemente, las más utilizadas. La estructura de las maquinillas es muy simple, constan de un motor con potencia suficiente para mover un carretel o dos y un cabirón, además dispone de un cuadro de mandos para controlar los movimientos del motor. El sistema tiene varias velocidades para poder trabajar, ya que, dependiendo del aparejo sobre el cual trabaje, puede necesitar hacerlo muy rápido o lentamente, por ejemplo, cuando se cobra el amante sin peso o cuando se vira con un peso.

Las maquinillas que disponen de un cabirón suelen hacer uso de él para guarnir un virador que se fija sobre la mercancía para ubicarla en la bodega. Otras veces se puede utilizar el virador para subir o bajar el puntal en caso de fallo de la maquinilla del amantillo. Lógicamente cuantas más maquinillas tenga un sistema de puntales, mayor será el grado de automatización para evitar una presencia excesiva de personas, cuya coordinación hace que la operación sea lenta y el tiempo invertido importante.

El funcionamiento de las maquinillas es semiautomático, ya que los cables están adujados sobre tambores y son manipulados mediante un mando que envía ordenes de acortar o largar cable según las necesidades del puntal. En el caso de que la maquinilla trabaje con un sistema hidráulico puede disponer de un tanque de compensación de aceite, para las pérdidas o las variaciones de volumen que se producen debido a los cambios de temperatura del ambiente.

2.5.4 Puntal convencional

Los primeros puntales, también denominados plumas de carga[41], estaban compuestos en su configuración más simple por un poste vertical y la pluma o puntal con todos sus aparejos. El poste servía de punto de apoyo de la pluma y a él quedaba adosado cuando el buque navegaba. Estos puntales que, para diferenciarlos de los que tienen nombre propio, se denominan convencionales en este "Manual de estiba" trabajan sobre tres puntos donde se fijan los aparejos de las ostas, amante y amantillo, operados mediante fuerza física. El sistema actual de trabajo sigue siendo el mismo, pero los aparejos trabajan mediante el empleo de maquinillas que agilizan las operaciones, a la vez que disminuyen la carga de trabajo del tripulante. Los puntales convencionales se utilizan para levantar pesos de hasta aproximadamente 10 toneladas.

Los tipos de aparejos usados en los puntales convencionales presentan cambios en el amante para lograr variaciones en la potencia aplicada, por ejemplo:

- Dos por dos. Es un aparejo donde el arraigado está situado en el cuadernal fijo que se coloca en el penol del puntal.
- Tres por dos. Es un aparejo que dispone de tres roldanas en el cuadernal superior y dos en el cuadernal inferior. El arraigado está obligado a salir del cuadernal donde haya menos roldanas.
- Tres por tres. En este caso, como hay tres roldanas podría suceder que el arraigado estuviera en la cajera móvil del cuadernal inferior.

Tanto el aparejo de carga como el amantillo pueden estar formados por un determinado número de roldanas. Cuando dispone de dos cuadernales, uno es fijo y el otro es móvil. En el aparejo de carga el cuadernal fijo está situado en el penol. El aparejo de amantillo el cuadernal fijo está firme en la parte alta del palo, que se denomina arbotante. Otra consideración que se debe tener en cuenta en los aparejos es el número de roldanas:

- Si hay el mismo número de roldanas, la tira siempre saldrá del cuadernal en el cual esté el arraigado firme, que puede ser sobre el fijo o el móvil.
- Si el un número de roldanas es desigual, la tira siempre saldrá de la cajera donde hay más roldanas.
- En ambos casos, cuando se hace referencia a la tira, es la del amante.

El aparejo sencillo es poco usado, debido a la desventaja que supone el empleo de un gran esfuerzo para izar las cargas, no obstante se suele utilizar para cargas pequeñas. El esfuerzo P_o para izar la carga será igual al peso más las resistencias pasivas de rozamiento producidas al pasar el cable por la roldana.

$$P_0 = p + R$$

Si tuviésemos dobles roldanas, el esfuerzo se podría reducir, ya que cuantas más roldanas tengamos, menor será el esfuerzo (P_0) que debe realizar la maquinilla. El cálculo de P_0 se realiza mediante las tablas proporcionadas por el fabricante. Si estas no estuvieran a nuestra disposición, el cálculo podría realizarse mediante la formula:

$$P_0 = (p + p * 0{,}04 * N)/M$$

Donde se considera un valor de la resistencia (R) del 4%, siendo M, el número de cables que sostiene al peso y N el número de roldanas.

a) Señales en las operaciones de carga/descarga ejecutadas desde la boca de escotilla

La siguiente figura presenta una forma fácil de entendimiento, usada internacionalmente para comunicar instrucciones entre personas que están operando a cierta distancia con grúas y puntales. Esta simbología permite un correcto entendimiento y evita las órdenes a gritos que ocasiones son de difícil transmisión e inaudibles, debido al ruido existente en el entorno durante las operaciones. También tiene ventajas sobre la utilización de sistemas de radio, ya que estos pueden verse interferidos por el ruido electrónico.

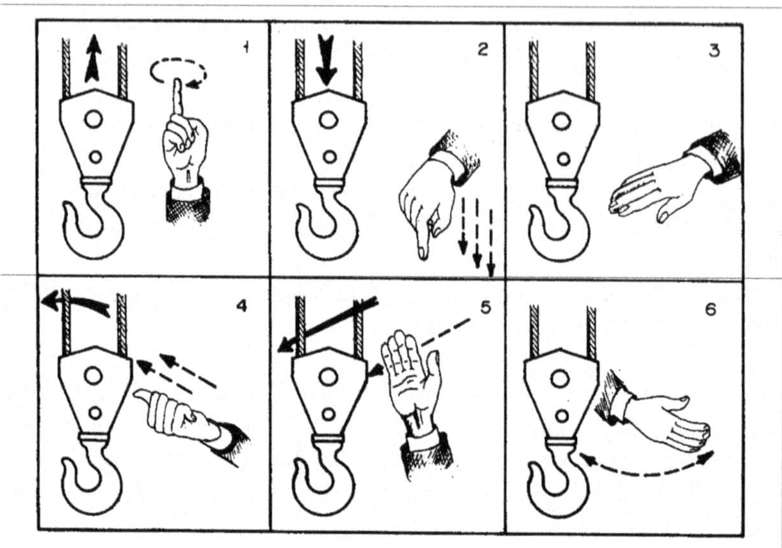

Figura 23 Indicaciones con la mano a el operador de grúa o maquinilla

b) Pruebas de los elementos fijos y móviles de los puntales

El puntal está formado por varios elementos fijos y móviles que deben ser sometidos a pruebas reguladas por las organizaciones marítimas, especialmente las Sociedades de Clasificación y la Organización Marítima Internacional. Las pruebas tienen como objetivo verificar el estado del puntal y sus elementos cada cuatro años de forma general o cuando lo especifique el certificado del elemento considerado. Por ejemplo, los cuadernales, pastecas, pastecas de retorno o motones, son sometidos a pruebas de resistencia, para lo cual es necesario desmontarlos parcial o totalmente. Posteriormente deben ser sometidos a esfuerzos de tracción y compresión, comprobando las zonas o puntos concretos en los que pueden estar dañados por rozamientos, grietas o doblamientos.

Algunos de los valores utilizados en los elementos móviles para realizar las pruebas son:

- En el caso de cadenas, grilletes y ganchos giratorios, 100% más de su SWL (*Safe Work Load*).
- En el caso de cuadernales de menos de 20 toneladas, el 100% más de su SWL o 50% más de su SWL, cuando se trata de cuadernales de más de 40 toneladas.
- En el caso de pastecas y poleas, el 300% más de su carga de trabajo.

Los elementos fijos, serán sometidos a una prueba de carga, en la que deberán soportar los siguientes pesos:

- Carga de trabajo inferior a 20 toneladas, el 25% más de su SWL
- Carga de trabajo entre 20/50, 5 toneladas más de peso
- Carga de trabajo superior a 50 toneladas, el 10% más de su SWL

Para determinar los valores y efectuar las pruebas, se tendrá en cuenta que el puntal deberá formar un ángulo de aproximadamente 15° con la horizontal y que cuando trabajan por compresión soportan un esfuerzo axial de compresión, apareciendo en ellos y sus componentes unos esfuerzos que se calculan en los siguientes apartados.

c) Esfuerzos en el puntal y sus elementos

El sistema formado por el puntal (o pluma) de carga y el palo (o poste) de soporte tiene además una serie de dispositivos necesarios para poder manipular las mercancías, por ejemplo: cables, aparejos y maquinillas. Todo el sistema debe soportar los esfuerzos de tracción y compresión cuando se realiza la maniobra de carga o descarga, por lo cual es necesario estudiar y calcular sus valores para evitar que se produzca un sobreesfuerzo. Cuando los puntales trabajan con valores fuera de los límites permitidos, se puede producir la rotura o fallo de algunos de sus elementos.

Los cálculos son realizados de forma gráfica mediante la ayuda de tablas proporcionadas por los fabricantes siempre que se manejen pequeños pesos, o podemos acudir a una resolución trigonométrica mediante la aplicación de un sistema de fuerzas cuando son grandes pesos o las circunstancias de las mercancías lo requieran.

El ángulo que forma el puntal con el palo determina la altura a la cual se puede izar una eslingada, para que el esfuerzo soportado por el amante no sobrepase al del peso suspendido. Este peso suspendido del penol de un puntal por el aparejo de carga significa una fuerza que se debe vencer, aplicando la potencia de una maquinilla que trabajará en sentido contrario, que deberá ser capaz de izar para acomodar la mercancía en la bodega. Durante la realización de esta maniobra se producen además otras fuerzas como la compresión sobre la coz y la tensión en los puntos de sujeción de las roldanas por las que pasan el amante y amantillo.

La solución gráfica de los esfuerzos y tensiones que se producen al suspender un peso pequeño del puntal proporciona datos rápidos que son aproximados, no obstante son utilizados sumándole un coeficiente que aumenta el margen de seguridad respecto a la carga de trabajo de cada elemento.

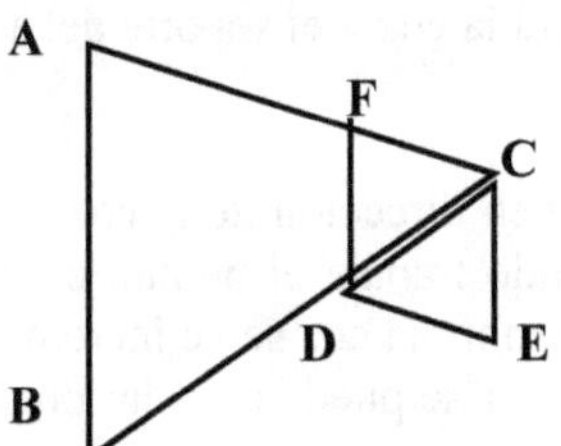

AC, amantillo
CB, amante
AB, palo o poste
CE, peso
CF, tensión del amantillo
CD, compresión sobre la coz (C_c)

Observando los triángulos semejantes ABC y FDC, vemos que AB y FD es paralelo a CE, por ello se puede establecer la siguiente proporción:

$$AB/FD = BC/DC = AC/FC$$

Los valores de las diferentes tensiones y esfuerzos que se producen en los elementos se pueden calcular mediante las fórmulas que se presentan a continuación:

- La tensión que aparece en el amante es el esfuerzo que se produce sobre su tira, lo cual significa que si el amante pasa por una polea, la tensión es igual al peso soportado por el gancho de carga, pero cuando el amante pasa por un cuadernal móvil, la tensión en su tira varía y se obtiene por fórmulas aproximadas:
  - Según Knight, el cálculo de la potencia aplicada a la tira viene dado por:

$$P_a = R_t / N_g \qquad [1]$$

Siendo:
R_t, Resistencia total del aparejo. $Rt = p + p*Nr/10$
N_g, número de guarnes que parten del cuadernal móvil
Nr, número de roldanas del aparejo

- Según Grennet, el cálculo de la potencia aplicada a la tira viene dado por:

$$P_a = 4*P_t / 3Ng \qquad [2]$$

P_t, peso total a izar, que es igual al peso de la carga (p) más la mitad de la suma de los pesos de la pluma y el aparejo.

- ➢ El esfuerzo sobre el cáncamo, en el cual se fija la roldana por la que pasa el amante, se puede calcular gráficamente, suponiendo que la potencia aplicada a la tira del amante es paralela a la pluma.

$$E_c = P_t + P_a \qquad [3]$$

Donde:
P_a. Potencia aplicada a la tira
E_c, Esfuerzo sobre el cáncamo

- ➢ La compresión sobre la coz se produce desde el momento en el que el peso se encuentra suspendido, ejerciendo una fuerza estática cuyo valor, aplicando la semejanza de triángulos anteriormente establecida, es:

CD/CB=CE/AB CD=CE*CB/AB

$$C_c = P_t*l_p / L_p \qquad [4]$$

Donde:
l_p, longitud de la pluma, desde la coz al penol
L_p, longitud del palo, que será la distancia entre la coz y el soporte del amantillo
C_c, compresión sobre la coz

La compresión sobre la coz trabaja sobre la pluma en dirección de la coz, siendo la resultante de la tensión sobre el amantillo y el peso total. Cuando trabaja el puntal, es decir, al virar el peso mediante la fuerza de la maquinilla, la compresión sobre la coz se ve incrementada por el esfuerzo de la potencia aplicada a la tira del amante. Este valor se puede calcular por la fórmula de Grenet y es el siguiente:

$$P_a = 4*P_t/3*n$$

$$C_c = [(P_t + P_a)*l_p] / L_P \qquad [5]$$

- ➢ El valor de la tensión en el amantillo es un dato que varía en función de su longitud y ésta a su vez es variable con su inclinación. Los valores de los parámetros se obtiene al establecer la semejanza de los triángulos ABC y FDC:

FC/AC=FD/AB=CE/AB FC=CE*AC/AB

$$t_a = P_t*l_a / L_p \qquad [6]$$

Donde:
L_a, longitud del amantillo
t_a, tensión en el amantillo

- ➢ Finalmente tenemos que considerar dos posibilidades más de cálculo:
  1. Cuando viramos el amantillo, es decir, levantamos el puntal, si el peso está suspendido a la tensión calculada del amantillo (t_a), se debe sumar la potencia aplicada a la tira del amantillo (P_a), lo cual proporciona un valor del esfuerzo sobre el punto de sujeción de la roldana:

Esfuerzo en el cáncamo y roldana del amantillo = $E_c = t_a + P_a$ [7]

2. Cuando viramos el amante para izar el peso, entonces el amantillo incrementa su tensión con la potencia aplicada a la tira del amante. Gráficamente, la solución del problema se obtiene por la suma vectorial de t_a y P_a, cuyos valores se obtienen por alguna de las fórmulas [6], [1] o [2].

d) Maniobra de puntales

Los diferentes métodos de trabajar con los puntales son denominados maniobras de puntales. Éstas son ejecutadas según sea la disposición y número de puntales instalados a bordo y el tipo de mercancías que se tiene que manipular. Considerando la variedad de puntales, se puede hablar de tres variantes o formas de utilización: método amante penol[42], método a la americana[43] y método mariposa.[44]

➢ *Método amante penol*

Sistema utilizado en buques pequeños que tienen una sola pluma que es utilizada para varias funciones, por ejemplo:

- Los pesqueros usan el puntal para el manejo de las puertas y redes de pesca.
- Los buques de cabotaje emplean los puntales para la carga/descarga de pequeños bultos y cajas que suele constituir la carga general que transportan.
- Hay buques de gran porte que disponen de puntales para introducir piezas en la máquina a través de la lumbrera.
- Los buques petroleros usan puntales para levantar las mangueras de carga/descarga o para embarcar las provisiones.

La forma de trabajar con el puntal mediante el método amante de penol es simple: se coloca el penol de la pluma en la vertical de la mercancía a manipular mediante el amantillo y las ostas; a continuación se vira del amante hasta que la mercancía se encuentre suspendida por encima de la borda del buque. Si la operación es de carga, se vira de la osta hasta situar la eslingada sobre cubierta o en la vertical de la lumbrera y se arría el amante. Si la operación es de descarga, la secuencia es inversa, partiendo del penol de la pluma sobre la vertical de la bodega. Se iza la mercancía virando el amante; se abanica el puntal hacia el muelle, virando de la osta de la banda del muelle para situar la eslingada sobre él, y finalmente se arría el amante para depositar la mercancía.

El trabajo desarrollado por el amantillo, ostas y amante es realizado mediante maquinillas, siendo las de ostas y amantes las que realizan un trabajo continuo, ya que el amantillo sólo es utilizado para proporcionar a la pluma el ángulo de trabajo en función de que la operación sea de carga/descarga y del peso que se deba manejar.

➢ *Método a la americana*

Consiste en guarnir dos plumas con objeto de trabajar sobre la misma bodega, para ello se unen los dos amantes y el gancho de carga mediante una plancha triangular cuyos tres lados sean iguales. En los puntos A y B se fijan los dos amantes de las plumas y en el punto C se hace firme el gancho de carga, con un grillete giratorio.

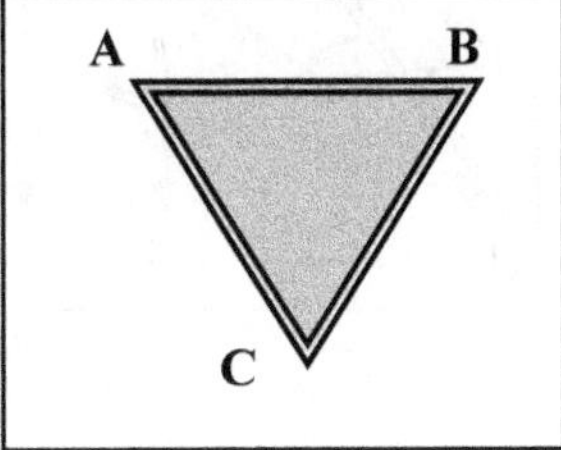

Figura 24 Plancha para unir amantes y gancho de carga

Las plumas son situadas de forma que el penol se posicione sobre la vertical de la escotilla de la bodega en la cual se va cargar/descargar y el penol de la otra pluma caiga verticalmente sobre el muelle. Ambas plumas están unidas por una osta central o pajarito fijado en ambos penoles. La maniobra realizada difiere un tanto, según sea una operación de carga o descarga:

- Si se carga mercancía, la maniobra comienza por virar el amante de la pluma que tiene su verticalidad sobre el muelle. Cuando la mercancía sobrepasa la borda del buque, se vira del amante de la pluma abocada sobre la bodega, lascando el amante de la primera hasta que la izada está sobre la escotilla de la bodega. Una vez situada la mercancía sobre la escotilla, se arrían los dos amantes hasta situarla sobre el plan de la bodega.
- Si se descarga la mercancía, se comienza virando el amante de la pluma que tiene el penol situado en la vertical de la bodega hasta que la izada quede suspendida fuera de la bodega por encima de la brazola, entonces se para y se comienza a virar del amante de la segunda pluma que tiene su penol en la vertical del muelle, lascando al mismo tiempo del primero hasta que la eslingada pasa de la borda del buque, momento en el cual se arrían los dos amantes hasta depositar la izada sobre el muelle.

En ambos casos la maniobra puede resultar compleja si no se tiene cuidado en sincronizar las acciones de las maquinillas, por lo que hay que tener en cuenta que:

- Las ostas laterales tienen la función de colocar a las plumas en su posición de trabajo, moviéndola de babor a estribor o viceversa, quedando fijas una vez está la pluma en su lugar y entonces es cuando la carga queda suspendida del amante para continuar la maniobra.
- La osta central o pajarito sirve para ajustar la posición del penol de las plumas en la vertical de la bodega y en la del muelle, para que la mercancía pueda entrar o salir de las bodegas de carga. La existencia de esta osta central permite fijar la abertura de las plumas y si no estuviera sería necesario la utilización de dos ostas laterales en cada puntal.
- El ángulo de elevación de los puntales estará en función de la altura a la que se debe levantar la eslingada.
- No se debe sobrepasar el ángulo de 120° formado por los dos amantes, y el ángulo que ellos formen con la vertical nunca debe ser menor de 60°, ya que si los amantes forman un ángulo menor, el esfuerzo producido es mayor y puede sobrepasar al del peso suspendido.
- La carga de trabajo soportada por los amantes es la que determina la carga con la cual se permite trabajar a todo el sistema.

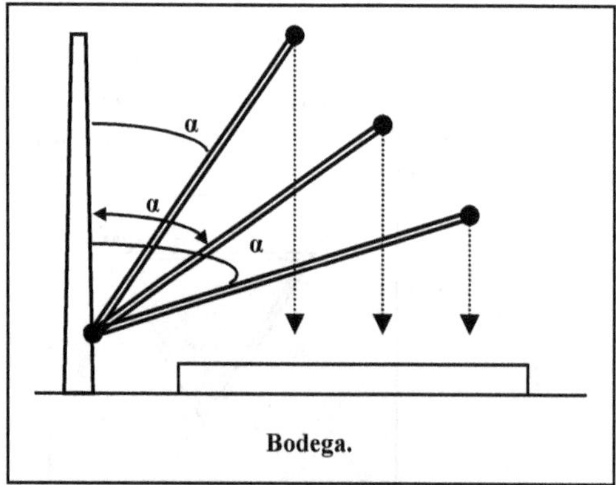

Figura 25 Ángulos del puntal

- Cuando se tenga que cargar/descargar una mercancía, cuyo peso sea cercano a la carga de trabajo del sistema y ante la posibilidad de que sea difícil calcular el ángulo que forman los dos amantes, la pluma se colocará formando el menor ángulo (α) posible con el palo, aunque esto disminuya el alcance. La figura muestra diferentes ángulos de trabajo.

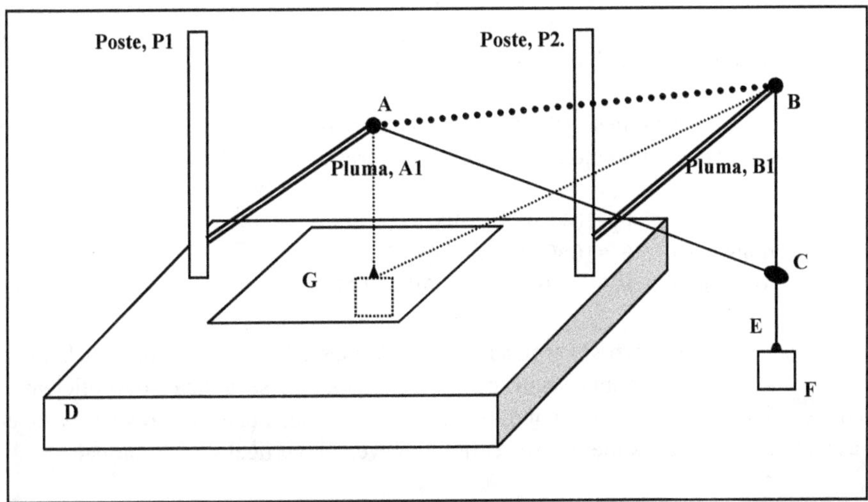

Figura 26 Puntales trabajando a la americana

➢ *Método mariposa*

La función de los puntales es similar a la del método "a la americana", residiendo la diferencia en que se carga y descarga a ambas bandas, para lo cual se introduce una modificación en la situación del penol que estaba sobre la escotilla; ahora se sitúa hacia fuera en la otra banda del buque, con lo cual un puntal trabaja sobre el muelle y otro sobre el lado del mar, por ejemplo sobre una barcaza.

Si descargamos un peso desde la bodega, se debe virar de ambos puntales hasta que sobrepase la altura de la brazola y después se continúa virando del amante hacia donde se quiere descargar, y arriando al mismo tiempo el otro. Si queremos cargar, se realizará la operación inversa con los amantes.

Además de las indicadas en cada método, cuando se realizan las operaciones de carga/descarga es necesario adoptar otras precauciones y tenerlas en cuenta durante la maniobra de puntales.

- Las operaciones de virar y arriar deben hacerse de forma continua, teniendo en cuenta el peso que manejamos, es decir, se deben evitar el *arranca, para* que sólo produce movimientos bruscos y aceleraciones innecesarias sobre la carga.
- La velocidad y potencia seleccionada en las maquinillas estará de acuerdo a la operación que se realiza en cada momento, la longitud del cable utilizado, el peso y la altura de la eslingada.
- El penol de las plumas estará a una altura en la que se tendrá en cuenta la longitud de la carga que estamos manipulando en cada momento.

Los esfuerzos que soporta un puntal de carga en sus diferentes versiones, los elementos de sujeción y los accesorios móviles se ven aumentado por las aceleraciones y las vibraciones que se producen a bordo. Para compensar los problemas que pueden causar los esfuerzos sobre los puntales, se refuerzan los sistemas de sujeción y se reducen las aceleraciones. Por ejemplo, se recomienda que las fuerzas que actúan sobre las distintas partes de la instalación de los puntales convencionales, cuando trabajan "a la americana" no sobrepasen los valores indicados por las Sociedades de Clasificación para las aceleraciones:

- Aceleración vertical: a_z=1,0 respecto a g, m/seg^2
- Aceleración transversal: a_y=0,7 respecto a g, m/seg^2
- Aceleración longitudinal: a_x=0,3 respecto a g, m/seg^2

Si tenemos que manipular un peso 10 toneladas, las fuerzas que deberemos contrarrestar mediante los sistemas de inmovilización, teniendo en cuenta los valores de las aceleraciones indicadas, sería:

- Fuerza vertical: F_z=10*1*9,81= 98,1 kN
- Fuerza transversal: F_y=10*0.7*9,81= 68,67 kN
- Fuerza longitudinal: F_x =10*0.3*9,81= 29,43 kN

Estas fuerzas son las que deben ser tenidas en cuenta, pues ellas deberán soportar los trincajes de los puntales. Por ello para tener una seguridad en la operación, se aplica un coeficiente o factor de seguridad, por ejemplo k=3. Esto nos indicará que los trincajes deben ser tres veces superiores en las diferentes componentes de las fuerzas en sentido transversal, vertical y longitudinal.

➢ *Doblar la maniobra*

El término doblar la maniobra se utiliza cuando las mercancías que se tienen que izar tienen un peso que excede de la carga de trabajo del amante. En la maniobra se aplica un factor de seguridad[45] entre la carga de trabajo y la carga de rotura de cabos o cables de laboreo.

- Método amante de penol. Para doblar la maniobra usa una pluma cuyo amante es pasado por una pasteca móvil (A), la cual se une al gancho de carga y la gaza del amante se hace firma en el penol de la pluma (B).

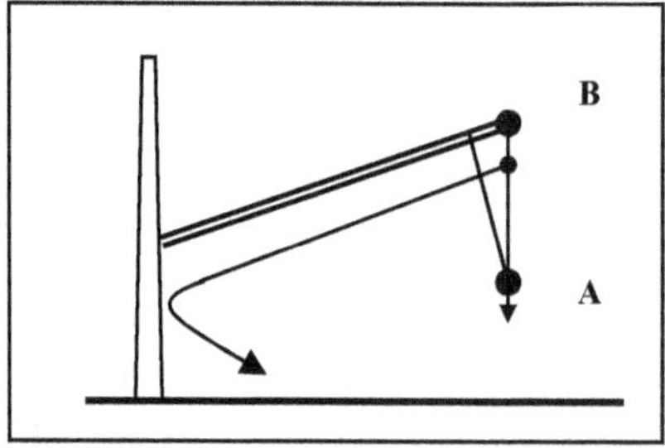

Figura 27 Maniobra de amante de penol doblada

  Por ejemplo, si el SWL de la pluma es de 5 toneladas, al ser doblada la maniobra el puntal podrá trabajar con 10 toneladas.

- Método de dos plumas y una pasteca móvil. La maniobra mediante este método requiere colocar los penoles de las dos plumas muy próximos. Se hace pasar un amante por una polea móvil, en la cual se engrilleta el gancho de carga y se unen las gazas de los amantes. El grillete que une los amantes hay que colocarlo cercano a una de las pastecas del penol de un puntal y se utiliza la maquinilla del otro puntal para izar o arriar las mercancía, reduciéndose el esfuerzo a la mitad debido a la polea móvil introducida.

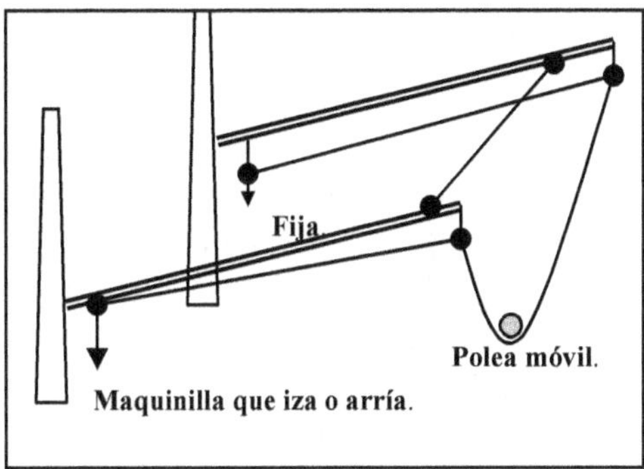

Figura 28 Doblar maniobra

Se trasladan horizontalmente las mercancías cobrando la osta de la banda hacia el lugar de estiba y lascando de la otra, teniendo cuidado de que los puntales no se junten. La maniobra debe ser cuidadosa y es lenta.

2.5.5 Puntal Velle

El puntal Velle tiene varias características que lo diferencian de otros puntales. Por ejemplo, su penol termina en forma de "T" y fija la coz sobre un grueso postelero que en su parte superior abre dos brazos en forma de "T". Esta disposición facilita el trabajo de los alambres de retorno que se utilizan como amantillos y ostas. La pluma, a pesar de su apariencia robusta, puede oscilar a ambos costados.

Los puntales Velle se utilizan para levantar pesos de hasta 50 toneladas y su forma de trabajar es operar los cables de las maquinillas mediante válvulas que lo hacen automáticamente. Dispone de un sistema de emergencia que actúa en caso de fallo de una maquinilla. Si viramos la maquinilla del amante, se iza la carga, y cuando se desvira, se arría. Los amantillos trabajan enrollados en un solo cable (sin fin), un extremo está fijo en la maquinilla de proa y el otro en popa. Virando la maquinilla del amantillo de proa y desvirando el de popa, el puntal se inclina a babor y viceversa.

Hay dos aparejos de amantillo, el cuadernal de cada uno está firme a dos cables afirmados cada uno en un extremo de la cruceta del puntal y el otro cuadernal fijo está firme en lo alto de su respectivo postelero. Cada amantillo laborea por una roldana de retorno firme en la cruceta de cada postelero y va a la maquinilla respectiva a través de otra roldana de retorno. Una de las maquinillas está en proa y otro en popa del postelero. Los cables de los dos amantillos están guarnidos de forma sin fin, de manera que cuando uno vira, el otro desvira y viceversa.

Las maniobras específicas se realizan siguiendo los siguientes pasos:

- Para arriar o virar el puntal, se procede a desvirar o virar de cada uno de los amantillos, de forma que los dos cables girarán en sentidos opuestos en cada uno de las maquinillas. Esto permitirá abatir o elevar el puntal.
- Se logra inclinar el puntal a una banda virando con ambas maquinillas de los dos cables del amantillo que estén firmes en el postelero de la banda a la que deseamos que se incline el puntal. Cada uno se enrolla en la maquinilla correspondiente en igual sentido, mientras que los otros dos extremos se desviran.
- Maniobras con los amantes. El aparejo de carga está formado por un solo cable que labora por seno a través de unas roldanas firmes en la cruceta del puntal, normalmente se colocan 2 o 3 roldanas, según tengamos, el puntal aparejado para trabajar con pesos de 20 o 40 Tm.

- Cada extremo del cable, después de pasar por unas pastecas, va a la misma maquinilla, que es la del amante. La operación de la maquinilla consistirá en virar o desvirar, según queramos izar o arriar la carga.
- Para el izado de cargas inferiores a 20 Tm hay que afirmar un extremo del amante a un cáncamo del respectivo postelero, y de esta forma trabaja un solo amante, suficiente para el peso manipulado.

2.5.6 Puntal Stüelcken

El puntal debe su nombre a una patente de construcción de los astilleros alemanes Blohm&Voss. Es un conjunto formado por dos posteleros que salen de cubierta con una inclinación hacia las bandas, es decir, formando una "uve", que mantiene en posición al puntal o pluma situado en el centro de ambos. El puntal puede oscilar a banda y banda dentro de unos límites gracias a la acción de dos amantillos, cada uno provisto de su propia maquinilla. Esta disposición permite que el puntal se mueva por medio del amantillo y las cargas se icen o arríen por medio del aparejo de carga, cuyo amante trabaja también con dos maquinillas.

Las normas de seguridad obligan a que antes de salir de puerto el puntal deba ser arranchado para cualquier tipo de navegación y para ello se levanta formando aproximadamente un ángulo de 10° con la vertical. El gancho de carga se colocará y trincará de forma segura la meseta de las maquinillas, manteniendo el aparejo de carga y el del amantillo bien tensado, para evitar que pueda dar bandazos durante la navegación.

Descripción general de las condiciones de trabajo del puntal y enumeración de los elementos que lo componen:

- El sistema de puntales Stüelcken puede tener dos configuraciones, una con los dos aparejos de carga situados a un lado del puntal, para evitar tener que cambiar la barra de unión de los cuadernales inferiores. La otra configuración dispone un aparejo a cada lado del puntal, estando los dos cuadernales inferiores atravesados por un perno o barra del cual se suspende el gancho giratorio de carga.
- El puntal puede trabajar hacia una bodega de proa y otra de popa, para lo cual el penol dispone a ambos lados de dos cuadernales provistos de amortiguadores para evitar los estrechonazos.
- Cuando el puntal realiza operaciones para izar y arriar la carga, deberá estar apoyado sobre la coz de cubierta.
- En los extremos del postelero se coloca un cuadernal fijo a una pieza giratoria para poder bascular el puntal. De cada cabeza giratoria del postelero salen unos cables que llegan hasta el penol.
- Algunos puntales Stuëlcken trabajan con puntales auxiliares en los posteleros situados a cada lado, es decir, a proa y popa. Se utilizan para mover pesos pequeños, por ejemplo los menores de 10 Tm. Los aparejos de los amantillos de estos puntales se hacen firme a las plataformas de los respectivos masteleros.
- La carga está sujeta por el aparejo de carga formado por un conjunto de dos aparejos a banda y banda del puntal unidos por un grillete giratorio. Este aparejo trabaja en forma perpendicular siempre, ya que cae en sentido vertical. Las tiras del aparejo de carga salen de los cuadernales inferiores, se denominan amantes.
- Los puntales Stüelcken tienen una capacidad de levantamiento entre 100 Tm en buques convencionales y 1.000 Tm en buques especialmente diseñados para levantar grandes pesos.
- Las condiciones de trabajo del puntal Stüelcken lo pueden situar para operar según parámetros óptimos de los elementos que componen el sistema son:

  - Los ángulos máximo y mínimo de elevación deberían ser 75° y 25°.
  - Se debería trabajar con un ángulo máximo de escora del buque de 10° y un asiento máximo de 2°.
  - Alcance máximo fuera del costado 6 metros.
- Algunas ventajas que presentan las operaciones de los puntales Stuëlcken para manipular la carga son las siguientes:
  - Se pueden combinar las operaciones trabajando con el puntal principal en una banda y con uno auxiliar en la otra.
  - No se necesitan ostas ni retenidas para operar.
  - La velocidad de carga puede aumentarse de acuerdo a la potencia de las maquinillas empleadas.

➢ *Funciones del amantillo*

El puntal dispone de dos amantillos que se utilizan para moverlo en sentido vertical y transversal. Los amantillos pasan por un cuadernal que se encuentra en la parte superior de cada uno de los posteleros y el arraigado se encuentra firme en el penol de la pluma. Los controles de las maquinillas están situados en las plataformas de los posteleros. Las operaciones realizadas con los amantillos son las siguientes:

- Cuando ambos amantillos son arriados o virados a la misma velocidad, la pluma desciende o asciende en sentido vertical.
- Si ambos amantillos son virados a diferentes velocidades, la pluma cae hacia el costado del que vira con mayor velocidad; por el contrario, si ambos amantillos son arriados a diferentes velocidades, la pluma se aleja del costado de aquel que se arría a mayor velocidad.
- Si se arría el amantillo de Br, la pluma cae a Er y desciende lentamente.
- Si se vira el amantillo de Br, la pluma cae al mismo costado y sube lentamente.
- Si el amantillo de Br es arriado y el de Er es virado, la pluma cae rápidamente a Er.
- Si el amantillo de Br es virado y el de Er arriado, la pluma cae rápidamente a Br.
- La distribución de las cargas de tracción de los amantillos está en función de los siguientes factores:
- Posición de la pluma, asiento y escora del buque.
- La distribución de cargas en condiciones normales de operación es uniforme, para lo cual la escora será cero, estando la pluma situada en crujía, sobre la vertical del plano.
- Si la pluma es girada a una u otra banda, las cargas de tracción en los amantillos varían; si la pluma es llevada a estribor, la carga del amantillo de babor, aumenta y disminuye la del amantillo de estribo; si la pluma es llevada hacia babor los efectos son los contrarios. Resumiendo, la carga aumenta en el amantillo largo y disminuye en el corto.
- Durante la maniobra con la pluma no se puede permitir que el sistema se vuelva inestable, ya que podría quedar inutilizado, por lo tanto hay que controlar la tracción del amantillo largo y el aflojamiento del corto. Para asegurar la estabilidad es necesario:
- Una vez la pluma alcanza su posición límite, cuando el amantillo corto está flojo, no deberá seguir girando.
- Si el amantillo corto está flojo, no debe tesarse mediante la maquinilla.
- La pluma debe cobrarse por medio del amantillo interior para disminuir la escora mediante la reducción del momento escorante, al mismo tiempo se tesará el amantillo exterior.
- Comprobar que no existan superficies libres en los tanques.
- Respecto al asiento, si el buque está asentado a popa, la estabilidad del sistema será mayor que si la pluma apunta hacia proa; en caso de que el asiento sea aproante, si la pluma apunta hacia proa, la estabilidad del sistema será mayor que si apunta hacia popa.
- No se manipularán cargas pesadas, si las condiciones de estabilidad no son seguras.

1. Roldadas guía del amante
2. Tira del amante
3. Cuadernales superiores aparejo de carga
4. Cuadernal del amantillo
5. Tira del amantillo
6. Puntal auxiliar
7. Gancho para afirmar el puntal auxiliar
8. Cabeza giratoria
9. Estructura soporte
10. Aparejo del amantillo
11. Tira del amante
12. Cuadernales inferiores aparejo de carga
13. Gancho de carga
14. Sistema para afirmar cuadernal inferior
15. Grillete giratorio
16. Escala de postelero
17. Mesta de maquinillas

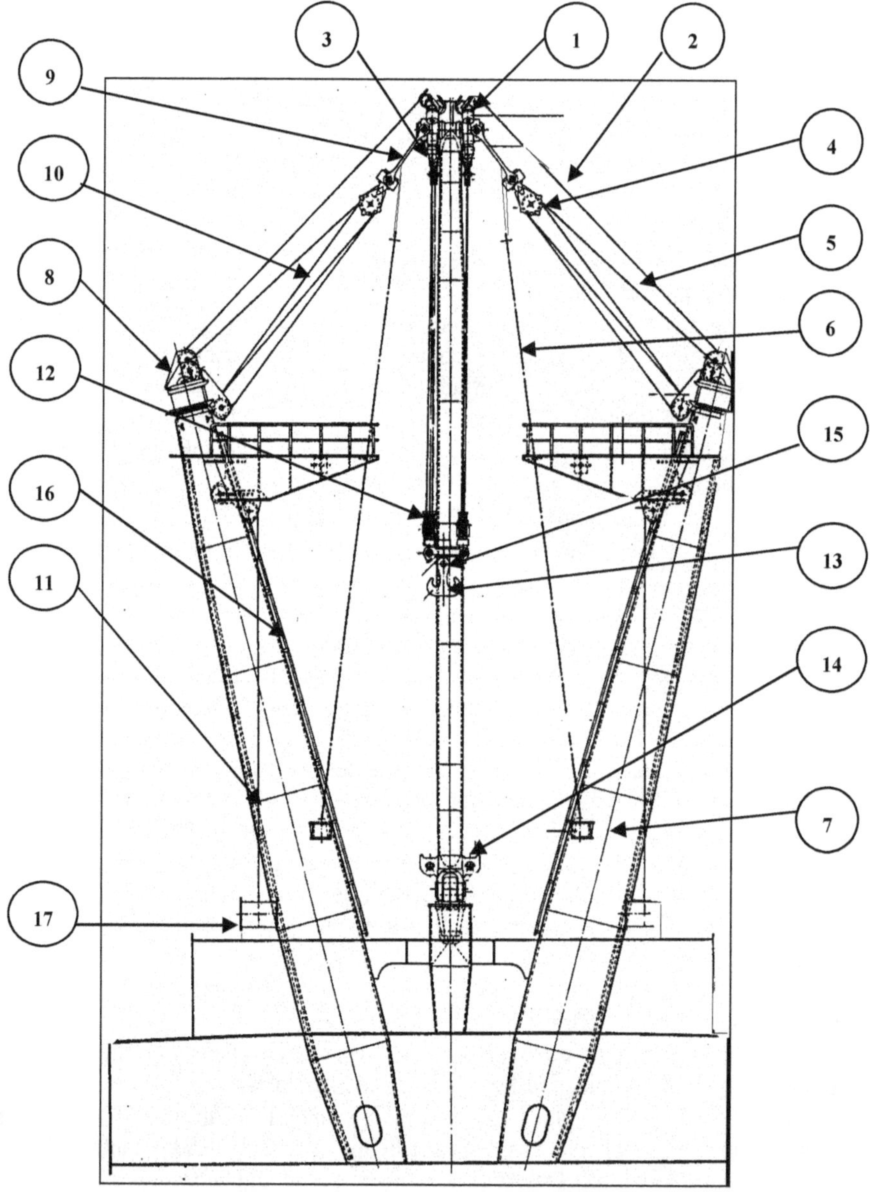

Figura 29 Puntal Stüelcken estibado

➢ *Funciones del amante*

El amante de los puntales de carga de tipo ordinario consiste en un cable que corre a lo largo del puntal desde la maquinilla, donde está enrollado sobre los tambores de trabajo, y pasa a través de la polea de la coz y la situada en el penol.

- El aparejo de carga consta de dos cuadernales superiores y dos inferiores. Cada extremo del amante pasa por una roldana guía y va a cada una de las maquinillas de carga. En el caso de que el puntal trabajase con un solo aparejo, entonces la roldana inferior de guía se asegura a la coz de la pluma.
- Cada cuadernal está compuesto normalmente de cuatro roldanas para pesos de 25 Tm (2*2), de ocho roldanas (4*4), para mover pesos de hasta 50 Tm y de más de ocho roldanas para pesos de más de 100 Tm.
- El amante debe ser de una sola pieza, su longitud debe ser suficiente para que el gancho alcance el punto más lejano de la bodega, quedando sobre el cabirón tres o cuatro vueltas. El amante sencillo se usa para trabajar con cargas inferiores a 10 toneladas.
- El esfuerzo P para izar la carga será igual al peso más las resistencias pasivas de rozamiento al pasar el cable por las roldanas. Si tuviésemos dobles roldanas, el esfuerzo P se habrá reducido, es decir, cuantas más roldanas tengamos menos esfuerzo realizará la maquinilla.
- La velocidad operativa de las maquinillas debe ser controlada cuidadosamente, cuando movemos cargas de 500 Tm, las maquinillas tienen que trabajar a velocidad lenta, operando con mucho cuidado y parando para comprobar el ángulo de escora del buque y los efectos sobre la estabilidad en la izada del peso. Para pesos de 100 Tm o menos, la velocidad puede ser mucho más rápida.

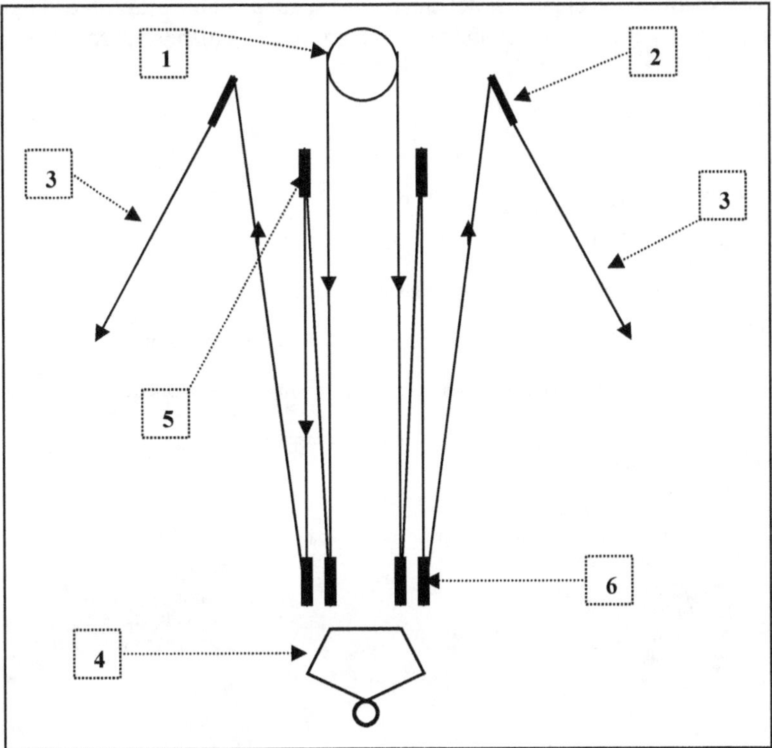

Figura 30 Guarnimiento para levantar pesos de 25 Tm

Descripción de las llamadas del aparejo de carga pendular dibujado:
1. Roldada central 2. Roldada guía
3. Tira del amante a la maquinilla 4. Gancho de carga
5. Cuadernales fijos (pastecas de carga superior) 6. Cuadernales móviles (pastecas de carga inferior)

2.5.7 Grúas

La utilización de grúas significa una mayor agilización de las operaciones de carga o descarga, ya que sus elementos de trabajo son menos complejos que los que necesitan los puntales. Los buques acondicionados para el transporte de mercancías sólidas a granel, por ejemplo, graneleros, carboneros y mineraleros han dispuesto y siguen disponiendo de grúas para el manejo de los productos que transportan.

Actualmente la mayoría de los tipos de grúas utilizadas a bordo han quedado reducido a las grúas con base rotativa, que son de fácil manejo y reducido mantenimiento. Su potencia es proporcionada por motores hidráulicos o eléctricos. Todo el conjunto, especialmente los componentes móviles, están protegidos contra las inclemencias del tiempo y del polvo que algunos tipos de mercancías generan.

Normalmente las grúas van situadas entre dos bodegas, para poder proporcionar servicio indistintamente a ambas bodegas, por lo cual disponen de una capacidad de giro de 360°. Su estructura está compuesta por una cabina con amplia visión y un cuadro de mandos desde los cuales una persona puede controlar los movimientos del brazo y del cable del cual pende la mercancía.

Las grúas disponen de dos cables que soportan toda la maniobra de la grúa. Un cable que empieza en el gancho de carga y termina en el tambor del amante. El segundo cable está fijo en el penol del brazo de la grúa y por el otro chicote se fija al tambor del amantillo. Los mandos permiten actuar sobre uno u otro cable para realizar la operación de carga o descarga.

---

[24] Por ejemplo, cada día son menos los buques que llevan puntales.
[25] Cordón, es un conjunto de hilos (filásticas) que se tuercen (colchan).
[26] Extendidos por las S.C. y la Administración Nacional.
[27] Una filástica de primera tiene una carga de rotura de 45kgr, aproximadamente.
[28] Trenzado.
[29] Ejemplos de coeficientes de seguridad aplicados a grúas: entre 6 y 10; para cabestrantes: entre 4 y 5.
[30] Yustadas, unidas según su trenzado.
[31] Los elementos que nos sirven para proteger las mercancías cuando están dentro del espacio de carga son trincas, puntales y material de relleno.
[32] El término inglés, *pallets*, es utilizado indistintamente en los textos en castellano.
[33] *International Standard Organization.*
[34] Estándares según la norma ISO 6780.
[35] UCI, *Union International de Chemins de Fer.*
[36] Se aplica el nombre de combes al espacio de la cubierta superior desde el palo mayor hasta el castillo de proa.
[37] Poner el puntal en condiciones de operar.
[38] Término en inglés, *Guys.*
[39] Término en inglés, *cargo runner.*
[40] Término en inglés, *topping lift.*
[41] Término en inglés, *cargo booms.*
[42] Método, *single swinging derrick.*
[43] Método, *unión purchase.*
[44] Método, *butterfly.*
[45] El factor de seguridad puede estar entre 4 y 6.

3. Estiba de carga general

3.1 Introducción

Una vez han sido sentados los principios generales de estiba en los anteriores capítulos, se comienza en éste con su aplicación a diferentes tipos de mercancías empezando con la carga general. La introducción de buques diseñados y preparados para transportar unidades especializadas, por ejemplo: contenedores, paletas o remolques cargados, ha supuesto una disminución drástica del transporte y manipulación de la carga general, como había sido entendida hasta hace pocos años[46]. No obstante, sigue habiendo buques de poco porte, normalmente dedicados al cabotaje, que por necesidades del mercado se ven en la necesidad de transportar mercancías con embalajes de diferentes formas, pesos y volúmenes. Por otra parte, la manipulación y la planificación de la estiba de todas las mercancías tienen connotaciones similares, razón por la cual se desarrollan en este capítulo todos los temas sobre la preparación y acondicionamiento de las bodegas que podrían ser aplicadas a los buques de carga general y a la mayoría de buques especializados en un tipo determinado de mercancías.

La denominada carga general está representada por todas aquellas mercancías en estado sólido, líquido o gaseoso que deben ser envasadas para su transporte y que desde el punto de vista de la manipulación pueden ser tratadas como pequeñas unidades independientes. La carga general se transporta protegida por el propio envase y/o el embalaje, cuya forma, peso y dimensiones se ajustan a las características propias de cada mercancía; su manejo se lleva a cabo con equipos del buque o de las terminales portuarias. Un término empleado a menudo cuando se trata de carga general es el de carga consolidada, que significa reunir varios grupos o lotes de mercancías para formar una sola unidad.

Actualmente la mayoría de los antiguos problemas que surgían durante las operaciones de carga/descarga, al manipular bultos y cajas con mercancía han desaparecido debido a que éstas cuando tienen pequeñas dimensiones son estibadas sobre paletas o contenedores, por lo cual, prácticamente no existen la dificultad de manejo, la pérdida de bultos pequeños, el apilamiento de cajas grandes sobre pequeñas o la mezcla de envases con diferente consistencia en una misma operación de izado.

3.2 Legislación

No existe una legislación que específicamente contemple de forma global normas para la manipulación y transporte de la carga general no existe. Hay normas que separadamente regulan los diferentes tipos de mercancías[47] cuando se transportan por carretera o ferrocarril, estas mismas se aplican para el transporte por mar introduciendo las modificaciones necesarias[48]. Considerando que no es de recibo describir una legislación tan extensa, se indican solamente algunas notas sobre puntos concretos de normas y se proporcionan generalidades sobre códigos o convenios propiamente marítimos.

Empezando por estos últimos y respecto a los sistemas de ventilación de bodegas, hay que tener en cuenta que los buques deben cumplir con las normas de seguridad indicadas en las reglas del SOLAS[49], que entre otros puntos proponen que:

- Los ventiladores o troncos de ventilación irán dispuestos de manera que los conductos desemboquen en los diversos espacios quedando dentro de la misma zona vertical principal.
- Las aberturas principales de aspiración y descarga de todos los sistemas de ventilación podrán ser cerradas desde el exterior del espacio que tiene que ser ventilado.
- Cuando se instale ventilación en troncos de escalera, el conducto o conductos arrancarán de la cámara de ventiladores y serán independientes de otros conductos y no se utilizarán para ningún otro espacio.

Las bodegas se deben ventilar para eliminar la humedad y los gases que pudieran estar concentrados en el interior y podrían dañar las cargas transportadas, por ello en ciertas circunstancias es fundamental la ventilación de, por ejemplo, cargamentos de grano, semillas, fibras vegetales o carnes; estas cargas absorben humedad del ambiente y se denominan higroscópicas.

Dentro de los sistemas de seguridad, otro punto importante es la inmovilización de las mercancías, para lo cual hay que acudir al CPS o a directrices de las SC, ya que de ellos se obtendrán las reglas necesarias sobre apuntalamiento y trincaje que hay que aplicar a la carga general.

Otros productos que forman parte de la carga general deben ser estibados siguiendo la legislación[50] de carretera y ferrocarril referente a envases/embalajes construidos con materiales de metal, madera, vidrio, o plástico. Los productos no se verán afectados, aunque sean higroscópicos, si el envase/embalaje es el adecuado, pero se requiere un control del estado de la bodega. A continuación se proporciona una lista[51] con algunos productos higroscópicos indicando los porcentajes de humedad admisibles para su conservación durante el transporte:

Maíz	11,0	a	14,4%	Semillas de girasol	4,4	a	6%
Cacao	8,0	a	10%	Lino	5,9	a	12,1%
Café	8,5	a	10,6%	Algodón	7,1	a	9,5%
Té	6	a	8%	Soja	7,9	a	12,1%
Hojas de tabaco	12	a	13%	Uvas	17	a	28%
Madera seca	16	a	24%	Ciruelas	24	a	28%
Pulpa madera	10	a	20%	Algodón	8	a	11,5%
Cueros secos	14	a	20%	Yute	12	a	17%
Cueros mojados	40	a	50%	Lana	9,5	a	20%

En el caso de los productos perecederos, se recurre a los manuales preparados por las organizaciones afines a ellos, por ejemplo, los departamentos de agricultura y pesca, que son los más indicados para disponer de normas referentes a los productos que ellos mismos regulan. En el caso de las mercancías transportadas a temperatura regulada, para confeccionar los manuales empleados en el transporte marítimo se recurre a los estudios realizado para diseño y mantenimiento de instalaciones frigoríficas en tierra.

3.3 Carga general

El concepto de carga general se aplica a una serie de mercancías que han formado cargamentos heterogéneos durante muchos años para ser transportados por mar. La típica carga general de antaño concebida como pequeños bultos ha desaparecido prácticamente del transporte marítimo por los inconvenientes que conlleva su estiba y manipulación, no obstante todavía existen buques que en contadas ocasiones transportan pequeños bultos y se dedican al cabotaje en rutas de trayectos de corta duración.

El tratamiento que se hace a la carga general es parecido al de las unidades de carga, ya que los pequeños paquetes o bultos no son transportados como antes individualmente, sino que se agrupan formando grandes bultos estibados en el interior de contenedores o sobre paletas. Las mercancías transportadas por los denominados buques de carga general son clasificadas en los siguientes grupos:

- Cargas envasadas: son todas aquellas mercancías que han sido guardadas en envases para una mayor protección y facilitar su manejo.
- Cargas especiales: son mercancías cuyo peso y/o dimensiones excede a las que se manejan habitualmente con equipos convencionales o aquellas mercancías, que para ser transportadas en buques de carga general, es necesario acondicionar los espacios de carga y utilizar procedimientos que no están contemplados en el manual de carga del buque.
- Cargas a granel sólidas: pueden ser cereales, minerales, o los fertilizantes, que son manejadas mediante cintas transportadoras, tubos succionadores o cucharas. El transporte de cargas a granel sólidas en buques de carga general se concreta casi exclusivamente en el cabotaje y especialmente en el realizado para abastecer islas, a las cuales es necesario transportar varios tipos de productos.
- Cargas unitizadas: son todas aquellas unidades constituidas por mercancías varias sacos, bultos o cajas que son agrupadas formando:
- Unidades no están estandarizadas cuyo embalaje no es uniforme y los productos en ellas estibados pueden ser heterogéneos, pero forman una unidad compacta de fácil manipulación. Generalmente su manipulación se realiza mediante redes y eslingas.
- Unidades estandarizadas: paletas y contenedores. En su interior se estiba carga general fraccionada constituida por la mercancía embalada en cajas, cajones, bultos, sacos, barriles, bidones o fardos. Otro matiz es que en un contenedor pueden ir pequeños lotes o grupos de mercancías para distintos destinatarios.

Los ejemplos y supuestos que se pueden plantear obligan a describir algunas características de mercancías que normalmente son transportadas en buques de carga general. Las propiedades que se indican a continuación se refieren al conjunto del producto por un lado y al medio de protección por otro, pues ambos factores deben ser considerados para realizar la planificación del transporte.

- Harina, azúcar, sal, café, arroz, cebada, trigo,[52] cemento.[53] Cuando son transportadas en buques de carga general, se hace en sacos colocados sobre paletas, alcanzando una altura que estará en función de la resistencia de los sacos. Estas mercancías deben ser segregadas en función de sus propiedades, teniendo en cuenta que no podrán ser estibadas en los mismos espacios de carga. Por ejemplo, el café no será estibado junto al azúcar o la harina, debido al fuerte olor que desprende el primero.
- Bloques de mármol, granito. El principal problema planteado por el mármol y el granito cuando son transportados es el que se deriva de su peso. Son productos que pueden proporcionar problemas de estabilidad, por lo que deben ser estibados en los espacios de carga más bajos del buque, controlando las mercancías que se estiben bajo ellos.
- Bidones de aceite minerales o gasóleo. Estos productos son considerados mercancías peligrosas y como tales deben ser manipuladas inspeccionando previamente los espacios de carga en las cuales serán estibados. La posibilidad de que se produzca una fisura en un envase y que se derrame su contenido obliga a que la segregación se realice teniendo en cuenta las características de los espacios.
- Balas de algodón. La carga de algodón en buques supone tomar precauciones especiales dadas las características de esta materia. El algodón se empaqueta en balas, que se comprimen al máximo para reducir la relación volumen/peso y poder optimizar la carga. El

almacenamiento en las bodegas de las balas debe hacerse teniendo en cuenta los materiales que se coloquen a su lado y la temperatura que puede haber en la bodega, para evitar focos de incendios. La carga en bodegas se hará considerando el entorno exterior. Por ejemplo: si llueve, se evitará cargar balas mojadas; durante la carga se cubrirá la chimenea, para evitar que entren chispas en la bodega.

- Frutas y legumbres. Normalmente estas mercancías, cuando son transportadas por buques de carga general, lo hacen sobre paletas y no necesitan espacios donde la temperatura sea controlada, sino que solamente con tener una ventilación adecuada es suficiente. Son buques cuyos viajes se realizan entre puertos de la costa en viajes de corta duración.
- Máquinas herramientas. Máquinas destinas a la fabricación y manufactura de productos industriales o destinados a la sociedad de consumo. Se transportan embaladas en cajas o jaulas de madera, dependiendo de sus dimensiones y peso de su estructura.
- Muebles embalados y listos para ser montados en los lugares de destino. La mayoría llevan un embalaje de cartón o madera de bajo coste.

3.4 Protección de la mercancía

Las medidas de protección de la carga general pueden consistir en una envoltura, envase, embalaje y señales gráficas. Algunas de estas medidas empiezan en los lugares donde se fabrica el producto y su aplicación depende de sus características. Un factor que se debe destacar en la protección es que la mayoría de las dimensiones y características de las medidas adoptadas no están estandarizadas, dependiendo de fabricantes y productores. Físicamente las mercancías pueden ser protegidas mediante la envoltura, el envase, embalaje y señales gráficas, cuyas características generales se describen en los siguientes párrafos.

➢ *Envoltura*

La envoltura es en la mayoría de las veces una forma de protección orientada a facilitar la venta y comercialización, pero además está claro que puede proporcionar una tenue función de protección del producto. Por ejemplo, una simple envoltura de papel evita el contacto entre frutas no permitiendo su roce y deterioro. Indudablemente la protección proporcionada será más efectiva cuanto mayor sea la calidad del material y su espesor.

➢ *Envases*

La utilización de envases que ejercen la función de protección de mercancías ayuda a mantener sus características durante su transporte, entre los más utilizados están:

- Cajas: son recipientes construidos de madera, cartón y plástico, utilizados para contener mercancías a granel en pequeños envases. También son utilizadas para proteger productos manufacturados, por ejemplo, electrodomésticos, cargas frágiles o maquinas industriales. Las cajas suelen tener forma cuadrada o rectangular, pudiendo estar completamente cerradas, abiertas por un lado o cerradas formando una jaula. Dependerá del tipo de mercancía que deben proteger o contener.
- Sacos: son envases construidos de papel, fibras sintéticas o plástico, que una vez llenos de los productos escogidos son cerrados, constituyendo una unidad de carga manejable. Son usados para envasar diferentes productos, por ejemplo cereales, cementos, azúcar, café, fertilizantes o harina.
- Cilindros: son recipientes capaces de contener líquidos o gases a presión, por lo que los materiales con los que se construyen son diferentes tipos de aceros capaces de resistir las presiones de los productos contenidos en ellos. Los cilindros son utilizados generalmente para el transporte de gases comprimidos, por ejemplo: oxígeno, nitrógeno o aire comprimido. La manipulación debe ser cuidadosa, procurando evitar que se golpeen entre sí o contra superficies duras.

- Barriles o toneles: son envases de forma oblonga construidos con madera y utilizados para el transporte de líquidos, especialmente vinos. La madera utilizada para la construcción de barriles o toneles debe ser preparada previamente. Antiguamente fue un medio para envasar, además de líquidos, graneles, como harina; sólidos, como carne salada, bacalao, o arenques.
- Bidones, que pueden tener diferentes medidas y estar construidos de material plástico o chapa metálica. Cuando la forma es cilíndrica, sus extremos están reforzados. Son los envases más utilizados en el transporte marítimo para líquidos, por ejemplo: aceites industriales, productos hidrocarburos o productos químicos.

➢ *Embalaje*

El embalaje ejerce al igual que el envase una función de protección de la mercancía desde que ésta sale de la fábrica o cadena de producción durante su transporte y las operaciones de manipulación, en el traslado hasta los lugares de almacenamiento o terminales de carga. Si el embalaje del producto está mal diseñado, es defectuoso e insuficiente y no cumple su objetivo de proteger, provocará averías y daños en la mercancía. Los objetivos específicos del embalaje son los siguientes:

- Prevenir la mercancía contra los efectos del ambiente donde se estibe, por ejemplo, la corrosión, la condensación, temperatura o humedad, todos ellos inciden sobre el embalaje degradándolo.
- Aportar una resistencia contra el apilamiento, los golpes, presión, torsión, flexión, o vibraciones, que suelen producirse durante el transporte y en mayor o menor grado, dependiendo del lugar de estiba a bordo del buque.
- Proporcionar seguridad y protección contra robo.

➢ *Señales gráficas*

La última forma de protección que se contempla son las señales gráficas, que consisten en el marcado, rotulado y etiquetado. Son medidas que en algunos casos sugieren el procedimiento de manipulación y ayudan de forma clara a que un producto llegue a su destino en perfectas condiciones. La mayoría de señales gráficas son colocadas en el punto de origen sobre el envase, embalaje o envoltura, aunque en ocasiones algunas son añadidas durante las fases de transporte de la mercancía. Unas señales gráficas claras, legibles, indelebles, suficientes y visibles ayudarán a la identificación del contenido de bultos o cajas y evitarán problemas antes, durante y después del transporte. Por ejemplo, permitirán las revisiones efectuadas en las aduanas. Generalizando, se puede decir que la identificación deberá informar sobre:

- Las características e instrucciones sobre el manejo a través de pictograma
- El nombre y la dirección del remitente y el destinatario
- El país y puerto de embarque y desembarque
- El número de serie del despacho y número de bulto o caja dentro del lote
- Los datos de estiba de peso y cubicación

3.5 Tipos de buques

El transporte por mar ha estado supeditado al tipo de carga que se debía desplazar, por lo que la forma de los buques y la estructura de sus espacios interiores y exteriores han estado diseñados en función de las mercancías. La evolución de los buques y el paso de los años han introducido factores que son importantes en el momento de preparar el anteproyecto de la construcción de un nuevo buque esto también ha ocurrido en los buques dedicados a la carga general.

Las mercancías reunidas bajo el término de carga general se transportan actualmente[54] en tres tipos de buques: los clásicos, que han tenido el nombre de buques de carga general desde hace muchos años, los pequeños buques de cabotaje y los buques habilitados para cargas múltiples. Ambos están preparados para recibir pequeños y medianos bultos, e incluso algunos pueden transportar contenedores sobre sus escotillas.

a) Buques de carga general. Los así denominados son buques que realizan tráficos en países con bajo nivel de desarrollo, donde sus puertos adolecen de medios modernos de manipulación de mercancías; algunos, como el de la fotografía siguen equipados con punta. Como características relevantes se resaltan las siguientes: puente al centro, bodegas situadas a proa y popa del puente con uno o varios entrepuentes, medios propios para el manejo de la carga.

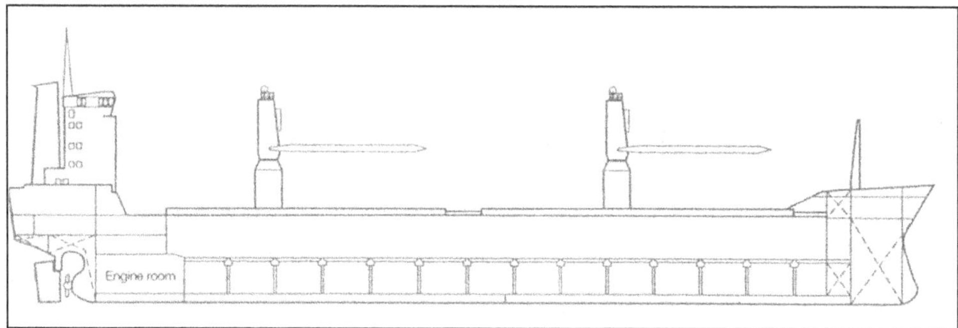

Figura 31 Buque de cabotaje

b) Buques de cabotaje. Son buques normalmente con dos bodegas con y sin entrepuentes, habilitados para transportar toda clase de bultos, máquinas o piezas de pequeño y gran tamaño en su interior.

c) Buques para cargas múltiples. Son buques que están diseñados para transportar contenedores, paletas, carga general y carga a granel. Los contenedores pueden ser estibados en bodega y sobre cubierta. Dependiendo de la resistencia de las escotillas, algunos buques pueden transportar contenedores sobre ellas. Las paletas y carga general son estibadas en el plan de la bodega o en el entrepuente. La carga a granel será estibada siempre en el plan de la bodega.

Figura 32 Buque preparado para cargas múltiples

Un diseño normal de estos buques tendría las siguientes características: grúas propias para manipular contenedores de 20 y 40 pies; castillo a proa y toldilla a popa; doble fondo y tanques laterales en toda la zona de carga; dos bodegas con hueco de escotilla cuya tapa está reforzada para soportar 3 o 4 alturas de contenedores de 20 pies; cuando las bodegas no tienen entrepuente, el plan de las mismas está reforzado para poder estibar tres alturas de contenedores de 20 pies.

3.6 Acondicionamiento de bodegas

El uso de los espacios de carga para la estiba de mercancías requiere su acondicionamiento antes de introducirlas para que sean transportadas de forma segura desde el punto de origen al lugar de destino. La preparación de los espacios de carga comienza cuando finaliza la última operación de descarga, ya que normalmente en su interior quedan restos sólidos, líquidos u olores que deben ser eliminados para tener la bodega en disposición de recibir una nueva carga.

La influencia que tiene el estado de la bodega en la conservación de las mercancías durante el transporte es importante, ya que si la bodega no ha sido sometida a una preparación previa antes de la recepción de la mercancía, por buena que sea la planificación que se realice, la mercancía se verá afectada. Es necesario preparar las bodegas adecuadamente respetando todas las reglas para evitar las averías que puedan producir el mal estado de las bodegas. Todo el acondicionamiento debe hacerse antes de recibir la mercancía, cuidando además de la limpieza, el estado de su atmósfera, especialmente cuando se produzca un cambio de carga.

Las operaciones normales de acondicionamiento de las bodegas son barrer, baldear, secar, fumigar, olorizar y ventilar. Será necesario tener en cuenta el estado de la bodega para realizar la planificación de las operaciones, pudiendo no ser necesario ejecutar todas las enumeradas. Una planificación completa de todas las operaciones significaría: empezar por barrer para retirar los residuos sólidos; después hay que baldear para eliminar líquidos y manchas; el baldeo implica la necesidad de secar; previo al baldeo, habría que fumigar/desinfectar o eliminar los malos olores, si fuera necesario; finalmente y para tener las bodegas dispuestas para cargar será, necesario ventilarlas, operación con la que se concluye siempre su puesta a punto. Las operaciones enumeradas forman parte de la planificación y deberían ser realizadas unos días antes de llegar al puerto de carga; de esta forma las bodegas están limpias y listas para la inspección. El desarrollo de cada operación sería:

- Barrer todos los refuerzos de los mamparos, por encima y debajo de los enjaretados, retirando los restos sólidos de la carga anterior.
- Baldear todos los entrepuentes con agua dulce[55], especialmente se debe realizar la operación de baldeo, cuando se cambia de carga y cuando se ha carga varias veces la misma carga. Cuidar el baldeo de zonas angulares, por ejemplo, baos, cuadernas y refuerzos. Si en los mamparos o enjaretados de las bodegas y/o entrepuentes se aprecian hongos, es muy importante el proceso de lavado acompañado por el uso de detergentes. Terminado el baldeo, hay que limpiar las sentinas y asegurarse de que estas son achicadas y no que agua en los pocetes.
- Desinfectar toda la bodega usando detergentes o productos químicos, cuando la inspección previa realizada así lo aconseje. Antes de aplicar los desinfectantes controlar la fecha de caducidad y composición, para que su eficacia no sea nula si están caducados o no contaminen las próximas cargas si son incompatibles con ellas.
- Secar todos los espacios de carga, operación que si el tiempo es bueno se realiza abriendo las bodegas o con ventilación a base de medios mecánicos si las condiciones de la meteorología son adversas. La ventilación deberá ser suficiente para controlar que no queden espacios con humedad y sin olores.
- Eliminar los malos olores procedentes de los cambios de carga o restos putrefactos de las mercancías anteriores, especialmente cuando estos persistentes. Se recurre a desodorantes o al ozono, ambos son métodos útiles, especialmente cuando el transporte anterior haya consistido en productos con fuertes olores, por ejemplo, pescados, mariscos, manzanas, peras, manzanas o cítricos; o cuando en buques OBO se cambia de productos petrolíferos para cereales o viceversa.

Una vez ha sido acondicionada la bodega, es inspeccionada, observando si hay carencia de elementos protectores del propio espacio, pues su falta es causa del deterioro de las mercancías produciéndose daños de los cuales es responsable la tripulación, por no haber realizado un buen mantenimiento. Antes de llegar al puerto o cuando se está en él, pero siempre antes de cargar, la tripulación deberá pasar una inspección siguiendo una lista donde figuren los puntos de seguridad, poniendo especial atención en comprobar:

- La estanqueidad de las aberturas exteriores y todas las tapas o puertas que comuniquen con el espacio interior de la bodega.
- Las soleras y todos los elementos de protección del suelo y mamparos.
- El aislamiento, cuando se estiben cargas a temperatura controlada o mercancías a las cuales afecten las condiciones térmicas de la bodega.
- Los registros de sentinas y sus tapas de cierre.
- La humedad contenida en el agua o vapor de los espacios de carga.

La inspección de la estanqueidad de las tapas de escotillas y comunicaciones de la bodega con el exterior significa revisar, por ejemplo, los tubos de respiración o las tapas de sondas. Esta inspección ocular nos indicará cuál es el estado de cada estructura, pudiendo poner remedio a las deficiencias que existan antes de cargar y así evitar los daños que se puedan infligir a las mercancías por la entrada de agua o humedad. (Figura 33a).

La falta de soleras dejará indefensas a las mercancías envasadas que sufrirán daños al ser arrimadas contra los elementos de refuerzo de los mamparos. Los productos ensacados, por ejemplo: cereales, harina, azúcar o café, pueden sufrir la rotura del envase al rozar o golpear contra salientes de los refuerzos del casco. Otros productos como balas de algodón o cajas de frutas, pueden sufrir un desgarro. En todos los casos es necesario que las bodegas tengan los mamparos recubiertos por madera en forma de planchas, para evitar que los salientes que constituyen las cuadernas o longitudinales averíen a las mercancías. (Figura 33b).

La falta de aislamiento térmico en los espacios de carga hace que las mercancías que necesitan mantener una temperatura diferente a la del ambiente no sean estibadas en las condiciones que exigen sus características y puedan estropearse. Cuando se manipulan mercancías perecederas que necesitan ser transportadas a temperatura regulada, obliga a que la bodega sea preparada antes de recibir, por ejemplo, frutas, pescados, carnes o lácteos. La temperatura estará de acuerdo con las instrucciones del producto para evitar su pérdida. En todos los casos se necesita que los elementos aislantes estén en perfectas condiciones, ya que la pérdida de temperatura producirá averías en las mercancías. (Figura 33c).

Ejemplos de las situaciones descritas:

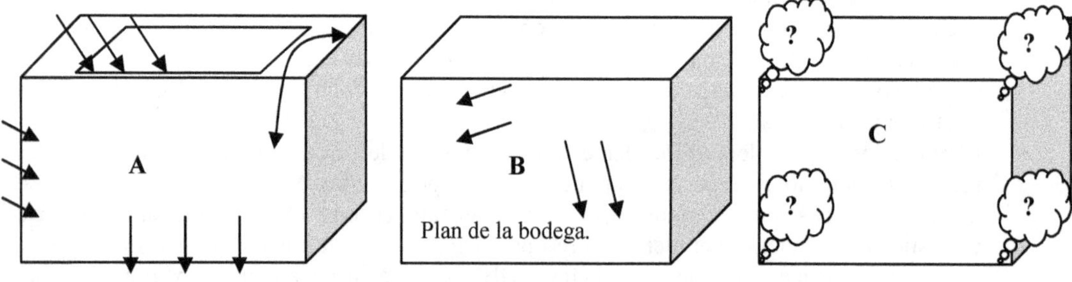

Figura 33 a) Falta de estanqueidad. b) Falta de soleras. c) Falta de aislamiento

Las bodegas deben tener orificios para la evacuación de los líquidos que se puedan acumular en su interior. Estos registros deben ser inspeccionados, comprobando que antes de comenzar la carga estén sus tapas colocadas y cerrados herméticamente para evitar que los restos de agua que puedan haber en el interior de la tubería de de desagüe puedan pasar al interior de la bodega en forma de vapor[56] y deteriorar las mercancías.

La humedad en el espacio de carga es comprobada mediante dispositivos colocados en su interior que facilitan los datos antes de empezar a cargar. Los diferentes valores que van cambiando según se realiza la carga son monitorizados y registrados. Es necesario cuidar que cuando aparezca un alto valor de humedad no se produzca condensación, pues, como se verá más adelante, puede afectar de forma muy negativa a la carga e incluso al envase/embalaje.

Los problemas descritos, cuando son detectados antes de realizar las operaciones de carga, deberán ser corregidos, por dos razones: primero porque pueden incidir sobre la mercancía durante el transporte; segundo, subsanar los defectos encontrados en la inspección permitirá que se pueda presentar un espacio de carga perfectamente acondicionado y los inspectores de la carga o la terminal faciliten los certificados correspondientes para iniciar las operaciones.

3.7 Meteorología de las bodegas

El mantenimiento de las mercancías estibadas a bordo implica vigilar su comportamiento y tener en cuenta que pueden desprender gases, los cuales influirán en la meteorología de las bodegas, pero además hay que considerar la posibilidad de que en ellas se realicen intercambios de calor entre el interior de la bodega y el exterior mediante procesos de convección y radiación. También puede ocurrir el caso que una bodega de carga esté expuesta a las distintas condiciones climáticas encontradas por el buque durante la travesía.

Los espacios de carga en los cuales se van a estibar productos envasados susceptibles de verse afectados por los cambios de temperatura necesitan controlar su ambiente buscando una relación idónea entre las tres variables: presión, temperatura y humedad[57], para conocer el estado higrométrico de la bodega. Los datos obtenidos ayudan a determinar cuándo deberá o no deberá ser ventilada la bodega según sea el grado de humedad relativa conveniente para la mercancía estibada en su interior.

Las mercancías del interior de la bodega verán sensiblemente alterada su temperatura en función de la duración del viaje y su ubicación con respecto al casco. Especialmente afectada estará la carga en contacto con los costados, ya que recibe directamente la influencia de la temperatura del agua de mar[58]. En el centro de la bodega la incidencia será casi nula. Otra característica que se tendrá en cuenta con respecto a la ubicación será la existencia de canales de ventilación y la circulación de aire entre los diferentes bultos estibados en la bodega. Respecto al tipo de mercancía, existe una mayor influencia térmica en los graneles que en la carga general, ya que en los graneles se ha observado una variación acusada de la temperatura hasta aproximadamente un metro de profundidad; no obstante esta distancia varía con el tipo de producto y el estado de compactación con que se efectúe la carga.

Los análisis realizados obligan a que, según sean las características de los productos a embarcar y la configuración del interior de la bodega, se deba preparar y acondicionar su meteorología adaptándola a las exigencias de cada producto. Si la mercancía está, envasada las condiciones de temperatura no suelen ser exigentes, ya que la envoltura, el envase y el embalaje ofrecen una protección al producto;

no obstante, el sistema de protección puede verse afectado, por ejemplo en los productos enlatados como las conservas, o en productos empaquetados, por ejemplo el azúcar. En ambos casos, al depositarse la humedad sobre la protección, puede dañar a su contenido, por ello a continuación se analizará la problemática planteada por la humedad y la condensación,[59] describiendo las soluciones aportadas por la utilización de la ventilación para su eliminación.

3.7.1 Problemas de condensación y absorción de humedad

Los casos en los que la humedad es considerada un factor perjudicial para la mercancía podrán causar averías por dos razones: una, por la condensación que se produce sobre ellas, y otra por la humedad que pueden incorporar por la absorción. El análisis de las condiciones de la bodega y de las características de la mercancía realizado antes de recibir la carga mostrará cual de los dos factores es más dañino. La condensación se produce en el interior del espacio de carga si la temperatura de su atmósfera se enfría por debajo del punto de rocío[60]; la absorción de humedad por cargamentos higroscópicos se produce si coinciden los valores de la humedad atmosférica o ambiental de la bodega y la temperatura de la carga. Por ejemplo, cuando un buque navega en una zona seca y cálida, decide ventilar las bodegas al pasar a otra húmeda y fría.

La exudación representa una fuente de humedad que en la bodega puede presentarse de varias formas, por ejemplo: como vapor en el aire, como humedad libre en la carga o en el embalaje, o como humedad higroscópica. La humedad tenderá a evaporarse en contacto con el aire no saturado a la misma temperatura, siendo el porcentaje de evaporación dependiente de la humedad relativa del aire y de la velocidad con que circula sobre la superficie de la carga. Por tanto, es esencial controlar el contenido de humedad y la velocidad de ventilación utilizada.

Por ejemplo, si se tiene una bodega con una temperatura ambiental de 18°C y una humedad relativa del 80%, significa que en esas condiciones todavía puede admitir un 20% más de humedad para llegar a la saturación del aire. Si disminuye la temperatura de la bodega, bien sea debido a que baje la temperatura de la carga embarcada o por el enfriamiento del casco al navegar por aguas frías, puede llegar producirse la condensación porque la cantidad de vapor de agua que a 18°C solamente llegaba al 80%, al bajar la temperatura, puede llegar al 100% y el exceso se depositará sobre la estructura de la bodega y los envases/embalajes estibados en ella.

3.7.2 Ventilación de los espacios de carga

Las normas que se deben aplicar para evitar la condensación varían en función de los equipos disponibles y las características de las mercancías embarcadas; no obstante, se considera muy importante disponer de un control sobre la temperatura del punto de rocío, mediante monitores instalados en los centros de control del buque. La información debe ser transmitida de forma continua a través de los sensores colocados en diferentes puntos del interior de las bodegas.

Una solución que se aplica a bordo de los buques para controlar los problemas que puede causar la humedad es la utilización de ventiladores y extractores, que son colocados en la parte superior de los conductos de ventilación. Normalmente están sobre la cubierta principal a cierta altura, para evitar que sean alcanzados por rociones producidos por los golpes de mar. La ventilación de las bodegas es indispensable para el correcto transporte de la mayoría de mercancías, incluidas las reunidas bajo el nombre de carga general. Indudablemente, y como se verá más adelante, es obligatoria cuando se transportan mercancías a granel o envasadas cuya temperatura es determinante para su conservación. También es muy importante para la seguridad del buque y tripulación, ya que hay algunas mercancías que emiten gases[61] que pueden causar explosiones o incendios.

Independientemente del sistema de ventilación utilizado, se pueden aplicar unas sencillas reglas para lograr reducir los problemas que pueden causar la condensación y la humedad, valorando los factores que intervienen durante el proceso de ventilación:

- Si la temperatura del punto de rocío del interior de la bodega es mayor que la temperatura de rocío de la atmósfera exterior, se debe ventilar la bodega con aire seco del exterior. Para que no se produzca la condensación del vapor de agua sobre el cargamento, la temperatura del cargamento debe ser mayor a la del punto de rocío del interior de la bodega. Los cálculos deben valorar la temperatura de la obra muerta, que estará influenciada por la climatología y la temperatura de la obra viva dependiente de la mar[62].
- Si se cargan mercancías en climas fríos destinadas a otros cálidos o tropicales, generalmente no suele haber problemas de condensación, el punto de rocío del aire de la bodega se mantiene por debajo del punto de rocío del aire exterior, la bodega sólo se ventila para acondicionarla, pero no es necesario hacerlo durante la navegación.
- Si se transporta cargamentos higroscópicos[63] de zonas cálidas hacia climas fríos generalmente en estas condiciones la atmósfera interior de la bodega sufre una fuerte condensación, principalmente en los mamparos de la bodega y en el exterior de la cubierta debido a las bajas temperaturas del agua de mar. El punto de rocío del aire exterior cae por debajo del punto de rocío interior de la bodega, por tanto se deben ventilar las bodegas. Existen cargas higroscópicas, por ejemplo, el azúcar que si no se ventilara la bodega, se puede volver una masa pastosa y la consecuencia negativa sería las reclamaciones realizadas por parte de los receptores. La ventilación se debe efectuar en horas en que la humedad relativa sea baja.
- Si se transportan mercancías no higroscópicas desde zonas cálidas a áreas de climas fríos, en este caso la posibilidad de exudación del cargamento es remota ya que la temperatura de la mercancía es superior a la del aire de bodega durante el viaje. Si hubiese exudación en el área del casco por la baja temperatura exterior se solucionaría con una ventilación cuando las condiciones lo requieran por inspección ocular de la bodega o por el control del punto de rocío. En el caso inverso del transporte de mercancías no higroscópicas, es decir de zonas frías a cálidas, no requiere ninguna ventilación, pero la exudación de la carga podría ocurrir en la superficie de la estiba si entrase aire caliente que condensase la humedad de la carga. Por ejemplo, esto puede ocurrir con los aceros exportados desde los puertos del norte de Europa o el Reino Unido a puertos situados en los trópicos.
- Si la temperatura del aire de la bodega es inferior a la temperatura de la cubierta, se producirán condensaciones sobre las estructuras metálicas superiores de la bodega, es decir esloras, baos y planchas. En horas nocturnas se produce una condensación del aire interior de la bodega por debajo del punto de rocío. Dentro de la bodega el punto de rocío del aire interior deberá ser inferior a la temperatura de la carga y de las estructuras metálicas del buque, para evitar que la humedad se condense sobre las mercancías. Para ello es muy importante conocer la temperatura de la carga, aunque sea aproximadamente.

Los sistemas de ventilación utilizados pueden agruparse en métodos naturales, donde los dispositivos utilizados son mínimos para hacer pasar el aire desde el exterior a las bodegas y ventilarlas, métodos técnicos en los que el aire se hace pasar por elementos químicos y equipos electromecánicos antes de hacerlo circular por las bodegas.

- *Métodos de ventilación natural*

El primer sistema utilizado para realizar la ventilación natural de los espacios de carga es muy simple y aún persiste en algunos buques. Consiste en tubos que comunican el exterior con el interior de la bodega, teniendo forma de cuello de cisne. Si el tubo de entrada se orienta a barlovento y el de salida a sotavento, se producirá una circulación del aire, ventilando toda la bodega. Éste sistema de tiro natural, permite la renovación de la atmósfera interior de la bodega acondicionándola para recibir cualquier tipo de mercancía. La diferencia de temperaturas es la que provoca la circulación del aire entrando por la parte inferior de la bodega y saliendo por la parte superior.

Otro sistema que también puede ser considerado natural es el denominado de tiro forzado, que es aquel que utiliza ventiladores para introducir el aire en las bodegas y extractores que lo sacan de ellas, produciéndose una circulación del aire. Los ventiladores son colocados en la cubierta de intemperie, estando sus entradas y salidas protegidas por una rejilla antillana para evitar la entrada de chispas eléctricas o de fuego y una tapa para impedir la entrada de agua.

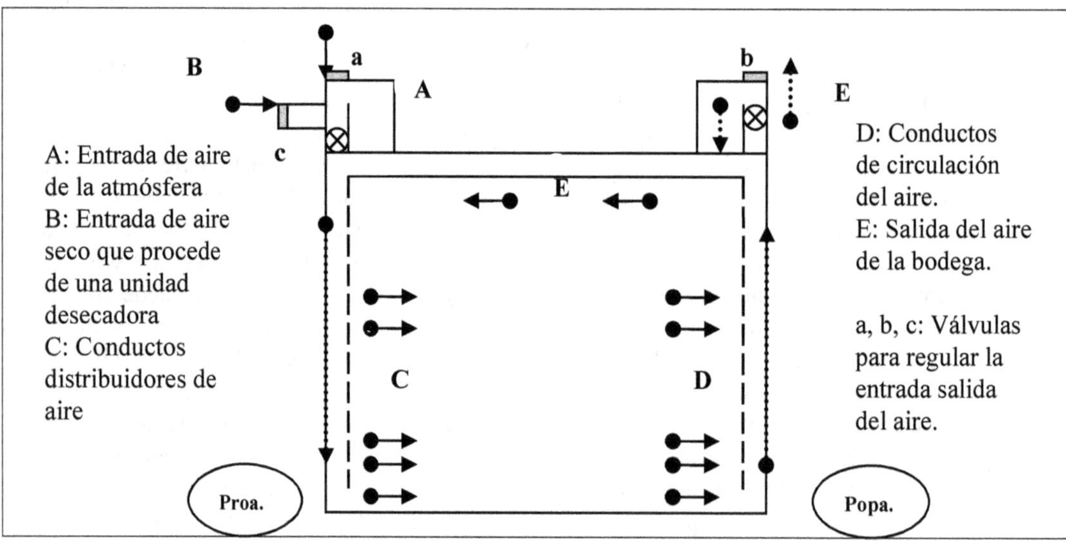

Figura 34 Ventilación forzada de bodegas

- *Métodos de ventilación técnicos*

La ventilación haciendo recircular aire desecado en la bodega mediante medios electromecánicos es un procedimiento que se realiza en espacios donde no haya mercancías que desprendan olores, para evitar la contaminación de otras que hayan sido estibadas en misma bodega. El sistema tiene un conducto C, por el que entra el aire seco procedente de la máquina donde ha sido sometido a un tratamiento de secado.

Los procedimientos de secado pueden ser a través de elementos sólidos, en algunos casos son varias capas de sílice y en otros se utilizan productos líquidos, produciendo ambos los mismos efectos, es decir, el secado del aire que se utilizará para la ventilación.

La ventilación por aire desecado tiene la particularidad de que emplea ventiladores y extractores con capacidad de poder enviar aire con una humedad relativa muy baja y a una determinada temperatura.

El sistema de desecado del aire está basado en hacer pasar aire de la atmósfera a través de una capa de productos sólidos o a través de líquidos que sean desecantes. Los primeros suelen ser minerales con la propiedad de absorber el vapor de agua del aire, acumulándolo en sus porosidades. Es importante mantener los filtros del equipo limpios, con lo que se puede llegar a reducir la humedad hasta el 1%, valor que es suficiente para eliminar la humedad de la bodega al mezclarse con el aire del interior. El vapor de agua es retirado del gel pasando aire caliente sobre sus cristales, pudiendo ser usado nuevamente.

Un segundo sistema de desecado del aire es aquel en el cual se hace pasar el aire por serpentines de refrigeración que se mantienen a una temperatura entre 1° y 6° C. El aire al circular reduce su punto de rocío en los mismos grados. El sistema tiene un indicador para controlar el punto de rocío del interior de la bodega y del aire exterior; estos valores de temperatura son los que indicarán si la bodega se debe ventilar. Si el aire exterior es más seco que el de la bodega, se ventila con él; de lo contrario, se hace circular el aire secándolo al pasar por el equipo, cuya capacidad[64] dependerá del modelo instalado.

Los sistemas de secado ayudan a que la humedad desaparezca al circular el aire seco, para lo cual se cierran las válvulas a, b y c, mostradas en el dibujo, permitiendo una recirculación del aire, que es renovado cuando ha dado un número determinado de vueltas. El volumen de la bodega, las características del aire que entra y las condiciones en las que se encuentre la bodega son los factores que determinan el número de veces que deberá circular cada entrada de aire seco.

3.7.3 Ejemplo teórico de ventilación

La ventilación, para ser efectiva, debe estar precedida de una buena estiba, colocando las mercancías en bloques y separándolas para que el aire pueda circular entre ellas. El objetivo de la ventilación es fundamentalmente eliminar todos los gases contaminantes que haya en el espacio de carga y que pueden haberse acumulado en él por varias circunstancias. Para cumplir el objetivo planteado, será necesario una verificación de varios parámetros:

- Control de la humedad. Por lo general, este control es el más importante en un buque de carga general, ya que pueden estar mezcladas mercancías higroscópicas, capaces de absorber humedad, con otras que expulsan humedad. Si los productos han sido embarcados con una protección inadecuada, serán sensibles a la humedad ambiental y los cambios de temperatura que durante el viaje se puedan producir.
- Control del polvo. Es un problema que se presenta generalmente durante la carga/descarga de graneles sólidos, pudiendo causar lesiones al personal presente durante las operaciones, pero también al equipamiento del buque. Hay que tomar todas las medidas de seguridad y cumplir con las regulaciones al respecto.
- Control de gases nocivos. El origen de estos gases está en el derrame de ciertos líquidos o gases envasados, también hay algunos productos sólidos que expelen gases o vapores que pueden contaminar a otras cargas. El efecto contaminante solo puede evitarse con una rigurosa segregación de cargas y una verificación de los envases/embalajes ante de ser cargados en el buque y durante la operación de estiba en los espacios de carga. La manipulación de la trementina y el caucho son dos ejemplos a tener en cuenta.
- Gases de los vehículos. La exhaustación de gases de los vehículos en los buques Ro-Ro es uno de los principales problemas generado por este tipo de transporte, por lo que la ventilación de los garajes es un dato que debe ser debidamente controlada.

- Compuestos de gases explosivos. Determinados productos, por ejemplo los derivados del petróleo, expelen gases que combinados con el oxígeno del aire pueden dar lugar a explosiones. En un transporte de carga general se deben segregar dichos productos envasados[65] y estibarlos en un área donde puedan ser controlados, por si se producen pérdidas.

Si se toma como referencia un buque que navega desde una zona, seca donde está situado el puerto de origen, por ejemplo en las costas de América del Sur, y que se dirige a otra zona con clima frío, en la que se ubica el puerto de destino, por ejemplo países costeros de Europa, la planificación habrá previsto y considerado estas circunstancias realizando los cálculos necesarios para determinar cuándo y cómo se deben ventilar los espacios de carga, no obstante se tendrá especial cuidado con los imprevistos y circunstancias ajenas a la voluntad de la tripulación que permitan entrar aire sin control en la bodega para evitar que la carga se pierda.

Las razones básicas para realizar los controles son dos: que las mercancías pueden absorber una parte del agua que tiene la nueva atmósfera, o que las mercancías pierda parte de la humedad almacenada en su estructura. Tanto en un caso como en el otro, el agua en forma de gotas se precipitará sobre los mamparos de las bodegas y los envases/embalajes de la carga, deslizándose por el fondo de la bodega hasta los pocetes de las sentinas. Para que esto no suceda es necesario extraer el agua antes de que se condense, lo cual se hace mediante la ventilación del espacio de carga.

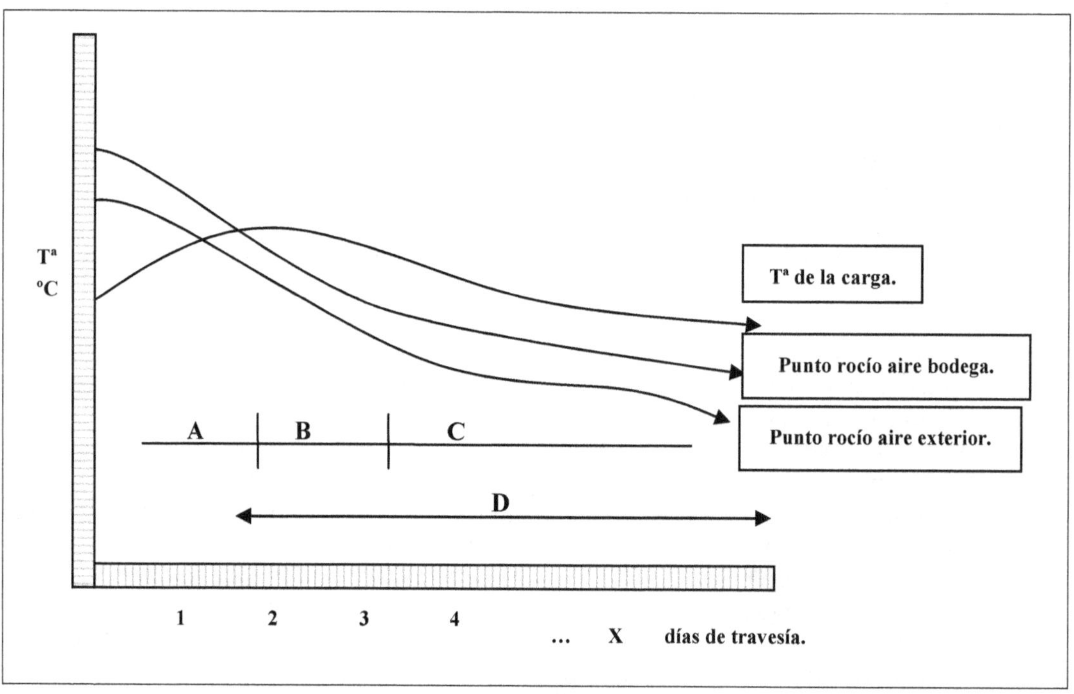

Figura 35 Períodos de ventilación

El ejemplo de transporte planteado entre un puerto en zona húmeda y otro en seca permite teóricamente obtener algunas conclusiones y adoptar criterios de ventilación durante el tiempo que dura el transporte de la mercancía con el objetivo de llegar a puerto con ella en buenas condiciones. Estableciendo cuatro períodos de actuación, se puede realizar la siguiente previsión:

- A: Período en el cual se debe realizar la ventilación
- B: Período de días críticos en los cuales no se debe ventilar
- C: Período durante el cual se puede ventilar
- D: Período de exudación del espacio del buque

Una regla interesante para efectuar la ventilación es hacerlo en los espacios de carga cuando el punto de rocío del aire exterior sea inferior al punto de rocío de dichos espacios. En la figura 35 se observa que en los períodos A y C, la temperatura del punto de rocío exterior es menor que la de la bodega.

Los factores que hay que tener en cuenta para aplicarlas reglas de ventilación ya han sido enunciados, pero hay que calcular el tiempo que tardan las temperaturas dentro los espacios en experimentar un cambio. Si se considera un viaje cuya duración es de 10 días, diariamente se toma nota de las temperaturas en un gráfico. Con él a la vista y teniendo en cuenta los cálculos de la planificación, se determina con claridad los periodos en que la ventilación será o no precisa y en los periodos en que será critica. Estos períodos pueden ser los indicados en la figura y se ejecutarán cuando el punto de rocío del aire del exterior y el del interior de la bodega no tengan mucha diferencia.

3.8 Planificación de operaciones

El manejo de la carga general exige en primer lugar realizar la planificación de las operaciones reuniendo todas las particularidades de las mercancías y los datos del buque, que son necesarios para preparar los procedimientos y el plano de estiba, documento base que permitirá desarrollar todas las operaciones de manipulación que afectan a cada producto hasta colocarlo en los espacios del buque para ser transportado.

La planificación que se debe preparar para la carga general afecta a la carga/descarga, estiba y transporte, e implica cumplir con los objetivos de la estiba, para ello es necesario tener en cuenta las características de las mercancías y del buque que va a ser utilizado en el transporte. Los resultados de la planificación son los procedimientos, los cálculos y los planos de estiba en los cuales se consignan todos los detalles para realizar las operaciones en el puerto de carga, teniendo en cuenta las necesidades en los puertos de descarga, evitando en todo momento realizar operaciones de remoción de mercancías.

Una mala planificación de la estiba es causa de la mayoría de los daños que se producen en las mercancías y en ocasiones en el propio buque. Además, es necesario tener en cuenta que la recepción de cualquier tipo de mercancía a bordo debe estar precedida por una serie de medidas, para conseguir que los productos sean trasladados en condiciones optimas y recibidos por sus dueños en perfecto estado. Algunas medidas se deben tomar antes de recibir las mercancías y estarán consignadas en la planificación, especialmente para verificar los tiempos que dura cada operación. Como ejemplo de medidas previas al embarque, tenemos:

- Comprobar todos los espacios de carga antes de la inspección efectuado por la terminal para poder obtener los certificados necesarios que acrediten que un producto puede ser embarcado, puesto que el buque reúne todas las condiciones de seguridad e higiene que exigen los reglamentos nacionales e internacionales.
- La segunda medida que se debe tener en cuenta para la estiba es que el buque o la terminal disponen y tienen en buen estado los medios necesarios para poder embarcar las mercancías sin sufrir daños.

- Por último, hay que comprobar que a bordo se disponen de los elementos precisos para realizar una buena segregación y estiba de las mercancías, con lo cual garantizamos que no haya daños durante el viaje entre terminales.

La planificación y los planteamientos teóricos han permitido mejorar el transporte de estas mercancías y evitar las consecuencias que para ellas mismas y el buque se producían antiguamente, especialmente en lo referente a la estabilidad y calados.

3.8.1 Cálculos

La planificación de las operaciones conlleva una serie de cálculos necesarios para garantizar el cumplimiento de los objetivos de la estiba. Las operaciones numéricas afectan a los espacios de carga del buque y se realizan teniendo en cuenta las dimensiones y capacidad de los mismos, pero además es necesario considerar las características de las mercancías, es decir, factor de estiba, pérdida de estiba, dimensiones, peso y volumen. Hay que tener en cuenta que el peso de la carga a granel es fácilmente determinado, pero el de la carga general envasada, al ser cargas heterogéneas, es más difícil de valorar.

Los planteamientos de las operaciones tienen por objeto, además de realizar una buena estiba, conocer los valores de factores que influyen en ella, por lo cual se deben realizar cálculos y tener en cuenta lo siguiente:

- La estabilidad y resistencia del buque; su conocimiento es imprescindible para poder navegar con seguridad y llegar al puerto de destino con el buque integro.
- La vida a bordo, para lo cual es importante cumplir con la normativa de seguridad evitando que se produzcan accidentes que puedan obligar al buque a realizar paradas innecesarias.
- El trincaje y protección de la carga, lo que permitirá llegar a puerto con las mercancías en perfecto estado y entregarlas a su dueño, cumpliendo el contrato de fletamento.
- El rendimiento económico del buque, ya que se consigue un mejor aprovechamiento del espacio de carga, lo cual repercute sobre su cuenta de explotación.
- La reducción de los tiempos de estancia en puerto, ya que indudablemente, la agilización de las operaciones disminuye el tiempo empleado en ellas.

Los temas descritos necesitan de la realización de cálculos numéricos para obtener los valores óptimos que deben ser empleados para estibar las mercancías y lograr que tanto ellas, como buque, tripulación y entorno se desplacen entre puertos, navegando con seguridad.

3.8.2 Procedimientos

Las pautas indicadas en la planificación deben ser seguidas para preparar los procedimientos que, en el caso de la carga general y teniendo en cuenta las condiciones de embarque, son varios y pueden dividirse en cuatro apartados: para mercancías sólidas a granel, envasadas[66], especiales y unitizadas. Es importante tener presente en el procedimiento los problemas de calentamiento y condensación que se pueden producir en los espacios de carga.

Los principios generales que deben ser aplicados en los procedimientos de las operaciones de la carga general son varios, destacando entre ellos, la forma de realizar la manipulación de las mercancías, para lo cual: se deben agrupar por partidas, conocer los datos de peso/volumen y realizar la segregación[67] de las mercancías, especialmente de aquellas que tengan características problemáticas. Los grupos de mercancías que se pueden formar, son los siguientes tipos:

- Mercancías que están mojadas y por necesidades de transporte deben embarcarse en este estado. Pueden tener una combustión espontánea deteriorándose ellas mismas y dañando a otras que estén estibadas en su cercanía.
- Mercancías que despiden humedad y que pueden afectar, por la condensación posterior, a los otros productos o sus envases.
- Mercancías higroscópicas. Esta partida tiene un tratamiento especial dentro de las bodegas.
- Mercancías que desprenden gases contaminantes. Deben situarse aisladas de aquellas capaces de absorber los gases y deteriorarse rápidamente.
- Mercancías que pueden dañarse por el calor excesivo. Para evitar su avería, se destinarán a lugares donde los troncos de ventilación actúen con más eficacia.
- Mercancías pesadas. Este apartado de mercancías es muy importante ya que su ubicación se hace evitando los problemas de estabilidad. Las mercancías deben ser colocadas unas encima de otras, por lo que es necesario seleccionar las que tienen un volumen, peso y tamaño semejantes.
- Mercancías envasadas. Como norma general es necesario tener en cuenta la consistencia de los envases y embalajes para realizar su distribución. Suelen ser las que se transportan en mayor cantidad.
- Mercancías que necesitan mantenerse a una temperatura y no disponen de sus propios equipos de frío. Es necesario colocarlas en espacios de carga capaces de proporcionar cierto frescor, para evitar su avería, por ejemplo, se destinarán al plan de la bodega, o contra los mamparos de los costados.
- Mercancías consideradas peligrosas por estar dentro de alguna de las clasificaciones del código IMDG serían agrupadas por clases.

Los procedimientos de estiba preparados se desarrollarán siguiendo la planificación adecuada y servirán para la confección de un plano de estiba en el puerto de carga, donde se aplicarán las normas de seguridad contenidas en códigos y circulares de las organizaciones internacionales, que deben ser cumplidas con severidad para evitar que se produzcan situaciones problemáticas que dañen a las mercancías. Los procedimientos utilizados en la carga general son complejos y se basado en la experiencia adquirida a través de los años.

3.8.3 Plano de estiba

La preparación y realización del plano de estiba requiere tener en cuenta todos los conceptos de la planificación, ya que en ella se contemplan las características de cada producto, peso y volumen de cada bulto o caja que se deberá embarcar y el número de los puertos donde se cargará/descargará la mercancía. Todo ello estará especificado en las instrucciones que acompañan al plano y será preparado siguiendo el orden de embarque para cada puerto, cuando se carga para varios puertos, pudiendo ser por ejemplo el siguiente:

- Las cajas y bultos más pesados, con destino al último puerto
- Los envases/embalajes frágiles y ligeros
- Los envases/embalajes voluminosos y ligeros
- Las cargas unitizadas serán normalmente las últimas embarcadas

Para confeccionar los planos de estiba se siguen una serie de normas generales, algunas de las cuales son las siguientes:

- Se buscará el máximo aprovechamiento de la capacidad de transporte del buque, siempre que no queden afectadas las condiciones de navegabilidad.
- Con una buena estiba se intentará reducir al mínimo el tiempo de las operaciones de descarga, colocando mercancías con mismo destino de tal modo que la descarga se pueda efectuar con varias manos a la vez. Evitaremos que se produzcan situaciones que impliquen operaciones de remoción de la carga, las cuales suelen ser muy costosas.
- Se tendrán en cuenta las características de las mercancías, es decir, dimensiones, pesos, factor de estiba y grado de peligrosidad para efectuar la segregación.
- Cuando se cargan mercancías de varios pesos y dimensiones, intentaremos rellenar los huecos[68] que quedan entre unas y otras, evitando la pérdida de espacios[69].
- Una estiba selectiva evitarán el aplastamiento, colocando las mercancías pesadas debajo de las ligeras. También se evitará la fricción y la perdida de estabilidad.

Los viajes que puede realizar un buque se planifican buscando la mayor rentabilidad posible durante su duración, para lo cual un documento básico que se debe preparar es el plano de estiba. Para lo cual se necesitan los planos, tablas de cubicación y dimensionado de las bodegas, las curvas de esfuerzos y estabilidad, y las características de la carga, al menos peso, volumen, propiedades y factor de estiba.

Cuando el buque de carga cubre una línea regular, la confección del plano de estiba ofrece más facilidades, porque suele ser repetitivo, no obstante es necesario realizar una serie de cálculos para determinar la carga que se embarca en el viaje y las condiciones de su transporte. Algunos de los casos más comunes que se pueden dar en el viaje del buque son:

- Buque que carga en un puerto para otro donde deja toda la carga.
- Buque que carga en un puerto para varios donde va dejando la parte de carga correspondiente a cada uno de ellos.
- Buque que carga en un puerto para varios donde deja la carga para cada uno y toma carga para los restantes puertos.
- Buque que carga en varios puertos para uno donde deja toda la carga.
- Buque que carga en varios puertos para varios donde la carga correspondiente a cada uno.
- Buque que carga en varios puertos para varios donde después de dejar la carga de cada uno toma otra para el resto de puertos.

Los cálculos y el plano de estiba se realizan en cada puerto que el buque toca, bien sea para cargar o descargar, siempre y cuando las condiciones del viaje hayan variado. Por ejemplo, si el viaje es completo, las condiciones son diferentes en cuanto a la carga a manejar; si el viaje es redondo, las condiciones son cambiantes, cuando la descarga se realiza en varios puertos y se toma carga bien sea para uno o varios puertos. Los planos de estiba tienen que ser finalizados en cada puerto, pero deben tenerse en cuenta (siempre que se conozcan) las posibles variaciones que se pueden dar en otros puertos y reflejarlas en los planos. Si la información que se recibe en el primer puerto de carga, indica los diferentes puertos que se van a tocar para cargar, las mercancías previstas en cada uno de ellos y los puertos de destino correspondientes, disponemos de datos suficientes para preparar un plano de estiba para todo el viaje. Si se debe cargar en varios puertos para completar la carga, al llegar a los distintos puertos puede haber una variación en la información previa por lo cual se tiene que retocar el primer estudio. Así pues, en cada puerto se va completando el Plano de estiba definitivo, que quedará terminado al conocer la mercancía del último puerto.

3.9 Particularidades de la estiba

Las operaciones de estiba/desestiba nunca comenzarán hasta que el buque esté abarloado y amarrado al muelle, con la plancha puesta y la máquina parada. El orden seguido en las operaciones estará fijado por la planificación previa,[70] que debe ser seguida meticulosamente para evitar la pérdida de tiempo, los daños en las mercancías y los daños personales. Durante la descarga se tendrá en cuenta que algunos de los dispositivos de trincas intermedias pueden haberse aflojado, por lo que al retirar las trincas visibles se puede producir un derrumbamiento. Respecto a los cables de trincaje provistos de tensores, deben ser aflojados con cuidado, comprobando antes la integridad de las tongadas.

La carga general de pequeños paquetes, bidones o cajas manipuladas de forma individual, prácticamente ha desaparecido en el transporte marítimo, habiendo sido sustituido por el transporte de unidades formadas por el agrupamiento de diversas cajas o bultos[71] de poco tamaño estibadas sobre una paleta o en el interior de un contenedor. Las mercancías, una vez estibadas[72] sobre paletas, son inmovilizadas mediante flejes, una cubierta de plástico, una red o cualquier otro material que proporcione consistencia, para formar una unidad de carga que facilita la manipulación. Durante las operaciones, debido a la presencia de grupos de mercancías con diferentes características, estos se deben segregar teniendo en cuenta lo siguiente:

- La problemática que representa el transporte de mercancías perecederas respecto a la estiba está influida por sus características, especialmente la temperatura de transporte, ya que una variación, a veces pequeña, dependerá de la mercancía, puede dañar al producto perdiéndose el cargamento. Mantener esa temperatura para evitar producir daños obliga a seguir un ciclo en las operaciones, ya que las diferentes manipulaciones necesitan un tiempo, que condiciona el estado final de la mercancía hasta que la bodega se cierra y alcanza su temperatura óptima.
- En las denominadas mercancías especiales, el peso y volumen son los datos imprescindibles para adoptar los procedimientos de estiba seguros y en los que a veces se introducen modificaciones para adaptarlo a las necesidades del espacio. En los métodos de manipulación para mercancías especiales no suelen existir problemas de segregación, lo cual supone cierta ventaja cuando se realiza la estiba. Una distribución inadecuada dentro de las bodegas del buque del peso puede causar daños en la estructura de la nave e inestabilidad.
- Las mercancías a granel tienen la ventaja de poder ser cargadas y descargadas más rápidamente que la carga general, no obstante el manejo de este tipo de mercancías tiene algunos riesgos, por ejemplo: corrimiento de la carga, que conlleva inestabilidad.
- Las normas de estiba que se aplican a las mercancías peligrosas deben tener en cuenta los efectos perniciosos que puede causar al entorno. La globalización del transporte por mar, con un aumento diario de productos trasladados, comienza a afectar a los océanos y tierras circundantes, incidiendo sobre la vida cotidiana de las personas, ya que cuando un producto es vertido al mar, entra en una cadena biológica que puede llegar al ser humano a través de los alimentos.
- Cada tongada de mercancía debe estar lo más nivelada posible, ya que de esta forma se consigue que los sistemas de trincaje sean más efectivos.
- No se deben usar cajas que tengan envase/embalaje frágiles como material de relleno[73], ya que al no ofrecer resistencia, la estiba se deshace; solamente podrán ser usados como relleno los bultos que admitan deformación y su contenido no sufra ningún tipo de daño.
- La carga de contenedores en buques de carga general será lo último estibado a bordo, ya que no suelen ir en el interior de las bodegas, sino en cubierta. Tienen la ventaja de que esta modalidad de carga implica una mayor seguridad para la mercancía en todos sus aspectos: integridad contra el deterioro, protección contra pérdidas y rapidez en la manipulación.

- La estiba de mercancías envasadas en unidades paletizadas facilita su manipulación. Presenta algunos problemas, especialmente de estiba en altura, no obstante es una forma económica de agrupar las mercancías para su transporte.

Las condiciones particulares que son necesarias para realizar una buena estiba de carga general dependen de los procedimientos adoptados y del grado de cumplimiento de las normas de seguridad, estando todo ello íntimamente ligado a las características de los envases/embalajes, especialmente en lo relativo a la forma, peso y volumen.

➢ *Envases/embalajes para la carga general*

La problemática planteada por los envases/embalajes con diferencias en peso, forma y volumen, hace que su estiba en los espacios dedicados a la carga en el buque sea compleja, por lo que los procedimientos no pueden aplicarse con criterios generales y estandarizados, sino que, teniendo en cuenta el tipo de buque y las normas de seguridad, se debe preparar un plano de estiba adecuado a las cargas que se vayan a recibir. En ocasiones, la inercia de los procedimientos hace que se realice, en vez de una estiba, un relleno del espacio de carga con las mercancías disponibles, lo cual supone un gran error, como se verá más adelante al describir los planos de estiba.

La gran mayoría de las mercancías que constituyen la denominada carga general están envasadas/embaladas en barriles, bidones, cilindros, sacos y cajas; la heterogeneidad de su estructura es la razón por la cual se hace una descripción de las ventajas e inconvenientes de su utilización.

- El uso de barriles para el transporte fue importante hace unas décadas, pero actualmente es escaso, no obstante aún hay mercancías que se guardan en su interior. La estiba de barriles se realiza con la comba contra el plan de la bodega, haciendo coincidir las bases una contra otra y colocando el siguiente hilero en el hueco que forman cuatro barriles. Otra forma de estibarlos es colocándolos de pie y separando las diferentes alturas mediante planchas de madera para impedir la fricción entre barriles y hacer la estiba más compacta.
- Los bidones presentan una resistencia adecuada al peso que deben contener. Su capacidad suele ser de 225 litros. La estiba se hace colocando los bidones de pie sobre el plan de la bodega con los tapones hacia arriba, separando cada altura, al igual que los barriles, mediante una plancha de madera lo que ayuda a realizar una estiba compacta y no permite la fricción entre bidones. También pueden ser estibados sobre paletas formando dos alturas separadas por madera y sujetos mediante trincas. Cuando los bidones se estiban tumbados sobre el espacio de carga, se colocan dos sobre tres, calzando la primera fila para evitar que se deslicen por la bodega.
- Los cilindros que contienen gases comprimidos, por ejemplo oxigeno, nitrógeno o aire comprimido, deben ser manipulados y estibados cuidadosamente. Los productos están almacenados en su interior con una presión, por lo cual debe evitarse su estiba en lugares donde la temperatura sea elevada o en puntos cercanos a mamparos calientes a través de los cuales el cilindro pueda adquirir una temperatura elevada. La estiba de cilindros puede ser vertical u horizontal en cajas o jaulas abiertas con suficiente resistencia. Cuando se trata de grandes cantidades, son colocados horizontalmente sobre al plan de la bodega poniendo dos sobre tres. En cualquier tipo de estiba utilizada se pondrá cuidado en la protección de la cabeza del cilindro, pues en ella está la válvula reguladora.
- Los productos alimenticios como azúcar, café, lentejas, garbanzos legumbres, patatas o harina son envasados en sacos construidos de papel, plástico o fibras textiles. La manipulación de los sacos debe ser cuidadosa especialmente cuando se cargan individualmente, debido a que la consistencia de su estructura no presenta gran resistencia

y puede romperse o desgarrarse, vertiendo su contenido. No deben usarse ganchos para desplazarlos ni eslingas o estrobos metálicos. Cuando los sacos se estiban sobre paletas, estos tienen mayor protección y su manipulación es más fácil y rápida. La estiba de sacos, bien sea individualmente o en paletas, puede ser efectuada sobre los espacios de carga directamente del buque o en el interior de contenedores, poniendo en el suelo madera de estiba. Algunos productos ensacados necesitan ventilación, por lo cual es necesario dejar un espacio cuando se estiban en la bodega, colocando la primera fila sobre enjaretados y las siguientes sin encajar los sacos entre ellos, sino poniendo uno encima de otro, o bien uno sobre dos, cogiendo el superior la mitad de cada inferior. También se recomienda colocar madera de estiba separando las filas.

- Las cajas son envases utilizados para el transporte por la facilidad que tienen en su adaptación a cualquier tipo de mercancía o producto manufacturado. Si el material utilizado para la construcción es madera o plástico, significa una ventaja sobre el cartón, ya que tienen una mayor resistencia y la posibilidad de colocar más altura de filas. La ventaja que supone la adaptación de la caja al tipo de mercancía se convierte en un problema para la estiba, ya que se fabrican cajas con diferentes dimensiones y el encaje dentro del mismo espacio de carga representa una dificultad para cuya solución hay que emplear en ocasiones muchas horas.

➢ *Inmovilización de la carga general*

La estiba de carga general utiliza los cables como medios para el trincaje, por ejemplo cuando tenemos estibar en la misma bodega una pila de cajas de madera, barriles o bidones; en estos y otros casos utilizaremos alambres para hacer firme la carga. Si necesitamos preparar una gaza, se utilizarán grilletes en "U" aguantando la parte del alambre que no trabaja y la mordaza sobre la parte que trabaja. Los grilletes se colocarán desde la gaza hacia el extremo muerto, su número dependerá del diámetro del cable, y la distancia será cinco veces el diámetro del cable. Los grilletes de mordaza deben estar apretados, pero no producir aplastamiento. Ejemplos de número de grilletes:

- Si el cable tiene entre 5 y 12 mm de diámetro, se colocarán 3 grilletes de mordaza.
- Si el cable tiene entre 12 y 20 mm de diámetro, se colocarán 4 grilletes de mordaza.
- Si el cable tiene entre 20 y 25 mm de diámetro, se colocarán 5 grilletes de mordaza.

Como precauciones al utilizar cables, hay que tener en cuenta que su función está comprometida con la seguridad de las mercancías pudiendo destacarse los siguientes apartados:

- Se debe cuidar que el cable no trabaje con ángulos pequeños, ya que en esta posición se puede producir su aplastamiento.
- Cuando el cable deba trabajar sobre aristas vivas de los envases/embalajes, se colocarán elementos protectores formados por cantoneras de madera, plástico o metal para evitar la acción del cable y que éste pueda llegar a deteriorarse al cortarse sus hilos.
- Una vez colocado el cable en la posición de trabajo, no debe ser tensado en exceso, pues se somete a un esfuerzo innecesario, siendo preferible ir ajustando su tensión durante la navegación, ya que con los movimientos del buque las cajas, bultos y otra envases/embalajes se asientan.
- La utilización de tensores permite ajustar la tensión del cable, para ello se cobrará el máximo de cable cuando se coloque sobre la mercancía, para dejare el mayor recorrido posible al tensor. Otra precaución con los tensores es que una vez están ajustados se dispondrá de algún sistema que evite que por efecto de las vibraciones se destense, por ejemplo mediante un cabo o un trozo de madera.

Otros medios utilizados con la carga general para realizar su inmovilización son el apuntalamiento y el relleno. El primero utiliza tablones o postes de madera y en muchos casos es complementado con la utilización de cuñas, dispositivos que se emplean cuando los huecos dejados en la estiba son grandes. Hay que tener especial cuidado con las cuñas, ya que estas pueden zafarse fácilmente con los movimientos del buque y su caída puede provocar el derrumbe de la estiba. El segundo medio es el indicado para cubrir huecos pequeños, utilizando para rellenar los espacios bolsas de papel que, al ser infladas, comprimen las mercancías.

Cuando los cálculos indican que la mercancía situada en su lugar de estiba puede sobrepasar la resistencia estructural del plan, se preparará una cama con tablones de madera con el objetivo de aumentar su superficie de apoyo y resistencia, logrando distribuir mejor el peso de la carga y obtener un coeficiente de rozamiento elevado. Este sistema se utilizará cuando la diferencia entre el valor calculado y el real no sea muy grande.

➢ *Problemas derivados de la manipulación durante las operaciones*

Los riesgos que conllevan las operaciones de estiba/desestiba para el personal que las ejecuta suponen la obligatoriedad de cumplir con las normas de seguridad, no obstante, una relación de los posibles daños ayudará a tomar las medidas para evitarlos. Esta relación no es completa, por lo que a ella debemos añadir una regla de oro: "*hacer uso del sentido común antes/durante el desarrollo de las operaciones*", loque comportará aumentar la seguridad del personal y evitará:

- Lumbalgias, esguinces y luxaciones por los sobreesfuerzos en la manipulación de bultos y sistemas de trincaje.
- Rozaduras y cortes por el mal estado de los dispositivos utilizados para hacer firme los bultos, cajas y demás mercancías envasadas o embaladas.
- Los hilos de cables rotos pueden producir pinchazos y rasgaduras en las manos, cuando estas no están protegidas mediante guantes.
- Golpes en las diferentes partes del cuerpo por caída de cajas/envases de su lugar de estiba o al tratar de realizar un apilamiento.
- Caídas por tropezar o resbalar dentro de los espacios de carga o en cubierta al estar controlando o manipulando las mercancías.
- Atrapamiento entre mercancías mientras se realiza el trincado o por derrumbamiento de una estiba mal realizada.

3.10 Problemas del transporte

Una buena planificación de la carga general reduce la mayoría de los problemas que pueden surgir durante la navegación, no obstante hay ciertas particularidades del transporte que son inherentes a las características de la carga. Son las que se ponen de manifiesto en éste apartado. Los problemas derivados de las operaciones deben ser abordados desde el punto de vista de las consecuencias que tienen con respecto al entorno, la carga, el buque y la tripulación. Los transportes con carga general no suelen ser homogéneos, es decir, se estiban diferentes cargas en la misma bodega, pudiendo incluso algunos buques disponer en el plan de la bodega una carga a granel y en los entrepuentes mercancías envasadas. Los problemas del transporte se reúnen en dos grupos los relativos a la manipulación durante las operaciones y los que se producen durante el transporte.

Una vez terminadas las operaciones y cuando el buque se encuentra en la mar, los problemas suelen tener difícil solución, por ello lo más efectivo es realizar inspecciones de verificación controlando que los bultos/cajas/paletas mantengan las condiciones iniciales de estiba.

- Rotura de trincas debido a los movimientos del buque. Aunque la estiba haya sido bien concebida y realizada, puede ocurrir el desplazamiento de mercancías por rotura de las trincas o fallo en el apuntalamiento.
- Aplastamiento de las mercancías, que puede ser: vertical y lateral. El primer aplastamiento es producido por el peso ejercido por las mercancías superiores sobre las situadas debajo. Los movimientos del buque, especialmente los pantocazos, hacen que esta presión aumente el peso sobre ellas. El segundo aplastamiento, el lateral, tiene su origen en los balances del buque, que obligan a las mercancías a ser presionadas unas contra otras o contra los costados de las bodegas. En ambos casos la solución sería reforzar las trincas y apuntalamiento de los bultos/cajas/paletas.
- Falta de estabilidad. Las consecuencias de un mal reparto de pesos pueden afectar a la estabilidad o a la resistencia estructural del buque, lo cual podría terminar en una catástrofe. La solución sería corregir mediante lastre, siempre y cuando lo permita el desplazamiento y calados del buque.
- Carga/descarga en cada puerto. Cuando un buque de carga general realiza un viaje en el cual está previsto efectuar operaciones de carga/descarga en varios puertos, hay que poner especial cuidado cuando se mezclan operaciones de estiba/desestiba en la misma bodega. Se puede producir una distribución inadecuada de pesos, lo cual implica problemas estructurales y de estabilidad. La solución es una planificación realizada con meticulosidad y la coordinación del personal que trabaje en los espacios de carga.

Resumiendo, se puede decir que los problemas que surgen durante el transporte son en su mayoría producto de una estiba inadecuada. Las deficiencias surgidas tienen difícil solución y en ocasiones no hay manera de evitar los problemas que dan lugar a la pérdida del buque. La casuística de accidentes tiene ejemplos que justifican las anteriores afirmaciones.

---

[46] Pequeños paquetes, cajas o sacos cuyo contenido puede ir desde latas de conserva hasta televisores o sacos de cemento.

[47] El problema que se presenta con la carga general debido a que está constituida por mercancías muy dispares.

[48] Para realizar la planificación de las operaciones, hay que recurrir a las normas de cada una.

[49] Capítulo II-I, regla 25 y otras.

[50] Las normas establecen el tipo de material empleado en función del producto envasado.

[51] Los ejemplos indicados sirven como referencia para la estiba ya que las mercancías higroscópicas se deben colocar de tal forma que el aire pueda circular entre ellas, debiéndose inspeccionar todos los conductos de entrada y salida de aire de la ventilación en los espacios y compartimientos de carga, evitando que los estibadores hallan colocado las cargas contra las rejillas de ventilación obstruyéndolas.

[52] Características en capítulo VI.

[53] Características en capítulo VIII.

[54] Fecha de publicación del Manual, año 2006.

[55] En algunos casos puede ser necesario realizar un baldeo intenso con agua salada y posteriormente endulzar la bodega.

[56] Si la tapa no está colocada, la temperatura del agua del pocete o tuberías será diferente a la del interior de la bodega pudiendo provocar la evaporación y pasar a la atmósfera del espacio de carga.

[57] Presión, volumen y temperatura son tres parámetros interrelacionados y un cambio en uno afecta a los otros, por ello es necesario registrarlos y analizarlos.

[58] Lógicamente existen dos posibilidades más: a) Cuando el buque dispone de doble casco, entonces el contacto se produce entre bodega y tanque de lastre cuya atmósfera puede estar cargada de vapor. b) Cuando la bodega dispone de mamparos revestidos con material aislante.

[59] La condensación es el paso del agua en estado gaseoso a líquido. Durante este proceso se libera una cantidad de calor igual a la que se consume en la evaporación. En el caso de envases/embalajes la condensación aparece como una fina película, que dependiendo del material será sobre toda la superficie o formada por gotas de agua.

[60] Es la temperatura a la cual la humedad del aire se condensa. El punto de rocío y la presión de vapor están directamente relacionados.

[61] La eliminación del exceso de temperatura y gases significa evitar el peligro de que se produzca una autocombustión debido a la existencia de puntos calientes.
[62] La realización de los cálculos en los cuales están involucradas las temperaturas enumeradas se ayudan de los datos de las bodegas tabulados en las especificaciones del buque.
[63] Las cargas higroscópicas pueden ceder o absorber humedad, según sea mayor o menor la humedad relativa del espacio de carga.
[64] El volumen de los espacios a ventilar determina la capacidad del equipo y la velocidad con la que los ventiladores operarán.
[65] La legislación específica claramente que no pueden ser cargadas separadamente, por ejemplo, el IMDG proporciona normas para la segregación de cada producto.
[66] Algunos buques transportan mercancías a granel en el plan de la bodega, dejando los entrepuentes para las envasadas.
[67] El término segregar, se aplica en un sentido amplio dándole el significado se separación física entre las mercancías debido a sus características.
[68] La pérdida de espacios puede dar lugar a un corrimiento de la carga con la consiguiente rotura de trincas.
[69] Término muy utilizado en inglés, *Broken stowage.*
[70] La operaciones con la carga general se deberán ajustar a la planificación prevista tendrán por objeto la aplicación de los procedimientos siguiendo los cálculos realizados.
[71] El agrupamiento sobre las paletas se realiza teniendo en cuenta la forma, volumen y peso.
[72] Las mercancías deben ser estibadas/desestibadas en los espacios de carga disponibles en el buque, siendo necesaria la utilización en algunos casos de maquinaria y equipos especiales para su manejo.
[73] Es una operación que incomprensiblemente se suele hacer para aumentar la carga transportada.

4. Estiba de carga rodada

4.1 Introducción

Las peculiaridades de la carga rodada se centran en sus características, especialmente en el hecho de estar formadas por unidades que disponen de motor o son susceptibles de ser desplazadas mediante cabezas tractoras. La manipulación de estas unidades supone una rapidez en la carga/descarga y una mayor facilidad en el resto de operaciones, aspectos que serán ampliamente desarrollados. Una característica que ayuda en las operaciones es el conocimiento preciso del volumen y peso, que en ocasiones es complejo de determinar.[74] Un factor diferencial entre la carga rodada y otros tipos es que cuando se trata de unidades de gran tamaño pueden representar graves problemas en algunos puertos, debido a la de superficie y espacios necesarios para su estacionamiento. Este tema de cargas rodadas centrará su objetivo en conocer los procedimientos para la manipulación y estiba.

El estudio de la estiba y desestiba de las cargas rodadas se aborda desde tres perspectivas, mediante las cuales se proporciona una visión de sus características. Primero se hace referencia a los diferentes tipos de unidades de carga y a la normativa que es aplicada en las operaciones. En segundo lugar se realiza una descripción de los buques que son construidos especialmente para transportar estas unidades, resaltando los medios empleados y los espacios de estiba disponibles. Por último, el tercer apartado hace mención de los sistemas utilizados y los problemas creados por la estiba/desestiba de las mercancías en los buques capaces de transportarlas.

El tratamiento que se hace del tema de cargas rodadas está justificado en este "Manual de estiba" porque el movimiento de mercancías sobre vehículos en el mundo es cada vez más importante, dando lugar a un transporte combinado por tierra y mar. En España crece anualmente debido a la estructura del territorio nacional compuesto por tres áreas: una parte insular, otra formada por las ciudades de Ceuta y Melilla, y la tercera, que es la zona peninsular. Entre todas ellas se realiza un desplazamiento diario de mercancías que son necesarias para abastecer los mercados de consumo y dar satisfacción a otras demandas de los ciudadanos.

Concretamente, el movimiento de automóviles de exportación e importación en algunos puertos españoles llega a constituir una parte importante de su tráfico; a ello contribuye que en España se fabrican y ensamblan modelos de algunas marcas que son exportados actualmente en un 80/90 %, debido a que la política de los fabricantes es distribuir la construcción de sus modelos concentrando su ensamblaje en un solo país.

El transporte mundial de automóviles significa tener en cuenta y resolver problemas en los cuales están envueltos varios factores, por ejemplo las condiciones de un mercado sensible a los acontecimientos internacionales[75], por lo que la demanda de coches por los usuarios estará en relación con las fluctuaciones económicas mundiales. Tanto el transporte marítimo de larga distancia (DSS, *Deep Sea Shipping*) como el transporte marítimo de corta distancia (SSS, *Short Sea Shipping*), constituyen el modo más económico de desplazar grandes cantidades de vehículos, especialmente en el área DSS no tiene competencia por tierra. En el SSS, por ejemplo en Europa, el transporte por ferrocarril de vehículos supone sólo el 20%; el resto se hace por mar. La velocidad de los buques, la reducción de los tiempos de carga/descarga y una planificación en los puertos de su entrada/salida ayudan a reducir las diferencias de costos con el transporte ferroviario y por carretera.

Todos los argumentos presentados sugieren la necesidad de introducir al alumno en el apasionante mundo del transporte, estiba y manipulación de las cargas rodadas, presentando en este capítulo suficientes argumentos capaces de hacer entender y comprender las operaciones que se llevan a cabo con estas unidades.

4.2 Carga rodada

La descripción y estudio de la carga rodada se puede dividir en dos apartados: uno constituido por los vehículos que transportan mercancías, que a su vez son cargados en buques, y otro por los vehículos que son transportados desde los lugares de fabricación o ensamblaje a las áreas de consumo. Las referencias que se hacen de ambos tipos de transporte durante el desarrollo del tema difieren en algunos aspectos: la estructura y tipo de buques utilizados para su desplazamiento; los dispositivos que es necesario emplear con ellos para su manipulación e inmovilización a bordo; y la legislación que se debe aplicar en cada caso para las operaciones.

La unidad de carga se define como aquella constituida por cierto número de bultos o envases, susceptibles ser desplazados conjuntamente, por lo cual deberán estar apilados y sujetos con flejes u otros dispositivos de trincaje. Los vehículos con carga son también considerados como una unidad de transporte. El término vehículo de carretera se aplica de forma general a los vehículos comerciales, semirremolques, tren de vehículos carreteros articulados o una combinación de vehículos, plataformas y vehículos cisterna, es decir, todos aquellos que se pueden desplazar por carretera. Una pequeña descripción de cada uno ayudará a preparar la planificación de las operaciones realizadas con ellos.

- Vehículo comercial: es un vehículo a motor, que por su construcción y los equipos incorporados en él, tiene como función principal el transporte de mercancías. En ocasiones también puede arrastrar un remolque.

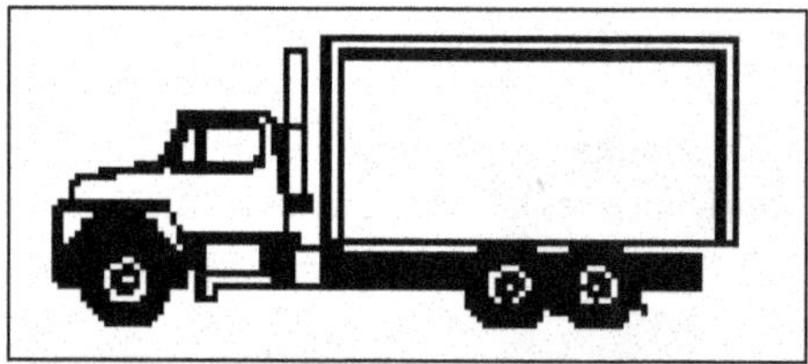

Figura 36 Furgón de 20,5 toneladas

- Semirremolque: es una unidad sin eje delantero diseñada para ser acoplada a un vehículo con motor con potencia suficiente para arrastrar ambas masas la tractora y la del semirremolque. Se clasifican por el número de ejes.

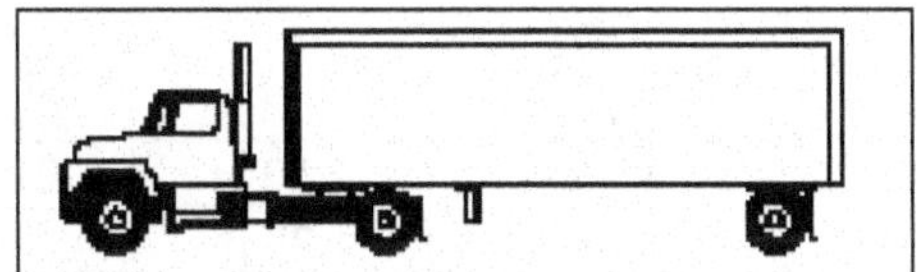

Figura 37 Semirremolque con unidad de tracción

- Tren de vehículos carreteros: es una combinación formada por un vehículo con motor y uno o varios remolques independientes, unidos entre ellos mediante una barra de tracción.

Figura 38 Tren carretero de 45 toneladas

- Vehículo cisterna de carretera: es un vehículo con ruedas provisto de una o varias cisternas destinadas al transporte de gases, líquidos o sólidos que están unidas de forma rígida y permanentemente al vehículo. Las cisternas están subdivididas en compartimentos.
- Plataforma: es una unidad con ruedas, pero sin propulsión utilizada para la estiba de otras unidades y que debe ser desplazada por unidades con motor. Algunas plataformas están preparadas para estibar contenedores de 20 o 40 pies y también para estibar cisternas portátiles que no están sujetas permanentemente dotadas de elementos para su manipulación fuera de la plataforma.
- Batea: es una plataforma diseñada con medidas estándar de 20 y 40 pies; sobre ella se estiba la carga evitando la pérdida de tiempo y aprovechando mejor el espacio de estiba del buque, ya que sus ejes tiene una menor altura, que oscila entre 0,60 m, para la de 20 pies, y 0,90 m para la de 40 pies. Las bateas llevan en sus cuatro esquinas conos dobles que permiten el trincaje de contenedores.

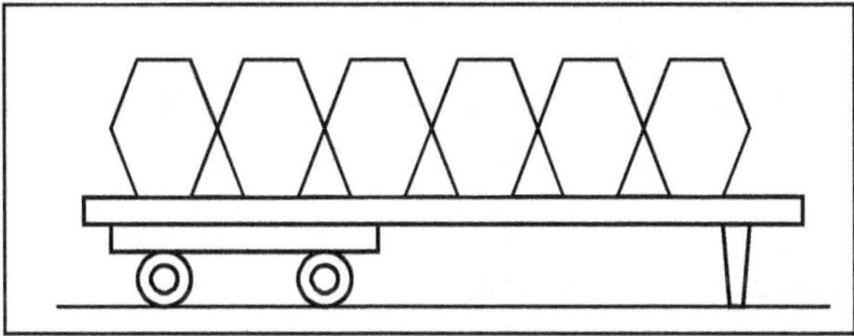

Figura 39 Plataforma con carga

Las medidas y los pesos de los vehículos[76] que son utilizados en las operaciones de transporte son establecidas por normas de estandarización. Su conocimiento es necesario para preparar la planificación y proceder a la estiba a bordo del buque en los espacios de carga reservados para ello. Algunos valores son los indicados en la siguiente tabla:

	Longitud	Altura	Anchura	Peso
Vehículo a motor	12,00 m	4,50 m	2,55 m	20,5 Tm
Tren de carretera	18,35 m	4,50 m	2,55 m	40,0 Tm
Remolque	13,50 m	4,50 m	2,55 m	30,5 Tm
Automóvil	4,00 m	1,70 m	1,40 m	1,9 Tm
Plataforma 20'	6,20 m	4,50 m	2,55 m	22,5 Tm
Plataforma 40'	12,30 m	4,50 m	2,55 m	35,5 Tm

Tabla 6 Tipos de vehículos con características

Las características de las cargas rodadas que se han indicado son generales, no obstante los fabricantes suelen adaptarse a ellas, estandarizando de esta forma las medidas, peso y volumen de sus productos. Dentro de otras características destacables tendremos en cuenta el peso máximo autorizado (PMA) por la administración, englobándose dentro de este concepto el peso del vehículo y su carga. Otro valor es el peso muerto o tara (PM), que corresponde al peso del vehículo vacío. Ambos valores estarán indicados en la placa de características del vehículo.

4.3 Legislación

La normativa que debe ser aplicada a las cargas rodadas incluye varios códigos preparados por la Organización Marítima Internacional, que disponen de reglas y normas que hacen referencia a las generalidades sobre estiba y desestiba. Algunos códigos, resoluciones y directrices que son específicas y afectan a las cargas rodadas son las que se citan a continuación y se tendrán en cuenta en el desarrollo del tema:

- SOLAS 74/78 enmendado hasta la fecha.[77]
- Resolución A.489 (XII), "Estiba y sujeción de unidades de carga y de otros elementos relacionados con la carga en buques que no sean portacontenedores celulares".[78]
- Resolución A.533 (13), "Factores que han de tenerse en cuenta al examinar la estiba y sujeción seguras de unidades de carga y de vehículos en los buques".[79]
- Resolución A.581 (14), "Directrices sobre medios de sujeción para el transporte de vehículos de carretera en buques de transbordo rodado"[80]. Cuando se trata de buques de transbordo rodado que están destinados al transporte de determinadas cargas, por ejemplo vehículos de carretera o automóviles, esta normativa es importante y clarificadora sobre las normativas vigentes.
- Código de prácticas de seguridad para la estiba y sujeción de la Carga (CPS).[81]
- Código internacional para el transporte de mercancías peligrosas, enmendado hasta la fecha.

Además de la normativa enumerada, es necesario que en casos puntuales y cuando el manual de carga del buque no los contemple, las sociedades de clasificación emitan circulares que proporcionen normas para la manipulación, trincado, estiba y transporte, ya que ellas son las que certifican la seguridad.

4.3.1 Manual de carga

Las administraciones marítimas deben comprobar que los buques dedicados al transporte de cargas rodadas están provistos de un manual de carga donde figuren las características del buque, sus principales dimensiones, las curvas de estabilidad y los procedimientos de estiba para los tipos de carga que puedan transportar, los métodos de cálculo que se emplearán para determinar la resistencia y número de trincas capaces de inmovilizar las cargas durante su transporte. Todas las planificaciones estarán basadas en las características de cada buque y sus cargas.

La normativa aplicada a un buque debe estar contenida en el Manual de carga del buque[82], documento básico que la tripulación deberá consultar y utilizar para ejecutar las operaciones que el buque realiza, aplicando los procedimientos contenidos en él. Específicamente la OMI[83], a través de sus resoluciones, indica que los buques que transporten cualquiera de las cargas enumeradas en el "Código de prácticas de seguridad para la estiba y sujeción de la carga", deberán llevar a bordo un manual de carga.

El manual de carga debe incluir un método de cálculo que puede ser el que figura en el CPS, anexo 13, aplicado íntegramente o con modificaciones parciales, es decir, un nuevo método. Las variaciones que sean implementadas sugeridas por la administración marítima de un país o como resultado de las circulares preparadas por las sociedades de clasificación deben ser aprobadas y aceptadas por la Administración marítima correspondiente. Los métodos de cálculo que figuran en el manual de carga ponen especial atención en los medios de sujeción e inmovilización, estando basados en las fuerzas que puedan afectar al movimiento de la carga en el espacio donde ha sido estibada y a la incidencia de los propios movimientos del buque.

El contenido de la información que debe figurar en el manual de carga puede estar estructurada, por ejemplo, en tres grandes apartados: características, documentación, procedimientos y cálculos. La descripción de cada uno de los apartados será objeto de análisis en los siguientes epígrafes no obstante, más adelante cada uno de los tres puntos será desarrollado ampliamente. En primer lugar, el manual contiene una descripción del buque y sus características principales, indicando al menos:

- Tabla con las dimensiones del buque, espacios de carga, tanques de lastre y de consumos (agua, aceites, diesel y fuel oil).
- Planos generales del buque con detalles de los dispositivos de sujeción fijos: ubicación de cáncamos, pies de elefante, argollas y otros.
- Equipos y dispositivos móviles para la inmovilización con los valores de la resistencia ofrecidos y los procedimientos de empleo con las cargas.
- Planos de los medios de acceso de la carga con características y datos de los elementos que componen su estructura.
- Planos de las cubiertas de carga con situación e indicación de los medios de seguridad contemplados por la normativa internacional.
- Pañoles o espacios donde se encuentren repuestos, con los valores de los pesos.

La tripulación tendrá en el manual de carga una referencia a la documentación que deberá manejar en las operaciones y de esta forma tendrá la seguridad de que actúa correctamente. La relación de documentación que figurará en el manual constituye el segundo bloque de datos, deberá ser aportada por las personas u organizaciones implicadas antes de que la carga llegue al buque y servirá para que su estiba pueda ser planificada debidamente. Además, la documentación será una garantía de que:

- Las mercancías son estibadas, es decir, ubicadas correctamente en el espacio adecuado y trincadas de forma segura. Cada mercancía será manipulada en función de sus características, especialmente en lo referente a compatibilidad y segregación, evitando que sufran daños, para que sean entregadas en perfectas condiciones en el puerto de destino.

- El buque será el adecuado para el transporte de la mercancía que se prevé embarcar, es decir, dispondrá de los medios necesarios para que sean transportadas con seguridad entre los puertos estipulados por el expedidor y su receptor.

El tercer bloque de información que figurará en el manual de carga será el relativo a la planificación de las operaciones, es decir: cálculos, los procedimientos y planos de estiba. Respecto a los primeros, figurará una explicación de los pasos que se deberán seguir para estibar las mercancías de forma correcta y segura, con ejemplos de la utilización del equipo de sujeción tanto fijo como móvil para manipular las diferentes unidades de carga o vehículos transportadas en el buque.

Los procedimientos incluyen las listas de inspección y comprobación para efectuar cada operación. En cuanto a los cálculos, el manual debe contener una relación de los parámetros de resistencia de los dispositivos de sujeción, que son proporcionados por los fabricantes; tablas con la variación de las aceleraciones transversales, longitudinales y verticales que se puedan producir en los distintos espacios de estiba de la mercancía a bordo del buque. Como complemento de los cálculos, figurarán en el manual ejemplos para el buque a plena carga, a media carga y en la condición de lastre, con los planos de estiba correspondientes.

4.3.2 Certificados

Los documentos y certificados que la tripulación debe manejar tienen su justificación para diferentes operaciones o acciones y su valor es indudable, pero de todos ellos destacamos el "Certificado de estiba y sujeción de la carga", pues en él se consignan explícitamente las características en las que se debe efectuar el transporte de la mercancía.

Modelo de declaración utilizada en vehículos de carretera:

DECLARACIÓN ESTIBA Y SUJECIÓN DE LA CARGA

Vehículo N°. ______________________
Lugar de embarque ______________________
Fecha de embarque ______________________

Mercancía(s) ______________________

Declaro que la carga del vehículo antes mencionado ha sido debidamente estibada y sujetada para el transporte por mar, teniendo en cuenta las directrices OMI/OIT sobre la arrumazón de la carga en contenedores o vehículos.

Nombre del firmante______________________
Cargo que desempeña______________________
Lugar______________________**Fecha** ______________
Firma en nombre de la empresa estibadora ______________

OBSERVACIONES ______________________

Cuando se recibe una unidad de carga para ser embarcada, pueden existir motivos para sospechar de ella debido a la inspección ocular efectuada en el muelle antes del embarque. El contenedor o vehículo, dentro del cual se han arrumado o cargado mercancías peligrosas, podrá ser rechazado aunque cumpla con las disposiciones del IMDG sobre transporte de mercancías peligrosas en buques de transbordo rodado, ya que puede poner en peligro la expedición marítima. Disponer de un certificado de arrumazón del contenedor o declaración de arrumazón del vehículo no será suficiente para el embarque de la unidad.

Los vehículos de carretera, normalmente, van provistos de una declaración de estiba y sujeción de la carga en la que conste que su carga ha sido estibada y sujetada de forma adecuada para el viaje proyectado, teniendo en cuenta las directrices OMI/OIT[84] sobre la arrumazón de la carga en contenedores o vehículos.

4.4 Tipos de buques

Los buques preparados para el transporte de cargas rodadas son diseñados teniendo en cuenta las características de los tipos de cargas que deben transportar. Indudablemente, al generalizar se puede asegurar que casi todos los buques podrían estibar en su cubierta vehículos o plataformas con mercancías. No obstante, se considerarán los buques especialmente diseñados para este transporte y que reúnan unas condiciones mínimas, por ejemplo disponer de varias cubiertas o garajes que se extenderán, a ser posible, desde proa a popa para favorecer la entrada y salida horizontal de vehículos con o sin carga. Dentro de los buques que reúnen las características idóneas, se seleccionan tres tipos que se describirán en este capítulo y a los que se aplicarán los procedimientos de estiba y trincaje para cargas rodadas que se transportarán en ellos, no obstante hay algunas variantes, por ejemplo las siguientes:

- Transbordadores, que además de cargas rodadas llevan pasajeros y normalmente se utilizan en etapas cortas.
- Car-Carrier, específicamente diseñados para el transporte de coches a largas distancias.
- Ro-Ro[85], que están preparados para el transporte de cargas rodadas en etapas cortas y medias, además algunos pueden llevar un determinado número de conductores de los vehículos cargados.
- Lo-Lo[86], buque en los que la carga/descarga es vertical a través de escotillas, sólo en casos especiales se utilizan para carga rodada.
- Ro-Lo[87], buque en los que la carga/descarga se hace por rampas y/o escotillas.

Los buques empleados en el transporte de cargas rodadas están basados en conceptos diferentes al resto de los buques, al introducir una serie de elementos preocupantes desde el punto de vista de la seguridad que están en entredicho continuamente, a pesar de las modificaciones introducidas. Por ejemplo:

- El movimiento de vehículos en las cubiertas puede afectar a la estabilidad sin avería del buque, haciéndole escorar.
- La entrada de agua en grandes cantidades después de una avería por fallo de las puertas de acceso puede tener consecuencias inmediatas, produciendo el hundimiento. Las puertas de acceso de la carga, en especial cuando están situadas a proa o popa, son puntos débiles que deben estar permanentemente controlados.
- Al disponer una superestructura de grandes dimensiones están más expuestos a los efectos del viento y del mal tiempo.

- La ausencia de mamparos interiores significa no disponer de un elemento que limita la entrada de agua a otros compartimentos y el rápido hundimiento del buque sin tiempo a la evacuación del pasaje y tripulación.
- Al estar las rampas y puertas de acceso de la carga cerca de la línea de flotación, disponen de franco bordo bajo, lo cual significa que un asiento excesivo o una escora inesperada, provocado por la manipulación de la carga.
- Durante la navegación, el trincaje y sujeción de la carga constituyen los puntos más inspeccionados para evitar que una rotura provoque un desplazamiento de los vehículos, originando problemas de estabilidad. El problema se agrava con el movimiento de cargas en el interior de los remolques.[88]

La elección de tres tipos de buques se justifica teniendo en cuenta que son los que incorporan toda o parte de la tecnología necesaria para transportar cargas rodadas. Complementariamente se hace alusión a los buques de alta velocidad debido a que en rutas de corta y media distancia están sustituyendo a los transbordadores y Ro-Ro.

4.4.1 Transbordadores

Los buques transbordadores juegan un papel importante en el transporte marítimo de carga y pasaje en distancias medias o cortas. Los orígenes del buque de trasbordo rodado se encuentran en los inicios del tren de vapor, al no poder salvar ríos demasiados anchos[89] se proyectan buques especiales con raíles en su cubierta. Los trenes eran transportados de una a otra orilla, donde continuaban su viaje. La misma idea fue aplicada a los vehículos al construir las lanchas anfibio empleadas en los desembarcos de material durante la Segunda Guerra Mundial. Finalmente, a principios de los años cincuenta se aplican los mismos conceptos a los buques mercantes. Los diseños han ido evolucionando a través de los años debido a la incorporación de adelantos tecnológicos y al incremento del transporte por carretera, teniendo especial repercusión en las travesías cortas para el transporte conjunto de pasaje y vehículos.

Los últimos accidentes con importantes consecuencias fueron los del *Estonia* y *Herald of Free Enterprise*[90], que pusieron de manifiesto la necesidad de realizar modificaciones en la legislación existente para introducir mejoras en la seguridad de la carga y los buques, atendiendo también a las condiciones de salvamento y supervivencia del pasaje. Ello obligó a una revisión de la legislación de la OMI, varios aspectos de la reglamentación existente, por ejemplo:

- Revisión de los métodos de evacuación que permitan salir del buque con rapidez al mayor número de pasajeros posible.
- Introducción de mamparos transversales que proporcionen estanqueidad y separación de la carga, ya que estos buques disponen de pocos mamparos transversales, debido a las dificultades que crean a la movilidad de la carga rodada. El problema se soluciona con mamparos movibles que se desplazan lateralmente, cuando el buque está en puerto realizando operaciones.
- Reforzar los sistemas de trincaje de la carga rodada, ya que, según las investigaciones, fue el origen del hundimiento del buque *Estonia.*
- Aumentar la seguridad en los medios exteriores para el acceso de la carga, instalando controles que permanentemente faciliten el estado en que se encuentran las rampas y portas mientras navega el buque.

Las modificaciones en los diseños de buques han dado lugar a un nuevo buque transbordador que ha supuesto una revolución por la tecnología incorporada y la filosofía aplicada al transporte de pasaje y carga rodada. Los buques construidos después de haber sido aprobada la legislación promulgada debido a los accidentes indicados tienen en cuenta las características generales de las rutas que deben realizar. Además del concepto de distancia, se ha considerado la protección del medio ambiente y la velocidad que puede desarrollar el buque.

Un ejemplo relevante de los nuevos transbordadores para etapas cortas es el de los construidos para cubrir la ruta entre Helsingor (Dinamarca) y Helsingborg (Suecia) puestos en servicio durante la década de los noventa. La distancia entre ambos puertos a través del estrecho de Oresund es de 2,7 millas. La travesía se hace en 20 minutos, que sumados a los 17,5 minutos que se tarda en la carga y descarga, hace que en un viaje completo de ida y vuelta se tarde 75 minutos. Si se programan dos jornadas de trabajo y una de descanso, permite hacer 15 viajes diarios, es decir, permite mantener una conexión continuada a cortos intervalos entre dos ciudades. Son buques que navegan en dos direcciones, con acceso por ambos, extremos que son proa y popa a la vez, es decir, son prácticamente simétricos respecto a un eje longitudinal y otro transversal. Disponen de una cubierta abierta en la que se estiban coches, camiones y vagones de ferrocarril. El proyecto presentado por la naviera, incluida la planificación estricta de viajes, ha sido el desencadenante para la construcción de transbordadores especiales en otras partes del mundo.

Los nuevos buques para etapas medias surgen con el cambio de la actitud conservadora de los armadores y astilleros, que durante muchos años se han resistido a la incorporación de novedades tecnológicas. Las demandas prioritarias del armador han sido reducir sus inversiones, para bajar los costes de explotación y aumentar los beneficios. Esto se traduce en una gran capacidad de carga, aprovechando para ello todos los espacios destinados a servicios que no fueran rentables.

Resumiendo, los nuevos diseños para etapas medias son innovadores, ya que aplican las últimas reglas y normas internacionales en materia de seguridad e incorporan las nuevas tecnologías, buscando la redundancia de equipos e incrementar su fiabilidad. Se han cuidado los requisitos sobre estabilidad, para lograr la comodidad de los pasajeros, evitando que un mal viaje les haga desistir de nuevos embarques. Han incorporado el concepto de carga en las bodegas inferiores estibando éstas de forma que se puede tener mayores márgenes de seguridad. Reducen al mínimo la tripulación y las operaciones de mantenimiento a bordo del buque. La planificación introduce la automatización de las operaciones de carga/descarga. Todos estos aspectos, unidos a una mayor velocidad, hacen que los viajes sean más cortos[91] y la explotación del buque más rentable.

4.4.2 Car-Carrier

Los buques dedicados exclusivamente al transporte de coches se pueden reunir en dos grupos, los PCC *(Pure Car Carriers)* y los PCTC (*Pure Car Trunk Carrier*); ambos son descritos a continuación, haciendo referencia también a los servicios prestados por cada uno de ellos[92]. En general, son buques con alto francobordo, mucha obra viva y gran número de cubiertas para la estiba de los vehículos.

Los primeros buques *car-carriers*[93] se pusieron en servicio en la década de los cincuenta; disponían de portas en el casco y ascensores para distribuir los vehículos; sin embargo, eran izados a bordo mediante grúas. En sus comienzos los buques transportaban pocos coches, pero fueron incrementando su capacidad y combinando el transporte con otras mercancías. La aparición en el mercado del buque Ro-Ro introdujo nuevos conceptos en las formas tradicionales de transporte y en los incipientes buques dedicados al transporte de coches.

Los años sesenta suponen un gran paso adelante en la evolución y desarrollo de los buques dedicados al transporte de coches. La naviera Wallenius[94] firma un contrato con constructoras japonesas de automóviles e inicia el transporte de Japón a EE.UU. en grandes cantidades. Los mercados de consumo impusieron su lógica, es decir, la demanda de vehículos económicos fabricados en Japón acrecentó el número de navieras que dedican buques a distribuir los productos por todo el mundo.

Los primeros PCC pusieron rápidamente de manifiesto el problema de los viajes en lastre, que aunque era conocido desde los primeros diseños, no había sido resuelto nunca. Los viajes de buques vacíos representan un coste adicional que repercutía sobre el flete y esto significaba un encarecimiento del transporte. La solución fue la introducción de modificaciones para cambiar los diseños de las cubiertas de carga en cuanto a resistencia y configuración, para poder transportar camiones, vehículos pesados y cargas de grandes pesos o volúmenes; estos buques se denominaron PCTC[95]. Algunos *car-carriers* actuales solucionan el problema de los viajes en lastre colocando cubiertas movibles de manera que pueden ser situadas a diferentes alturas para pasar de cargar automóviles a poder embarcar motocicletas u otras cargas rodadas.

4.4.3 Ro-Ro

El concepto de buque Ro-Ro es definido en la legislación marítima proporcionando diferentes interpretaciones al término. De forma general se denomina buque de transbordo rodado: "Buque que dispone de una o varias cubiertas corridas a lo largo de toda la eslora, cerradas o expuestas, compartimentadas en la forma indicadas en la legislación. Transportan mercancías en bultos o a granel, sobre vehículos o vagones de ferrocarril. Por ejemplo: camiones cisternas, remolques, tanques desmontables, cisternas portátiles o unidades de estiba que se cargan y descargan normalmente en sentido horizontal".

Cualquier definición no es más que una forma de describir algo, por lo que la ofrecida indica las características que pueden tener los buques de carga rodada. La introducción en el mercado de los buques Ro-Ro surge en los estudios realizados para la agilización de las operaciones de carga y descarga, con objeto de optimizar la estancia del buque en puerto. En principio, las facilidades ofrecidas por las cargas rodadas evitan que estas sean manipuladas durante su transporte entre el punto de producción y el receptor de la mercancía, ya que forman una unidad en origen que llega hasta su destino en las mismas condiciones. Los primeros Ro-Ro fueron utilizados en la Segunda Guerra Mundial[96], adaptando buques de transporte de tropas y mercancías que habían sido utilizados para el desembarco de material pesado. Una vez terminada la guerra[97] y habiendo sido comprobadas las ventajas que representaba su utilización para el transporte de vehículos, fueron adaptados algunos de ellos, rediseñando la colocación de la rampa de acceso y sus medidas para ser utilizados en rutas comerciales cortas.

La puesta en servicio de los primeros buques Ro-Ro puso al descubierto los inconvenientes y desventajas, en su explotación; por ejemplo, los problemas planteados por la utilización de una estrecha rampa a popa. Esta disposición obliga a los buques a realizar varias maniobras en puerto para colocarse de popa a la rampa de tierra, lo cual significa demoras entre puertos. La estructura de los espacios de carga se caracteriza por estar formada por una o varias cubiertas cerradas, normalmente desprovistas de subdivisiones interiores, que por lo general se extienden a todo lo largo de la eslora. Esta construcción garantiza la circulación y acceso horizontal de coches, camiones y cualquier tipo de vehículo con o sin mercancías estibadas en ellos, pero obliga a los vehículos a entrar de una forma y salir al revés.

Los buques Ro-Ro, al igual que otros destinados a transportar carga rodada, son diseñados mediante flexibilidad en la altura de las cubiertas, pudiendo ser abatidas o adaptadas a los tipos de vehículos estibados. Algunas características de los Ro-Ro que permiten establecer diferencias con otros buques son:

- Cubiertas o garajes con el menor número de obstáculos posibles, para facilitar el movimiento y la maniobra de vehículos en su interior.
- Acceso horizontal desde el muelle a la cubierta principal, teniendo en cuenta que cuanto mayor sea el número de rampas exteriores e interiores, más rápida será la carga/descarga, incluso para facilitar las operaciones algunos buques cuentan con rampas a proa y popa.
- Altura de las cubiertas adaptada a los vehículos que transporte el buque, o bien con una altura fija para un tipo de vehículo, cuando el buque ha sido construido para una derrota determinada.
- Son buques con gran capacidad de maniobra, para lo cual disponen de hélices transversales a proa, pudiendo acceder a puertos de pequeñas dimensiones.
- Las medidas de seguridad introducidas para evitar pérdida de estabilidad, comparadas con las de otros buques[98], se establecen mediante separaciones transversales, verticales y longitudinales. Las transversales no existían en los primeros buques, pero después de los graves accidentes de la década de los noventa, se opta por introducir mamparos transversales móviles. El doble casco hasta la cubierta de francobordo mejora la reserva de flotabilidad y la capacidad de aguantar en condiciones graves de inundación. La vertical tiene una efectividad que está en función de la calidad de la estanqueidad de las cubiertas de carga. Esta puede verse afectada y alterada por la deformación de su estructura. Por último, la separación longitudinal puede interferir en el movimiento de los vehículos dentro de los espacios de carga, por lo cual se colocan puntales o separaciones abatibles.

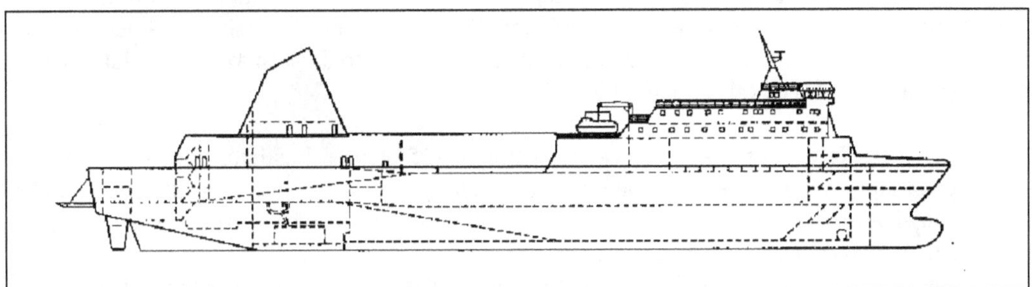

Figura 40 Buque Ro-Ro

En la figura se pueden apreciar la conexión del exterior mediante rampa con la cubierta principal y desde ésta a cubiertas superiores e inferiores, es decir, una distribución de accesos que permiten que un vehículo se sitúe en el lugar donde se prevé su estiba.

Las condiciones de seguridad de un buque Ro-Ro están avaladas por el cumplimiento de los criterios de estabilidad transversal. Para obtener valores óptimos, se deben conjugar las condiciones teóricas con los datos prácticos para cada buque y hay que tener en cuenta:

- El valor del GM[99] debe ser el adecuado a cada condición de carga y a las características del buque. Para buques con eslora menor de 100 m el GM_c nunca será menor de 0,15 m según las recomendaciones de OMI. Éste parámetro junto con el relativo a la curva de brazos GZ son importantes para la estabilidad.

- El peso de la carga embarcada es en ocasiones difícil de controlar, por lo que el c.d.g. es poco fiable para realizar los cálculos de estabilidad. Se considera siempre que son algo mayores de los valores proporcionados, para evitar que el GM calculado sea muy pequeño.
- Las aceleraciones transversales inciden de forma importante sobre la carga embarcada, por ello con valores de GM altos se obtienen períodos de balance cortos, es decir, grandes aceleraciones, que en muchas ocasiones producen la rotura de las trincas. Éste problema ha sido el desencadenante de algunos accidentes, por ejemplo el del buque *ESTONIA*.
- Cuando el período de balance del buque es pequeño, está fuera del de la ola, por lo que las aceleraciones son aceptables, siempre y cuando no se produzca un incremento del período de balance, ya que ello produciría unas condiciones de navegación peligrosas.
- La planificación de la carga a efectos de estabilidad se debe hacer partiendo de un valor del GM mínimo que asegure la estabilidad para cualquier condición de mar, es decir, hay que tener en cuenta que cuando el buque está en navegación puede recibir la mar por proa, amura, popa o aleta. El GM deberá aumentarse entre 15 y 20%, evitando de esta forma la pérdida de estabilidad que se puede producir debido a la variación de las condiciones de mar.

4.4.4 Buques de alta velocidad

El incremento rápido del número de embarcaciones de alta velocidad[100] para el transporte de pasajeros y carga, especialmente monocasco y catamaranes, ha puesto de manifiesto la necesidad de una atención detallada a las características diferenciales que este tipo de buques introduce en el transporte marítimo.

Los buques de alta velocidad[101] se han introducido en el mercado con gran rapidez en los últimos años al ser explotados con nuevos criterios de rentabilidad; uno de ellos es situar las terminales de embarque cercanas al centro de la ciudad[102], lo cual reduce el tiempo de desplazamiento del pasaje y la carga. Algunos ejemplos de estos buques son:

- Catamaranes de aluminio[103] con esloras entre 80/125 metros. Los buques tienen capacidades de pasaje y vehículos en función de las necesidades y dimensiones, llegando 1800 pasajeros con diversas combinaciones de coches. La propulsión es a base de turbinas de gas que generan potencias que permiten alcanzar 40 nudos de velocidad.
- Buques monocasco, propulsados por turbinas de gas que desarrollan potencia para alcanzar 35 nudos de velocidad, cuya entrada en servicio modificó las rutas del transporte en distancias cortas y medias. Algunos, con una eslora de 175 metros, casco de acero y un peso muerto de 4500 toneladas, empezaron a realizar viajes a mediados de 1996.

4.5 Equipos utilizados en la manipulación de la carga rodada

Los equipos utilizados en la manipulación de cargas rodadas se pueden reunir en tres grupos: los que facilitan el desplazamiento de las cargas, que son vehículos con motor denominados de forma general unidades de tracción; un segundo grupo formado por los dispositivos que sirven para el trincaje de los vehículos a bordo; y el tercero que son las instalaciones que permiten el acceso de la carga rodada. Tanto el segundo como el tercer grupo de dispositivos pueden ser fijos y movibles. Caso de ser fijos son solidarios con la estructura del buque, y en caso de ser móviles están situados a bordo del buque en espacios especialmente habilitados dentro de garajes o cubiertas.

4.5.1 Vehículos para desplazar cargas

La especial particularidad de las unidades de carga rodadas sobre las que son estibadas las mercancías, por ejemplo, plataformas o remolques, implica la necesidad en algunas ocasiones de utilizar otros medios; son las unidades o cabezas tractoras, cuya función es desplazarlas hacia o desde los espacios de carga del buque para ser estibas/desestibadas en ellos.

Las cabezas tractoras pertenecen al equipamiento de la terminal portuaria o de la empresa estibadora que realiza las operaciones en el buque. Son de varios tamaños y diferentes potencias, estando esta última en función del tonelaje que deben manipular. Algunos tipos de cabezas tractoras[104] están diseñadas para mover plataformas con contenedores de 20/40 pies y otras para bateas que tiene en su parte delantera un saliente donde encaja una cabeza tractora que lo arrastrará por la terminal hasta el buque. Las plataformas y bateas no son aptas para el transporte por carretera, su sistema de conexión con la cabeza tractora es simple, lo que confiere al sistema versatilidad y rapidez.

La manejabilidad de las plataformas de baja altura con un contenedor está asegurada por las unidades tractoras en la terminal, pero en ocasiones surjen dificultades para acceder o moverse dentro de los espacios de carga del buque. Especial cuidado hay que tener en el acceso del conjunto cabeza y plataforma por las rampas exteriores del buque, ya que si estas tienen un gradiente elevado podría quedar atascada.

4.5.2 Dispositivos para el trincaje

Los dispositivos utilizados para el trincaje en buques o vehículos son clasificados de dos formas: móviles y fijos. Los primeros se colocan de forma provisional para sujetar las cargas. Cuando son elementos soldados a la estructura, bien sea en los espacios de carga del buque, o sobre las unidades de carga rodada, se denominan dispositivos fijos. Tanto en unos como en otros es necesario considerar y diferenciar entre los valores de la carga límite[105] y la carga de trabajo[106], a la hora de realizar los cálculos necesarios para inmovilizar las unidades. El equipo de sujeción de la carga del buque tendrá disponible al menos las siguientes características:

- Diseñado y fabricado con materiales que siguen las recomendaciones de las sociedades de clasificación y las normas ISO.
- Suficiente, es decir, el número de elementos debe estar en función de la cantidad y tipo de unidades de carga que pueda transportar el buque.
- Apto para el fin a que se destine, conforme a las recomendaciones que figuren en el manual del buque y las normativas sobre sujeción de la carga.
- Disponer de la resistencia adecuada para poder inmovilizar las cargas con seguridad, evitando que puedan desplazarse de su posición de estiba y dañar a otras cargas o a la estructura del buque.
- Tener un peso y forma que facilite su manejo, para lo cual también ayuda el disponer de instrucciones claras y sencillas aplicadas a las cargas rodadas.

a) Dispositivos móviles

El número y variedad de los dispositivos móviles es apreciable, entre los más usados están las trincas de cadena, caballetes, tensores, gatos, fajas y estrobos. De forma general, se denominan trincas a aquellos dispositivos construidos con diferentes materiales que proporcionan una resistencia adecuada para ayudar a retener la carga que se estiba en el espacio del buque.

➢ *Trincas*

El manual de carga indica cómo se deben colocar las trincas para la sujeción de las unidades de carga estibadas a bordo del buque que las transportará. La configuración de los espacios estará preparada y dispondrán de anclajes suficientes para fijar en ellos las trincas e inmovilizar las cargas rodadas. Las trincas deben estar en perfecto estado de mantenimiento para evitar que su deterioro pueda inhabilitarlas para cumplir su función. A bordo deberá haber suficiente número para cubrir las necesidades de la carga embarcada, inmovilizándola y evitando que se deteriore o que sus movimientos puedan afectar a la integridad del buque, de la tripulación y del resto de la carga. Otros factores y características generales que se deben tener en cuenta en la utilización de las trincas son:

- La carga máxima de sujeción (*Maximum Shear Load,* MSL) de cada trinca no deberá ser inferior a los 100 kilonewtons, para lo cual deberán estar fabricadas de un material que mantenga sus características de alargamiento dentro de unos límites admisibles capaces de cumplir su cometido.
- La colocación y sujeción de las trincas estará realizada de tal manera que sea posible atesarlas una vez hayan sido fijadas, ya que debido a los movimientos del buque éstas pueden aflojarse durante los viajes, especialmente en los que las aguas estén revueltas, por lo cual deberán ser examinadas a intervalos regulares y restablecidas las condiciones iniciales.
- Las trincas serán fijadas entre los puntos de sujeción del buque y de la unidad de carga, mediante ganchos, grilletes u otros dispositivos proyectados de modo que no puedan soltarse del punto de anclaje durante el viaje. Sólo se colocarán las trincas en los puntos de sujeción marcados en el buque y vehículo, poniendo una en cada abertura. Sólo se pondrá más de una en casos excepcionales y justificados.
- Todas las trincas se fijarán entre el vehículo y la cubierta, de manera que el ángulo que se forme con los planos horizontal y vertical respecto al buque esté comprendido entre 30° y 60°, debido a que en esta gama de aberturas es en la que mejor trabajan las trincas y cuando ofrecen mayor resistencia.
- La tripulación podrá variar el número de trincas teniendo en cuenta las características del buque y las condiciones meteorológicas que espere encontrar durante el viaje proyectado, colocando las que según su experiencia sean necesarias para inmovilizar los vehículos estibados a bordo.

➢ *Cadenas*

Las cadenas están construidas de acero, con algún dispositivo de enganche en los extremos; uno puede ser una argolla o grillete y el otro obligatoriamente tendrá acoplado un tensor, que servirá para mantener la cadena tensada. En algunos la cadena va fijada por un extremo a una pata de elefante a la cubierta. Los valores de la máxima carga de trabajo son suministrados por los fabricantes, al igual que las demás características que, por ejemplo, para una cadena de 3,5 metros, pueden ser entre 8 y 10 kilos de peso, una carga de rotura mínima de 15 toneladas, y la carga sin deformación de 8,5 toneladas.

El uso de las cadenas tiene sus ventajas y desventajas. Entre las primeras tenemos: el tiempo para colocarla es reducido, por lo cual es muy utilizada; además, debido al material con el que están construidas, acero, no se ven afectadas por los cambios de temperatura; respecto a las desventajas, se destaca que son pesadas, sólo permiten una carga de trabajo del 50% de su carga límite; pueden producir averías en ciertas cargas, por ejemplo paletas con sacos, cargadas en plataformas; deben ser utilizadas con un tensor, y finalmente se debe tener en cuenta que la cadena se puede dañar cuando trabaja sobre cantos agudos o sobre una esquina.

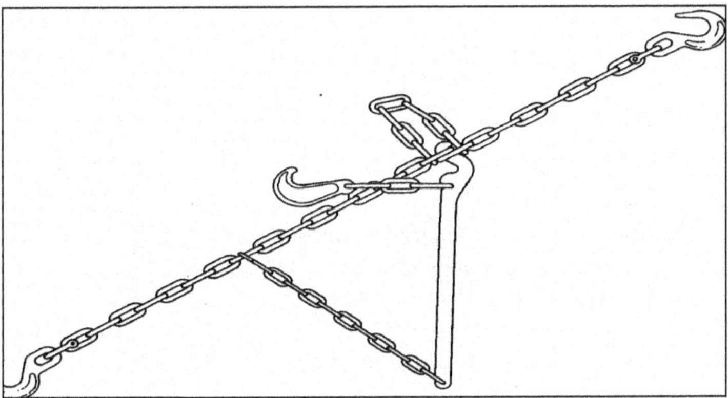

Figura 41 Cadena de trincaje con tensor de palanca

Otros dispositivos móviles ya han sido descritos en otros capítulos de este libro; no obstante, se resaltan a continuación algunas particularidades para su utilización en el trincaje de carga rodada que complementan las características ya vistas, por ejemplo:

- Tensores: elementos que tienen diferentes dimensiones y son utilizados en combinación con otros elementos, por ejemplo, cadenas, estrobos y fajas de *polyester*. Como desventaja se debe decir que necesitan mucho mantenimiento y que cuando se dañan, ya no pueden ser utilizados. Hay varios tipos de tensores, por ejemplo, de palanca, de suelta rápida, o hidráulicos.
- Estrobos: elementos que están construidos con alambre, es destacable su buena resistencia ya que su carga de trabajo llega a ser entre el 70/80% de la carga límite, lo cual constituye una gran ventaja. Como desventaja se puede decir que sufre constantes deformaciones, reduciéndose la carga de trabajo con su utilización, por la falta de flexibilidad y desgaste.
- Fajas de *poliéster*: son elementos muy utilizados en la carga rodada de coches de pequeño tamaño. Tienen una anchura que les permite adaptar a las ruedas, son fáciles de manejar, flexibles y de larga duración. La temperatura no influye en sus características pero cuando es muy baja, influye en la manejabilidad dificultando su uso. Si la carga límite es de 15 toneladas y la de trabajo es del 70%, su valor caerá hasta 10,5 toneladas.
- Caballetes y gatos: son dispositivos que se emplean con las plataformas para equilibrar su posición al desconectar la cabeza tractora.

b) Dispositivos fijos

La forma y situación de los dispositivos fijos depende de si están situados en el buque o sobre las cargas rodadas, siendo construidos en su mayor parte de acero. En el caso del buque están soldados en los espacios de carga y colocados a distancias estándar, para poder estibar las unidades de carga rodada. En el caso de las unidades de carga rodada, los dispositivos son colocados por los fabricantes en función de sus necesidades. Los lugares donde están los dispositivos fijos son denominados puntos fijos de sujeción o anclajes, tanto los que están ubicados sobre el buque como los situados sobre los vehículos de carga rodada.

➢ *Puntos de sujeción en el buque*

Los puntos de sujeción situados en el buque para inmovilizar las cargas rodadas estarán situados en la propia cubierta y en algunos buques también se encuentran sobre los costados. Sobre estos puntos de anclaje se fijan las trincas colocándolas a distancias que dependerán del tipo de carga rodada que embarcará el buque.

Algunos dispositivos fijos situados en el buque son los cáncamos de chapa, que pueden estar situados sobre los mamparos y techos del garaje; sus medidas están en relación con la función para la cual son utilizados.

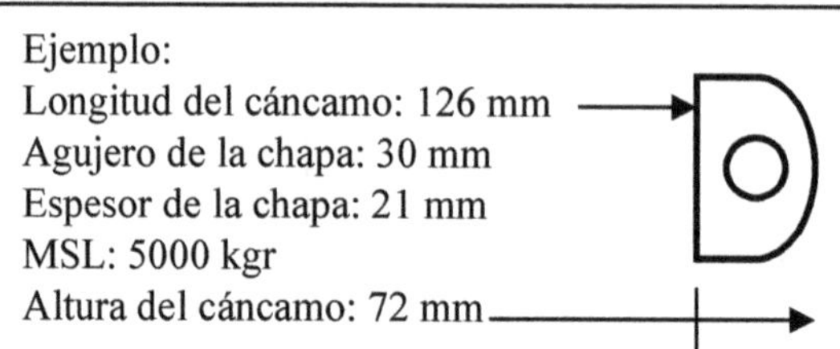

Las argollas, son dispositivos fijos que se encuentran ubicados sobre el garaje de tal forma que no obstaculicen el desplazamiento de la carga rodada. Están construidos de acero y su MSL puede estar entre 6.000/25.000 kg dependiendo del tipo de vehículo que se trincará sobre ellas.

Las cubiertas o garajes del buque tendrán unas medidas que dependerán del tipo de carga que se estibará en ellas; teniendo en cuenta que la normativa solo proporciona recomendaciones para los puntos de sujeción, su disposición queda en muchas ocasiones supeditada a la decisión del armador y de su proyecto de buque. Teniendo en cuenta las condiciones impuestas por el armador y las necesidades de los vehículos que se van a estibar, se deberán planificar sus puntos de sujeción según la siguiente disposición:

- La distancia en sentido longitudinal entre puntos de sujeción no deberá exceder en general de 2,5 metros a lo largo de toda la eslora.
- Cuando se trata de fijar los puntos de sujeción transversalmente, se pondrán a una distancia que no deberá ser inferior a 2,8 metros ni superior a 3 metros, ya que las cargas rodadas necesitan mantener un espacio entre ellas, especialmente las que tienen cierta altura.
- Otros valores para las distancias, tanto transversales como longitudinales, puede ser necesario variarlos, disponiendo los puntos de sujeción de modo que en la parte de proa y en popa disten menos entre sí, que en el centro del buque[107].
- De forma general, para ubicar los puntos de sujeción hay que tener en cuenta la longitud y anchura del vehículo que se estibará y que estos también deberán tener una separación transversal de al menos 0,5 metros, para permitir la salida del conductor.
- La carga máxima de sujeción[108] (CMS) de cada punto de sujeción, indicada por la normativa, no será inferior a 100 kilonewtons. Si el punto de sujeción está proyectado para que admita más de una trinca, por ejemplo una cantidad "N", la carga máxima de sujeción correspondiente a ese punto no será inferior a N*100 kilonewtons.

Los buques que transporten vehículos con o sin carga sólo de forma esporádica y ocasionalmente deberán disponer los puntos de sujeción necesarios para ese viaje y su resistencia podrá variar respecto a los datos apuntados. En estos puntos habrá que tener en cuenta las precauciones especiales que pueda ser necesario aplicar para estibar y sujetar sin riesgos la carga rodada embarcada.

➢ *Puntos de sujeción en vehículos*

Los puntos de sujeción que se dispongan en los vehículos de carretera deben estar proyectados para cumplir su función, que es servir de anclaje para sujetar el vehículo de la forma más segura posible al buque, para lo cual es recomendable que en cada abertura admita una sola trinca. El punto de sujeción y la abertura deberán estar construidos de tal forma que permita dirigir la trinca hacia la cubierta del buque en varias direcciones. También se debe tener en cuenta la altura y capacidad de la estiba, así como los efectos de la altura del centro de gravedad de la carga.

Las cargas estibadas sobre unidades rodadas deben sujetarse adecuadamente a las plataformas de estiba, por lo cual estarán provistas de los medios apropiados para que queden inmovilizadas, teniendo en cuenta que todo componente exterior móvil montado en la unidad de carga, por ejemplo, una grúa, se debe inmovilizar y sujetar adecuadamente.

El "Código de Prácticas de seguridad para la estiba y sujeción" especifica en su contenido algunas normas y recomendaciones que deberían cumplir los fabricantes de vehículos, ya que la tripulación, cuando llega a puerto, embarcará las cargas que le hayan indicado, y deberá suponer que estas disponen de los suficientes puntos de anclaje. Algunas recomendaciones sobre los puntos de anclaje situados en los vehículos son:

- Los vehículos deberán tener en cada costado el mismo número de puntos de sujeción y no serán menor de dos ni superior a seis. La tabla facilita el número mínimo de puntos de sujeción y su resistencia mínima en función de la masa bruta del vehículo.
- N es el número total de puntos de sujeción en cada costado del vehículo.

Masa bruta del vehículo (MBV) en toneladas	**Número mínimo de puntos de sujeción en cada costado del vehículo de carretera (N)**	**Resistencia mínima sin deformación permanente de cada punto de sujeción en kilonewtons**
3,5 toneladas ≤ MBV ≤ 20 toneladas	2	$\frac{MBV*10*1,2}{N}$
20 toneladas < MBV ≤ 30 toneladas	3	
30 toneladas < MBV ≤ 40 toneladas	4	

Tabla 7 Número de puntos de sujeción en vehículos

- Cuando se aplica la tabla, a los denominados trenes de vehículos carreteros se consideran dos unidades, es decir, dos elementos separados: el vehículo motor y cada remolque que lleve.
- Los vehículos tractores de semirremolque están excluidos de la tabla debiendo ir provistos en su parte delantera de dos puntos de sujeción, cuya resistencia será suficiente para impedir su movimiento lateral, pudiendo reemplazarse los dos puntos de sujeción por un enganche de remolque.
- Si se utiliza un enganche de remolque para sujetar vehículos que no sean vehículos tractores de semirremolques, tal enganche no deberá reemplazar a los puntos de sujeción dispuestos a cada costado del vehículo, ni ser sustituido por éstos.
- Los puntos de sujeción del vehículo irán señalados con una marca visible y si disponen de más de una abertura, tendrá en cuenta la resistencia que se indica en la tabla. El paso libre interior de la abertura de cada punto de sujeción no deberá ser inferior a 80 mm.
- Los puntos de sujeción de los vehículos estarán situados de modo que las trincas puedan proporcionar una retención eficaz del vehículo debiendo poder transferir su fuerza al chasis del vehículo. Las sujeciones no deberán encontrarse nunca sobre el parachoques o en ejes, excepto cuando éstos sean de construcción especial y las fuerzas se transmitan directamente al chasis. Estos puntos de sujeción estarán situados de modo que las trincas puedan acoplarse fácilmente y con seguridad, especialmente cuando el vehículo esté equipado con defensas laterales.

4.5.3 Instalaciones para el acceso de cargas

La mayoría de buques disponen de accesos para introducir la mercancía verticalmente en los espacios de carga. La particularidad que ofrecen las cargas rodadas de poder entrar en el buque horizontalmente implica la necesidad de disponer de instalaciones de acceso, denominadas rampas, mediante las cuales se pueda conectar el buque con el muelle. Al tener el buque sus espacios de estiba divididos horizontalmente, también es necesario disponer de rampas interiores o ascensores para poder trasladar las cargas rodadas y distribuirlas uniformemente a lo largo y ancho de los garajes. Hay buques que son construidos para realizar un tráfico permanente entre los mismos puertos durante toda su actividad, por lo que las rampas de acceso del buque o las situadas en tierra se construyen con esa ventaja.

a) Rampas para vehículos

Las rampas son instalaciones que forman parte de los buques que transportan cargas rodadas o están instaladas en las terminales portuarias, sirven para proporcionar el acceso de vehículos y plataformas a los espacios carga denominados garajes o cubiertas, donde serán estibados. La construcción de una rampa se realiza en función de las características y necesidades del buque; no obstante, en muchos casos el tipo de vehículos que deberá transportar el buque, es quien impone las diferencias en el diseño. Las rampas pueden ser exteriores o interiores, las primeras facilitan el acceso de los vehículos desde el muelle al buque o dan salida desde el buque al muelle, mientras que las segundas garantizan el desplazamiento entre las diferentes cubiertas del buque.

El problema que deben salvar las rampas es el recorrido de las mareas, que difiere de un puerto a otro, para ello son utilizadas rampas que permitan absorber las oscilaciones. Estas en líneas generales consisten en una pasarela metálica articulada con dimensiones variables, accionada mediante mecanismos, que le permite alcanzar la posición de trabajo.

Características importantes de las rampas son el valor del gradiente[109] y el valor de la resistencia de su estructura. El primero se puede establecer mediante una relación entre su altura y longitud, la resistencia vendrá dada por el tipo de materiales y el escantillón de las piezas, todo ello en función del peso de los vehículos. Otros factores que influyen en el cálculo del gradiente de la rampa y su resistencia son los siguientes:

- El ángulo de concavidad/convexidad que pueda adoptar la rampa con relación a la altura de vehículos y bateas.
- El peso total de las unidades que deben embarcar. En las articuladas se considerará el peso de la cabeza tractora y la unidad que remolque.
- El problema que puede suscitarse cuando se produzca el desacople entre cabeza tractora y plataforma, cuando ambas están sobre la rampa.
- La posibilidad de golpear la parte superior de la carga rodada con el arco de abertura que constituye la entrada de la rampa.
- La capacidad de los tanques de lastre utilizados para corregir el apopamiento del buque durante la carga/descarga, ya que al estar el buque apopado el gradiente de la rampa será mayor. La utilización de lastre permite trabajar a la rampa en las condiciones de gradiente para el cual ha sido diseñada.

➢ *Rampas exteriores*

La entrada/salida de la carga rodada desde el exterior necesita de características estructurales diferenciales según el tipo de carga; no obstante, para las diferentes configuraciones de rampas exteriores se pueden destacar los siguientes factores, comunes a todas ellas:

- Todas están diseñadas para operar con diferentes alturas del muelle, lo cual significa que trabajan con diferentes grados de gradiente.
- Todas sirven para formar el cierre del acceso y son estibadas verticalmente.
- Algunas están constituidas por varias secciones, lo cual significa aumentar su longitud y facilidad de adaptación a los muelles.
- Las rampas que son orientables tienen la posibilidad de adaptarse al muelle donde está estacionada la carga rodada, lo cual significa mayor flexibilidad, permitiendo situar la rampa con un determinado ángulo respecto a la línea de crujía, desde estribor o babor.
- Hay rampas exteriores situadas en la línea de crujía a proa y popa; éste diseño permite la agilización de la carga/descarga, ya que los vehículos entran por un lado y salen por otro, disminuyendo el tiempo de las operaciones.
- Las rampas situadas en los costados suelen estar en el centro facilitando la carga hacia proa.

➢ *Rampas interiores*

La estructura de las rampas interiores permite el acceso de la carga rodada entre las cubiertas del buque facilitando la estiba y movimiento de los vehículos. Hay rampas interiores fijas que han sido diseñadas en el proyecto del buque de forma que orienten el desplazamiento de los vehículos desde la cubierta principal hacia otras. Otras rampas son móviles, desplazando su estructura subiendo o bajando mediante dispositivos hidráulicos, siendo luego fijadas mediante elementos de trincaje.

Los ingenieros navales durante las fases de proyecto y construcción del buque consideran todos los parámetros de las rampas, especialmente lo referente al gradiente. Si el valor es grande, causa problemas en los vehículos, ya que los esfuerzos de tracción son elevados y la generación de gases alta[110]. Las rampas cortas tienen la ventaja de disminuir los espacios perdidos, lo que significa aumentar la capacidad de estiba. Si el valor del gradiente es pequeño, la longitud de la rampa es mayor, por lo cual será menor la potencia tractora empleada para subir, pero queda menos espacio para la estiba, aunque es menor la acumulación de gases.

b) Ascensores para vehículos

Una vez situadas las cargas rodadas a bordo del buque, se pueden desplazar entre garajes mediante ascensores que son una alternativa a las rampas internas para mover las unidades de carga rodada entre la cubierta principal y las demás. El ascensor, al ser un medio de desplazamiento vertical, presenta varias ventajas y también algunos inconvenientes respecto a las rampas interiores, por ejemplo:

- Una primera ventaja es que el ascensor ocupa menor espacio que la rampa, lo cual supone que el garaje tendrá mayor capacidad de carga.
- Una vez han terminado las operaciones de carga en las cubiertas a las cuales el ascensor tiene acceso, quedará enrasado con una cubierta, por lo cual sólo perderemos algo de espacio en una de las cubiertas, ya que la otra es ocupada totalmente.
- Las rampas obligan a realizar un mayor esfuerzo de potencia de los motores, lo cual significa mayor cantidad de gases, la utilización de más ventiladores que ocupan espacio, es decir, que se traduce en menor espacio de carga. El ascensor facilita el movimiento de la unidad rodada sin consumo de combustible por parte de ésta.
- Sus medidas y potencia que estarán en función de las características de los vehículos que el buque acostumbra a cargar/descargar.
- Dispone de guías para moverse verticalmente entre dos o más cubiertas, además las guías son un elemento de seguridad que evita el desplazamiento en sentido longitudinal o transversal.

- Tiene trincas para inmovilizan la carga mientras efectúa el recorrido entre cubiertas. Generalmente pueden ser accionadas de forma automática para aumentar el rendimiento del ascensor y disminuir el tiempo que duran las operaciones de carga/descarga.
- La velocidad de desplazamiento es una característica interesante para poder calcular el tiempo que puede durar la carga/descarga, planificar los movimientos de las unidades en los espacios interiores y organizar el tráfico de vehículos desde el exterior.

4.6 Acondicionamiento de los espacios de carga

La preparación y acondicionamiento de los espacios de carga incluyen reglas y normas para ejecutar las inspecciones que se realizarán antes de proceder a cargar y también durante el embarque de los vehículos. Para estas operaciones de acondicionamiento se dispone de listas de comprobación, que además tienen como objetivo recoger información para tomar medidas preventivas y evitar daños o accidentes derivados del mal mantenimiento de bodegas o fallo en la disposición de los medios de inmovilización. El contenido de la lista puede ser:

- Revisión del estado de limpiezas de las zonas y espacios de carga destinadas a la estiba de las cargas rodadas: deberán estar limpias de residuos sólidos, secas sin manchas de aceite, restos de combustibles o grasa.
- Comprobar el equipo y dispositivos de trincaje de la carga: que haya los suficientes en buen estado y colocados en los lugares precisos. La inspección desechará los dispositivos que tengan defectos. Especial atención recibirán los tensores.
- Arrancar y probar el funcionamiento de los sistemas de ventilación.
- Verificar el contenido de gases y humos en los garajes, mediante la toma de muestras de los puntos ubicados en lugares estratégicos.
- Comprobar el sistema de estanqueidad de las rampas exteriores e interiores, las portas del casco y los accesos desde los garajes a la sala de máquinas.
- Revisar la estanqueidad y funcionamiento de los mamparos transversales.
- Comprobar los enchufes eléctricos destinados a las conexiones de los equipos de remolques y camiones frigoríficos.

4.7 Ventilación de los espacios de carga

Las operaciones de carga comienzan con la entrada de vehículos a través de las rampas exteriores hacia los espacios de estiba del interior de los garajes. Desde unos minutos antes se pondrá en marcha la ventilación de los espacios de carga, ya que la acumulación de gases puede dar lugar a un incendio, explosión o problemas de respiración en los tripulantes, por lo cual es un apartado que debe ser controlado y verificado en cada momento.

Los motores de los vehículos que entran y salen de las cubiertas consumen combustibles generando gases perjudiciales para la salud humana, por ejemplo los motores de los vehículos pueden ser de gasolina o diesel, la concentración permitida en tanto por ciento de los gases es la siguiente:

- Para la gasolina tenemos: monóxido de carbono, 1/10; dióxido de carbono, 8/15; óxido de nitrógeno, 0,1/0,5; hidrocarbonos, 0,1/0,2; dióxido de azufre, 0,003/0,004.
- Para el diesel tenemos: monóxido de carbono, 0,1/0,25; dióxido de carbono, 2/10; óxido de nitrógeno, 0,002/0,1; dióxido de azufre, 0,02/0,04.

La concentración de gas en un espacio ventilado puede ser calculada mediante la fórmula:

$$C=(PE/PV)(i-e^{PVt/V})$$

Donde:

PE, porcentaje de exhaustación en m^3/hora
PV, porcentaje de ventilación en m^3/hora
V, volumen del espacio de carga en m^3
t, tiempo

El sistema de ventilación en los garajes debe basarse en las dimensiones del espacio que debe ventilarse y para ello deben definirse al menos los siguientes parámetros:

- Los valores límites de la concentración permitida de gases
- El volumen del espacio y las exigencias de ventilación
- Las cantidades de gases emitidas por los vehículos

Las concentraciones límite de gases implican el conocimiento de algunos parámetros que determinan la calidad de la atmósfera que hay en los espacios de carga donde quedan estibadas las unidades de carga rodada. Los parámetros que nos muestran la calidad son:

- Valor límite comparado[111]: es un dato que resulta de la comparación de un valor aproximado con el de una muestra de la atmósfera en polución durante 15 minutos.
- Valor límite de salud[112]: es la concentración media máxima permitida de una sustancia extraña en la atmósfera que puede respirarse en el espacio de carga. Su valor (Fs) se presenta en partes por millón (ppm) o en miligramos por metro cúbico (mg/m^3).
- Valor máximo ponderado[113]: es la concentración media máxima durante un período de quince minutos.
- Factor de dilución: es un dato que indica el grado estimado de dilución de la atmósfera cuando está contaminada. Si los ventiladores están bien localizados el factor de dilución está entre 0,8 y 0,9, pero cuando la renovación de gases es pobre el factor puede bajar y estar entre 0,5 y 0,3.
- Factor de polución (F_p): es el porcentaje de contaminación de la atmósfera exterior.
- Flujo de ventilación, es la cantidad de aire fresco que se necesita para contrarrestar la generación de gas y no pasar del valor límite de salud. Se puede calcular mediante las siguientes fórmulas:

$$Q = P /[F_d *(F_s - F_p)] \text{ ó } \quad Q = T_g / F_s$$

Donde:

Q, flujo de ventilación en m^3
P, polución en mgr/s
F_d, factor de dilución
F_p, factor de polución
T_g, tasa de generación de gas en m^3/s

Las necesidades de ventilación dependerán del tipo de combustible quemado por los vehículos y de las condiciones de temperatura reinantes, ya que arrancar en frío con baja temperatura significará la emisión de más gas contaminante. Si los puntos de muestreo están en las cercanías de un coche con el motor encendido, para limitar el monóxido de carbono del aire a 25/35 ppm sería necesario utilizar de

20000 a 30000 m^3 de aire fresco por hora para realizar su dilución. Si el punto de muestreo lo acercamos al tubo de escape, el monóxido de carbono sube a 225/300 ppm y querer hacer una dilución en ese punto sería imposible.

Los datos exactos requeridos a un sistema de ventilación para que la tripulación o el personal que efectúa la estiba de las cargas rodadas trabajen de forma segura necesitan un control continuado de la atmósfera y en ocasiones los valores son muy altos. El sistema trabaja con muestras obtenidas en puntos significativos del garaje y su potencia se establece en función de ellos, pero los valores de ventilación serán cantidades medias y bastante aproximadas.

4.8 Planificación de operaciones

La planificación de la carga rodada se desarrollará siguiendo las fases comunes a otras cargas, pero además se tendrá en cuenta que son cargas sobre ruedas, por lo que es necesario prestar una especial atención al trincado de las mismas. Cualquiera de los sistemas de planificación utilizado necesita de una correcta ejecución de los procedimientos y cálculos previstos que de forma general se aplican a cada una de las operaciones con los diferentes tipos de cargas rodadas. La seguridad es siempre prioritaria, pero en la planificación de la carga rodada debe ser más exhaustiva debido al número de personas involucradas en las operaciones.

La planificación es realizada previamente a la llegada del buque a la terminal portuaria. La tripulación preparará todo lo relativo a las operaciones de a bordo, incluyendo la forma en la que quedarán distribuidos los vehículos para que la navegación sea segura. El personal que gestiona la terminal preparará la planificación teniendo en cuenta que el tiempo real para cargar un buque dependerá principalmente del empleado en la maniobra y trincaje de cada vehículo. Básicamente la planificación consistirá en las siguientes fases:

- Organizar el tráfico de los vehículos dentro y fuera del buque para agilizar la carga/descarga. Hay valorar varios factores para planificar y organizar el tráfico, todos ellos tienen como objetivo reducir el tiempo de estancia del buque en puerto.
- Aprovechar la ventaja que supone la movilidad de las cargas rodadas en relación con otras mercancías para buscar el planteamiento más idóneo en la planificación de las operaciones de carga/descarga.
- Realizar los cálculos que proporcionen los valores de los espacios disponibles, el número de vehículos que podrán ser estibados y las trincas necesarias en cada uno.
- Preparar los procedimientos para llevar a cabo las operaciones de forma segura.
- Confeccionar el plano de estiba, que será el documento acreditativo de cómo realizar la operación. Es muy importante definir claramente en el plano de estiba el orden y lugar que debe ocupar cada vehículo y computar los tiempos que necesita para efectuar su desplazamiento hasta quedar estibado.

La planificación de la operación de estiba de unidades de carga a bordo tendrá en cuenta las dimensiones y características del buque, pues estas influyen sobre los valores de las aceleraciones, por ejemplo: un valor elevado del GM debido a una distribución inadecuada de los pesos, o una velocidad demasiado elevada del buque para las condiciones meteorológicas/oceanográficas reinantes, puede proporcionar unas aceleraciones peligrosas[114], en especial la transversal, que afectarán de forma negativa a los dispositivos de trincaje. Por todo ello las decisiones que se tomen relativas al establecimiento de medidas para la estiba deben basarse en las peores condiciones meteorológicas que los cálculos y la experiencia permitan prever para el viaje proyectado. Toda la planificación estará reflejada en los planos de estiba y en ellos se tendrá en cuenta que algunas cargas tienden a deformarse o compactarse durante la travesía, lo cual hace que sus dispositivos de sujeción se aflojen.

4.8.1 Cálculos

El planteamiento para la resolución de los cálculos necesarios para realizar operaciones con carga rodada, comienzan por determinar los espacios disponibles, es decir, los metros lineales de garaje que pueden ser ocupados por los vehículos. Inicialmente y sin considerar ningún método de cálculo, se puede conocer el peso y volumen por los documentos aportados por la terminal de los vehículos, pero en caso contrario serán calculados. Estos valores de los espacios de carga y vehículos son los puntos de arranque para realizar una estiba que cumpla con las condiciones de navegabilidad del buque.

Los cálculos sobre el ritmo de la carga deben ser analizados desde el punto de vista de la estabilidad, ya que al ser unidades de diferentes pesos, lo ideal sería empezar a cargar por los vehículos más pesados y situarlos en los garajes inferiores, empezando por proa y de forma pareja en las dos calles situadas a crujía del buque. Este planteamiento facilitaría la estabilidad y mantenimiento de un asiento adecuado, pero no siempre es posible.

Cuando el tipo de carga embarcada implica la utilización de cabezas tractoras, es decir, plataformas, remolques o bateas; habrá que tener en cuenta el espacio necesario para el retorno y evitar que se produzca una interferencia con las cargas que están entrando. Esto significa realizar un cálculo para determinar el tiempo empleado y el perdido en las operaciones, evitando los movimientos innecesarios, es decir, la planificación habrá previsto una fluidez en el tráfico que se produce durante la carga/descarga para que no sea necesario a la hora sacar/ meter alguna unidad para dar salida/entrada a otra.

El problema planteado por los métodos de cálculo del trincaje y la forma en que se deben aplicar a las cargas rodadas no están normalizados, por lo que es necesario tener en cuenta las excepciones de los parámetros aplicables. Se puede dar la circunstancia de que el método aplicado a una carga varíe cuando se implemente en distintos buques con iguales características. La razón de las variaciones reside principalmente en los movimientos del buque en la mar, que al ser transmitidos a las cargas generan las diferencias.

Los métodos de cálculo facilitan soluciones para subsanar las deficiencias detectadas en los accidentes en buques[115] que transportaban cargas rodadas, siendo las conclusiones extraídas de los análisis que la falta de trincaje y el aflojamiento o su rotura producen un desplazamiento de la carga. Estos datos han servido para introducir mejoras en los sistemas de carga y procedimientos de estiba, donde los métodos de trincaje son decisivos.

La OMI en el CPS y algunas directivas, así como diferentes organizaciones internacionales y las sociedades de clasificación formulan recomendaciones sobre la estiba y sujeción de distintos tipos de carga que no están normalizadas.[116] Teniendo en cuenta estas normas y las soluciones encontradas en los accidentes, los métodos de cálculo de dispositivos de trincaje para las cargas rodadas debería contener para poder aplicarse información suficiente capaz de:

- Facilitar la preparación de un manual específico de cada buque para la sujeción de la carga, que tendrá en cuenta las características del buque y de la carga que será embarcada.

- Prestar ayuda a la tripulación del buque y al personal de tierra que participa en la estiba, para determinar los parámetros que son necesarios aplicar capaces de lograr la inmovilización de las unidades de carga.
- Reducir el tiempo de estiba y trincaje.
- Mantener los principios de las buenas prácticas marineras y no sustituir la experiencia acumulada en las prácticas de estiba por los datos teóricos resultantes de los cálculos.
- Procurar trabajar con coeficientes de rozamiento altos para que los márgenes de seguridad sean elevados.
- Ayudar a cumplir los objetivos de una buena estiba.

Aunque un manual de carga contenga casi toda la información enumerada, hay factores que afectan de manera negativa a los resultados de los cálculos implementados para inmovilizar a las cargas rodadas a bordo del buque. Por ejemplo, si un buque tiene un centro de gravedad alto o las formas del buque no son adecuadas, la estabilidad del buque puede verse comprometida, modificando los valores obtenidos para efectuar el trincaje. Los cálculos permiten obtener datos, pero estos deben seguir los planteamientos de la planificación y considerar:

- La velocidad con la cual los vehículos se puede desplazar desde el muelle hasta su punto de estiba a bordo en el interior del buque.
- El gradiente y anchura de las rampas de acceso desde el muelle y desde el garaje principal a los demás. Ambos factores tienen una influencia notoria. Por ejemplo, cuando el gradiente de las rampas es acusado o los vehículos transportan cargas pesadas, pueden quedar varados creando situaciones difíciles y pérdida de tiempo en la carga. La anchura y giros[117] son determinantes para establecer la velocidad de circulación.
- La velocidad en el funcionamiento de los ascensores que comunican las diferentes cubiertas.

La primera y segunda parte de los cálculos, es decir, el conocimiento de las características de los espacios de carga y de los vehículos, deben ser complementados por otros dos apartados de cálculos: los relativos a la estabilidad y los que facilitan los parámetros para la inmovilización de los vehículos.

Los métodos que se estudian son dos, uno general, basado en la resistencia y colocación de las trincas, y otro específico, donde se estudian los efectos del movimiento del buque sobre la carga teniendo en cuenta la colocación y número de trincas que son necesarias para inmovilizar al vehículo en las peores condiciones de navegación. Ambos métodos buscan solucionar el desplazamiento y vuelco de unidades de carga, eliminando las fuerzas producidas sobre ellas, mediante sistemas de sujeción que opongan una resistencia adecuada.

a) Método general

Los cálculos empleados para el desarrollo de un método general de trincaje deben tener en cuenta los valores de la carga máxima de sujeción (CMS) y además la aplicación de un coeficiente de seguridad que reduce la CMS. Hay considerar que el total de los valores de la carga máxima de sujeción de los dispositivos situados a cada costado de una unidad de carga, para que sean efectivos, deben ser igual al peso de la unidad expresado en kilonewtons.

El método general emplea una aceleración transversal de 1g (9,81 m/s^2) que es aplicable a casi todos los tamaños de buque con independencia del lugar donde se estiban las unidades de carga, de las condiciones de estabilidad, del estado de carga del buque, de la estación del año en la que se produzca el viaje y del área por donde navegue. Entre los inconvenientes del método, está que no tiene en cuenta los efectos negativos de los ángulos de trabajo de las trinca, tampoco contempla la incidencia de la distribución irregular de las fuerzas entre los dispositivos de sujeción y, por último, no considera los efectos favorables producidos por la fricción.

Las medidas de seguridad aplicadas en la estiba deberán tener en cuenta que hay que conseguir una fricción adecuada y que los ángulos de trabajo de las trincas en posición transversal a la cubierta no deben ser superiores a 60°: no obstante, en algunos casos concretos, se usan trincas con ángulos mayores para evitar el vuelco y el desplazamiento.

Los fabricantes de equipos de sujeción proporcionan información sobre su resistencia nominal, expresada en kilonewtons (kN) del equipo a la rotura, pero estos valores varían en función del tiempo de uso del dispositivo, la forma en que se está utilizando y las condiciones de mantenimiento que le han sido aplicadas. Por estas circunstancias, se establecen los valores de la carga máxima de sujeción que se utilizan en definir la capacidad de resistencia de los dispositivos fijos o móviles empleados para inmovilizar una carga en el buque. La CMS es un dato que servirá de base para establecer las necesidades de cada unidad de carga respecto a su correcta estiba y trincaje. Se determina a partir de la resistencia a la rotura de cada dispositivo.

Material del dispositivo	CMS
Grilletes, anillos, argollas de cubierta, acolladores de acero suave	50% de la carga de rotura
Cabo de fibra	33% de la carga de rotura
Cabo de alambre de un solo uso	80% de la carga de rotura
Cabo de alambre que es utilizado más de una vez	30% de la carga de rotura
Banda de acero de un solo uso	70% de la carga de rotura
Cadenas	50% de la carga de rotura

Tabla 8 Cálculo de la CMS a partir de la resistencia de rotura

Cada dispositivo de sujeción es calculado considerándolo como un problema de equilibrio de fuerzas y momentos, obteniendo el valor de su resistencia (CS, *calculated strength*) en función de la carga máxima de sujeción mediante un coeficiente de seguridad de 1,5:

$$CS = CMS / 1{,}5$$

La reducción del valor del CMS se basa en la existencia de problemas ocultos o en la aparición de defectos en la unión de dispositivos, por ejemplo, cuando haya la posibilidad de exista una distribución desigual de las fuerzas entre los dispositivos, cuando se produzca una pérdida de resistencia debida a un ensamblaje inadecuado. No obstante, aunque se introduzca el coeficiente de seguridad, hay que utilizar dispositivos cuya composición y longitud sea parecida para obtener una elasticidad uniforme.

Las autoridades podrán modificar el valor de una carga de trabajo para algunos dispositivos de sujeción, por ejemplo, cuando se combinan bandas de fibra textil con tensores y se aplican a unidades en las cuales se han estibado coches. Estos valores fijados por las autoridades se considerarán la carga máxima de sujeción. También hay que tener en cuenta que cuando un dispositivo de trincaje está formado por varios elementos conectados en serie[118], se considerará que el dispositivo de trincaje tiene el CMS más bajo de sus componentes y si los cables están unidos por grilletes de mordaza, se aplicará una reducción del 20%.

b) Método específico

La estiba de las unidades de carga rodada a bordo se ven afectadas por los movimientos del buque ya que estos producen una serie de aceleraciones que pueden desplazar la carga e incluso volcarla. Las fuerzas debidas a estas aceleraciones son causa de la mayoría de los problemas de sujeción que se producen, por lo cual es interesante que el comportamiento del buque en la mar con mal tiempo sea “blando”, para evitar que las cargas sufran grandes aceleraciones. Los riesgos debidos a esas fuerzas se deben evitar tomando medidas que garanticen una estiba y sujeción adecuadas y que reduzcan la amplitud y frecuencia de los movimientos del buque.

Las fuerzas que actúan sobre las unidades de carga obligan a estudiar su comportamiento durante la travesía, ya que los dispositivos de sujeción se pueden aflojar, por ello es necesario determinar su ubicación con respecto a los ejes proa-popa y babor-estribor, cuantificando el número y resistencia de los medios de trincaje utilizados.

Las cargas con bajos coeficientes de fricción, si se estiban sin dispositivos que sean capaces de aumentar la fricción, serán difíciles de sujetar a menos que se coloquen sin dejar espacio entre ellos y apretadas en sentido transversal. Las fuerzas que hay que absorber utilizando medios adecuados de estiba y sujeción a fin de evitar el corrimiento de la carga se pueden separar en los componentes que actúan en la dirección de los ejes del buque:

- Longitudinal
- Transversal
- Vertical

Respecto a estas fuerzas y considerando los efectos que inciden sobre la estiba y el trincaje de la carga, hay que destacar que son predominantes las fuerzas con componentes longitudinales y transversales. Recordando que cuando el buque está en posición de equilibrio y se produce una escora, trazando la fuerza de empuje vertical que pasan por los centros de carena inicial y final, estas se cortan en un punto que se denomina metacentro.

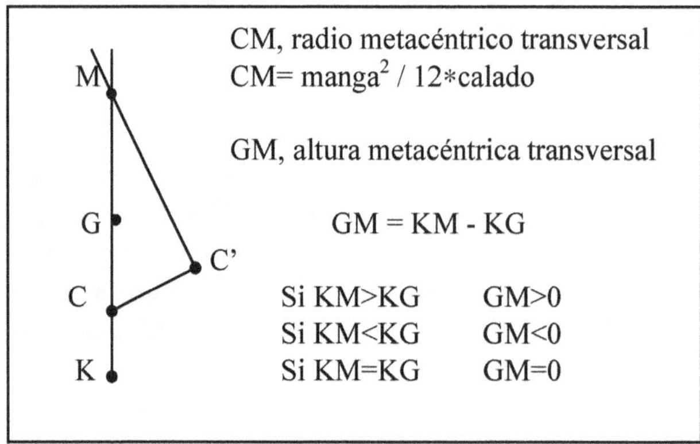

Figura 42 Valores que determinan la estabilidad

Es necesario analizar la variación de los valores de las fuerzas transversales contempladas de forma aislada y el conjunto de los valores resultantes de la combinación de las fuerzas transversales, longitudinales y verticales. Cuando la mar está encrespada, los valores de las fuerzas aumentan con la altura de las unidades y la distancia en sentido longitudinal entre ellas y el centro dinámico del buque e influyen directamente en el número y tipo de trincas que se deben colocar. Los valores de las fuerzas también aumentan cuanto más a proa o a popa estén situadas las unidades y cuando son estibadas en los lugares altos o en las bandas del buque, mientras que los valores menores se tienen en la línea de crujía, concretamente en la cuaderna maestra por debajo de la línea de flotación.

La aceleración transversal es la que mayor incidencia tiene en los dispositivos de trincaje, su valor aumenta con el incremento de la altura metacéntrica, la disminución de la manga y la distancia vertical desde el centro del buque. Hay que tener en cuenta que una altura metacéntrica excesiva puede deberse a varios factores, algunos de los cuales no pueden corregirse, por ejemplo los que se desprenden del proyecto incorrecto del buque. Pero otros, como la distribución inadecuada de la carga respecto a las características del buque (eslora, manga y puntal) o a la situación de los tanques de combustible y/o lastre, sí que pueden corregirse. Para ello se tendrá en cuenta que la carga se debe estibar de modo que la altura metacéntrica del buque sea superior al mínimo prescrito, pero sin rebasar el límite superior del valor aceptable para la situación de carga del buque. Algunos de los accidentes investigados recientemente[119] han demostrado que la inadecuada combinación de la altura metacéntrica con la manga ha sido origen de grandes aceleraciones transversales que han dañado a la carga.

Otro factor que se valorará son las fuerzas producidas por el viento o los golpes de mar que actúan sobre la carga o las resultantes de fuerzas que se derivan del gobierno incorrecto del buque. La magnitud de las fuerzas puede calcularse mediante los métodos de cálculo que figuran en el manual de carga del buque considerando que, cuando sean utilizados dispositivos antibalance que pueden mejorar el comportamiento del buque en mares encrespadas, estos valores reductores no se deben tener en cuenta en los cálculos de la estiba y los dispositivos utilizados para trincar la carga. El margen de seguridad que se logra beneficia la integridad de la carga y como tal debe ser considerado.

Los datos que se manejan en estos cálculos donde se particularizan las características de las fuerzas externas que afectan a una unidad de carga, tanto en sentido longitudinal, como transversal y vertical, se han obtenido de la recapitulación de circulares de las sociedades de clasificación[120], del anexo 13 del CPS, de manuales de carga de algunos buques y también de las recomendaciones publicadas por algunos gobiernos para la estiba de la carga rodada a bordo.

Los cálculos se realizan aplicando un planteamiento donde se considera el peor caso posible, lo cual se puede comprobar al ver que las cifras de aceleración transversal aumentan a estribor y a babor del buque, por consiguiente ponen de manifiesto la influencia de los componentes transversales en las aceleraciones verticales simultáneas. Por lo tanto, no es necesario examinar por separado las aceleraciones verticales en el equilibrio transversal de fuerzas y momentos. Cuando las aceleraciones verticales actúan al mismo tiempo, producen un aumento aparente del peso de la unidad de carga que eleva la fricción al equilibrar las fuerzas. La situación es diferente en lo que respecta al equilibrio de deslizamiento longitudinal. Resumiendo, el peor caso posible que se puede contemplar sería: un valor máximo de la fuerza longitudinal F_x acompañado de una reducción extrema del peso mediante la fuerza vertical F_z.

La fórmula general que se aplicará en cada caso será la siguiente:

$$F_{(x,y,z)} = m * a_{(x,y,z)} + F_{w(x,y)} + F_{s(x,y)} \quad [1]$$

Donde:

$F_{(x,y,z)}$= fuerzas longitudinales, transversales y verticales
m = masa de la unidad de carga
$a_{(x,y,z)}$ = aceleración longitudinal, transversal y vertical
$F_{w(x,y)}$ = fuerza longitudinal y transversal causada por la presión del viento
$F_{s(x,y)}$ = fuerza longitudinal y transversal causada por los rociones

La utilización de la fórmula requiere el conocimiento de los valores de las aceleraciones que se producen a bordo dispuestos en tablas que han sido preparadas para cada tipo de buque y situación de carga, pero puede ocurrir por ejemplo que los valores de la eslora, velocidad o GM varíen, entonces será necesario aplicar unos coeficientes a las aceleraciones disponibles.

La tabla T.I proporciona los valores de las aceleraciones que deben ser aplicadas en la fórmula [1]; está la aceleración transversal en la cual se incluyen las componentes de gravedad, cabeceo y movimiento vertical, que son paralelos a la cubierta. Respecto a las cifras de la aceleración vertical, no se incluye la componente del peso estático de la unidad de carga considerada. Finalmente, se tiene en cuenta que los datos de estas aceleraciones se considerarán válidos cuando el buque opere en las siguientes circunstancias:

- Las operaciones se realizan en zonas sin restricciones y durante todo el año.
- La duración promedio del viaje es de 25 días.
- El buque tiene una eslora de 100 metros.
- La velocidad de servicio es de 15 nudos.
- La manga del buque dividida por la altura metacéntrica (GM) sea mayor o igual a 13.

Las cifras de aceleración junto con los coeficientes de corrección son los valores máximos que pueden producirse en un viaje de 25 días, pero esto no implica que los valores máximos en dirección x, y, z ocurran simultáneamente con la misma probabilidad. Por lo general, puede asumirse que los valores máximos en dirección transversal aparecerán con menos del 60% de los valores máximos en dirección longitudinal y vertical. Los valores máximos en dirección longitudinal y vertical pueden ser más parecidos, debido a que tienen el mismo cabeceo y la misma oscilación vertical.

Aceleración transversal α_y, en m/s^2										
						Aceleración longitudinal α_x, en m/s^2.				
Cubierta alta	7,1	6,9	6,8	6,7	6,7	6,8	6,9	7,1	7,4	3,8
Cubierta baja	6,5	6,3	6,1	6,1	6,1	6,1	6,3	6,5	6,7	2,9
Entrepuentes	5,9	5,6	5,5	5,4	5,4	5,5	5,6	5,9	6,2	2,0
Plan de bodega	5,5	5,3	5,1	5,0	5,0	5,1	5,3	5,5	5,9	1,5
Situación longitudinal de la unidad respecto a la eslora del buque	0,1	0,2	0,3	0,4	0,5	0,6	0,7	0,8	0,9	
Aceleración vertical α_z, en m/s^2	7,6	6,2	5,0	4,3	4,3	5,0	6,2	7,6	9,2	

Tabla 9 Valores de las aceleraciones. (T.I)

La tabla T.I es estándar para las circunstancias en las que se aplica la fórmula (1) su uso es sencillo y proporciona una primera idea sobre la incidencia de las aceleraciones sobre las cargas y sus dispositivos de trincaje. Cuando el buque opere en zonas restringidas se tendrán que aplicar coeficientes correctores, ya que es necesario contemplar la posibilidad de reducir los valores de las aceleraciones, teniendo en cuenta la estación del año y la duración del viaje.

La tabla T.II se emplea cuando los buques en los cuales están estibadas las cargas tienen una eslora diferente de 100 m y/o la velocidad de servicio no sea igual a la estándar de 15 nudos contemplada en la anterior tabla en ambos casos los datos de la aceleración se corregirán mediante los coeficientes que aparecen en esta tabla.

Eslora en metros	**50**	**60**	**70**	**80**	**90**	**100**	**120**	**140**	**160**	**180**	**200**
Velocidad en nudos											
9	1,20	1,09	1,00	0,92	0,85	0,79	0,70	0,63	0,57	0,53	0,49
12	1,34	1,22	1,12	1,03	0,96	0,90	0,79	0,72	0,65	0,60	0,56
15	1,49	1,36	1,24	1,15	1,07	1,00	0,89	0,80	0,73	0,68	0,63
18	1,64	1,49	1,37	1,27	1,18	1,10	0,98	0,89	0,82	0,76	0,71
21	1,78	1,62	1,49	1,38	1,29	1,21	1,08	0,98	0,90	0,83	0,78
24	1,93	1,76	1,62	1,50	1,40	1,31	1,17	1,07	0,98	0,91	0,85

Tabla 10 Coeficientes de corrección por velocidad y eslora (T.II)

La tabla T.III se utiliza cuando la resultante de dividir la manga por la altura metacéntrica del buque tiene un valor menor de 13; entonces las aceleraciones transversales deberán ser corregidas por el coeficiente obtenido en la tabla.

M/GM	**7**	**8**	**9**	**10**	**11**	**12**	**13+**
Cubierta alta	1,56	1,40	1,27	1,19	1,11	1,05	1,00
Cubierta baja	1,42	1,30	1,21	1,14	1,09	1,04	1,00
Entrepuente	1,26	1,19	1,14	1,09	1,06	1,03	1,00
Plan de bodega	1,15	1,12	1,09	1,06	1,04	1,02	1,00

Tabla 11 Coeficientes de corrección para M/GM <13 (T.III)

Es indudable que los factores de velocidad y rumbo pueden proporcionar beneficios para evitar las aceleraciones perjudiciales para las unidades de carga, por lo cual deben ser controlados con cuidado y las modificaciones que se haga de ambos valores deben estudiarse previamente. Por ejemplo, si el buque navega a gran velocidad y recibe fuertes pantocazos se podría sobrepasar los valores de las aceleraciones longitudinal y vertical, para variarlos es necesario reducir la velocidad. Respecto al rumbo, podría darse la circunstancia de que las condiciones meteorológicas oceanográficas obligan a correr un temporal con mar de aleta por la popa, siempre que la estabilidad no sobrepase las prescripciones mínimas establecidas. En estas condiciones podría aparecer un sincronismo elevado del balance con amplitudes superiores a ±30°, esta circunstancia incidiría negativamente sobre los valores encontrados para la aceleración transversal y para evitarlo las medidas que pueden ser eficaces son una alteración de la velocidad o un cambio del rumbo.

Las fuerzas debidas a las condiciones de viento y mar inciden sobre las unidades de carga cuando están situadas por encima de la cubierta de intemperie, los valores aplicados son de 1 kN por m^2, para ambas, la fuerza ocasionada por la presión del viento y la fuerza ocasionada por los rociones. Esta última únicamente será necesario aplicarla cuando la altura de la carga en cubierta sobrepase de 2 metros por encima de la cubierta de intemperie o la parte superior de la escotilla, pero no se tiene en cuenta en los viajes por zonas restringidas.

El cálculo de las fuerzas que establecen el equilibro necesario para que las mercancías se transporten de forma segura se efectuará determinando los medios de sujeción capaces de inmovilizar las unidades de carga. Cómo normalmente estos medios son simétricos, no es necesario duplicar los cálculos:

1. Deslizamiento transversal en dirección babor-estribor o viceversa
2. Vuelco transversal en dirección babor-estribor o viceversa, y vuelco longitudinal proa-popa o viceversa
3. Deslizamiento longitudinal en las condiciones de fricción reducida en dirección proa-popa o viceversa

La forma de calcular las fuerzas que inciden sobre un dispositivo de sujeción incluye necesariamente utilizar datos que son estimados o de difícil valoración:

- Las características y propiedades de alargamiento del dispositivo y los coeficientes de trabajo que son proporcionados por cada fabricante.
- La forma en que los dispositivos de sujeción se colocan sobre la unidad, es decir, la disposición geométrica y medidas de cada dispositivo.
- Los registros históricos de mantenimiento para conocer: el desgaste sufrido durante su utilización y los esfuerzos a los que se ven sometidos los dispositivos durante las pruebas. El conocimiento de ambos factores proporciona indicaciones sobre los coeficientes reductores que se deben aplicar.

El planteamiento requerirá una gran cantidad de información y de cálculos que pueden resultar complejos, pues a pesar de ello los resultados seguirían siendo dudosos debido a la falta de fiabilidad de algunos de los parámetros utilizados. Otro dato a tener en cuenta es que en los cálculos se supone que los elementos soportan una carga similar del CS y que este valor se reduce en función de la carga máxima de sujeción, considerando un coeficiente de seguridad de 1,5.

1. Deslizamiento transversal

Los cálculos de los medios de sujeción necesarios para establecer el equilibrio, se realizarán con arreglo a las condiciones establecidas por la fórmula [1]:

$$F_y < \mu m * g + CS_1.f_1 + CS_2\, f_2 + ... + CS_n\, f_n \qquad [1]$$

Donde:

n = el número de trincas que se está calculando

F_y = la fuerza transversal derivada de la hipótesis de carga en kN

μ = el coeficiente de fricción en función de los materiales utilizados, que puede tener los siguientes valores:

μ = 0,3 para acero con madera o acero con caucho

μ = 0,1 para acero con acero seco

μ = 0,0 para acero con acero mojado

m = la masa de la unidad de carga en toneladas

g = la aceleración causada por la gravedad de la tierra = 9,81m/s²

CS = la resistencia calculada de los dispositivos de sujeción transversales en kN
f = un coeficiente en función de μ y el ángulo de sujeción vertical α

El cálculo permite establecer un equilibrio de las fuerzas transversales que se producen y evitar con ello el deslizamiento transversal de la unidad. Respecto a la forma y condiciones, es conveniente seguir las siguientes directrices con a las trincas que normalmente son fijadas en la cubierta:

- Si el ángulo de sujeción en posición vertical es superior a 60°, disminuye la eficacia del dispositivo de sujeción con respecto al deslizamiento de la unidad, debido a que la componente horizontal de la fuerza se reduce a menos de la mitad, ya que cos 60°= 0,5. No se tendrán en cuenta estos dispositivos para el cálculo del equilibrio de fuerzas, excepto que se logre la carga necesaria por la tendencia a volcar o por la utilización de un pretensado fiable que se mantendrá durante el viaje.
- Los ángulos de sujeción en posición vertical estarán entre 30° y 55°.
- Ningún ángulo de sujeción en posición horizontal, es decir, proa-popa, que se desvíe de su dirección transversal, sobrepasará 30° si así fuera, se considerará la posibilidad de excluir este medio de sujeción en el equilibrio de deslizamiento transversal.

Se utilizará material que aumente la fricción entre la unidad y el espacio de estiba, evitándose colocar la unidad sobre manchas de grasa o aceite. Resumiendo la mejor forma de evitar el deslizamiento transversal es estibar la unidad sobre vigas soldadas a la cubierta que aumentan la superficie de contacto.

Valores del coeficiente f se calculan aplicando la fórmula [2], que está en función del ángulo α y el parámetro μ, que son obtenidos directamente del supuesto con el cual estemos trabajando:

$$f = \mu * \text{sen}\alpha + \cos\alpha \quad [2]$$

α μ	**-30°**	**-20°**	**-10°**	**0°**	**10°**	**20°**	**30°**	**40°**	**50°**	**60°**	**70°**	**80°**	**90°**
0,3	0,72	0,84	0,93	1,00	1,04	1,40	1,02	0,96	0,87	0,76	0,62	0,47	0,30
0,1	0,82	0,91	0,97	1,00	1,00	0,97	0,92	0,83	0,72	0,59	0,44	0,27	0,10
0,0	0,87	0,94	0,98	1,00	0,98	0,94	0,87	0,77	0,64	0,50	0,34	0,17	0,00

2. Vuelco transversal

Las unidades de carga que tienen un centro vertical de gravedad elevado son propensas a que se produzca un vuelco en dirección transversal, por lo cual para evitarlo hay que buscar un equilibrio con arreglo a las condiciones indicadas por la fórmula [3]:

$$F_y * a \leq b * m * g + CS_1 * c_1 + CS_2 * c_2 + \ldots + CS_n * c_n \, [3]$$

Donde:

- F_y= la fuerza transversa derivada de la hipótesis de carga en kN
- m, g, n = los valores descritos
- CS= la resistencia calculada de los dispositivos de sujeción longitudinales en kN
- a= brazo del vuelco en metros
- b= brazo de estabilidad en metros
- c= brazo de la fuerza de sujeción en metros

Resulta aceptable efectuar una estimación de los ángulos aplicados a las trincas de sujeción, hacer un promedio de los valores obtenidos para el conjunto de trincas y obtener unas cifras que se consideren razonables para los brazos de palancas a, b y c, de esta forma se podrá obtener el equilibrio de momentos y evitar el vuelco transversal de la unidad considerada.

3. Deslizamiento longitudinal

Los dispositivos de trincaje transversales deben proporcionar suficiente componente longitudinal para soportar las fuerzas que se producen e impedir un desplazamiento longitudinal[121]. Los ángulos de las trincas deben seguir los mismos principios aplicados a las trincas utilizadas contra el desplazamiento transversal. El equilibrio que se establece se calcula con arreglo a la fórmula [4]:

$$F_x \leq \mu*(m*g - F_z) + CS_1*f_1 + CS_2*f_2 + ... + CS_n*f_n \qquad [4]$$

Donde:

- F_x= la fuerza longitudinal derivada de la hipótesis de carga en kN
- n, μ, m, g= los valores descritos anteriormente
- F_z= la fuerza vertical derivada de la hipótesis de carga en kN
- CS= la resistencia calculada de los dispositivos de sujeción longitudinales en kN

La aplicación de las fórmulas [1, 2, 3 y 4] para establecer las necesidades referentes a los dispositivos de sujeción debe considerar que de que se cumpla o no puede depender de pequeñas variaciones en los datos. El cálculo del equilibrio se puede repetir modificando ligeramente uno u otro parámetro hasta obtener el objetivo deseado. Esto significa que no existe una línea que delimite con claridad lo seguro de lo que no lo es, por lo que en caso de duda deberá mejorarse el dispositivo.

Los valores de las tablas y su aplicación a un buque sirven de base para poder afirmar que la peor combinación de aceleraciones se produce cuando concluyen los máximos valores de las aceleraciones vertical, transversal y longitudinal. En supuestos concretos de carga, se deberá tener muy en cuenta la cubierta en la cual se estiba el vehículo, su peso y medidas, así como las características del buque.

4.8.2 Procedimientos

Los criterios y procedimientos que se aplican durante las operaciones con cargas rodadas deben tener en cuenta los objetivos generales de estiba utilizados para todas las cargas, pero además hay que considerar el cumplimiento de los principios específicos aplicados a las cargas rodadas. También hay que observar las instrucciones y directrices especiales dadas por los expedidores para la manipulación y estiba de sus unidades de carga.

Los procedimientos reunirán normas para solventar los problemas causados por las condiciones meteorológicas y oceanográficas que el buque pueda encontrar durante la navegación, por lo cual será necesario conocer los pronósticos a corto y medio plazo de las zonas por donde discurra la derrota del buque cuando se trate de navegaciones largas. Especial atención recibirán los parámetros de altura de las olas, fuerza del viento, intensidad de la corriente y temperatura de las masas de aire, ya que la variación en uno o varios de ellos pueda alterar las condiciones de seguridad de la carga a bordo.

Las acciones que constituyen los procedimientos que se debe desarrollar durante las diferentes operaciones tienen como objetivo asegurar que el buque pueda para navegar en circunstancias normales o excepcionales, cuando se encuentren malas condiciones meteorológicas durante el transporte sin sufrir daños. Los procedimientos incluirán las siguientes pautas:

- Antes de embarcar cualquier carga, unidad de transporte o vehículo, se debe haber acondicionado la bodega y una vez realizadas todas las operaciones necesarias para ello se inspeccionará mediante una lista de comprobaciones.
- El capitán sólo aceptará vehículos que reúnan las características suficientes para resistir los avatares del viaje previsto y disponen como mínimo de los puntos de sujeción necesarios para ser inmovilizados. La tripulación es responsable de la carga rodada una vez se encuentra a bordo, por lo cual debe comprobar su estado[122] y analizar la respuesta de las cargas para las condiciones previstas del viaje que se ha proyectado.
- Realizar cálculos y análisis de los riesgos de corrimiento de la carga, evaluando las situaciones que se pueden presentar, para lo cual se estudian los factores que eliminan las posibilidades de que ocurra.
- Cuando se calcula el riesgo de corrimiento, conviene tener en cuenta que los factores estudiados permiten establecer criterios para elegir los métodos de estiba y sujeción adecuados y examinar las fuerzas que deberá absorber el equipo de sujeción, con lo cual también se evita las posibilidades de corrimiento. Al menos deben ser considerados los siguientes aspectos:
  - Respecto a la carga: sus características físicas y dimensiones, su colocación y estiba a bordo.
  - Respecto al buque: se debe considerar su idoneidad para la carga rodada que espera en el muelle de la terminal, las características y ubicación en el buque de los dispositivos disponibles para la inmovilización de los vehículos. Comportamiento previsto del buque durante el viaje que ha sido proyectado.
  - Respecto al viaje: las condiciones meteorológicas y oceanográficas de las áreas por donde el buque deberá navegar, la duración del viaje y la posibilidad de cambio del destino original.
  - Respecto a la tripulación, puede ocurrir que debido a la complejidad y estructura de los medios de sujeción o a otras circunstancias, las personas encargadas de evaluar la idoneidad de los medios no tengan suficiente experiencia, entonces se apoyarán en cálculos que verificarán los métodos adoptados. No obstante, siempre deberemos tener en cuenta que las fórmulas que podamos utilizar tienen una componente aleatoria, lo cual demuestra una vez mas que la estiba y trincaje casi siempre estará en función de los conocimientos y habilidades de la persona que la realiza, es decir, es un arte y como tal las soluciones adoptadas pueden ser varias.
- La incidencia de los dispositivos de estiba y trincaje que se aplican a las cargas rodadas, independientemente del sistema utilizado, considerando:
  - El tipo de mercancía que contenga la unidad de carga, para estudiar la posición en la cual se deberá estibar la unidad. Si las mercancías estibadas en el contenedor son peligrosas, según el IMDG se tendrá en cuenta el tipo de envase/embalaje y sus dimensiones.
  - El número y posición de las trincas utilizadas para la inmovilización de las unidades de carga rodada serán reforzadas cuando se trate de unidades no estandarizadas.
- Los procedimientos de estiba y trincaje de algunos tipos de carga rodada no estandarizadas servirán para facilitar datos de las particularidades que se deben observar con otras similares y ayudan para evitar el movimiento de la carga.

La variedad de las cargas rodadas y las diferencias que pueden existir entre sus características, especialmente en cuanto a peso y volumen, obliga a utilizar diferentes procedimientos. Por lo cual considerando los tipos de buques descritos con anterioridad y teniendo en cuenta las características de las cargas manipuladas se hacen una descripción de los procedimientos dividiéndolos en dos grupos uno usado para las cargas normalizadas y otro para las no normalizadas.

a) Sistemas normalizados

Los buques que están preparados para el transporte de cargas rodadas utilizan procedimientos normalizados en todas las operaciones. Están basados en las reglas generales de los códigos generados por la OMI y las circulares de las Sociedades de Clasificación. Los procedimientos figurarán en el manual de carga de cada buque y son fácilmente ejecutados siguiendo sus directrices, pero además el buque deberá estar construido y equipado[123] para que las cargas normalizadas que transporte puedan ser estibadas y sujetadas de forma segura en los espacios destinados a ellas. La carga rodada debe permanecer inmóvil, cualesquiera que sean las condiciones encontradas durante el viaje, lo cual quiere decir que el buque debe disponer de anclajes para el tipo de vehículo embarcado.

La tripulación dispondrá a bordo de todos los planos y características de los espacios de carga, así como toda la información referente a los medios disponibles a bordo para garantizar la seguridad, estiba y sujeción de las cargas embarcadas.

El procedimiento normalizado es un conjunto de pasos que deben prestar especial atención a la operación de estiba y sujeción de remolques que lleven mercancías estibadas en cajas o paletas, vehículos con cisternas fijas o cisternas portátiles. El procedimiento debe tener muy presente los efectos de la altura del centro de gravedad de los vehículos con mercancías y los problemas que pueden causar las superficies libres que puedan producirse en las cisternas.

b) Sistemas no normalizados

Las cargas no normalizadas, es decir, aquellas con dimensiones, peso, volumen u otros parámetros que no están estandarizados ni normalizados por las organizaciones marítimas para el transporte por mar, son cargadas en buques que deben ser preparados parcialmente. Los procedimientos empleados lógicamente difieren de los normalizados, siendo adaptados para la mercancía y el buque donde se transporta. En algunos casos el procedimiento debe ser totalmente nuevo, por lo cual las normas para su preparación se tienen que obtener de códigos y circulares emitidas por organizaciones internacionales. La tripulación al no disponer de ejemplos y normas en el manual de carga del buque, deberá preparar el procedimiento basado en las recomendaciones para las cargas normalizadas y en su propia experiencia o la adquirida por otros en buques similares.

Las denominadas cargas no normalizadas suelen constituir problemas, ya que aparecen citadas en las circulares de las organizaciones marítimas solamente cuando son objeto de manipulación, por lo que su primera manipulación siempre es una excepción en el transporte y aunque las normas que se preparen sean exhaustivas, siempre puede haber una carga que puede constituir un peligro. Por ejemplo, el CPS facilita una lista de cargas en cuya manipulación y estiba han surgido problemas, solventados por la tripulación con soluciones efectivas. Las orientaciones ofrecidas incluyen algunas medidas preventivas contra los problemas generados por las propias cargas. Los procedimientos utilizados para desarrollar los métodos de estiba y sujeción no normalizados deberán ofrecer un grado de seguridad equivalente o superior al de los procedimientos normalizados. Las reglas incluidas en los procedimientos están avaladas por las sociedades de clasificación que hayan extendido los certificados del buque y deben estar en posesión del Capitán, ya que contienen tanto los procedimientos como los cálculos que se deben realizar para cada tipo de carga que el buque pueda transportar. Los procedimientos contendrán las medidas y normas de seguridad que se deben tomar en cada caso, que incluirán las resoluciones, circulares y directrices de la OMI. Finalmente, hay que tener presente que los procedimientos, cálculos y métodos de estiba deberán ser refrendados por la autoridad competente con su aval de calidad y proporcionar oficialidad al procedimiento para que pueda ser aplicado en el buque que lo solicite.

Por ejemplo, para la ejecución de una estiba de vagones de tren o gabarras en un buque Ro-Ro o en un transbordador, se necesitará aprovechar las condiciones de los espacios de carga del buque, introduciendo ciertas modificaciones en los puntos de sujeción o los sistemas de anclaje de las cubiertas. Al no estar el buque preparado para este transporte, se tendrán que modificar e incluso implementar nuevos puntos de anclaje para colocar las trincas capaces de inmovilizar los vagones. Además, será necesario realizar una serie de cálculos que incluirán la comprobación de la resistencia de las cubiertas de los buques utilizados.

4.8.3 Planos de estiba

La preparación de un plano de estiba exige considerar todos los apartados descritos y analizados en la planificación. Hay que tener en cuenta que los planos de estiba serán ejecutados por personas del buque y/o de la terminal encargadas de realizar la operación de carga/descarga o estiba. La aplicación de los principios de estiba necesita cumplir una serie de factores de seguridad que se deben tener en cuenta y que de forma general son los mismos que se aplican en todos los tipos de buques; no obstante, es necesario considerar las características diferenciales de los buques que transportan cargas rodadas al aplicar ciertas normas. El plano de estiba y la documentación complementaria reflejarán los siguientes puntos:

- Deben figurar las cubiertas divididas por calles y éstas a su vez en módulos, indicando la longitud de estos y la anchura de las calles. Las dimensiones estarán en función de las características de las cargas que serán transportadas por el buque.
- Los metros lineales totales ocupados en cada cubierta así como el peso y volumen de carga embarcado.
- La distribución de las rampas interiores o ascensores indicando sus medidas y la pérdida de espacio de estiba en volumen debido a estos dispositivos.
- Cuando la carga es para varios puertos, su distribución constará en un plano general, pero es necesario prepara un plano particular para cada puerto, figurando la cantidad y tipo de carga rodada que debe ser cargada/descargada en cada uno.
- Las condiciones de estabilidad en las que se encontrará el buque antes y durante la operación de carga/descarga, así como a la salida de cada puerto, figurarán como anexo al plano de estiba.

El plano de estiba debe permitir ajustar la posición de las unidades de carga, para fijar con la mayor precisión posible la situación del centro de gravedad del buque, ya que de ello depende la estabilidad durante las operaciones y la navegación. Al permitir modificaciones en el plano de estiba, éstas afectarán en la mayoría de los casos a los espacios de carga y las condiciones de estabilidad, por lo que es necesario tener en cuenta:

- Si se dejan espacios vacíos por anulaciones de carga, lo cual suele ocurrir en buques transbordadores con líneas fijas.
- La falta de trincaje o unidades que no han sido bien trincadas provocará problemas durante la navegación. Si se produce un aflojamiento o rotura, se pueden golpear entre sí, causando un grave problema.
- Si el centro de gravedad es demasiado alto y el remolque está sobrecargado, puede ocurrir que con los movimientos del buque la unidad dé la vuelta.
- Si el remolque no está lleno y la mercancía no está bien trincada, se mueve en su interior, pudiendo provocar el desplazamiento de la propia unidad.
- Si el remolque es una cisterna y está parcialmente llena, la superficie libre puede causar un impacto adicional sobre las paredes y la fuerza transmitida a las trincas.

4.9 Particularidades de la estiba

Los sistemas de estiba y sujeción son implementados para poder realizar el transporte con seguridad[124] siguiendo los procedimientos explicados y deben haber sido analizados en la planificación de las operaciones, estando en función de la normativa que se le pueda aplicar. Los valores de las variables meteorológicas tienen incidencia en el tipo de trincas utilizado y en todo el dispositivo de aseguramiento, es decir, que los pronósticos del tiempo nos ayudarán a fijar cuándo son necesarios los refuerzos de aseguramiento en las unidades de carga transportadas.

Las particularidades de la estiba inciden en los aspectos que eviten una estiba incorrecta que constituye un peligro para las otras cargas y para el propio buque. Las directrices generales para realizar la operación de estiba de forma segura se dividen en dos apartados, uno dedicado a las particularidades de la estiba y otro al trincaje.

a) Pautas para la estiba

Concretamente y con respecto a la ubicación y distribución de las unidades de carga rodada, además de todo lo indicado en la planificación, se deberá tener en cuenta y cumplir con los apartados que siguen para introducir los limitadores de carga necesarios:

- Hay que tener preparadas planchas de madera para ser utilizadas en caso necesario como medio para aumentar la superficie de apoyo de las cargas y reducir el deslizamiento.
- Cuando las cargas rodadas no estén provistas de ruedas de caucho o con bandas de rodadura que aumentan la fricción, se deberán estibar sobre planchas de madera o esteras de caucho u otros materiales que proporcionen una fricción[125] complementaria, evitándose los riesgos de deslizamiento, para lo cual el coeficiente de fricción debe ser el mayor posible. Ninguna mercancía con envase/embalaje de acero debe ser estibada sobre un suelo de acero.
- El buque recibe las unidades cargadas precintadas, por lo cual no se puede comprobar su interior y es difícil su inspección, solamente se podrá realizar una ronda alrededor de la unidad y comprobar su exterior.
- Las unidades de carga deben ser estibadas en el lugar adecuado para evitar que sean sometidas a aceleraciones excesivas.
- La estiba de las unidades de carga rodada y vehículos se realizará longitudinalmente, sólo se hará transversalmente en casos excepcionales, empleando medios adicionales de trincaje.
- La distribución de la carga se hará con arreglo al plano de estiba, controlando los calados, escora y asiento con los tanques de lastre. Hay que controlar el peso distribuido verificando que no afecte a la resistencia estructural del buque ni a su estabilidad, de forma que ambas se mantenga durante toda la travesía dentro de unos límites aceptables, reduciendo de esta forma los riesgos de aceleraciones excesivas.
- Las unidades rodadas que se transporten con carga incompleta se deben estibar teniendo en cuenta su condición. La ubicación más idónea es cerca de los costados del buque, porque hay más puntos de sujeción para la unidad, que en caso de rotura de la estiba interior podría afectar a las trincas exteriores si no están convenientemente reforzadas.
- Todos los vehículos especialmente los articulados deberán estibarse de manera que el chasis se mantenga inmóvil impidiendo que la suspensión del vehículo tenga juego. Esta inmovilidad puede conseguirse comprimiendo las ballestas mediante la firme sujeción del vehículo a la cubierta, levantando con gato el chasis[126] antes de sujetar el vehículo o descomprimiendo el aire de los sistemas de suspensión.
- Deberán colocarse calzos en las ruedas en las unidades con el fin de proporcionar una seguridad adicional que compense las condiciones desfavorables de estiba o de navegación.

- Se aplicarán y asegurarán los frenos de estacionamiento de cada vehículo o de cada elemento de una combinación de vehículos. Se drenará el aire de las botellas para evitar que los frenos se desbloqueen de forma accidental.
- Los semirremolques no pueden descansar sobre sus soportes durante el transporte marítimo, lo cual significa que tendrá que descansar en un caballete o un dispositivo semejante, colocado de manera que no se impida la conexión del rodete con el eje de articulación.
- La carga debe ser distribuida teniendo en cuenta el peso de las unidades y el puerto de destino. Si toda la carga es descargada en un solo puerto, será colocada en las diferentes cubiertas teniendo en cuenta solamente el peso.
- La distribución de las unidades con mercancías perecederas se realizará utilizando las conexiones disponibles, cuando no haya unidades frigoríficas suficientes, se colocarán otras unidades con pesos parecidos, para evitar problemas de estabilidad.
- Las unidades que ofrezcan dificultades para el trincaje o con peso excesivo no deben ser estibadas en rampas con pendiente, colocándose lo más cerca posible del centro de gravedad del buque, debido a que en esta zona las aceleraciones son menores.

b) Directrices para el trincaje

Respecto al trincaje, partiendo de la base de que no está garantizado al 100 por 100 de efectividad por ninguna directriz de la OMI, el punto de apoyo serán el manual de carga del buque y las circulares emitidas por las sociedades de clasificación o de la propia OMI en las que establecen medidas y dispositivos de trincaje que se aplican a diferentes cargas. Los medios utilizados en el trincaje de las cargas es uno de los puntos básicos para que la estiba sea segura, pero para los diferentes tipos de vehículos, es muy difícil estandarizar el número de cadenas, trincas u otros medios, ya que la diferencia entre los pesos hace que varíen los lugares donde se deben colocar.

La responsabilidad del trincaje y estiba de las mercancías sobre plataformas u otras unidades de transporte no es de la tripulación. Indirectamente se considera una obligación porque puede ser causa de un accidente. La tripulación revisará siempre que pueda la carga transportada en contenedores, vehículos de carretera y otras unidades de transporte, asegurándose de que está bien embalada y sujeta dentro de esas unidades a fin de impedir que durante el viaje el buque, las personas a bordo y el medio marino no sufran daños o corran peligro. También se tendrá en cuenta todos los componentes exteriores movibles ubicados encima de la unidad o plataforma, por ejemplo una grúa o su brazo deben ser inmovilizados o sujetados adecuadamente.

Las medidas de sujeción utilizadas varían, según sean remolques, trenes de vehículos carreteros, autobuses, vehículos con o sin orugas, tractores agrícolas o remolques de transbordo. Todos ellos tienen un volumen y peso muy diferente, por lo que los dispositivos de trincaje y su ubicación respecto al buque pueden variar de forma importante[127]. Generalizando las medidas, se puede decir:

➢ Plataformas o remolques:

- En el caso de una plataforma cargada o un remolque debe llevar: dos trincas a proa y popa, además de dos trincas con un ángulo pequeño y dos con ángulo grande en cada costado. En la parte delantera de la plataforma hay que colocar un caballete y en la parte trasera gatos hidráulicos ajustados a la altura de las ruedas y calzos sobre ellas.
- Cuando las plataformas tengan un peso superior a las 12 toneladas, deben ser trincadas mediante cadenas y estibadas longitudinalmente. Una regla práctica para aplicar las trincas de cadena es poner una de 15 toneladas de fuerza por cada 5 toneladas de peso, utilizando al menos 4 trincas.

- Cuando la plataforma lleva estibada carga con cierta altura, puede ser propensa al vuelco, por lo que es necesario aplicar trincas para prevenir el vuelco transversal y el deslizamiento longitudinal.
- Las trincas pasarán por encima de la carga, saliendo de un punto la cubierta y terminando en la banda contraria en la cubierta. (A).
- Si la altura es casi la del garaje, las trincas pueden salir y terminar según lo indicado, pero pasando por una argolla situada sobre el techo del garaje. Este sistema ayuda a compensar la debilidad de las trincas cuando son utilizadas con un ángulo demasiado elevado. (B).
- Cuando la unidad se coloca entre mamparos o puntales cercanos, las trincas pueden salir de la cubierta y terminar en el puntal o mamparo, pasando por encima de la carga estibada en la unidad. (C).

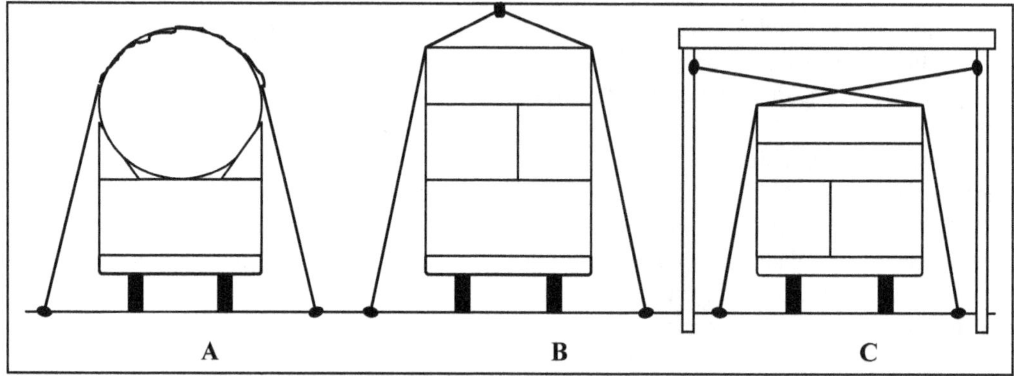

Figura 43 Trincaje de unidades con altura

- Respecto a las trincas, se pueden emplear métodos que aumentan su eficacia, por ejemplo los casos siguientes:
  - Trincas con vuelta: se aplica colocando una trinca hacia estribor y la otra a babor, es decir, por parejas; no obstante, también se pueden colocar las trincas a diferentes niveles, para evitar que se produzca un deslizamiento entre las filas de mercancías estibadas. (A)
  - Trincas de *spring*: son colocadas para evitar el deslizamiento longitudinal y la inclinación transversal. El sistema consiste en utilizar una combinación de trincas y esligas. (B, C)
  - Trincas con soporte: se aplica cuando los embalajes son de escasa resistencia y para evitar el aplastamiento de las cajas y bultos estibados sobre la plataforma.

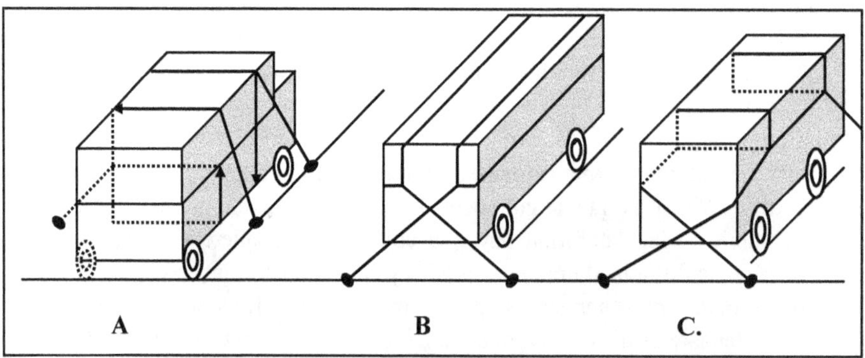

Figura 44 Trincaje sólidos

- Automóvil:
  - Si se estiba longitudinalmente, llevará dos trincas a proa y popa y/o fajas con tensores en las ruedas, dependiendo de la duración y tipo del viaje.
  - Si la estiba es transversal, se deben colocar calzos en las ruedas.
  - Si son estibados sobre rampas, se colocarán 6 trincas, 4 en la parte de arriba.
  - Cuando el peso excede de 2,5 toneladas, se añadirá una trinca en la parte delantera y otra en la trasera.
- Furgonetas y tractores:
  - Hay que tener en cuenta su peso y la relación entre ancho/la altura del centro de gravedad, para establecer el número de trincas que se deben emplear (Fig 43).
  - Si el peso de las unidades oscila entre 3/4 toneladas, se deben sujetar mediante 4 trincas a 45°, abiertas 45°: 2 colocadas en la parte delantera y 2 en la trasera. Esta disposición se modifica si el centro de gravedad vertical (B) dividido por el ancho de la unidad (A) nos proporciona un valor entre 0,83 y 1,11 para una estiba en dirección proa-popa o entre 0,81 y 2,1 cuando se estiba transversalmente en ambos casos se colocará una trinca extra en la parte delantera y otra en la trasera, a 45° y perpendiculares. Si los valores obtenidos fueran superiores, la tripulación adoptará las medidas que crea oportunas.
  - Si el peso está entre 4/8 toneladas, las unidades se deben sujetar mediante 4 trincas a 45° y abiertas 45°, [128] independientemente de la dirección de la estiba. Esta disposición se modifica si el centro de gravedad vertical (b) dividido por el ancho de la unidad (a) proporciona un valor[129] entre 0,71/0,91 para una estiba en dirección proa-popa; o entre 1,01/1,71 cuando se estiba transversalmente; en ambos casos se colocará una trinca extra en la parte delantera y otra en la trasera a 45° y perpendiculares.
  - Si el peso está entre 8/12 toneladas, se emplearán 6 trincas a 45° y abiertas 45° cuando las unidades se estiban longitudinalmente y 8 cuando la estiba es transversal. La disposición varía si el centro de gravedad vertical (b) dividido por el ancho de la unidad (a) facilita un valor entre 0,71/0,91 para una estiba en dirección proa-popa; o entre 1,51/2,21 cuando se estiba transversalmente; en ambos casos se colocará una trinca extra en la parte delantera y otra en la trasera a 45° y perpendiculares.

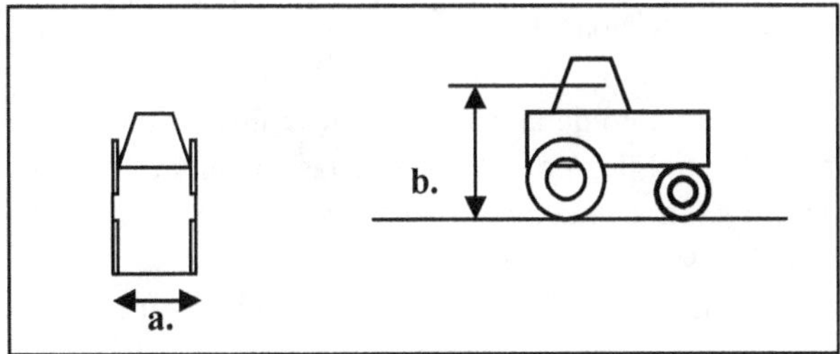

Figura 45 Medidas para vehículos de 3 a 4 toneladas

4.10 Problemas durante el transporte

Una vez terminada la carga y antes de salir a la mar, la tripulación deberá pasar una ronda de inspección a todos los espacios del buque para comprobar su estado y el de las mercancías estibadas en ellos. Estas últimas verificaciones tienen como objetivo asegurarse que el buque está a "son de mar" y listo para zarpar e iniciar su viaje, para lo cual se ayudará de las listas de comprobación que figurarán en el manual de carga.

Uno de los principales problemas que originan las cargas rodadas durante la navegación es su desplazamiento debido a la falta o a la rotura del trincaje, por ello hay que evitar o reducir sus efectos manteniendo una vigilancia constante sobre las trincas durante el transporte, mediante rondas de inspección. Estas se realizarán siguiendo las pautas de un documento en el que al menos se contemplarán los siguientes conceptos:

- Fecha y hora en la que se realiza.
- Tanques de lastre y combustible, anotando las sondas que tenga cada uno.
- Puertas estancas y rampas exteriores: herméticamente cerradas y sin interferencia de elementos que le hagan perder estanqueidad. Probar los sensores de transmisión de la señal al puente de gobierno de la condición de los dispositivos inspeccionados.
- Ascensores y rampas interiores móviles, que deben estar trincados en su posición de navegación. Si tienen vehículos en su interior deben ser comprobadas los medios de inmovilización.
- Garajes: verificar el estado de limpieza y la no existencia de restos sólidos: trapos engrasados, colillas u otros productos perniciosos. Se tomará nota de lugares en los que existan manchas de líquidos combustibles o restos de otros líquidos.
- Estado de las trincas, calzos, caballetes, tensores, cables y demás dispositivos que hayan sido utilizados para la inmovilización de las unidades de carga rodada. Cuando se trate de unidades pesadas hay, que comprobar si los valores de la tensión de las trincas se han modificado.
- Teniendo en cuenta que algunos tipos de unidades de carga mantienen la llave de contacto en su sitio, hay que revisar si los motores y las luces han sido apagadas.

Cuando el buque se encuentra navegando, hay que tomar medidas para lograr que las unidades rodadas y las mercancías no se deterioren, siendo éstas prioritarias en las obligaciones de la tripulación mientras dura el transporte. En la medida de lo posible, los espacios de carga se deben inspeccionar con regularidad durante la travesía[130] para comprobar que la carga, las unidades de transporte y los vehículos permanecen inmovilizados. Algunas comprobaciones, por ejemplo las que se hacen sobre la tensión de las trincas, deben ser realizadas por la misma persona, o bien utilizar equipos de medida para esta supervisión a bordo.

Las medidas para evitar el corrimiento de la carga van encaminadas a solventar los problemas que se pueden presentar por causa del mal tiempo. Algunas de las soluciones son drásticas, pero se tomarán en caso excepcional[131], teniendo en cuenta que el no hacerlo podría significar problemas mayores, así tenemos las siguientes soluciones:

- Ante la presencia de un empeoramiento de las condiciones meteorológicas u oceanográficas en la derrota, se deberá hacer una alteración temporal o permanente del rumbo, de la velocidad o de ambos valores[132]. También puede ser operativo realizar una parada momentánea, colocando el buque al pairo.
- La alteración permanente del rumbo nos llevaría a trazar una nueva derrota para evitar las zonas donde se haya producido un cambio del tiempo.
- Las operaciones de lastrado o deslastrado pueden mejorar el comportamiento del buque, pero su realización debe ser cuidadosa, teniendo en cuenta las condiciones de estabilidad reales y los calados. Pudiera ocurrir que en vez de corregir la situación se empeore, por lo que cualquier alteración que se haga sobre la planificación original durante el viaje deben ser cuidadosa y antes de realizarla el capitán debe consultar siempre la última información meteorológica disponible[133].

- Hay que seguir las líneas de inspección designadas y aplicar la lista indicada en la planificación que al menos incluya los siguientes apartados:
- Revisión de cables, trincas, tensores y medios utilizados para inmovilizar las unidades estibadas y las mercancías colocadas sobre las plataformas[134], por las posibles alteraciones que se puedan producir al incidir sobre ellos las vibraciones y movimientos del buque.
- Repaso de las luces de los vehículos comprobando que estén apagadas, ya que un sobrecalentamiento puede ser el foco de un incendio.
- Vigilar si hay pérdidas de aceite en los vehículos estibados, ya que su calentamiento en contacto con la cubierta puede originar un incendio.
- Controlar si las ruedas están desinfladas, ya que esta alteración puede producir el volcado de la unidad y desencadenar su desplazamiento contra otras unidades por culpa de los movimientos del buque.

Durante toda la travesía se debe verificar la integridad del buque en los monitores que existen en los centros de control del buque, ya que el corrimiento de las cargas rodadas conlleva la posibilidad de dañar la estructura del buque. Como regla que resulta efectiva se deben anotar[135] todos los problemas encontrados en cada inspección y notificarlos para su reparación. Los daños deberán ser solucionados siempre que afecten a elementos del buque, pero cuando se trata de defectos en los vehículos se comunicará a sus dueños[136] y se actuará siguiendo sus indicaciones.

La entrada en los espacios de carga para realizar las inspecciones debe hacerse teniendo en cuenta que la atmósfera de un espacio cerrado puede no ser apta para la respiración debido a la falta de oxígeno o a la presencia de gases tóxicos o inflamables. El personal debe asegurarse de que no existe ningún riesgo antes de entrar en cualquier espacio cerrado y cuando lo haga observará las reglas de seguridad contenidas en los manuales.

Cuando la carga dentro de la unidad no está suficientemente asegurada, por ejemplo en plataformas cargadas y remolques, suelen producirse accidentes[137] por insuficiente número de dispositivos para fijar la carga sobre la plataforma, por lo cual deben ser inspeccionadas con meticulosidad y revisadas las trincas de la carga y las que fijan a la plataforma al buque.

4.11 Descarga de vehículos

Las operaciones de descarga de la carga rodada están incluidas en la planificación del primer puerto de carga. Los datos estarán reflejados en el plano de estiba y aportarán las soluciones para la preparación del procedimiento de descarga. A la llegada del buque al muelle se tendrá habrá una reunión con el personal de la terminal para preparar detalles específicos de la descarga, introduciendo la modificaciones que ambos crean oportunas. El plan de trabajo deberá incluir conceptos que se realizarán antes y durante la descarga de los vehículos, que, dependiendo del tipo de vehículos,[138] se ejecutarán en su totalidad o parcialmente. Hay que tener preparados:

- El número necesario de conductores para realizar la descarga de los vehículos sin conductor.
- Un plano con las instrucciones que se debe seguir para realizar las operaciones de descarga.
- Una lista con las normas de seguridad que se deben seguir y aplicar durante la descarga.
- Una tabla de valores para realizar el control de las condiciones de ventilación de los espacios de carga.
- Los métodos usados y el momento en que se deben realizar las operaciones de destrincado de los vehículos.

- La mayoría de los vehículos son descargados realizando una secuencia de descarga inversa a la operación de carga. Solamente en los buques que tienen rampas a proa y popa carga por una y descargan por la otra.
- La ventilación del espacio de carga empezará unos minutos antes de iniciar la descarga, con ello el aire del espacio no ofrecerá problemas a las personas que trabajen con los vehículos.
- Determinación de las rutas de tráfico que deberán seguir los vehículos en el exterior, para sacar a toda la carga de manera fluida.

Antes de empezar la operación de descarga habrá que realizar algunas acciones que pueden variar dependiendo de si son unidades de carga rodada con mercancías o vehículos particulares, pero en ambos casos habrá que en cuenta realizar operaciones de inspección y comprobación:

- Las condiciones de limpieza en las que se encuentra el muelle donde se van a estacionar los vehículos descargados. Este trabajo es responsabilidad de la terminal, pero no está de más que algún oficial realice una inspección.
- Se pasará una ronda de las rampas móviles y los ascensores que se vayan a utilizar en la descarga de los vehículos, observando si están bien asentados. Especial atención recibirán las rampas exteriores, cuya altura sobre el muelle variará con las mareas y al ir saliendo unidades del buque.
- Cuando la operación se realice en horas nocturnas, se comprobarán las luces exteriores del buque. Las luces interior de las cubiertas deberán estar encendidas.
- La señalización que indican las rutas para la salida de vehículos del buque. El lugar estacionamiento o salida del muelle será responsabilidad del personal de la terminal.
- La estabilidad del buque, calados y asiento estarán monitorizadas continuamente, para conocimiento de la tripulación.
- Los vehículos se destrincarán momentos antes de descargarlos para evitar que pueda producir un deslizamiento de los mismos, debido a movimientos imprevistos del buque.

Una vez los vehículos en el muelle, en el caso de que se estacionen momentáneamente deberán permanecer con las luces apagadas, las ventanas cerradas, la llave de contacto[139] y el freno de mano puestos, en espera de ser desplazados a otras áreas o de darle salida hacia el exterior de la terminal. Cuando se trata de una descarga de vehículos importados o para la exportación, las normas de estacionamiento serán las que prevalezcan en la terminal.

---

[74] Las unidades son estibadas en el punto de origen y sus características están avaladas por los certificados que las acompañan, siendo el peso un dato aproximado.
[75] Un dato objetivo lo tenemos en los sucesos de New York de septiembre del 2001, que lograron disminuir la producción, transporte y consumo de automóviles en el mundo de una forma significativa.
[76] Las medidas y pesos son establecidos por las normas ISO.
[77] El 1 de julio de 1996 entró en vigor una enmienda por la que todos los buques estás obligados a llevar un manual de sujeción de la carga. La rapidez en la que transcurren algunos viajes dificulta, la trinca y sujeción de las cargas, por lo que el CSM acordó introducir una enmienda al Convenio SOLAS para garantizar la sujeción antes de que el buque zarpe.
[78] Aprobada el 19 de noviembre de 1981.
[79] Aprobada el 17 de noviembre de 1983.
[80] Aprobada el 20 de noviembre de 1985.
[81] Aprobado el 6 de noviembre de 1991, mediante la resolución A.714 (17) y enmendada con posterioridad en los años 1994 (MSC.664), 1995 (MSC.691), 1997 (MSC.812).
[82] Los manuales deben estar homologados por las sociedades de clasificación.
[83] Organización Marítima Internacional.
[84] OMI, Organización Marítima Internacional. OIT, Organización Internacional del Trabajo.

[85] *Roll on Roll off.*
[86] *Lift on Lift off.*
[87] *Roll on Lift off.*
[88] Los remolques de carretera suelen tener un centro de gravedad muy alto cuando están cargados, pudiendo suceder que la carga sea estable sobre el remolque pero que la suma del remolque y la carga no sea estable sobre la cubierta del buque. Este hecho se verá agravado por los movimientos del buque.
[89] Un ejemplo es el transbordador utilizado en el estuario de Forth, en Escocia, que empezó a funcionar en 1851.
[90] Estos dos accidentes ocurrieron en marzo de 1987 el *Herald* y en septiembre de 1994 el *Estonia* muriendo 200 personas en el primero y 900 en el segundo.
[91] Los primeros muelles con acceso directo en Dover (Reino Unido) se inauguraron en 1953, hasta ese año se habían manipulado alrededor de 10000 automóviles anualmente, cargados mediante grúa. Las previsiones indicaban que con los nuevos sistemas se podía multiplicar por diez el movimiento de vehículos, pero se superó ampliamente.
[92] Uno de los astilleros líder en las dos últimas décadas en la construcción de buques para el transporte de automóviles está situado en Vigo (España).
[93] La naviera sueca Wallenius montó un servicio con EE.UU. con los buques *Rigoletto* y *Traviata* en los cuales se podían estibar 250 coches.
[94] Naviera sueca, fue la primera que transportó coches contando con buques construidos para este menester.
[95] Un ejemplo de la versatilidad de los PCTC, fue el transporte en el año 2002 desde el puerto español de Barcelona de 150 vagones destinados al metro de Shanghai (China), cuyas características eran las siguientes, 19,5 metros de longitud, 4 metros de altura y un peso de 32,82 toneladas. La estiba y trincaje necesitaba de espacios de carga adaptables a los vagones y que estuvieran disponibles en algún buque. La naviera Wallenius aportó buques PCTC con espacio suficiente para las citadas cargas, no obstante se introdujeron algunas modificaciones, especialmente en lo que respecta a los puntos de anclaje para inmovilizar la carga.
[96] Son los Landing Ship Tanks (LST), con un desplazamiento de 1500/2500 Toneladas.
[97] Terminada la Segunda Guerra Mundial se estudian las posibilidades comercializar los LST, para lo cual es necesario implementar nuevos sistemas de acceso de carga, para reducir las demoras en puerto del sistema de carga vertical. Nace la primera generación de buques Ro-Ro, entrando en servicio el primer buque construido en EE.UU. en 1953 llamándose *COMET.*
[98] En el buque convencional la primera separación se consigue mediante la utilización de mamparos longitudinales internos, la segunda se establece entre las diferentes cubiertas y los tanques de almacenamiento de líquidos y la tercera se logra mediante mamparos longitudinales que se extienden hasta la cubierta superior.
[99] Altura metacéntrica.
[100] *High speed craft, HSC.*
[101] Desde *hidrofoils, surface effect craft, wave-piercing, catamaranes o Swath vessels*, a los monocasco.
[102] Por ejemplo, en el puerto de Barcelona, las terminales están situadas a escasas docenas de metros del centro.
[103] La naviera Stena ofrece un servicio de gran velocidad desde el año 1995, en el Irish Channel.
[104] Conocidas también en los puertos españoles por "Mafis" que es el nombre comercial de un tipo de cabeza tractora.
[105] Carga límite es el valor máximo por el cual se puede utilizar un dispositivo. Un valor general de la carga de ruptura es cuatro veces la carga límite de trabajo.
[106] Carga de trabajo es el valor que utiliza el dispositivo sin que se alteren sus características.
[107] La norma ISO 3333 y las revisiones posteriores nos facilitan datos más concretos.
[108] *Maximum Shear Load*, MSL.
[109] El valor del gradiente suele encontrarse en los manuales en tanto por ciento o en grados de elevación.
[110] La acumulación de gases significa disponer de mayor número de extractores.
[111] *Short term limit value*, STLV.
[112] *Hygienic Limit Value*, HLV.
[113] *Maximum limit value*, MLV.
[114] Hay que estudiar y analizar la resistencia que deben tener los elementos de trincaje para disminuir los esfuerzos que se puedan producir sobre ellos y conseguir que las aceleraciones no sean excesivas.
[115] Un estudio de Det Norske Veritas ha puesto de manifiesto que 245 buques Ro-Ro tuvieron accidentes por haber sufrido un desplazamiento de la carga.
[116] Contenedores, bobinas, madera o vehículos especiales.
[117] Es importante que el buque disponga de vías dobles en las rampas de entrada, pues la planificación varía.
[118] Por ejemplo, cuando se dispone de un alambre terminado en un extremo por un grillete y en el otro en una argolla fijada en cubierta.
[119] En la década de los noventa.
[120] Circulares del Lloyd's Register, Det Norske Veritas, Bureau Veritas y Germanischer Lloid, entre otras.
[121] Los componentes longitudinales de los dispositivos de sujeción transversales no serán superiores a 0,5 CS.
[122] Cuando se tenga la certeza de que el contenido de una unidad de carga ha sido estibado de manera poco satisfactoria, se observe que un vehículo se halla en mal estado o que la propia unidad de carga no puede ir estibada ni sujeta a bordo con seguridad, no se aceptarán para embarque, porque la unidad puede ser una fuente de peligro para el buque o su tripulación.
[123] El Capitán tendrá a bordo los correspondientes certificados aprobados y aceptados por la administración o por una sociedad de clasificación que haya sido aceptada por la administración.
[124] La seguridad en la estiba de la carga conlleva una planificación, ejecución y supervisión adecuadas.

[125] La fricción estática entre el acero y la madera está entre 0,5 y 0,6 cuando el garaje está seco y baja a 0,3 o 0,4 cuando está mojado.

[126] Los vehículos son levantados con gato para impedir que se aflojen las trincas como consecuencia de que se produzca alguna fuga en el sistema durante el viaje.

[127] Todos los vehículos deben ser estibados, siempre que sea posible en el centro de las calles, lo cual asegura que las trincas se mantienen dentro de los criterios de trabajo para los cuales han sido diseñadas, es decir, formando ángulos iguales o menores de 45°.

[128] 45° respecto al plano horizontal, vertical y longitudinal.

[129] Si los valores obtenidos son superiores a los indicados, el Capitán mandará colocar las trincas que considere oportunas.

[130] En estas inspecciones que se hacen durante la navegación se debe evitar andar entre los vehículos.

[131] Las decisiones que tome el capitán relativas al gobierno del buque deben tener en cuenta el tipo y disposición de la carga, así como los medios de sujeción antes de realizar los cambios, pues estos pueden hacer zozobrar al buque.

[132] La introducción de cambios tiene como objetivo reducir las aceleraciones y vibraciones excesivas que se pueden producir, lo cual supone un factor de seguridad añadido a la carga.

[133] Actualmente la tecnología de los equipos utilizados a bordo permite que los datos, mapas y previsiones meteorológicas sean en tiempo real.

[134] Algunas mercancías son transportadas protegidas por una lona fijada mediante cabos de propileno. La lona puede ser sujetada por el cabo, pero las cajas estibadas en su interior pueden desplazarse al moverse las botellas o latas, lo cual incide sobre la paleta.

[135] Para la formulación de reclamaciones y anotar las averías encontradas en los vehículos y las mercancías, se dispondrá de formatos estandarizados.

[136] El dueño de la mercancía es el que fleta el buque y sabe por ejemplo: si el buque no es el adecuado, pero ha sido elegido por falta de otro o porque las primas del seguro son menores; si el embalaje es adecuado para el peso y volumen de la mercancía. Todo ello es conocido y también las posibles consecuencias durante el transporte.

[137] La ausencia de mamparos transversales suficientes puede originar una catástrofe en caso de rotura del trincaje en un remolque, si se incline puede desplazar las unidades contiguas generando un problema de estabilidad.

[138] Los vehículos cargados se dividen en tres apartados para las operaciones de carga/descarga: los vehículos particulares cuyos dueños viajen con ellos, los vehículos que viajan sin conductor, por ejemplo las plataformas y los vehículos que llevan conductor.

[139] Hay que tener en cuenta que las explanadas donde se estacionan los vehículos son recintos cerrados.

5. Estiba de productos forestales y derivados

5.1 Introducción

El tráfico de productos forestales ha ido cambiando y aumentando durante los últimos años debido a la diversificación de las materias transportadas y a la evolución del tipo de productos demandado por el mercado de los países industrializados. Las necesidades respecto a materias primas o productos manufacturados son exponentes de cada época, marcando las diferencias en los sistemas de transporte y formas de manipulación.

La falta de maderas especiales para la construcción de buques durante la época en que para ello se empleaba este material y la necesidad de utilizarla en países con astilleros potenció su transporte. Algunos historiadores presentan como un punto de arranque para el transporte por mar de la madera la exportación desde países con extensos bosques hasta otros con mayor potencial económico.

El comienzo de la era de los buques de acero supone un cambio en los transportes de madera, desde este momento ya no se necesita para construir buques, pero surgen nuevas necesidades en forma de muebles o pasta de papel, lo cual significa un cambio en los procedimientos de estiba para cargar y transportar con seguridad las mercancías.

La aparición de otros productos obtenidos por métodos industriales, por ejemplo aglomerados, crea nuevas necesidades para la distribución y estiba de la carga que se resuelven diseñando nuevos tipos de buques para el transporte que incorporen soluciones técnicas introduciendo modificaciones en los procedimientos aplicados para que el transporte, estiba y manipulación de los productos sea realizada de forma segura y con la mayor rapidez posible.

El capítulo también hace referencia a las normas internacionales que es necesario aplicar para los procedimientos ejecutados con los productos forestales. Al igual que con otras mercancías, se describen las características de los productos transportados y las generalidades de los buques empleados para su transporte, incidiendo en la última parte del capítulo los procedimientos y cálculos necesarios para realizar una buena estiba.

5.2 Normas legislativas

Las reglas aplicadas para éste tipo de transporte están contenidas principalmente en el "Código de prácticas de seguridad para Buques que transporten cubertadas de madera" (CPSCM) y el "Código de prácticas de seguridad para la estiba y sujeción de la carga" (CPS). También será necesario acudir a las reglas contenidas en el SOLAS y el Convenio Internacional de Líneas de Carga (CILL). En casos puntuales será necesario aplicar resoluciones específicas de la OMI o de las directrices generadas por las sociedades de clasificación. Toda ésta normativa significa la aplicación de procedimientos complejos para la manipulación correcta de las mercancías.

El objetivo del Código de prácticas de seguridad para la estiba y sujeción de la carga fue editado por primera vez por la OMI en 1972,[140] siendo posteriormente enmendado en 1978 y en 1991 por la resolución, A.715 (17), que ofrece recomendaciones sobre la estiba, sujeción y otras medidas de seguridad operacional destinadas principalmente a asegurar el transporte de los productos forestales y las cubertadas de madera evitando los riesgos que puedan producirse. Es aplicable a todos los buques de eslora igual o superior a 24m dedicados al transporte de madera. Los buques que tengan asignada una línea de carga para el transporte de madera en cubierta y que la utilicen, deben cumplir también lo prescrito en la regla 44 del Convenio internacional de líneas de carga.

El mantenimiento actualizado del CPSCM se realiza mediante la introducción de mejoras obtenidas en la investigación y estudio de los accidentes o siniestros de buques. La mayoría de conclusiones permiten afirmar que los desastres son producidos por corrimiento y pérdida de las cubertadas, lo que significa fallos en la estiba por una incorrecta ejecución de los procedimientos previstos en la planificación. La utilización de buques cada vez mayores y las nuevas tecnologías introducidas en ellos para la manipulación de la carga constituyen factores positivos, pero en ocasiones producen situaciones de riesgo que es necesario tener en cuenta en el desarrollo de los procedimientos. Todo ello obliga a mantener una constante vigilancia sobre el transporte de productos forestales y a preparar recomendaciones de seguridad cada vez más complejas y exigentes en el sector del transporte marítimo que son incorporadas en el CPSCM mediante enmiendas para la manipulación de productos forestales.

5.3 Características de la carga

Madera es el término general empleado para designar algunos productos forestales obtenidos de los árboles. El número de productos susceptibles de ser transportados por mar varía desde los troncos a materias primas preparadas parcialmente. Algunos de estos productos forestales resultantes de la preparación de los árboles se pueden agrupar desde el punto de vista de su transporte y manipulación en:

- Troncos: productos obtenidos directamente del corte de árboles, que son troceados y limpiados de ramas.
- Troza: un tronco que ha sido serrado en sentido longitudinal, de forma que las piezas gruesas que se obtienen tienen dos caras opuestas planas y paralelas. En algunos casos se sierra el tronco preparando las cuatro caras planas, obteniéndose un bloque que será posteriormente cortado en piezas con las medidas deseadas.
- Productos con una preparación mecánicamente previa:
- Tablas de aglomerado, constituidas por láminas de madera y una masa compacta formada por serrín y fragmentos de madera, cohesionados mediante colas o productos adhesivos.
- Tablas serradas de diferentes dimensiones, preparadas con un primer tratamiento que son usadas para muebles, cajas y otros elementos.
- Productos semielaborados químicamente, por ejemplo pulpa o pasta de papel: producto obtenido al realizar una serie de tratamientos mecánicos y químicos de la madera. La pasta de madera es una materia prima básica en la industria papelera para la preparación de infinidad de productos. Los árboles contienen alrededor de un 50% de celulosa, siendo el resto de componentes: aceites aromáticos, lignina y resinas. La pasta de madera también se utiliza para obtener otros productos, como el celofán y telas, como el rayón.
- Productos elaborados: papel y cartón requieren tomar medidas adicionales para su transporte, por ejemplo los espacios de carga deben estar secos, libres de polvo, ser estancos y el grado de humedad debe ser controlado cuidadosamente. Para evitar que el producto llegue dañado a su destino.

- Cartón laminado o enrollado; tanto uno como otro son estibados sobre paletas, que después se colocan sobre unidades de carga rodad o contenedores. El destino de este cartón suele ser la confección de embalajes destinados a contener diferentes tipos de mercancías.
- Bobinas de papel: están preparadas de diferentes tipos de papel para ser usados en la industria, un ejemplo son las bobinas de papel prensa utilizadas en la confección de los periódicos.
- Subproductos obtenidos de la preparación de tablas o troncos:
- Serrín: restos procedentes de la preparación de tablas y troncos.
- Cascajo: producto obtenido al retirar la corteza de algunos árboles.
- Recortes: restos de la preparación de tablas.
- Ramas: ramificaciones que salen del tronco principal y que soportan las hojas.

Las características de los productos forestales enumerados son similares, variando fundamentalmente en su factor de estiba, es decir, el peso y volumen de cada materia, datos estos que, como se ha dicho, son necesarios para realizar una buena planificación que permita la manipulación y transporte de forma segura.

Las unidades de medida de madera han sido y son todavía en algunos países diferentes[141], con el agravante de que no tienen relación entre ellas, esto complica los cálculos que se deben realizar en la planificación para la estiba a bordo del buque. Algunas de las medidas empleadas en el comercio marítimo de la madera se han mantenido y otras han caído en desuso, no obstante se presenta una relación donde figuran la mayoría de ellas[142]. La unidad de medida empleada en el Reino Unido y los países de Norte Europa es el *standard* del cual hay diversos tipos, no teniendo relación los unos con los otros; en los Estados Unidos la unidad de medida es 1000 *board-feet*; en Francia, Italia y Bélgica la unidad es el *estereo,* que equivale a 1m^3 del sistema métrico decimal.

Además de las unidades de medida de los productos forestales, hay algunos términos en inglés de suma importancia que en algunas ocasiones son utilizados como medidas para conocer la carga embarcada. A continuación se definen y proporcionan las características de estos términos:

- *Bettens*: piezas de madera aserrada de 6" a 7" de ancho y no más de 4" de espesor. Se pueden estibar de 220 a 225 pies^3 por *standard.*
- *Battens-Small*: piezas de madera aserrada menores de 6" de ancho y menos de 2" de espesor. La estiba es de 230 a 240 pies^3 por *standard.*
- *Bettens-Ends*, cuando la pieza de madera aserrada es menor de 8 pies de largo.
- *Boards*: madera aserrada de 2" de espesor y de cualquier ancho. Por encima de 1" la estiba es entre 230 y 240 pies^3 por *standard* y entre 250 y 260 pies^3 por *standard* por debajo de 1".
- *Délas*: madera aserrada de no menos de 2" de espesar y 9" ó 10" de ancho.
- *Flooring*: tablas para suelo de un espesar de ¾" a 1 ½".
- *Laths*: pequeñas y delgadas tiras de madera. El tamaño usual de aserrar los *laths* es de 1" a 1¼" ó a 5/16".
- *Rickers*: varas ligeras de 20 a 55 pies de largo, usadas como puntales.
- *Lumber*: término usado generalmente en EE.UU. aplicado a la madera.
- *Log*: un tronco, es decir, un trozo pesado de forma circular que ha sido cortado a aserrado.
- *Pickets*: estacas afiladas cargadas en haces y bultos.
- *Pit-props*: trozos rectos y cortos de madera principalmente de pino despojados de la corteza.
- *Plank*, así se denomina a cualquier pieza de madera aserrada con un espesor determinado.
- *Prime-Wood*, esta denominación se aplica a la madera más noble: roble, caoba, castaño, o teca. Actualmente debido a la escasez existente la mayoría son usadas en muebles con alto

valor adquisitivo. Cuando proceden de países fuertes económicamente son exportadas semielaboradas, pero cuando salen de países tercermundistas lo hacen en bruto.

- *Slats*: tiras de madera usadas en la manufactura de cajas ligeras usualmente de pino, se embarca en atados y bultos.

5.4 Características del buque

Los buques idóneos pera el transporte de madera a granel tratadas o sin tratar son aquellos que tienen una gran manga en relación al calado, con un número mínimo de obstrucciones en bodegas, que estarán formadas por puntales y cuadernas continuas, es decir, un espacio liso y sin entrepuentes. Las escotillas deben tener dimensiones amplias para permitir la entrada de troncos sin problemas. Los buques con la configuración descrita permiten el transportar un cargamento de productos forestales optimizando el espacio de estiba bajo cubierta, lo cual incrementa el peso que es posible a cargar en cubierta. Son características diferenciales de los buques madereros las siguientes:

- Cubertada de madera. Solamente los buques madereros están preparados para llevar una carga de productos forestales transportada en una zona expuesta como puede ser una cubierta, siendo aprovechadas, cuando las hay, superestructuras como refuerzo de la cubertada. En los productos forestales que forman parte de las cubertadas no se incluyen la pulpa de madera o cargas análogas.
- Línea de carga para el transporte de madera. Las líneas de carga generales de los buques son complementadas por otras líneas de carga, que el Convenio internacional sobre líneas de carga, asigna a los buques preparados para el transporte de productos forestales en bodega y formando cubertadas.
- Cubierta de intemperie. El diseño de algunos tipos de buques incluyen el tipo de cubierta corrida como la más alta expuesta a las acciones de la meteorología, especialmente la fuerza del viento y la mar.

La siguiente figura muestra las líneas que se usarán con la marca de francobordo para el transporte de madera en cubierta, es decir, que los buques madereros llevarán además de las líneas normales de carga las especiales para el transporte de madera. Las medidas de todas las líneas son iguales y ya se indicaron al tratar este tema en capítulos anteriores.

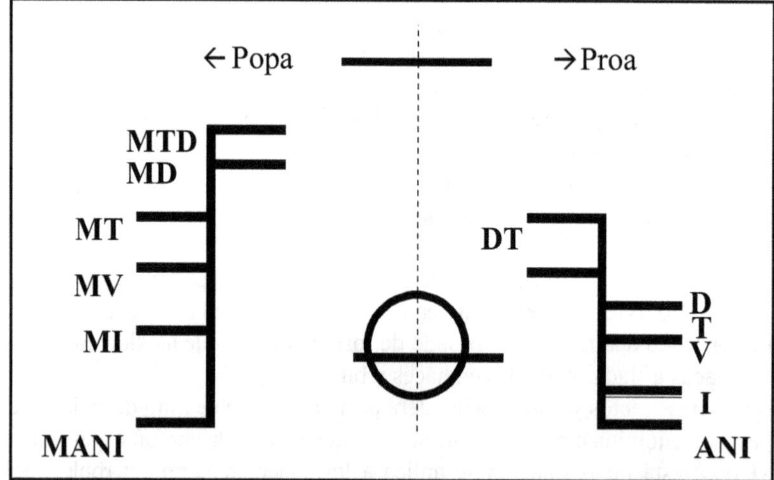

Figura 46 Líneas de máxima carga. Transporte de madera en cubierta

Las características especiales de los cargamentos de madera son uno de los motivos para la introducción en la planificación de su carga y estiba de un análisis de la estabilidad del buque y algunas recomendaciones para evitar los peligros que significa que un buque con un cargamento de madera pueda navegar en condiciones adversas. Hay que tener en cuenta que la estabilidad[143] es la capacidad que tiene el buque de recuperar la posición de equilibrio que ha perdido por la acción de fuerzas externas a él y una mala estiba de las mercancías.

Una novedad técnica introducida en los tipos de buques utilizados para el transporte de productos forestales durante la década de los noventa[144] fue la construcción de un buque Ro-Ro para el transporte de derivados del papel en *cassettes* sin ruedas que fue considerado el sistema mas flexible y económico del momento, después de evaluar otros sistemas de estiba. Por ejemplo, se investigaron y fueron desechados sistemas basados en el uso de vagones, plataformas, contenedores y remolques de camión.

Las características del buque y del sistema eran: 156 metros de eslora; 23,50 metros de manga. La capacidad de estiba era 142 *cassettes*: 56 eran estibadas en la cubierta superior cerrada, lo que significaba un 39,5% de la carga total, y 86 se estibaban en la cubierta inferior, lo que suponía el 60,5%. Cada unidad tenía una longitud de 40 pies, representando una capacidad máxima de 85 toneladas, aunque esta carga por seguridad se limitara en un 20%, es decir, a un peso de 68 toneladas.

La carga se amarra a la *cassette* en la fábrica o en el puerto, estibándose juntas a bordo, para evitar su movimiento o vuelco. Para reducir los movimientos dentro del espacio de carga, el buque incorpora un mamparo central fijo y dos laterales móviles uno a cada lado de 20,6 metros de largo, situados uno a popa en el costado de estribor y el otro a proa en el costado de babor. Los mamparos con una estructura abierta, recubierta de contrachapado, están reforzados para resistir cargas de 65 toneladas en un ángulo de 45°. Las *cassettes* se estiban 4 a cada lado del mamparo longitudinal, con excepción de las filas de más a popa.

El peso máximo del remolque de una *cassette* con cabeza tractora ha sido establecido en 85 toneladas y el acceso a la cubierta principal se hace por popa a través de una rampa con las siguientes dimensiones: 16 metros de largo por 17,7 metros de ancho. Estructuralmente, la rampa está reforzada para poder soportar el tráfico en las dos direcciones, siendo su resistencia total de 170 toneladas. El acceso interior entre la cubierta principal y la superior se hace por una rampa de 56,8 metros de largo por 4,7 metros de ancho, con un ángulo de 5,7°, lo que supone una pendiente del 10%. La rampa se cierra y une a la cubierta superior mediante una bisagra formando una cubierta estanca, que se mueve mediante 4 cilindros hidráulicos de acción directa capaz de subir la rampa con 3 *cassettes* y con un peso máximo total de 200 toneladas. La resistencia estática de la rampa cuando está enrasada con la cubierta superior es de 3 toneladas/m^2, lo que es un valor suficiente para su cometido.

Las evoluciones tecnológicas en la fabricación de productos forestales han hecho que hayan aparecido nuevos tipos de buques o que algunos de los existentes se modifiquen parcialmente y utilicen para el transporte. Este es el caso del transporte de bobinas de papel y pulpa de celulosa. El papel es una mercancía susceptible de sufrir daños por lo cual debe ir bajo cubierta. Comercialmente se fabrica en bobinas que para su transporte se estiban sobre paletas. Los buques utilizados para el transporte bobinas y celulosa pueden ser:

- Buques multicargas: los que están equipados con sistemas de carga lateral y pueden recibir carga en contenedores o sobre en paletas que son estibadas en bodegas.

- Buques Ro-Lo: tienen capacidad de carga horizontal y vertical, pueden recibir mercancías en estibada en contenedores o sobre vehículos.
- Buques Lo-Lo: los que tienen una capacidad de carga vertical y sólo reciben carga en contenedores o paletas.
- Buques Ro-Ro: aquellos que tienen capacidad de carga horizontal y reciben sólo carga sobre vehículos.

Los sistemas de carga lateral han supuesto una agilización de las operaciones del buque en puerto, pero también conllevan otras dos ventajas: durante las operaciones de carga/descarga no es necesario estar pendiente de las mareas y no son necesarias grandes innovaciones tecnológicas en los muelles e instalaciones de las terminales portuarias.

La automatización de las operaciones de carga/descarga significa una ventaja añadida a los sistemas de carga lateral, ya que pueden realizar la estiba de paletas de forma automática quedando ubicadas en el espacio de carga de forma segura mediante la incorporación en el sistema de cintas transportadoras. Hay también sistemas que sólo disponen de rampas laterales con elevadores, lo cual hace que la operación sea menos automática y más lenta.

5.5 Dispositivos de estiba y sujeción

Los productos forestales puedan ser cargados en y sobre cubierta, necesitando en ambos casos ser inmovilizados para evitar su desplazamiento. Se utilizan trincas, tensores, cáncamos, argollas y pies derechos. Los dispositivos deben estar en perfectas condiciones para cumplir su función de fijar la carga para que no cause problemas durante la navegación. Están construidos en acero de diferentes clases y grados de resistencia para realizar su misión.

La longitud de las trincas debe ser suficiente para que saliendo de la banda de estribor puedan pasar por encima de la cubertada y llegar a la banda de babor del buque; su función es la de sujetar de manera eficaz en toda su longitud y extensión la cubertada de madera. El sistema de trincas puede variar de un buque a otro en función del tipo de cubertada, pero siempre será aprobado por la administración, que es la que juzgará si es aceptable. Las trincas están formadas por cables o cadenas de acero con un tensor en cada extremo, que servirá para mantener la tensión inicial proporcionada a la trinca. También podrían estar provistas de un dispositivo o instalación que permita ajustar su longitud, debido a que cuando el buque navega las trincas se aflojan o pierden tensión con los movimientos y si no pudieran ser ajustadas su eficacia sería nula, desmoronándose la cubertada pudiendo causar graves daños al buque e incluso su pérdida.

Los puntos de fijación de las trincas pueden ser cáncamos o argollas situadas en unos casos sobre los pies derechos y en otros sobre la cubierta. Ambos dispositivos deben ser adecuados para el uso previsto y estar bien sujetos sobre puntos que deben ser reforzados. Es conveniente que todos los dispositivos utilizados para la sujeción tengan características similares para evitar que haya una descompensación en la resistencia al ser usados en la fijación de la cubertada. En general se sugiere que:

- La resistencia a la rotura sea superior a 133 kN.
- Una vez hayan experimentado un esfuerzo inicial, el alargamiento que se produzca no sea superior a un 5%, sobre el 80% de su resistencia a la rotura.
- Durante las pruebas a que son sometidos los dispositivos no sufran ninguna deformación permanente. El fabricante deberá garantizar que después de haber soportado una carga de

prueba de un 40% por lo menos de su resistencia inicial a la rotura, deben permanecer inalterables.

Las trincas deben estar provistas de un dispositivo o sistema tensor colocado de manera que pueda funcionar con seguridad y eficacia cuando sea necesario. La fuerza resistente que tendrá que producir el dispositivo o sistema tensor debe ser superior a 27 kN en su componente horizontal y 16 kN en su componente vertical. El tensor, una vez finalizadas las operaciones de sujeción iniciales, debe poderse utilizar todavía por lo menos la mitad de la longitud roscada del tornillo o de la capacidad de tensión de los dispositivos o sistemas tensores.

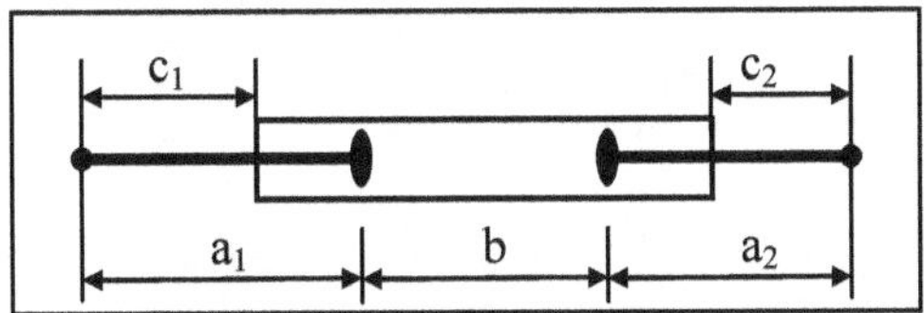

Figura 47 Características del tensor

Por ejemplo, si se supone que el tensor de la figura está firme a una trinca que ha sido colocada para inmovilizar la carga, sus características deben permitir mantener la tensión durante todo el viaje, para lo cual es necesario que cumpla:

$$a_1 + a_2 = \text{longitud roscada sin utilizar}$$

El tensor debe tener al menos disponible en sus dos extremos una longitud de tornillo equivalente a:

$$c_1 = a_1/2 \quad \text{y} \quad c_2 = a_2/2$$

Debiéndose cumplir que la parte central: $b > c_1 + c_2$

Normalmente, el buque dispone de trincas confeccionadas en número suficiente para cubrir sus necesidades; no obstante, en ocasiones es necesario preparar trincas especiales para fijar una parte de la cubertada o bloques de troncos o paletas con madera aserrada. La preparación de estas trincas se hace con cable de acero utilizando grilletes en "U", también denominados abrazaderas o perrillos, para conseguir las uniones. La operación se realiza a bordo y para evitar que las trincas tenga una reducción notable de la resistencia deberán seguirse las siguientes normas:

- El diámetro del cable es el que fija el número y tamaño de las abrazaderas, que deben ser proporcionales a él. Al menos deben utilizarse cuatro, dispuestas a intervalos inferiores a 15 cm.
- La pieza que sirve para apretar la abrazadera se debe colocar contra la parte del cable que soporta la carga y la U contra el chicote del cable.
- Una vez colocadas las abrazaderas se deben apretar inicialmente hasta que se vea que han penetrado en el cable y posteriormente otra vez después de haber tesado la trinca.
- El engrase de las roscas de las abrazaderas, grilletes y tensores evita su deterioro por corrosión y aumenta su poder retentivo, por lo cual todos estos elementos deben ser mantenidos bien engrasados para su uso.

Los pies derechos son dispositivos cuyas características, colocación y utilización se debe ajustar a la naturaleza, altura y características de la cubertada que normalmente está formada por troncos y/o maderas liadas. El material para la construcción de pies derechos suele ser acero u otro material que tenga suficiente resistencia para cumplir su función y es fijada por varios parámetros, por ejemplo la anchura de la cubertada, que a su vez dependerá de la manga del buque. Los pies derechos estarán fijos sobre la cubierta mediante angulares o pueden ser movibles colocándose sobre tinteros. En ambos casos puede ser necesario aumentar su resistencia, para ello se sujetan mediante un cartabón de metal a un punto reforzado, por ejemplo a una amurada o una brazola de escotilla. El espaciado entre pies derechos será el necesario para servir de retención a la carga embarcada, estando la distancia en función de la longitud y características de las mercancías transportadas, pero como norma general no deberían exceder de los 3 metros.

5.6 Acondicionamiento de los espacios de carga

La preparación de los espacios de carga para recibir una carga de productos forestales es menos problemática que las operaciones realizadas para otras cargas, debido a las características propias de la carga. En la mayoría de los casos solamente es necesario barrer y retirar los residuos sólidos de cargas anteriores. La inspección de los espacios de carga tiene una mayor importancia y se debe hacer mediante una lista de comprobaciones que ayudará a no olvidar comprobar todos los lugares del buque para cumplir las normas de seguridad que son las que realmente constituyen las directrices de las inspecciones que hay que realizar antes de embarcar la carga de madera en la bodega o sobre cualquier zona de la cubierta de intemperie. La ronda de inspección tendrá por objeto comprobar cuál es el estado del buque, los espacios de carga y los medios utilizados en la estiba y trincaje. Una lista de los puntos que se deben incluir es la siguiente:

- Un examen visual efectuado sobre las trincas y sus componentes verificando que estén preparadas para su utilización y que no tengan defectos capaces de disminuir sus propiedades mecánicas o de resistencia.
- Si el mantenimiento de los dispositivos de trincaje es el adecuado, no quedarán puntos óxido que puedan iniciar la destrucción de material o habrán sido retirados los trapos rellenos de grasa, que se colocan en las gazas y tensores, ya que ello puede suponer un foco de incendio.
- Hay que examinar los filtros de la aspiración de la sentina para asegurarse de que están limpios, libres de restos sólidos que impidan el funcionamiento eficaz de la bomba de achique. Los de las bodegas que comunican con las tuberías de sentina serán examinados y estarán libres de materiales sólidos. Una vez verificado se colocarán las rejillas y tapas, para evitar que entren astillas o cortezas de madera.
- Se comprobará la capacidad del sistema de achique de sentinas, que puede ser fundamental para la seguridad del buque en caso de entrada de agua en los espacios de carga. Habrá que tener preparada una bomba de achique portátil con capacidad y altura de aspiración suficientes, que constituye una garantía adicional para solucionar los problemas de obstrucción en las tuberías de sentina.
- Verificar si han sido instaladas defensas en el interior de los espacios de carga para proteger los dispositivos de recogida de aguas.
- Comprobar si la protección sobre los tubos de aireación, ventiladores, maquinillas y demás dispositivos situados sobre cubierta, es la necesaria y adecuada.
- Tener preparados medios de cierre para todas las entradas a las bodegas, así como para las puertas de las casetas situadas en cubierta.
- El pañol de respetos dispondrá de material suficiente para preparar y poder instalar:
- Pasarelas que permiten un paso cómodo y seguro de la tripulación desde los alojamientos a todas las partes del buque que son utilizadas en las faenas normales de a bordo. La pasarela dispondrá de pasamanos sostenidos por candeleros rígidos de una altura de un metro y con un

espaciado no mayor de 3 metros. Los cables de los pasamanos se deben tesar y fijar mediante dispositivos capaces de tensar los cables durante el viaje.

- Una opción a la pasarela es la instalación de un andarivel, preferiblemente un cable de acero colocado por encima de la cubertada de madera, para que los tripulantes equipados con un sistema de protección contra caídas puedan engancharse al mismo y trabajar alrededor de la cubertada de madera. El andarivel debe estar elevado aproximadamente 2 metros por encima de la cubertada de madera y colocado a crujía del buque, debe estar lo suficientemente atesado para mantener la altura.
- Los lugares de difícil acceso serán abordados mediante escalas debidamente construidas, que serán colocadas desde o hacia lo alto de la cubertada hasta la cubierta y en demás lugares a donde sea necesario entrar.
- Cuando las terminales de carga están situadas en lugares de fuertes nevadas o cuando haya hielo acumulado sobre cubierta, será necesario retirar la nieve de las zonas de carga antes de comenzar las operaciones.
- Es preferible que todos los dispositivos de trincaje que vayan a ser utilizados en la cubertada, pies derechos y elementos de estiba, estén en su sitio antes de comenzar las operaciones de carga para efectuar una inspección.
- Se debe efectuar un examen visual de los puntos de sujeción situados en la cubierta del buque o en otras estructuras.

5.7 Planificación de las operaciones

La planificación de la carga de productos forestales consiste en una serie de acciones encaminadas a preparar los cálculos, desarrollar los procedimientos y confeccionar los planos de estiba. Todo ello se realiza teniendo en cuenta el manual de carga, aprovechando los conocimientos y experiencia de la persona encargada hacer la planificación. En los criterios que se aplican para planificar las operaciones es necesario considerar la estabilidad, ya que el buque debe permanecer adrizado durante la carga/descarga de los productos para que no se produzcan situaciones problemáticas o de estabilidad negativa. Generalmente, las normas internacionales aplicadas son suficientes para mantener en el buque las condiciones de estabilidad, pero también puede ser necesario ajustarse a normas aceptadas y preparadas por la administración donde el buque esté abanderado.

La carga embarcada puede estar formada por diferentes tipos de productos forestales, troncos, bobinas, pulpa, tablas o láminas de aglomerado, esto significa que la planificación con tan diversas cargas debe ser muy cuidadosa, especialmente cuando se cargan varios productos en el mismo buque aunque sea en espacios diferentes.

Las operaciones realizadas en el caso de varios productos para la carga/descarga necesitan una planificación diferente debido a las variaciones existentes en los procedimientos y cálculos necesarios para cada producto, lo cual complica los planos de estiba, especialmente en el caso de tener una mezcla de paletas, bobinas y troncos en la misma bodega.

5.7.1 Cálculos

Los cálculos exigen cumplir las normas de seguridad necesarias para que el buque llegue a puerto con la carga integra. La planificación prevé que la carga se estibe en bodega y con determinados productos formar una cubertada. Además, los cálculos deben incluir el conocimiento de las condiciones de estabilidad durante la navegación y las operaciones de carga/descarga. Las operaciones de cálculo comenzarán por averiguar el peso y volumen de los productos objeto de embarque y de los espacios disponibles para poder establecer en que condiciones de estabilidad podrá navegar el buque. Después es necesario calcular la cubertada, para lo cual en función del peso cargado en bodega hay que determinar su altura y la extensión sobre la que se va a construir. Estos puntos son los que se comentarán y desarrollarán.

Existen otros cálculos necesarios para la estiba, por ejemplo las distancias a las que deben ser colocadas las trincas, así como las distancias que debe haber entre los pies derechos, todos ellos se realizan en función de las características de los materiales utilizados en la construcción de los dispositivos. Para efectuar algunos de estos cálculos existen recomendaciones que figuran reunidas en el Código de prácticas de seguridad para buques que transporten cubertadas de madera.

a) Cálculos de estabilidad

El buque debe llevar a bordo un manual de carga con información completa sobre su estabilidad estudiada para diferentes condiciones de carga, teniendo en cuenta en todas ellas la posibilidad de cargar una cubertada de madera cuando las características de las mercancías lo permitan. El análisis de esta información permitirá al capitán aplicarla a la situación actual del buque de modo rápido y sencillo, obteniendo una orientación exacta sobre la estabilidad del buque en las condiciones del viaje previsto. La experiencia ha demostrado que los cuadros o diagramas completos de períodos de balance resultan muy útiles para verificar las condiciones reales de estabilidad.

Los cálculos de estabilidad se realizan según las normas y reglas publicadas por la OMI, pero teniendo en cuenta además algunos factores que pueden modificar las operaciones de carga/descarga, por lo cual con respecto a la estabilidad se tendrá presente lo siguiente:

- Suponer la condición más desfavorable de estabilidad que pueda estar influenciada por la formación de hielo en superestructuras y la absorción de agua por la madera de la cubertada. Estos pesos complementarios serán tenidos en cuenta en los cálculos cuando el buque tenga previsto cruzar áreas por donde se puedan producir hielos o grandes borrascas. Las características físicas de la madera que forma la cubertada producen un aumento en el peso debido a:
  - La absorción de agua realizada por la madera aumenta cuando está seca por dos circunstancias: primero por haber sido cortada y guarda en almacenes en espera de embarque y después recibir precipitaciones durante su transporte; en segundo lugar, cuando se almacena a la intemperie, debido a que los países exportadores suelen tener climas húmedos donde las precipitaciones son abundantes, por lo cual la madera aumenta de peso antes de ser embarcada.
  - Otro factor que produce un aumento de peso es la formación de hielo, que tiene lugar cuando las exportaciones se realizan desde países situados muy al norte.
  - También es necesario tener en cuenta el peso del agua acumulada en los huecos de estiba formados en la cubertada de madera, especialmente cuando sean troncos.
- Hay que tener en cuenta en los cálculos de estabilidad los pesos que generalmente constituyen el equipamiento de los buques:
  - Los pesos que existan a bordo que componen el armamento del buque y que suelen ser siempre los mismos. Además hay otros pesos pueden diferir de los conocidos, ya que pueden variar según las necesidades del viaje, por ejemplo: fuel, diesel, aceites y agua; los lastres que pueda llevar el buque por necesidades de navegación; las provisiones para el consumo de la tripulación; y productos para los mantenimientos que se realicen a bordo.
  - En los tanques de consumo, además del peso de los líquidos, es necesario tener en cuenta las correcciones que se deben aplicar por los efectos de las superficies libre, que disminuyen los parámetros de la estabilidad.

b) Cálculos con espacios de carga y mercancías
La obtención de resultados positivos en los cálculos finales tiene su punto de partida del conocimiento: primero de las dimensiones de cada bodega y escotilla, es decir, longitud, anchura y altura; para determinar el volumen que se puede ocupar en su interior y el peso que se puede cargar en cada espacio. En segundo lugar y con respecto a las mercancías, se parte de sus características y dimensiones para obtener el volumen y peso de los bultos, paletas, fardos o troncos. Con los datos hallados y teniendo en cuenta las normas de seguridad, se analiza la carga que se puede embarcar en cada espacio, averiguando el número de elementos, bultos, paletas, fardos o troncos que se pueden cargar en función de la capacidad de los espacios de carga.

Partiendo de toda la información hallada, se buscará la forma de optimizar los espacios de carga aprovechando al máximo el volumen disponible en cada bodega, ya que cuanto mejor se efectúe la estiba bajo cubierta más carga podrá transportarse sin riesgos sobre cubierta. Finalmente, se determinarán los espacios perdidos con objeto de averiguar si se cumplen las normas de seguridad que figuran en el manual de carga del buque y en la legislación vigente.

c) Cálculos para la cubertada
La cubertada de madera debe ser sólida y compacta, esto sólo se puede lograr mediante la supervisión constante de la operación de carga durante todas las fases del embarque por parte del personal de a bordo siguiendo todas las fases de la planificación preparada para tal fin. Hay que tener en cuenta que cuanta más carga transporte el buque, mejor serán sus resultados de explotación al final del año.

Las cantidades transportadas en cubierta serán obtenidas en función de los pesos embarcados en bodega, ya que la carga encima de cubierta está más alta que el centro de gravedad del buque y si no guarda proporción con el peso cargado en los espacios debajo de cubierta, la estabilidad del buque sería dudosa. Hay factores que podrán limitar el peso en cubierta y que en términos generales pueden alcanzar los siguientes valores:

- Si el buque no dispone de entrepuentes, el peso de la cubertada será de un 30% del total embarcado en las bodegas.
- Si el buque tiene varios pozos situados entre las casetas y/o escotillas de cubierta, con una longitud aproximada de 30 metros, el peso de la cubertada será del 25% del total en las bodegas.
- Si el buque tiene cubierta *shelter*, el peso estará reducido al 20%.
- Finalmente, si el buque dispone de entrepuentes y cubierta *shelter*, el peso de la cubertada será solamente del 10% del total embarcado en las bodegas.

Podría ocurrir que el peso resultante de los cálculos no pueda figurar y formar la cubertada, debido a que hay factores que limitan su altura y su extensión, como son la manga, la zona periódica de navegación, la visibilidad[145] desde el puente, las casetas sobre cubierta y la estabilidad Todos estos factores están sometidos a las normas de seguridad indicadas en la legislación que sea aplicable y son prioritarias sobre la optimización de la carga, ya que una altura incorrecta de la cubertada puede dar lugar a un accidente y la pérdida del buque.

➢ *Altura*
Las normas aplicadas para establecer la altura que debe tener la cubertada, sirven también para controlar su peso. El cumplimiento de ambos objetivos evitará problemas durante la navegación. Por ejemplo:

- Cuando los buques naveguen por zonas de invierno, la cubertada preparada sobre la cubierta de intemperie no deberá exceder de un tercio de la manga máxima del buque.
- La altura de la cubertada nunca podrá reducir la visibilidad desde el puente hasta una distancia de la proa que estará determinada por la eslora del buque.
- Cuando existan casetas o superestructuras, la altura de la cubertada será igual al menos a la altura normal de una ellas que no sea el saltillo de popa.
- El volumen de la cubertada estará limitado en altura de forma que se mantenga un margen seguro de estabilidad en todas las fases del viaje. Lógicamente, el volumen cargado varía de acuerdo a la configuración y dimensiones del buque.
- La experiencia indica que cuando la altura metacéntrica excede del 3% de la manga del buque se producen aceleraciones excesivas en el balance, por lo cual será una limitación que se aplicará siempre y cuando se cumplan los criterios de estabilidad del buque, con objeto de impedir que las aceleraciones sobre la carga lleguen a producir problemas.

➢ *Extensión*

El otro dato crítico es determinar la extensión que puede tener la cubertada que se prepare en buques que tengan asignada una línea de carga para el transporte de madera, los productos forestales que la formen podrán cubrir la superficie de la cubierta de varias formas según los factores que se consideren y los productos utilizados para formar la cubertada, por ejemplo:

- Sí la cubertada se extiende por toda la cubierta, la carga no deberá sobresalir de forma que pueda ser golpeada por la mar de proa.
- Se debe extender cubriendo toda la longitud disponible del pozo o de los pozos que haya entre superestructuras, llegando lo más cerca posible de los mamparos de los extremos de la cubierta.
- La estiba de la cubertada sobre escotillas se hará en sentido longitudinal hasta por lo menos el extremo popel de la misma, para el caso de la escotilla más cercana a popa (frente del puente), o hasta el extremo proel en el caso de la escotilla de más a proa.
- Cuando la cubertada se extiende en sentido transversal, debe llegar lo más cerca posible de los costados del buque, pero dejando espacio para obstáculos como barandillas, barraganetes, pies derechos o para el acceso por donde debe embarcar el práctico.
- Si la cubertada no cubre todo el espacio transversalmente, dejará un vacío si carga estibada que nunca excederá en promedio del 4% de la manga.

5.7.2 Procedimientos

Los procedimientos utilizados en la manipulación de productos forestales son recomendaciones que han sido recopiladas de la legislación nacional e internacional, pero su aplicación no siempre es factible, por lo cual será necesario acudir a la práctica acumulada por la tripulación para resolver los problemas que se planteen durante el desarrollo de alguna fase del procedimiento.

Las medidas que deben ser adoptadas antes de proceder al embarque de productos forestales están reunidas en los procedimientos generales que desarrollan la planificación que ha sido previamente preparada. Estos procedimientos se basan en una inspección de los dispositivos y los espacios de carga, para comprobar que todo está en orden y el buque ha sido acondicionado para recibir la carga.

Dentro de las medidas de seguridad que se deben adoptar y que se incluirán en los procedimientos, están todas las que han sido incluidas en la descripción de los dispositivos utilizados para inmovilizar la cubertada o las mercancías estibadas en los espacios por debajo de cubierta. También es necesario procedimientos para revisar las condiciones de mantenimiento y si es necesario someter los dispositivos a pruebas que confirmen sus características, que hayan sido homologadas conforme con la reglamentación nacional o con las normas de un centro de normalización internacional.

Todos los defectos que sean encontrados durante el desarrollo de los procedimientos de inspección y que puedan afectar a las condiciones en las que debe quedar la mercancía estibada a bordo se deberían reparar satisfactoriamente antes de comenzar la carga.

➢ *Normas para la ejecución de la cubertada*

La planificación de la carga, los procedimientos para el desarrollo de las operaciones y los cálculos facilitarán datos y normas suficientes para la realización de una cubertada de forma segura. En resumen, la cubertada se preparará de forma que no entorpezca la navegación ni afecte a la integridad del buque, pero además no interrumpirá el desarrollo normal de la actividad del buque mientras dure la travesía.

- El objetivo básico es lograr una estiba compacta en bodega, ya que cuanto más compacta sea mayor será la cubertada que se puede preparar.
- Si la madera con la cual se realiza la cubertada es recién cortada, permanece llena de savia, lo cual significa que si llueve sobre ella admitirá menos agua, factor que se debe tener en cuenta. Es natural que la madera cortada en una estación anterior esté más seca, por lo que un buque podrá transportar una mayor cubertada formada con ella[146].
- La cubertada dejará un acceso adecuado y seguro para acceder a los alojamientos de la tripulación, al lugar de cubierta asignado para el embarque del práctico, a la entrada de los espacios de máquinas y a todas las zonas utilizadas regularmente para realizar las faenas normales de a bordo. Muy importante es que la cubertada permita el libre el acceso a los equipos de seguridad, así como a los dispositivos de telemando de las válvulas, sistemas de aireación y a los tubos de sonda.
- Normalmente, una vez se han estibado las dos primeras tongadas de la cubertada, se colocan trincas, denominadas intermedias, y se hacen firmes a los puntos de sujeción de la cubierta o a los pies derechos, tesándolas mediante medios mecánicos.

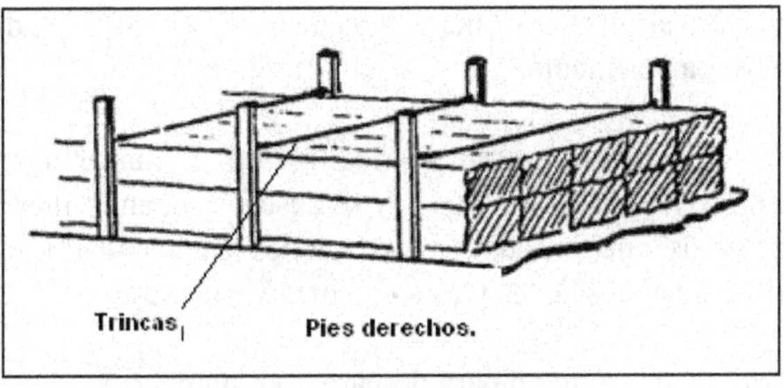

Figura 48 Trincas intermedias

- Después se colocan nuevas tongadas procurando que dos o tres lleven trincas intermedias. El peso de las tongadas apretará más las trincas. Una vez terminada la cubertada, se colocarán nuevas trincas de banda a banda y se tesan.
- Para completar la fijación de la cubertada se colocan cables en zigzag y después se pasa un cable por encima de la cubertada uniendo las trincas de las bandas laterales de forma continua. La operación se ayuda mediante pastecas que sirven para tensar todas las trincas.

Para completar el trincaje se colocan tensores de rosca en los extremos del cable superior y el cable que se pasa en zigzag para mantener las trincas tesadas durante la travesía.

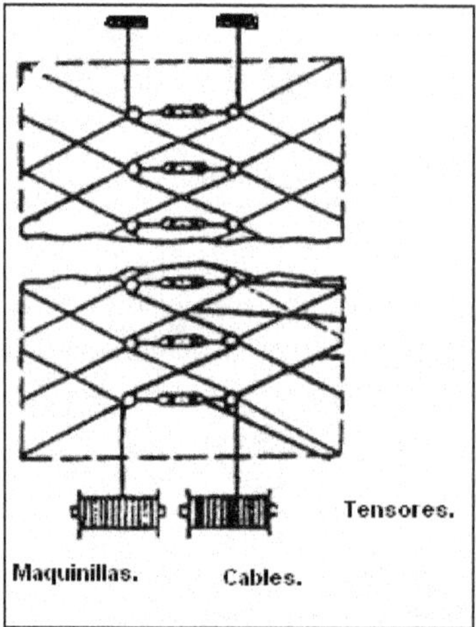

Figura 49 Tesado de la trinca en zigzag

- Las trincas impiden el desplazamiento de la cubertada, aumentando la fricción contra la cubierta debido a la fuerza del tensado, y contrarrestan las fuerzas ejercidas por la carga debido a los movimientos del buque. La resistencia de los elementos de la trinca debe ser como mínimo igual a los valores recomendados por el Código, para mantener la tensión durante todo el viaje.

5.7.3 Planos de estiba

El contenido de los planos de estiba confeccionados para la carga/descarga de productos forestales debe tener en cuenta las normas generales aplicadas a otras cargas y específicamente las características de cada producto forestal. Los planos se preparan teniendo en cuenta la planificación y los cálculos realizados para hacer una distribución adecuada en los espacios de carga del buque o para formar la cubertada cuando sea pertinente.

Los planos de estiba suelen ser para un solo puerto, lo cual supone una gran ventaja a la hora de prepararlos, ya que la carga se realiza en un puerto y se descarga cuando finaliza el viaje. No obstante, puede darse varias alternativas que introducen variaciones en los planos de estiba y complica su preparación. Por ejemplo, se pueden plantear los siguientes supuestos:

- Carga en un puerto de un producto para descargar en un puerto
- Carga en un puerto de un producto para descargar en varios puertos
- Carga en un puerto de varios productos para descargar en un puerto
- Carga en un puerto de varios productos para descargar en varios puertos
- Carga en varios puertos de un producto para descargar en un puerto
- Carga en varios puertos de un producto para descargar en varios puertos
- Carga en varios puertos de varios productos para descargar en un puerto
- Carga en varios puertos de varios productos para descargar en varios puertos
- Carga en uno o varios puertos dejando parte de cada producto en varios puertos

Las combinaciones de varios puertos con varios productos aumentan la complejidad del plano de estiba siendo en ocasiones, difícil la aplicación normas específicas, por lo que para su realización se debe acudir a la experiencia de la tripulación y las recomendaciones de los estibadores de la terminal. No obstante, la mayoría de transportes con productos forestales se hace cargando dos cargas en un solo puerto, para descargar como máximo en dos puertos.

Cuando se carga en dos o más puertos y los productos son para más de un puerto, todos los planos de estiba se preparan en el primer puerto de carga y deben tener en cuenta, siempre que sea posible las posibles variaciones que se pueden dar en otros puertos reflejándolas en los planos. Si no se hiciera así, podría haber problemas tanto en la estiba como durante la navegación. Hay que tener en cuenta que casi todos los buques, especialmente cuando llevan troncos, siempre llevan cubertada, por lo cual, si se hubiera preparado un plano de estiba erróneo, habría muchas dificultades para rehacer la estiba.

La normativa obliga a que el capitán disponga a bordo de uno o más planos de estiba donde se indiquen los puntos más idóneos para efectuar la sujeción para la carga. Estos planos figuran normalmente junto al Manual del buque y deberán cumplir las recomendaciones de la normativa y haber sido aprobados por la Autoridad competente.

5.8 Particularidades de algunas operaciones de estiba

Las operaciones referentes a la estiba deben cumplirse siguiendo la planificación preparada para reducir los tiempos de carga, para lo cual es necesario que los procedimientos hagan una diferencia entre el manejo de los diferentes productos forestales, especialmente con los dos que suelen ser más problemáticos, la madera serrada y los troncos. La cubertada construida suele presentar dificultades debido a la estructura irregular de los troncos y a las diferentes medidas de los bultos o paletas de madera serrada.

El principio básico para lograr una estiba óptima y realizar un transporte sin riesgos de productos forestales en bodega y/o en cubierta consiste en lograr una distribución adecuada del peso para lograr que la estiba sea lo más sólida y compacta posible, con objeto de:

- Evitar que la estiba se pueda desplazar con los movimientos del buque, lo que podría provocar un aflojamiento de las trincas y un desmoronamiento de la cubertada.
- Lograr un efecto de ligazón entre los elementos cargados para que haya una mayor compactación de la estiba.
- Reducir al mínimo la permeabilidad de la estiba, utilizando elementos de relleno, si es necesario, para evitar los huecos en los espacios de carga o en la cubertada.

El cumplimiento de los objetivos de la estiba en un buque maderero es en ocasiones un tanto difícil, debido por un lado a las características físicas de las mercancías cargadas, y en segundo término a las normas legislativas, que consisten en generalidades y recomendaciones que deben ser tenidas en cuenta a la hora de estibar los productos forestales. Como norma general, en la operación de estiba hay que incluir en los procedimientos las reglas de seguridad que deban ser aplicadas y después se dará preferencia a procedimientos para desarrollar el cumplimiento de los otros objetivos de la estiba, ya que de poco serviría hacer una optima estiba si perdemos el buque o sufrimos un grave accidente.

El personal responsable de la estiba de productos forestales tendrá en cuenta que algunos productos son preparados en origen para su transporte, por lo cual en los procedimientos figurarán listas e inspección para vigilar las condiciones en las que la mercancía llega al costado del buque para ser embarcado. Antes de ser cargados los productos, debería ser controlado su estado y rechazar los bultos o paletas que no están en buenas condiciones, por ejemplo, de trincado.

Las operaciones de estiba de productos como troncos o paletas de madera aserrada implican ciertos riesgos, por lo cual el personal y/o tripulantes que participen en las operaciones de carga, sujeción y descarga debe estar provisto de indumentaria y equipo adecuado, por ejemplo: botas de seguridad, guantes, gafas y cascos. Los procedimientos de manipulación harán mención del equipo que debe estar preparado para cubrir las necesidades en materia de seguridad.

Antes de comenzar propiamente con la descripción de las particularidades de las operaciones de estiba, se apuntarán algunos comentarios sobre las circunstancias que rodean a los trámites burocráticos y la documentación. En algunas terminales donde se efectúan las operaciones de carga, los implicados en ellas solicitan recibos por la mercancía cuando está es situada al costado en balsas o gabarras, para ser embarcada. La razón es que una parte de esta carga puede perderse, bien porque las balsas se rompen y los troncos se marchan con la corriente, pero también porque es objeto de robo. Extender un recibo que acredite la presencia de los productos al costado del buque es un riesgo para el buque, porque significa una garantía por la carga antes de ser embarcada, que da lugar a notas de protesta cuando ocurre alguno de los sucesos mencionados y la carga se pierde cuando está al costado el buque. Aunque el *Charter-Party* especifique la entrega del *Bill-of-lading* para mercancías ya entregadas, no se debe firmar ningún documento antes de que ésta haya sido cargada a bordo.

El *Bill-of-Lading* para cargamentos de madera es presentado frecuentemente con una cláusula sobre el efecto que tienen las marcas de eslingas sobre la madera[147], en él se debe indicar que está libre de ellas, dicho término es en ocasiones interpretado como que las mercancías, al ser embarcadas no han sido eslingadas o dañadas por un manejo violento. Por lo cual es evidente que cuando esta cláusula figura en el B/L, el buque puede ser reclamado por deterioro de la misma argumentando que se ha producido durante el viaje[148].

Mientras duran las operaciones de carga de productos forestales, especialmente cuando se cargan troncos de grandes dimensiones o paletas con madera de alta densidad, se debe tener especial cuidado para que el buque mantenga su posición de equilibrio, ya que incluso una ligera escora puede causar problemas que hagan zozobrar al buque.

Si se llega a producir una escora para la que no haya una explicación satisfactoria, se debe interrumpir inmediatamente la operación de carga e investigar el motivo para proporcionar una solución. No sería prudente continuar cargando el buque en estas condiciones, aunque no se observe ninguna acción inmediata sobre la carga. Los efectos de la escora pueden ejercer una fuerza progresiva sobre los pies derechos que limitan lateralmente la cubertada, logrando su rotura y la caída de la misma.

Otro cuidado que en general se debe aplicar a todas las cargas de productos forestales es impedir en las épocas invernales la acumulación de hielo o nieve sobre la carga en bodega mientras se realiza la estiba de la misma, para lo cual se procederá a cerrar las aberturas de acceso a los espacios de carga y parar las operaciones. Los efectos de la nieve sobre la cubertada estarán previstos en los cálculos de la planificación para evitar problemas durante el viaje.

5.8.1 Operaciones con bobinas

La forma de manipular las bobinas sienta las bases de los procedimientos de estiba cuyo desarrollo estarán en función del sistema de acceso de la carga a bordo del buque. Las medidas de seguridad aplicadas están encaminadas a reducir los daños en las mercancías, pues en ocasiones la posibilidad de realizar operaciones de carga/descarga de forma rápida requiere un aumento en la velocidad de los medios empleados lo cual puede incrementar la inseguridad.

Las bobinas de papel o cartón son mercancías cuya estiba puede realizarse de dos maneras: colocando las bobinas en posición vertical o tumbada. Ambas formas tienen una característica común, constituyen una estiba compacta con una pérdida de espacio de carga constante. Los buques que operan con bobinas de papel o cartón son como se ha visto de varios tipos, por lo que es necesario disponer de procedimientos para las operaciones que tendrán pequeñas o grandes diferencias entre ellos, dependiendo del sistema de acceso de la carga al buque. Normalmente, la diferencia en la estiba está en que pueden ser colocadas vertical u horizontalmente, sobre los vehículos o en los espacios de carga de los buques.

Aquellos buques en los que el sistema de carga/descarga es de acceso mediante rampas, las operaciones se desarrollan de forma semejante a otras cargas rodadas y han sido explicadas en el capítulo anterior. Las bobinas estará estibadas sobre paletas y éstas directamente serán colocadas y trincadas sobre vehículos o remolques, que accederán al buque a través de las rampas exteriores.

Cuando los buques utilizados son multimodales y el sistema de carga es lateral, las bobinas son transportadas desde los almacenes o vehículos mediante carretillas elevadoras que las depositan sobre los elevadores laterales del buque y desde allí se desplazan mediante cintas de forma automática al lugar de estiba. Si no se dispone de cintas, las bobinas son recogidas en los elevadores por medio de carretillas y desplazadas a su lugar de estiba. El número de bobinas manipulado de forma conjunta dependerá de su diámetro y peso. Las pinzas de las carretillas elevadores deben ejercer una presión sobre las bobinas, cuya duración y valor dependerá de la calidad del papel o cartón de la bobina[149].

El tercer tipo de buques empleados es aquel en que el sistema de carga/descarga se realiza verticalmente, son buques que admiten contenedores, paletas y bultos o cajas individuales. Los primeros pueden ser portacontenedores o multimodales, cuyas características de las operaciones serán vistas más adelante en el capítulo en el que se hace referencia a esas cargas. Dentro de los segundos entran todos los apartados que han sido desarrollados en la carga general y en las operaciones se tendrán en cuenta.

5.8.2 Operaciones con pulpa

La pulpa de madera es un producto utilizado para la preparación de papel cuyo transporte se realiza formando bultos que son manipulados mediante carretillas elevadoras[150] o mediante cabezas tractoras cuando estos bultos están estibados sobre plataformas. Los bultos de pulpa son rectangulares con medidas que en la mayoría de los casos se adaptan a las dimensiones de las bodegas de los buques.

La mercancía es almacenada en áreas cubiertas en espera de ser cargada en el buque. Si los paquetes de pulpa están preparados para ser transportados en plataformas, éstas serán retiradas por las cabezas tractoras siguiendo la planificación preparada para las operaciones. Cuando se trata de paquetes sueltos, son cargados y estibados mediante grúas pórtico con la ayuda de *hoists* o *spreaders*, dependiendo de los medios de sujeción utilizados en las unidades y de cómo pueden ser levantadas las mercancías e izadas para su colocación en la bodega del buque.

Los buques tienen diferentes configuraciones y tipos de sistemas para el acceso de la carga, por ejemplo pueden estar formados por los siguientes elementos:

- Una puerta-rampa situada a popa para el acceso de la carga rodada. El acceso hasta el nivel de la cubierta se realiza a través de una puerta rampa con medidas suficientes para poder maniobrar las cabezas tractoras con las plataformas. La rampa es operada por medio de cilindros hidráulicos de actuación directa en cada lado y se cierra de forma que consigue la estanqueidad evitando la entrada de agua.
- Sistema de carga lateral dispuesto en un costado formado por puertas y elevadores para la carga. Ambos elementos se accionan hidráulicamente y se encuentran dispuestos en un costado dando acceso a todos los niveles de los entrepuentes. Las puertas son estancas cierran las plataformas de carga que son dobles con tres transportadores independientes con capacidad de carga en función del peso de los bultos. Las plataformas pivotan hacia afuera de la borda sobre el muelle y un sistema de raíles guía fijos en sobre el casco permiten ajustar su posición a la altura del muelle.
- Escotillas plegables para las bodegas, cuando la estiba es vertical. Las tapas de escotilla dan acceso a los bultos al interior de las bodegas, constan de varios paneles que en el caso de cargar contenedores sobre ellas se pueden transportar los de 20 pies apilados, hasta un peso aproximado de 57 toneladas, es decir, tres alturas o la misma altura con contenedores de 40 pies, siendo el peso en este caso de 66 toneladas.

La planificación de las operaciones tendrá pequeñas variantes en lo que respecta a los procedimientos y cálculos, ya que la configuración de los espacios e carga obliga a introducir cambios capaces de proporcionar solución al desarrollo de las operaciones.

5.8.3 Operaciones con madera empaquetada

Los procedimientos que se introducen en la planificación de las operaciones con paletas o bultos de madera aserrada tratada mecánicamente o tableros de aglomerado incluyen la forma de estibar de forma segura en bodega. Estos productos raramente forman parte de una cubertada debido a que la lluvia les afecta de manera negativa, causando su deterioro.

Las operaciones deben ser planificadas siguiendo los criterios generales indicados para los productos forestales y los puntos que pueden marcar diferencias. La ejecución de toda la planificación tendrá una prioridad, que es cumplir los objetivos de la estiba, pero además se debe tener en cuenta que según se cargue en bodega o en cubierta los métodos seguidos difieren.

➢ *Carga en bodega*

La madera se sujeta normalmente mediante flejes metálicos o de plástico formando bultos que sean manejables, o se colocan formando paletas de diferentes medidas, haciendo que los diferentes tamaños de las piezas coincidan en uno de los extremos para que presenten una superficie plana.

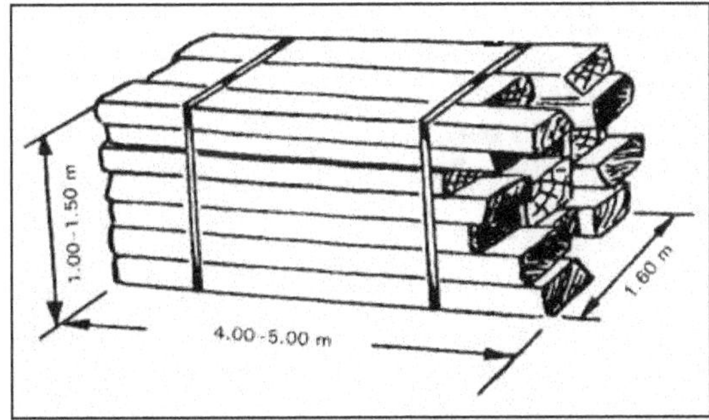

Figura 50 Paquete de madera preparada

Los bultos y paletas formadas con tamaños diferentes de tablas deben enfrentarse por el extremo desigual para reducir la pérdida de volumen y optimizar el espacio de carga. El sistema además evita que la parte frontal que es irregular esté hacia adentro, lo cual resguarda de problemas a la tripulación durante el viaje.

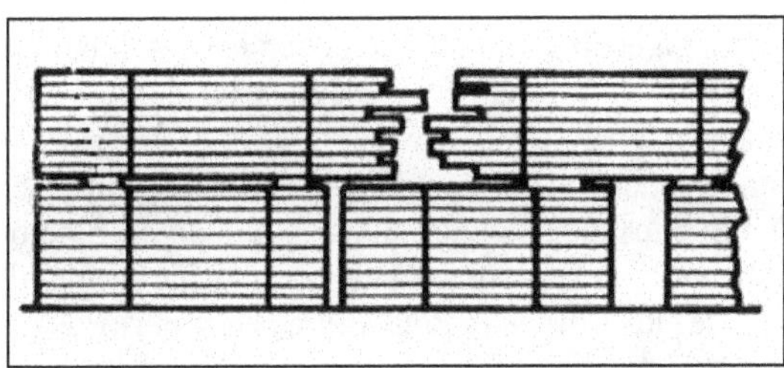

Figura 51 Estiba de paquetes de tablones

- Las medidas de las paletas pueden ser un problema para su estiba en los espacios interiores, por lo que una solución eficaz es la carga combinada de paletas, bultos y troncos.
- Durante la operación de carga, el uso de eslingas construidas con cadena o cable de acero obliga a la utilización de cantoneras para evitar que se dañen las paletas o bultos, por la presión del peso de la eslingada.
- Los huecos que queden a alrededor de la madera enfardada pueden hacer que la carga se vea desplazada durante el viaje, por lo que hay que rellenarlos con madera suelta o preparar un apuntalamiento, según sea el volumen del espacio perdido.
- Los bultos y paletas deben ser estibados longitudinalmente, pero podrían colocarse transversalmente en bodega y sólo en casos especiales formando parte de una cubertada. En este último caso deberán colocarse en el centro de la cubertada, pero nunca en los laterales pues sería muy complicado su trincaje.
- La madera debe cargarse de forma que la estiba sea compacta y su superficie esté lo más nivelada posible. Durante la carga, cuando la superficie de las tongadas queda irregular, conviene colocar tablones de madera que abarquen varios fardos de madera para producir un efecto de ligazón en el interior de la estiba.
- La estiba de fardos, paletas o bultos bajo cubierta, es decir, en bodega o entrepuente, ofrece más facilidades en lo que respecta al trincaje que en cubierta, pero en ocasiones presenta dificultades en la compactación.
- Según se van colocando los pisos de madera empaquetada pueden quedar huecos que se deben rellenar para evitar que los paquetes se desplacen durante el viaje.
- Si las paletas fueran muy pesadas y dejan grandes huecos, podría ser necesario apuntalar y colocar trincas de costado a costado para inmovilizar las tongadas.

En el transporte de cabotaje suele darse la circunstancia del embarque de madera empaquetada con otras mercancías, en cuyo caso se deben evitar los cargamentos parciales de madera empaquetada procedente de árboles cuya tala haya sido reciente junto a sacos con grano, harina, productos comestibles enlatados u otros productos con mercancías susceptibles de ser dañadas por la humedad. La carga de la madera indicada tiene un alto contenido de agua y su exudación puede afectar a las otras cargas.

- *Carga en cubierta*

Las particularidades de la estiba en cubierta incluidas en la planificación respetan los procedimientos, los planos de estiba y cálculos realizados para determinar el peso y volumen de carga que se debe embarcar, teniendo en cuenta el peso que cargado en las bodegas. Algunas características específicas de la cubertada son por ejemplo:

- La cubertada no debería estar formada por fardos de en trozas desiguales, ya que pueden reducir el compactado de la estiba. Excepcionalmente y por necesidades de carga contratada, podrán cargarse estos fardos sobre la cubierta en sentido longitudinal o transversal siempre que su superficie no esté expuesta a los golpes de mar, ni sean estibados en el hueco que queda entre las brazolas de las escotillas y la borda.
- Los fardos que se vayan a estibar en cubierta deben estar sólidamente atados mediante bandas metálicas para evitar que se aflojen o se desintegren durante el viaje, lo cual causaría un aflojamiento de toda la estiba.
- La cubertada de madera debe estar sujeta en toda su longitud/anchura por medio de trincas independientes, siendo el espaciado entre ellas calculado en función de la altura máxima que deba alcanzar la cubertada en las proximidades de la trinca: si la altura es igual o inferior a 4 m, el espaciado debe ser de 3 m; cuando la altura sea superior a 4m, el espaciado debe ser de 1,5 m la formula general para espaciar las trincas es hacerlo en función de la longitud de los bultos o paletas de madera.
- Los bultos estibados en el borde superior de los lados exteriores de la cubertada[151] deben sujetarse con dos trincas por lo menos, cada uno para reforzar su resistencia a los golpes de mar y movimientos del buque.
- Se deben disponer angulares de aristas romas de material y forma adecuados, a lo largo de los bordes superiores extremos de la estiba, para que aguanten el esfuerzo y permitan que las trincas tengan juego.
- Los fardos de madera se atan por lo general con bandas por procedimientos mecánicos. Es posible que los fardos no tengan las mismas dimensiones y no siempre están enrasados por ambos extremos, estas diferencias de longitud en la madera liada complican la estiba de los fardos a bordo del buque.
- Las trozas de madera se atan por lo general con bandas metálicas, pero sus distintos grosores y lados curvos hacen difícil formar atados compactos. Estos factores hacen que la estiba presente bastantes huecos. Debido a la forma curvilínea de las distintas piezas, los fardos tienden a ofrecer una sección transversal redondeada dentro de las bandas, lo que obliga a realizar una estiba semejante a la de troncos.
- Los fardos que vayan en los bordes exteriores de la estiba deben colocarse de forma que no rebasen los cáncamos ni obstruyan el paso vertical de las trincas transversales. El extremo de la cubertada debe estar enrasado con objeto de reducir al mínimo los voladizos para resistir los golpes de mar y evitar la penetración de agua.
- Cuando se carguen tablones y/o vigas sueltas de gran tamaño y peso en cubierta con fardos, no deben mezclarse, sino que se estibarán preferentemente de forma separada. Los tablones y/o vigas se cargarán en la parte inferior y en las tongadas superiores se colocarán los fardos, de esta forma se evita que el peso de los tablones deshaga durante la travesía algunos fardos, se aflojen las trincas y se caiga la cubertada. Si por necesidades de la carga se estiban encima

de fardos, los tablones y/o las vigas hay que tomar precauciones con su inmovilización, reforzando el número y resistencia de las trincas utilizadas.

- Dado que el sistema de trincas es de banda a banda, es decir, de forma transversal, los fardos, bultos o paletas se deben estibar en sentido longitudinal, especialmente en los costados de las dos tongadas superiores. Puede ser aconsejable que una o más tongadas se estiben transversalmente por encima de las escotillas para producir un efecto de ligazón en el interior de la cubertada. Si hay que cargar fardos con grandes diferencias de longitud, los más largos deben estibarse en sentido longitudinal y en la parte exterior. Los fardos más cortos se colocan únicamente en las zonas interiores de la cubertada.
- Los métodos seguidos para estibar las cargas de madera suelta no siempre se pueden aplicar en la madera empaquetada y/o liada, ya que no puede quedar tan compacta como en el caso de la madera suelta, por consiguiente la eficacia de las trincas puede ser menor.
- La madera liada se puede estibar entre los pies derechos formando una estiba densa con escasos huecos; la madera suelta puede formar una estiba más compacta, pero no puede ser colocada entre los pies derechos, por consiguiente una combinación de ambas constituirá una masa que ejercerá una fuerte presión sobre los pies derechos que deberán tener capacidad suficiente para soportar y absorber las fuerzas generadas por la carga cuando se desplace.
- Las paletas o paquetes de madera estibados sobre las escotillas podrán ser colocadas formando un pequeño ángulo, tal como puede apreciarse en la figura, para dar más estabilidad a las tongadas que se coloquen encima.

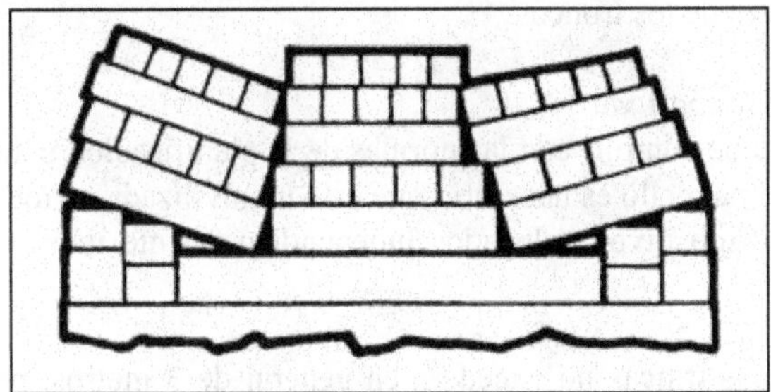

Figura 52 Estiba sobre escotilla

- Cuando la cubertada este formada por varias tongadas, la superior podrá ser colocada formando un escalón, de esta manera la superficie ofrecida al viento es menor y éste incide sobre las tongadas resbalando sobre ellas.

5.8.4 Operaciones con troncos

El transporte de troncos tiene dos particularidades diferenciales con respecto a los paquetes de madera. Una es que la superficie ofrecida a la manipulación es circular, lo cual significa utilizar medios de manipulación que se adapten, y la otra es que sus longitudes son variables, por lo que ambas deben ser consideradas a la hora de planificar las operaciones y contratar la potencia del equipo utilizado en la carga/descarga.

La estiba de troncos sigue la mayoría de reglas que han sido descritas para la madera empaquetada y también para su planificación es necesario considerar dos casos: la estiba de troncos en cubierta formando una cubertada y la estiba de troncos bajo cubierta en los espacios de carga disponibles del buque. Las diferencias de las dos estibas vienen dadas por el peso de los troncos y por la posibilidad de cargar troncos y otros productos forestales, todo ello se matiza en los siguientes tres apartados:

➢ *Características generales incluidas en el procedimiento*

La planificación de las operaciones incluye los cálculos y procedimientos, conteniendo estos últimos los pasos que se deben dar para que las operaciones sean ejecutadas de forma segura. Como normas generales se tienen las siguientes:

- Cuando se carguen en cubierta o bodega, los troncos en combinación con otros productos forestales deben ser colocados formando una estiba por separado.
- Los troncos deben estibarse, siempre que sea posible, longitudinalmente y en la parte inferior de las bodegas, dejando un espacio, si es necesario, en la parte central o de proa de las bodegas para facilitar el apuntalamiento de la mercancía o el relleno del espacio.
- Cuando la estiba de troncos en bodega esté combinada con paletas u otros productos, la superficie de la última tongada de troncos debe ser aplanada, hay que realizar su inmovilización mediante trincas de banda a banda y colocar si es preciso relleno en los espacios vacíos. Una vez hay sido colocado todo el sistema de trincas, deberán ser tesadas.
- Para lograr que la estiba quede compacta, hay que colocar el extremo más ancho de cada tronco de forma alternativa, una vez hacia proa y otra hacia popa.
- Las eslingadas de troncos deben ser bajadas/izadas a los espacios de carga verticalmente sobre el plano central, para evitar problemas de escora.
- Tanto en la cubierta como en la bodega, los troncos, debido a su superficie circular, serán estibados encajando uno sobre dos, lo que significa que la altura de dos tongadas será inferior al doble del diámetro de los troncos.

➢ *Particularidades de la cubertada*

La cubertada de troncos debe cumplir con las normas de la planificación para lograr que el transporte sea lo más seguro posible, para ello es necesario que esté inmovilizada en toda su longitud y extensión por medio de trincas y dispositivos colocados independientemente unos y complementados otros, teniendo en cuenta además:

- El espaciado de las trincas no excederá en general de 3 metros, pero deberá ajustarse a la longitud de los troncos, teniendo en cuenta que las trincas sobre los troncos situados en ambos extremos de la cubertada llevarán una trinca cercana al extremo exterior.[152]
- La estiba de troncos para formar la cubertada a la altura de las escotillas se debe sujetar mediante trincas transversales, antes de colocar la siguiente tongada. Para que los troncos queden inmovilizado de forma segura, se debe utilizar en cada escotilla un cable continuo en forma de trinca intermedia que se instalará de la siguiente manera:
- Aproximadamente a 3/4 de altura de los pies derechos, la trinca intermedia debe pasar por un cáncamo unida a esa altura a los pies derechos de manera que corra transversalmente, conectando los respectivos pies derechos de babor y estribor. La trinca intermedia no debe apretarse demasiado pues al carga una nueva tongada de troncos quedará atesada por el peso de los troncos colocaos encima.
- La altura de la brazola es la que determina la posibilidad de colocar una trinca intermedia entre ella y los pies derechos y una segunda trinca intermedia de manera que pase por encima de la tapa de escotilla.
- Las trincas intermedias se colocan de la forma indicada con objeto de obtener una tensión lo más uniforme posible en toda la estiba y procurando que se ejerza una tracción hacia adentro sobre los respectivos pies derechos.
- Las trincas transversales intermedias serán tendidas entre cada uno de los pies derechos de las dos bandas, babor y estribor, a los niveles que se consideren adecuados en función de la altura de los troncos o el número de tongadas colocadas.

- Terminada la cubertada y al igual que con otros productos forestales, es necesario colocar un doble cable con tensores y pastecas a cada banda formando un zigzag y después pasar por el centro un cable que una los dos anteriores. Todo ello forma un sistema que sirve para que la cubertada quede compacta y la estiba no se deshaga con los movimientos del buque.

➢ *Particularidades de la estiba en bodega*

Las operaciones de manipulación para la estiba de troncos bajo cubierta pueden constituir y ser una fuente de peligro para las personas involucradas y el buque. Los criterios que se exponen tienen por objeto preparar y recomendar normas de seguridad para realizar las operaciones de troncos bajo cubierta de forma que se garantice el transporte sin riesgos de este tipo de carga.

- Cada eslingada de troncos se debe izar a bordo manteniéndola muy próxima al costado del buque para reducir al mínimo las posibles oscilaciones de la carga y los daños que pueden causar al buque o a la tripulación. Los troncos tampoco deben oscilar al ser arriados en la bodega ya que normalmente hay personal en el interior para dirigir las eslingadas a su lugar de estiba. Se debe utilizar la brazola de escotilla según convenga para eliminar las oscilaciones de los troncos, apoyando ligeramente la carga contra el interior de la brazola o sobre ella antes de arriar.
- La estiba de los troncos debe ser compacta a fin de reducir al mínimo los huecos, ya que el peso de troncos que pueda estibarse determinará el peso de la cubertada, siendo el peso conjunto el que indicará que el viaje es aprovechado por haber sido optimizados los espacios de carga. Teniendo en cuenta la altura del centro de gravedad, en la bodega se deben cargar primero los troncos más pesados.
- Los troncos se deben estibar por lo general en sentido longitudinal y de modo que la estiba sea compacta, disponiendo los más largos en las partes anterior y posterior de la bodega. Si queda un hueco en la bodega entre los troncos dispuestos longitudinalmente, se debe llenar con troncos estibados transversalmente de manera que quede completo todo el ancho de la bodega si la longitud de los troncos lo permite. En ocasiones especiales podrían estibarse troncos longitudinal y transversalmente y si queda un espacio, se dejará en el centro colocando troncos verticalmente.
- Cuando en las bodegas sólo sea posible estibar en sentido longitudinal un tronco, el espacio que quede en la parte anterior o posterior de la misma se rellenará con troncos estibados de forma transversal, de manera completen el espacio vacío y toda la superficie de la bodega quede cubierta.
- Los huecos transversales o longitudinales se deben ir llenando tongada por tongada, a medida que se van cargando los troncos.
- Se debe evitar siempre que sea posible la colocación de los troncos en pirámide si así se tuviera que hacer, se deben repartir los espacios vacíos, procurando que queden lo más centrados posibles. Cuando la anchura de la bodega sea mayor que la anchura de la escotilla, se puede evitar la disposición piramidal deslizando los troncos cargados longitudinalmente hacia las extremidades de babor y estribor de la bodega. Este deslizamiento de los troncos hacia las extremidades de babor y estribor de la bodega debe comenzar en la fase inicial de la operación de carga y continuar durante toda la operación.
- Puede resultar necesario usar aparejos portátiles para manipular troncos pesados en zonas bajo cubierta que se encuentran apartadas de la boca de la escotilla. Los cuadernales, poleas y otros aparejos portátiles deben sujetarse a elementos debidamente reforzados, por ejemplo cáncamos colocados sobre la estructura de la bodega.

5.9 Problemas durante el transporte

El buque sale de puerto preparado para navegar en las condiciones esperadas, que habrán sido deducidas de los partes de previsión del tiempo, pero también se deberán tomar medidas para un posible empeoramiento de la mar o el viento durante la navegación que pueda incidir sobre la carga estibada y, por ejemplo, producir una escora generada por la inundación de un compartimento o por el corrimiento de la cubertada, capaz de alterar las condiciones de estabilidad del buque, al ser modificado el ángulo escora de equilibrio.

El viaje es planificado antes de salir de puerto, normalmente antes de comenzar incluso las operaciones de carga en los casos en que se haya calculado el momento de la salida. Todas las medidas adoptadas son para realizar una navegación segura trasladando la carga a su destino, es decir, evitar los efectos de la fuerza del viento y la mar sobre el buque o los productos forestales, ya que cuando el buque se encuentra en la mar, debe seguir la planificación de su viaje, que sólo será alterada por causas extraordinarias. La tripulación podrá tomar decisiones sobre cambios en la derrota, por lo que para evitar errores mantendrá una cuidadosa vigilancia y control de los siguientes puntos:

- Se examinarán al menos una vez en cada singladura los partes y mapas meteorológicos, realizándose, si fuera necesario, consultas a los servicios meteorológicos encargados de recomendar derrotas seguras y óptima, atendiendo a sus sugerencias realizando los cambios oportunos en la derrota preparada antes de salir de puerto.
- Cuando las previsiones de mal tiempo indican, por ejemplo: vientos duros o fuertes mares con olas altas y no es posible evitarlas por tenerlas encima de la derrota seguida por el buque, los capitanes deben reducir la velocidad o alterar el rumbo con objeto de minimizar la incidencia de las fuerzas sobre la carga, las trincas y la estructura del buque. Hay que tener en cuenta que las trincas están proyectadas con un margen de seguridad, pero éste puede verse sobrepasado por maniobras inadecuadas, es decir, que los medios de sujeción no son para hacer frente a un gobierno imprudente del buque con mar gruesa. La toma de decisiones nefastas debe ser sustituida por la experiencia y el buen sentido marinero.[153]
- Un cuidadoso examen y atesado de todas las trincas al principio del viaje reviste una importancia capital, ya que las vibraciones y los movimientos del buque harán que la cubertada se asiente compactándose, pero se deben volver a examinar a intervalos regulares durante el viaje, atesándolas si es necesario. Estas inspecciones y ajustes de las trincas se anotarán en el diario de navegación del buque, ya que pueden ser de gran ayuda en el caso de reclamaciones para justificar nuestras acciones.

Mientras el buque está navegando, se puede producir un corrimiento de la carga por varias causas, unas son directas y otras indirectas, pero sus efectos son los mismos. Del conjunto de causas se destacan: la inundación y un aflojamiento de los dispositivos de trincaje. Ambas causas dan lugar directamente a una escora que puede producir el corrimiento de la carga; cabe entonces la posibilidad de atribuir el corrimiento de la cubertada inicialmente a una de las tres causas citadas o también podría producirse una combinación de ellas.

➢ *Inundación*

La inundación es una posibilidad que es difícil que se produzca, pero cuando sucede debe investigarse inmediatamente mediante sondeos efectuados en todos los espacios del buque, para detectar la presencia de agua. Si se descubre agua en espacios donde no debía haber, se pondrán en marcha los servicios de achique utilizando todas las bombas disponibles para controlar la avería y restablecer la situación lo más rápidamente posible.

Las medidas que se adopten posteriormente dependerán de que haya sido posible o no contener la inundación utilizando las bombas. En el primer caso, es decir, cuando se puede controlar la inundación del espacio donde se ha producido, se deben cerrar sus accesos, sellar los conductos que desemboquen en él y poner la bomba a trabajar en él. Si una vez vacío el tanque/espacio, se detecta que la escora continúa o aumenta, querrá decir que hay otros espacios de la misma banda que se están inundando, por lo que se procederá de la misma forma. Terminadas las operaciones de reachique, se deberá estar en situación normal, pero puede quedar una pequeña escora por no haber vaciado completamente los tanques inundados; si ésta no es muy pronunciada, el buque podrá seguir navegando con ella, pero cuidando de no realizar cambios de rumbo bruscos ni atravesarse a la mar, ya que se podría producir un corrimiento de la cubertada.

En el segundo caso, es decir, cuando las bombas no son capaces de reachicar los tanques, se cerrarán herméticamente para que no pueda pasar agua a otros espacios. Esto producirá una escora que podría dar lugar al corrimiento de la carga, pero su eliminación puede ser muy peligrosa porque las decisiones que se deben adoptar para ello son complicadas. Hay varias: la más lógica sería intentar corregir la escora lastrando tanques de la banda contraria y manteniendo una cuidadosa vigilancia sobre la altura metacéntrica. Tomar esta medida significa que el buque navegará sobrecalado debido al peso extra del agua de inundación del lastre embarcado[154], pero se evita que se produzca el corrimiento de la carga. Otra medida que se puede tomar es el trasvase de combustible para reducir o corregir la escora, pero tanto esta medida como la anterior constituyen elecciones que debe ser valoradas cuidadosamente, ya que existe la probabilidad de que la cubertada se desplace a la otra banda y ello produciría una escora mucho mayor que la que se pretende corregir.

La solución más fácil al problema de la escora producida por la inundación es dejar caer parte de la cubertada con lo cual se consigue que el buque vuelva a la posición de equilibrio y se mantenga adrizado, pero esta decisión implica perder parte de la carga que se transporta, lo que significa un coste económico; no obstante, será mejor perder algo de carga que perder el buque junto a la tripulación y toda la carga, pues coste económico y humano sería mayor.

➢ *Aflojamiento de los dispositivos de trincaje*

El corrimiento de la cubertada por aflojamiento del sistema de trincaje es una situación que se produce de forma inesperada o paulatinamente, en este segundo caso es importante detectarla rápidamente para poner solución al problema. Cuando el desplazamiento de la cubertada se realiza poco a poco de forma imperceptible, también se puede producir un corrimiento de la carga estibada bajo cubierta. En ambos casos las medidas que se pueden adoptar son diferentes según las circunstancias, pero están encaminadas a aportar la misma solución, es decir, restablecer el equilibrio del buque.

Para evitar el corrimiento de la cubertada de madera es conveniente conocer las causas que la producen, evaluarlas por separado o conjuntamente y adoptar soluciones preventivas. Por ejemplo:

- El aflojamiento de las trincas producido por la compactación de la carga durante el viaje debido a los movimientos de balance o cabeceo será debido a la inadecuada utilización de los dispositivos para tesar las trincas.
- El desplazamiento de la carga sobre las tapas de escotillas por aflojamiento de las trincas es debido a una fricción insuficiente de la carga, por ejemplo cuando haya hielo o nieve.
- La debilitación del material con el que están construidas las trincas hace disminuir su resistencia, por lo que se pierde la tensión proporcionada para fijar la cubertada.
- La resistencia insuficiente de los pies derechos debido a la mala calidad del material o a la presión de fuerzas excesivas.

La solución general a los problemas planteados por el aflojamiento de las trincas es una inspección previa de las mismas, controlando su calidad para evitar su utilización en la fijación de la cubertada. La mayoría de los casos en los hay un corrimiento de la carga ocurren cuando las condiciones meteorológicas son desfavorables[155], por lo que es peligroso enviar tripulantes a cubierta para que se inspeccionen las trincas o se suelten para liberar una cubertada desmoronada. Las inspecciones deben ser realizadas antes de salir de puerto.

Solucionar el corrimiento de la cubertada por aflojamiento de las trincas, tratando de restituir la situación volviendo a tesar los cables que inmovilizan la carga, puede constituir un peligro mayor que retener a bordo la carga que esta colgada sobre el costado. Si se decide proceder al echazón de una cubertada de madera que se haya desplazado, se deben estudiar cuidadosamente los efectos de esta operación, pues la situación podría empeorar si toda carga no cae al mar simultáneamente. Otros problemas que podrían plantearse son los que afectan al tráfico de la zona o los daños que se pueden causar a la hélice del propio buque mientras está navegando.

El corrimiento de la cubertada causa numerosos problemas, siendo probablemente la escora[156] el principal y el origen de otros daños que pueden sufrir el buque, la carga o la tripulación. Es primordial que si antes de detectar la escora del buque, éste ha estado navegando cayendo a las bandas con lentitud y adrizándose perezosamente, indicará que ha perdido parte de su altura metacéntrica y no existe un ángulo de escora de equilibrio correcto[157]. Para corregir esta situación se pueden realizar, como se ha visto, dos operaciones: añadir lastre en la parte inferior del buque lastrando los tanques de doble fondo o aligerar el peso de la parte superior, es decir, tirar parte de la cubertada[158].

Desde el punto de vista legislativo, si para suprimir una escora, toda una cubertada de madera o parte de ella es echada al mar o cae accidentalmente, el capitán teniendo en cuenta el capítulo V[159] del Convenio internacional para la seguridad de la vida humana en el mar, alertará a todos los buques que se hallen cercanos, así como a las autoridades de la costa más cercana. La normativa exige que dicha información comprenda la naturaleza del peligro, la situación, la fecha y la hora (UTC) en que se produjo el echazón.

5.10 Acciones antes de salir de puerto

El personal del buque, una vez han terminado las operaciones de carga, debe efectuar una minuciosa inspección en todos los espacios donde se haya estibado mercancía, los espacios que hayan contenido o contengan fluidos y los dispositivos de seguridad del buque situados a la intemperie por si han resultados dañados durante la carga. Para realizar la inspección es preferible ayudarse de una lista de comprobación, en la cual deberían consignarse por lo menos los siguientes puntos:

- Verificación de los tensores, las trincas y todos los dispositivos que fijan e inmovilizan la cubertada, haciendo un repaso de todos ellos uno por uno, comprobando su estado.
- Realizar sondeos en los espacios adyacentes a los de carga y tanques de lastres para comprobar que no se hayan producido daños estructurales que puedan ocasionar una vía de agua durante los días que dure la navegación.
- Inspeccionar los pañoles de repuestos y asegurarse de que las piezas están trincadas para evitar su movimiento puede dañar un mamparo.
- Comprobar que el buque está adrizado con la altura metacéntrica[160] adecuada y que se satisfacen los criterios de estabilidad prescritos.
- Revisar en la medida de lo posible el margen de seguridad con el cual opera el buque, su estabilidad y la altura metacéntrica ajustada. Los tres factores deben estar ajustados a los

cálculos de la planificación realizada no permitiendo que la altura metacéntrica sea inferior al mínimo recomendado. Hay que evitar una estabilidad inicial excesiva, ya que ésta producirá movimientos rápidos y violentos en condiciones de mar gruesa, que a su vez inciden sobre la carga sometiéndola a grandes esfuerzos de deslizamiento y traslación que actúan directamente sobre las trincas produciendo en ellas grandes esfuerzos.

---

[140] Mediante la resolución A.287 (VIII) que fue aprobada el 20 de noviembre de 1973.

[141] Como dato curioso se debe decir que las medidas aplicadas en la madera han sido las más complicadas de todas las empleadas a bordo de los buques.

[142] El vocabulario marítimo es tan rico y extenso que no debe perderse, razón por lo cual se incluye esta terminología.

[143] La estabilidad existe cuando el desplazamiento es igual al empuje y el centro de gravedad y el centro de carena están sobre la misma vertical.

[144] En 1995 las empresas SCA y MoDo, competidoras en la fabricación de papel, pero con necesidades de transporte similares, hicieron un proyecto conjunto, para transportar 750000 toneladas de derivados del papel al año con tres buques, utilizando los puertos de carga de Iggesund, Tunadal (Sundsvall), Husum y Holmsund, en Suecia; y la descarga en Rotterdam (Holanda) y Tilbury (Reino Unido), con una frecuencia de dos viajes semanales.

[145] Respetando el resto de limitaciones, puede ocurrir que el volumen sea excesivo respecto a la altura del puente.

[146] La opción de cargar más en cubierta en función del estado de corte de la madera, es en ocasiones arriesgada y dudosa su implementación en rutas largas, ya que el agua que pueda absorber la madera produciría un sobrecalado del buque. Por lo que estas opciones se contemplará para rutas cortas.

[147] Especialmente cuando se trata de maderas nobles que han sufrido una preparación previa.

[148] Incluso aunque la carga no presente estos daños cuando sea embarcada. Para evitar el problema se debería endosar "No responsable por condición o calidad".

[149] La presión ejercida por las pinzas de la carretilla sobre las bobinas pueden oscilar entre 1,35 y 2,55 kg/cm^2.

[150] Las carretillas elevadoras están dotadas de pinzas especiales para la manipulación de la pasta de papel.

[151] Cuando la longitud de la cubertada de madera estibada en los lados exteriores sea inferior a 3,6 metros, se debe reducir la distancia entre las trincas según convenga, o adoptar otras disposiciones apropiadas en función de la longitud de la madera.

[152] La trinca se situará a la distancia en que su acción sea efectiva.

[153] Los problemas a bordo de un barco requieren soluciones prácticas que no están en los manuales sino que se derivan de la experiencia de la tripulación.

[154] La condición de navegar sobrecalado reduce el francobordo y si las condiciones de mar son agresivas constituirá un peligro. También podría ocurrir que el puerto de descarga no admita al buque con ese calado.

[155] Puede consistir en un fuerte balance o cabeceo del buque debido a los golpes de mar gruesa.

[156] La escora también puede ser resultado de una mala utilización de los tanques de consumo de agua o combustible.

[157] Se puede afirmar que la escora se debe a que el buque se inclina a un costado y carece de brazo adrizante para volver a la posición vertical.

[158] Las dos opciones tienen dificultades, no obstante suele ser preferible lastrar, aunque puede presentar dificultades si las aspiraciones de las bombas están en el lado contrario al que se debe lastrar. Si el doble fondo estuviera dividido y se dispone de espacio, se lastrará en primer lugar el tanque del costado más bajo para incrementar rápidamente la altura metacéntrica, después se debe lastrar el tanque del costado alto.

[159] Seguridad en la navegación, por ejemplo la regla 10 "Mensajes de socorro: obligaciones y procedimientos".

[160] Respecto a la incidencia de la altura metacéntrica se debe tener en cuenta todas las limitaciones apuntadas anteriormente y en caso de dudas la tripulación considerará las recomendaciones e información que sobre estabilidad constan en el manual de carga del buque.

6. Estiba de Cereales

6.1 Introducción

El transporte de cereales requiere tener en cuenta las condiciones en que se estiba la carga y el estado climático de las zonas de navegación, ya que los golpes de mar pueden producir averías en el sistema de estanqueidad, lo cual sería perjudicial para las mercancías estibadas en los espacios de carga. La manipulación y transporte de los cereales se estudia teniendo en cuenta las normas de seguridad y la legislación internacional que existe al respecto, las cuales deben ser cumplidas durante las operaciones con los cereales.

Las operaciones de estiba de cereales, al igual que en la mayoría de productos, parten de una planificación que se desarrolla en tres apartados: procedimientos, cálculos y planos de estiba, que al ser complementarios, muchas veces se solapan las normas de uno con las de otro; no obstante, de forma general se puede decir que uno contempla todas las operaciones relativas a la manipulación de la mercancía; otro reúne los cálculos necesarios para poder cumplir con la legislación vigente y desarrollar los procedimientos de estiba y el último plasma los dos anteriores en los planos de estiba.

El contenido del capítulo se desarrolla analizando todo lo referente a los apartados que forman parte de las operaciones de estiba. En resumen, se puede decir que partiendo de la legislación actual y las características de la carga que se manipula, se hace una planificación y se establecen los procedimientos que se deben seguir durante el transcurso de las operaciones.

El apartado de los cálculos se divide en dos partes, una en la que se incluyen aquellos cuyo fin es determinar las condiciones de estabilidad en las cuales se encontrará el buque después de recibir una carga, y otra en la que se reúnen las operaciones necesarias para efectuar un reparto adecuado de la carga poniendo el buque en una condición determinada de calados. En todos los cálculos se tiene en cuenta la incidencia del peso de la carga sobre la estructura del buque, para no rebasar los momentos flectores y esfuerzos cortantes del proyecto. Ambos cálculos son obligatorios y deben presentarse antes de la salida de puerto de carga.

6.2 Legislación

La normativa básica utilizada para el transporte por mar y la manipulación de cereales está en el Código internacional para el transporte sin riesgos de grano a granel. En él se reúnen las reglas que deben cumplir los buques que estén o no autorizados para realizar operaciones con grano a granel. Específicamente el código dice: "No se cargará grano en ningún buque que no posea un certificado que acredite estar preparado para el transporte de grano a granel".

La parte C del capítulo VI de SOLAS 74, revisado, trata del transporte de grano a granel armonizando los criterios y la legislación que se aplica en su regla 9, donde se indican las prescripciones relativas a los buques de carga que transportan grano diciendo: todo buque de carga que transporte grano cumplirá con lo dispuesto en el Código internacional para el transporte sin riesgos de grano a granel y tendrá un documento de autorización.

Otras normas que en cierta manera complementan al código son:

- El convenio SOLAS 1974, enmendado hasta la fecha, también debe ser consultado, ya que dispone de algunas reglas generales que deben cumplir todos los buques.
- El manual de carga del buque, donde estarán reflejadas las obligaciones que el armador quiere que el buque cumpla, junto a las normas nacionales e internacionales.
- Las directrices emanadas de las sociedades de clasificación.
- Nuevas reglas unificadas de la IACS para graneleros, que entraron en vigor el 1 abril 2006.

6.2.1 Código internacional para el transporte de grano

Los sucesivos problemas planteados en los buques que transportaban grano y la creciente necesidad de aumentar su seguridad, obligaron al Comité de Seguridad Marítima a sustituir el capítulo VI del convenio SOLAS 1974, por un código obligatorio que fue aprobado por el CSM y se denominó Código internacional para el transporte sin riesgos de grano a granel, siendo obligatorio desde su entrada en vigor el 1 de enero de 1994.

El código contiene normas y reglas específicas que son obligatorias para los buques dedicados al transporte de grano a granel a los que se aplique la parte C del capítulo VI del convenio SOLAS 1974 enmendada, independientemente del tamaño que tengan, incluidos los de arqueo bruto inferior a 500 toneladas. El contenido del código está reunido en dos partes:

- Parte A. Prescripciones particulares
- Parte B. Cálculo de los momentos escorantes supuestos e hipótesis generales

Las normas del código deben ser completadas por otras debido, a que la evolución de los buques y los procedimientos es más rápida en ocasiones que la legislación internacional, por lo cual, por ejemplo, las sociedades de clasificación proporcionan directrices que son provisionales para solucionar los problemas planteados mientras no sale la norma internacional

6.2.2 Documentos de autorización

Los problemas planteados por las cargas de cereales han sido y son motivo de la pérdida de buques durante la navegación, razón por la cual las administraciones marítimas o las organizaciones internacionales reconocidas expiden un documento de autorización para realizar las operaciones que deberá ser aceptado como prueba de que el buque satisface las prescripciones de las reglas de la OMI. Para cumplir la legislación el documento deberá redactarse en el idioma o idiomas oficiales del país que los expida, y si el idioma utilizado no es el inglés o el francés, se incluirá una traducción a uno de estos dos idiomas.

El documento irá unido o incorporado al manual de carga de grano del buque, en éste figurarán los datos y los planos sobre estabilidad con ejemplos resueltos del buque para varias condiciones de carga. La importancia dada por las autoridades internacionales al documento es máxima, ya que no se cargará grano en ningún buque que no esté provisto de él hasta que el capitán demuestre de modo satisfactorio y según las normas de la administración o del gobierno contratante del país del puerto de carga que actúe en nombre de aquélla que el buque cumple con las condiciones de seguridad para la carga, pudiendo realizar el viaje previsto sin menoscabo en la integridad de la tripulación, buque y carga.

Los casos en los que un buque puede transportar grano sin disponer del documento de autorización exigen unas condiciones que serán desarrolladas más adelante. No obstante, se puede adelantar que en determinados viajes la administración o un gobierno contratante en nombre de la administración, puede valorar la aplicación de una exención por considerar que la ausencia de riesgos durante el viaje hacen irrazonable o innecesario el cumplimiento de las prescripciones del Código internacional para el transporte sin riesgos de grano a granel.

6.3 Características de la carga

Los cereales transportados a granel por mar son numerosos, pero se destacan los que el propio Código para el transporte de grano a granel define diciendo: Grano es un término que comprende al trigo, maíz, avena, centeno, cebada, arroz, legumbres secas, semillas y los derivados correspondientes que tengan características análogas a las del grano en estado natural. Los valores del factor de estiba que figuran en la tabla son aproximados, para utilizar en el grano a granel y para determinadas calidades de los productos.

Producto	Factor de estiba	Observaciones
Maíz	1,3379 m^3/Tm.	1
Trigo	1,2823 m^3/Tm.	2
Centeno	m^3/Tm.	3
Arroz	1,2264 m^3/Tm.	4
Cebada	1,6445 m^3/Tm.	5
Avena	m^3/Tm.	6
Soja	m^3/Tm.	7

Tabla 12 Factor de estiba de algunos granos

Observaciones de tabla 12:

1) Las variedades del maíz alcanzan diferentes alturas entre 1,5 y 3 metros, siendo en calidad y peso sus granos también diferentes. Su origen parece ser que está en América y ha sido un alimento básico durante muchas generaciones.

2) El trigo ha sido y sigue siendo un componente básico de la alimentación humana. En algunos países es tanta la dependencia de él que cuando las cosechas no son buenas provocan grandes desastres y cientos de muertos además de los miles de personas con carencias nutricionales.

3) El centeno es un cereal cuyo cultivo está en regresión desde el final de la Segunda Guerra Mundial. Su cultivo se utiliza para la alimentación humana y animal. La producción mundial en 1990 fue de 40.042.000 toneladas.

4) El arroz es un cereal del que existen cientos de variedades que se pueden reunir en dos grandes grupos, uno para suelos secos o de altura y otro para suelos húmedos, pudiéndose conseguir hasta dos

cosechas al año. El arroz es utilizado como producto alimenticio para el ser humano, siendo el más consumido. El cultivo del arroz está concentrado en los países del sureste asiático, por ejemplo, China, India, Indonesia y Bangladesh, donde se concentra más de las dos terceras partes de la producción mundial, que en 1990 fue de 518.900.000 toneladas. Respecto a los países importadores se da la circunstancia que Indonesia que es el tercer país productor, entre 40 y 50.000.000 toneladas, también debe importar.

5) La cebada es un cereal del que existen distintas variedades que se diferencian en el número de hileras de semillas que contiene cada espiga. La cebada tiene una aplicación industrial importante, la fabricación de cerveza y la otra es su utilización como pienso para animales y en la confección de piensos compuestos. La cebada es considerada como el cuarto cereal plantado en el mundo. Países como Australia, Canadá, Rusia y EE.UU. exportan grandes cantidades hacia países de todos los continentes. La producción mundial en 1990 fue de 181.950.000 toneladas. Un caso curioso es Rusia, que es el primer productor, pero además debe importar.

6) La avena es una planta herbácea destinada principalmente a la alimentación del ganado, pero también es empleada en varios productos de consumo humano.

7) La soja tiene su origen en extremo oriente, constituyen un producto básico de consumo. Forma parte de harinas y aceites con alto poder nutritivo. Es un producto que también se usa para preparar alimentos dietéticos y su cultivo está en expansión.

El problema de las cargas a granel es que tienden a contraerse, ya que por muy bien que se haga la estiba siempre quedan espacios de aire, que con los movimientos del buque produce un asentamiento quedando un espacio vacío en la parte superior de la bodega, que puede dar lugar a problemas de estabilidad, lo cual introduce un problema añadido en las operaciones de carga del buque.

6.4 Descripción de buques

Los buques empleados para el transporte de cereales disponen de una sola cubierta, bajo la cual se ubican los espacios destinados a la carga y lastre. El diseño de las bodegas busca lograr espacios libres de obstáculos con el fin de que el grano sea removido fácilmente de ellas. Algunos buques disponen de tanques altos[161] que además de ser utilizados para la carga, también son lastrados. Hay otros diseños de buques en los cuales no existen tanques altos, disponiendo de tanques laterales y de doble fondo para el lastre.

Las escotillas deben ser amplias para permitir que los medios de carga y descarga, por ejemplo, cucharas o tubos de aspiración puedan llegar a todos los rincones de la bodega para depositar o retirar la carga. El espacio de escotilla es utilizado en ocasiones para construir sistemas que inmovilicen el grano, cuando las bodegas no son llenadas.

La capacidad de los tanques de lastre situados en el doble fondo, rasel de proa y de popa junto a los tanques altos de las bodegas debe permitir al buque navegar con seguridad, pero además la mayoría tienen una bodega denominada inundable, preparada para recibir lastre. La capacidad de los tanques debe garantizar la inmersión de la hélice en aproximadamente un 60%, por lo cual el lastre a bordo será entre un 50 y 60% del desplazamiento a máxima carga. Los buques graneleros navegan la mitad de su vida en lastre, razón por la cual los medios de deslastre deben estar en buen estado de mantenimiento para garantizar un vaciado total y rápido de los tanques ya que todo el lastre que no pueda ser vaciado repercutirá en pérdida de carga.

Los buques construidos para transitar por los canales de Panamá y San Lorenzo tienen limitada la dimensión de su manga a 32,35 metros en el primer caso y a 23,10 metros en el segundo. Esta limitación condicionará el resto de características del buque. Otro factor que puede condicionar en algunos casos la manga del buque, es el alcance de los medios de carga/descarga de los puertos. Ambas limitaciones se tendrán en cuenta cuando se diseñan buques para tráficos específicos entre determinados puertos.

Los buques que por construcción y diseño pueden transportar cereales son aquellos que disponen de espacios cerrados con dispositivos para limitar y contener la carga, por ejemplo los siguientes:

- Graneleros: aquellos que sólo transportan grano a granel y han sido especialmente diseñados para estas cargas o también los buques diseñados para transportar minerales.
- OBO[162]: buques que pueden transportar cargas sólidas a granel, bien sean cereales o minerales, y cargas líquidas como hidrocarburos y sus derivados.
- Buques de carga general: utilizados para casos especiales, ya que son buques que no están acondicionados para realizar este tipo de transporte, y disponen de entrepuentes. Normalmente estiban el grano en los entrepuentes inferiores o en el plan de la bodega.

Una de las necesidades de los buques que transportan grano a granel es el cálculo de la altura metacéntrica adecuada para realizar una navegación segura en todas las condiciones de carga y lastre. El grano es una carga que, al igual que los líquidos, obliga a introducir una corrección en la altura metacéntrica, que debe ser calculada y aplicada.

El sistema de ventilación de bodegas y tanques altos es utilizado en la preparación de las bodegas para la carga, siendo su función eliminar la humedad de los espacios de carga evitando que pueda afectar al grano cargado y que éste se descomponga, ya que estos daños son irreversibles, pudiendo ocasionar la pérdida de toda la carga del espacio. Otro problema que puede causar el grano hinchado es la acumulación de gases ejerciendo una presión sobre los mamparos y tapas de escotilla.

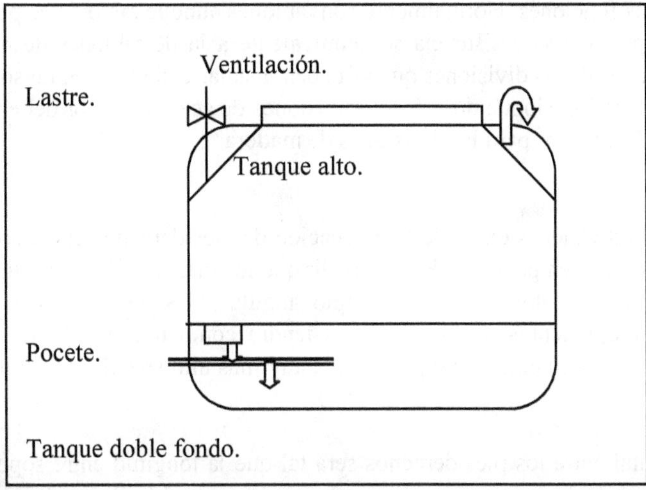

Figura 53 Interior de una bodega

Los tanque altos utilizados para carga y lastre disponen de tubería de conexión con el doble fondo de la bodega y un registro de gran diámetro para comunicar la carga con la bodega al descargar. Un pozo situado en un lateral de la bodega y hacia popa recoge las aguas procedentes del lastre o del baldeo de la bodega. Este pozo comunica el plan de la bodega con el doble fondo, desde donde los líquidos son aspirados mediante la bomba de lastre y descargados por el costado o por fondo. El pozo dispone de rejilla, tapa de registro y filtro para retener las partículas sólidas que deben ser recogidas manualmente y retiradas de la bodega.

6.5 Dispositivos inmovilizadores del grano

La estiba de cereales a granel debido a sus características puede tener un comportamiento semejante al de un fluido de alta viscosidad, razón por la cual es necesario disponer de elementos y sistemas capaces de inmovilizarlo de manera segura y evitar que cause problemas durante su manipulación. También se debe tener en cuenta que la mayoría de los problemas durante el transporte se presentan cuando los espacios de carga se han llenado parcialmente.

Los dispositivos que se usan para inmovilizar el grano a granel en el interior de los espacios de carga pueden estar constituidos por elementos que son utilizados individualmente o formando parte de sistemas que se aplicarán en función del grado de llenado de las bodegas.

6.5.1 Elementos utilizados

Las necesidades para inmovilizar el grano a granel en las bodegas, que son cubiertas por los elementos empleados, son descritas indicando sus características.

➢ *Tablas/tablones*

El material utilizado para la construcción de los elementos empleados en divisiones destinadas a inmovilizar el grano suelen ser acero y/o madera. El primero tendrá sus propiedades mecánicas contrastadas para su trabajo. La madera deberá estar sana y ser de buena calidad para cumplir satisfactoriamente sus funciones. Normalmente son tablones aunque también se podrá emplear madera contrachapada siempre que su resistencia sea equivalente a la de tablones de madera maciza. Para calcular las dimensiones de las divisiones que se deben instalar con carga en un solo lado, se utilizarán las tablas[163] 15, 16, 17 y 18, adoptándose en las divisiones de acero un valor del esfuerzo de trabajo de 19,6 kN/cm^2 y de 1,57 kN/cm^2 para las divisiones de madera[164].

➢ *Pies derechos*

La preparación de las divisiones exige de la colocación de pies derechos como soporte de ayuda para mantener tablas y tablones en posición. Para impedir que los pies derechos se salgan de sus tinteros se proveen de medios que lo impidan, por ejemplo angulares. Si no disponen de esos medios, la profundidad de los alojamientos de los extremos tendrá como mínimo de 75 mm. Cuando el pie derecho no está sujeto por su extremo superior, el estay más alto se colocará lo más cerca posible de dicho extremo.

La distancia horizontal entre los pies derechos será tal que la longitud entre soportes de los tablones amovibles no exceda de la máxima especificada en la tabla 14. Respecto a las condiciones de resistencia que debe tener un pie derecho, se tendrá en cuenta que el momento flector máximo a que está sometido cuando soporta una división con carga en un solo lado es el obtenido al suponer que está simplemente apoyado en sus extremos. Pero se puede aceptar una reducción del momento flector máximo al fijar los extremos.

Si un pie derecho u otro elemento utilizado como refuerzo está formado por dos secciones distintas y acopladas mediante pernos pasantes adecuadamente espaciados, se considera que el módulo resistente es igual a la suma de los módulos de las dos secciones. Los medios previstos para insertar las arcadas desmontando una parte de la sección de un pie derecho serán tales que los esfuerzos locales no sean excesivos. Cuando se utilizan pies derechos de acero para proporcionar soporte a divisiones con carga en ambos lados el módulo resistente tendrá un valor de:

$$W = A * W_1$$

Donde:

- W es el módulo resistente, en centímetros cúbicos.
- A es la distancia horizontal entre pies derechos, en metros.
- h_1 es la distancia vertical entre soportes, en metros, que habrá que considerar como la mayor de las distancias entre cualquier par de estayes adyacentes o entre un estay y cualquiera de los extremos del pie derecho. Cuando la distancia sea inferior a 2,4 m, el módulo correspondiente será calculado como si el valor real fuese de 2,4 m.
- El módulo resistente por metro de distancia entre pies derechos W no será inferior al valor dado por la fórmula:
  $W_1 = 14{,}8\ (h_1 - 1{,}2)\ cm^3/m$. $W_1=14{,}8\ (2{,}4-1{,}2)=20{,}72 cm^3/m$. (mínimo).

Cuando los pies derechos son de madera, los módulos resistentes, se calcularán multiplicando los módulos correspondientes de los pies derechos de acero por 12,5. Si se emplea otro material, su módulo será por lo menos igual al requerido para el acero, aumentado en función de la relación entre los esfuerzos admisibles para el acero y el material empleado. En estos casos habrá que tener en cuenta también la rigidez relativa de cada uno de los pies derechos para que la flexión no sea excesiva.

➢ *Estays*

Los *estays* son elementos constituidos por cables de acero que se instalan horizontalmente o lo más cerca posible de la horizontal y se fijarán firmemente por sus extremos. Cuando se utilicen *estays* para sujetar divisiones con carga en ambos lados la mena de los cables se determinará suponiendo que la división y el pie derecho sostenido por el estay soportan una carga uniforme de 4,9 kN/m^2. Las dimensiones de los *estays* se calcularán de forma que las cargas obtenidas según las tablas 15, 16, 17 y 18 no excedan de un tercio de las cargas de rotura.

➢ *Puntales*

Los puntales de madera que se utilicen serán de una sola pieza, se fijarán debidamente por cada extremo y se apoyarán en la estructura permanente del buque pero no directamente en las planchas del costado. Los puntales de madera se ajustarán a las dimensiones mínimas de la tabla 13 pudiendo ser calculadas de forma que las cargas obtenidas no excedan de un tercio de las cargas de rotura.

Longitud de los puntales	**Sección rectangular en mm**	**Diámetro de la sección circular en mm**
Inferior a 3 m	150*100	140
Superior a 3 m pero no a 5 m	150*150	165
Superior a 5 m pero no a 6 m	150*150	180
Superior a 6 m pero no a 7 m	200*150	190
Superior a 7 m pero no a 8 m	200*150	200
Superior a 8 m	200*150	215

Tabla 13 Dimensiones de puntales de madera

La aplicación de los datos obtenidos de la tabla en los casos prácticos tiene algunas connotaciones debido a que no cubren todos los supuestos de medidas o diámetros que se puedan dar a la hora de preparar los dispositivos a bordo de un buque, por ejemplo:

- Cuando la longitud de los puntales sobrepase los 7 metros, se arriostrarán debidamente en su punto medio o cercano a él.
- Cuando la distancia horizontal entre los pies derechos difiera sensiblemente de los 4 metros, los momentos de inercia de los puntales se podrán modificar en proporción directa.
- Cuando el ángulo formado por un puntal con la horizontal exceda de 10°, se empleará el puntal de sección inmediatamente superior al obtenido en la tabla, a condición de que el ángulo formado por el puntal con la horizontal nunca supera los 45°.

6.5.2 Sistemas inmovilizadores

Los sistemas utilizados para inmovilizar el grano tienen como objetivo eliminar los problemas de estabilidad que se pueden producir y reducir el momento escorante. Los sistemas se dividen en dos grupos: los utilizados en compartimentos llenos y los que se colocan en compartimentos parcialmente llenos. También hay sistemas que se utilizan indistintamente de que el espacio este total o parcialmente lleno. En todos ellos se pueden preparar dispositivos para inmovilizar el grano dentro del compartimento, algunos de los cuales son descritos a continuación.

1. Sistemas utilizados indistintamente del estado de llenado del espacio de carga en el cual son colocados para inmovilizar el grano

Arcadas

Las arcadas son dispositivos que son utilizados para inmovilizar el grano en las bodegas, indistintamente del estado de llenado de la bodega. Las arcadas o divisiones se construyen para separar el grano en dos partes o para segregar en una bodega la carga a granel de otro tipo de carga sólida, que también puede ser a granel o general. La preparación de las arcadas tiene pequeñas diferencias en función de que la división se construya para carga en ambos lados o en un solo lado. En la construcción de las arcadas se utilizan, tablas, tablones, puntales, pies derechos, *estays*, trincas y tensores. Todos estos elementos sirven para disponer de un sistema capaz de inmovilizar el grano en los espacios de carga de forma eficaz, evitando que su desplazamiento pueda poner en peligro la estabilidad del buque.

Una norma general que se deberá tener en cuenta es que cuando la división no alcance la misma altura que el espacio de carga donde es instalada, tanto ella como sus pies derechos se afirmarán con soportes o *estays*, de forma que su eficacia sea la misma que si llegasen hasta el fondo del espacio de carga.

➢ *Divisiones con carga en ambos lados*

Las arcadas se construyen con tablas de madera que tienen un espesor mínimo de 50 mm y sus extremos estarán firmemente empotrados con una profundidad mínima de apoyo de 75 mm. Podrá ser utilizado un material distinto de la madera siempre que tenga una resistencia equivalente. Las arcadas se montarán en general longitudinalmente dividiendo la bodega en dos partes para de esta forma reducir la superficie del grano, lo cual influye directamente en la corrección que se debe aplicar a la altura metacéntrica. Las arcadas deben ser estancas al grano y son soportadas por un número de pies derechos que dependerá de la longitud de la bodega y su separación máxima estará en función de su espesor, siendo calculada mediante la tabla 14, siempre que los valores estén entre 50 y 80 mm, para valores superiores del espesor la máxima longitud entre soportes variará en proporción directa del aumento del espesor.

Espesor en mm.	Máxima longitud entre soportes en metros.
50	2,50
60	3,00
70	3,50
80	4,00

Tabla 14 Separación de arcadas según el espesor

➢ *Divisiones con carga en un solo lado*

Las arcadas colocadas en una bodega para inmovilizar la carga de grano a granel que queremos situar en un solo lado de la misma, está formada por los mismos elementos que si la carga se coloca a ambos lados, pero sus características tienen algunas diferencias. Para analizar estas arcadas se dividen en dos tipos, según puedan estar colocadas transversal o longitudinalmente en la bodega, y en ambos tipos se calcula mediante tablas los valores de la presión generada por el grano a granel.

Cuando se preparan divisiones longitudinales en la bodega se pretende, por lo general, optimizar el espacio de carga aprovechando su volumen. La preparación de la arcada supone una presión ejercida sobre ella en la parte donde está estibado el grano. Esta presión o carga en *newtons* por metro de longitud será la obtenida mediante la siguiente tabla.

h, altura en metros	B, extensión transversal de la carga de grano a granel en metros							
	2	3	4	5	6	7	8	10
1,50	8,336	8,826	9,905	12,013	14,710	17,358	20,202	25,939
2,00	13,631	14,759	16,769	19,466	22,506	25,546	28,733	35,206
2,50	19,466	21,182	23,830	26,870	30,303	33,686	37,265	44,473
3,00	25,644	27,900	30,891	34,323	38,099	41,874	45,797	53,740
3,50	31,148	34,568	37,952	41,72	45,895	50,014	54,329	63,008
4,00	38,148	41,286	45,013	49,180	53,691	58,202	62,861	72,275
4,50	44,473	47,955	52,073	56,584	61,488	66,342	71,392	81,542
5,00	50,847	54,623	59,134	64,037	69,284	74.531	79,924	90,810
6,00	63,498	68,009	73,256	78,894	84,877	90,859	96,988	109,344

Tabla 15 Relación entre longitud y altura de la arcada

La aplicación de la tabla 15 precisa de algunas explicaciones sobre su utilización que son detalladas a continuación en los siguientes puntos:

- Los valores de h expresan la altura del grano en metros desde la base de la división colocada en la bodega.
- Cuando en la bodega se coloca la arcada y se llena el compartimiento, el valor de su altura se tomará hasta la cubierta situada por encima del nivel de la división.
- Cuando la distancia de una división a una escotilla sea de un metro o menos, el valor de la altura se medirá hasta el nivel del grano dentro de dicha escotilla.
- Para los valores intermedios de la extensión del grano y de su altura, cuando ésta sea igual o inferior a seis metros, podrán ser calculados por interpolación lineal en la tabla 15.

- Para valores de la altura superiores a seis metros, la presión de la carga sobre la división se calcula mediante la siguiente fórmula:

$$P = f * h^2$$

Donde:

P se obtiene en *newtons* por metro de longitud de la división.

B y h, se expresan en metros y su cociente es el valor de entrada en la tabla 16.

B/h	0,2	0,3	0,4	0,5	0,6	0,7	0,8	1,0	1,2	1,4	1,6	1,8
f	1,687	1,742	1,809	1,889	1,976	2,064	2,159	2,358	2,446	2,762	2,968	3,174
B/h	2,0	2,2	2,4	2,6	2,8	3,0	3,5	4,0	5,0	6,0	8,0	
f	3,380	3,586	3,792	3,998	4,204	4,410	4,925	5,440	6,469	7,499	9,559	

Tabla 16 Cálculo de f en función de B/h

La utilización de arcadas longitudinales en la bodega puede presentar problemas de mala distribución de pesos que hay que controlar para evitar que se produzcan escoras, por un exceso de acumulación de peso en una banda.

Cuando se preparan divisiones transversales en la bodega se pretende, por lo general, optimizar el espacio de carga aprovechando su volumen. La preparación de la arcada supone una presión ejercida sobre ella en la parte donde está estibado el grano. Esta presión o carga en *newtons* por metro de longitud será la obtenida mediante la tabla 17.

h, altura en m	**L, extensión longitudinal de la carga de grano a granel en metros**										
	2	**3**	**4**	**5**	**6**	**7**	**8**	**10**	**12**	**14**	**16**
1,50	6,570	6,767	7,159	7,649	8,189	8,728	9,169	9,807	10,199	10,297	10,297
2,00	10,199	10.787	11,474	12,209	12,994	13,729	14,416	15,445	16,083	16,279	16,279
2,50	14,318	15,347	16,426	17,456	18,437	19,417	20,349	21,673	22,408	22,604	22,604
3,00	18,878	20,251	21,624	22,948	24,222	25,399	26,429	27,900	28,684	28,930	28,930
3,50	23,781	25,546	27,164	28,733	30,155	31,430	32,558	34,127	35,010	35,255	35,255
4,00	28,930	30,989	32,901	34,667	36,187	37,559	38,736	40,403	41,286	41,531	41,580
4,50	34,274	36,530	28,638	40,501	42,120	43,542	44,767	46,582	47,562	47,856	47,905
5,00	39,717	42,218	44,473	46,434	48,151	49,622	50,897	52,809	53,839	54,182	54,231
6,00	50,749	53,593	56,094	58,301	60,164	61,782	63,204	65,263	66,440	66,832	66,930

Tabla 17 Relación entre longitud y altura de la arcada

La aplicación de la tabla sugiere algunas explicaciones que son semejantes a las vistas para el caso de divisiones longitudinales y son las siguientes:

- Los valores de h expresan la altura del grano en metros desde la base de la división.
- Cuando en la bodega se coloca la arcada y se llena el compartimiento, el valor de su altura se tomará hasta la cubierta situada por encima del nivel de la división.

- Cuando la distancia de una división a una escotilla sea de un metro o menos, el valor de la altura se medirá hasta el nivel del grano dentro de dicha escotilla.
- Para los valores intermedios de la extensión del grano y de su altura, cuando ésta sea igual o inferior a seis metros, podrán ser calculados por interpolación lineal en la tabla.
- Para valores de la altura superiores a seis metros, la presión de la carga sobre la división se calcula mediante la siguiente fórmula:

$$P = f * h^2$$

Donde:

P se obtiene en *newtons* por metro de longitud de la división.

L y h se expresan en metros y su cociente es el valor de entrada en la tabla 18.

L/h	0,2	0,3	0,4	0,5	0,6	0,7	0,8	1,0	1,2	1,4	1,6	1,8
F	1,334	1,395	1,444	1,489	1,532	1,571	1,606	1,671	1,725	1,769	1,803	1,829
L/h	2,0	2,2	2,4	2,6	2,8	3,0	3,5	4,0	5,0	6,0	8,0	
F	1,846	1,853	1,857	1,859	1,859	1,859	1,859	1,859	1,859	1,859	1,859	

Tabla 18 Cálculo de f en función de L/h

La utilización de arcadas transversales en la bodega puede presentar problemas de mala distribución de pesos que pueden causar una concentración de esfuerzos cortantes y momentos flectores. El exceso de peso en el espacio de carga puede incidir sobre los calados creando un asiento más aproante o apopante.

Generalizando sobre el contenido y explicaciones de las tablas expuestas, se puede suponer, si se considera necesario que las cargas totales por unidad de longitud de la división indicadas en las tablas tengan una distribución trapezoidal en función de la altura, las cargas de reacción en los extremos superior e inferior de un elemento vertical o pie derecho no son iguales.

La resistencia de las conexiones extremas de los elementos verticales o pies derechos puede calcularse en función de la máxima carga que pueda tener que soportar cada extremo y dependiendo si forman parte de un tipo u otro de arcada son las siguientes:

Para divisiones longitudinales:

Carga máxima en la parte superior, 50% de la carga total según la tabla de valoraciones.

Carga máxima en la parte inferior, 55% de la carga total según la tabla de valoraciones.

Divisiones transversales:

Carga máxima en la parte superior, 45% de la carga total según la tabla de valoraciones.

Carga máxima en la parte inferior, 60% de la carga total según la tabla de valoraciones.

2. Sistemas inmovilizadores para utilizar en compartimentos que están llenos y han sido enrasados al terminar la carga: cubetas y enfardado.

➢ *Cubetas*

En algunas ocasiones las divisiones longitudinales pueden ser complicadas de utilizar, por lo cual si el compartimiento está lleno y enrasado, se colocan cubetas. Esta sustitución de las divisiones longitudinales por cubetas no es factible en todos los casos, por ejemplo, cuando la carga sea linaza u otras semillas de propiedades análogas, por la fluidez que presenta estos productos.

La cubeta tendrá su parte superior o boca formada por la estructura que existe debajo de la cubierta en torno a la escotilla, es decir, las esloras o brazolas y los baos de refuerzo de la escotilla. La cubeta y la parte de escotilla situada encima se llenarán con sacos de grano colocados sobre una lona u otro medio de separación equivalente y apretada contra la estructura adyacente de modo que descansen sobre ella hasta una profundidad dada por las siguientes características:

- La profundidad de la cubeta es medida desde el fondo de la misma hasta la línea de cubierta.
- La profundidad será igual o superior a la mitad de los siguientes valores:
  - 1,20 metros o más para buques con una manga de trazado de hasta 9,10 m
  - 1,80 metros o más para buques con una manga de trazado igual o superior a 18,30 m
- Una profundidad mínima calculada por interpolación para buques con una manga de trazado comprendida entre 9,10 y 18,30 m

Si no se dispone de una superficie de apoyo en la estructura del casco, la cubeta se fijará en su posición por medio de trincas de cable de acero, de cadena o doble fleje de acero, dispuestas a intervalos de 2,4 metros como máximo.

➢ *Enfardado*

El enfardado con grano ensacado es un sistema para inmovilizar el grano que puede sustituir en un compartimiento lleno enrasado a la cubeta es un fardo adaptado a la forma de la cubeta y con grano a granel. Sus características deben ser aceptadas por la administración y entre otras son las siguientes:

- Las dimensiones y los medios de sujeción del fardo serán los especificados para la cubeta.
- El espacio que cubre el fardo será la cubeta, que irá revestido de un material cuya resistencia a la tracción debe ser mayor de 2687 N sobre una banda de 5 cm y medios para sujetarlo con firmeza en la parte superior.
- También se podrá utilizar otro material cuya resistencia a la tracción sea sobre una banda de 5 centímetros la mitad del valor mencionada anteriormente, pero siempre que se construya del modo siguiente:
  - Poniendo trincas transversales a intervalos que no excedan de 2,40 metros, colocadas dentro de la cubeta formada en el grano a granel. Estas trincas tendrán la longitud suficiente para poder tesarlas y sujetarlas en la parte superior de la cubeta. Las trincas deberán estar revestidas con el fin de evitar que corten o desgasten el material utilizado para construir el fardo.
  - A continuación poner longitudinalmente tablas de madera con un espesor mayor de 25 mm, con un ancho de 150 a 300 mm. Si usamos otro material, su resistencia será equivalente. Si se emplean varias piezas de material para revestir la cubeta, se las unirá en el fondo mediante una costura o un doble solape
  - La parte superior de la cubeta coincidirá con el canto inferior de los baos cuando estén en su lugar y se podrá colocar carga general apropiada o grano a granel entre éstos por encima de la cubeta.

3. Sistemas inmovilizadores para utilizar en compartimentos que han quedado parcialmente llenos al terminar las operaciones de carga: medios de sobreestiba, flejes o trincas y tela metálica

➢ *Medios de sobreestiba*

En los casos en los que se utilice grano ensacado u otro producto que sea apropiado para inmovilizar la carga en los compartimientos parcialmente llenos, se nivelará la superficie libre del grano, cubriéndola con una lona de separación o con un entarimado constituido por largueros dispuestos a intervalos de 1,20 m como máximo y tablas de 25 mm de espesor colocadas sobre aquellos a intervalos de 100 mm como máximo.

El entarimado o la lona de separación serán cubiertos con grano ensacado, firmemente estibado hasta una altura superior a un dieciseisavo de la anchura máxima de la superficie libre del grano, o 1,20 m, si este último valor fuese mayor. En lugar de grano ensacado se podrá utilizar otra carga que ejerza al menos la misma presión que el grano ensacado y alcanzando la altura indicada para él.

➢ *Flejes o trincas*

El sistema de sujeción de flejes o trincas además de inmovilizar el grano ejerce otra función: se puede emplear para eliminar los momentos escorantes en compartimientos parcialmente llenos; en ese caso, la preparación de esta sujeción se llevará a cabo del modo siguiente:

- Se enrasará y nivelará el grano hasta que su superficie quede ligeramente abombada, recubriéndola con arpilleras, encerados u otros materiales similares. Estos elementos tendrán un solape de al menos 1,80 metros.
- Se prepararán dos entarimados sólidos de tablones de 25 mm por 150 mm a 300 mm de separación, superpuestos de modo que los tablones del de arriba, dispuestos longitudinalmente estén clavados a los del de abajo que han sido colocados transversalmente. En lugar de esta disposición se podrá hacer un entarimado de tablones de 50 mm de lado, colocados longitudinalmente y clavados a la cara superior de soportes de 50 mm de espesor con una anchura mayor de 150 mm. Estos soportes se extenderán a todo lo ancho del compartimiento e irán dispuestos a intervalos de 2,40 m como máximo.
- Las trincas podrán estar construidas de cable de acero con un diámetro de 19 mm, utilizándose cuatro mordazas para formar las gazas, de doble fleje de acero de 50 mm por 1,30 mm, con una carga de rotura de 49 kN como mínimo, yendo los extremos sujetos por tres cierres indeslizables por lo menos; o de cadena de una resistencia equivalente, utilizándose para tensarlas un acollador de 32 mm.
- Antes de terminar la operación de carga, se sujetarán firmemente las trincas a las cuadernas mediante un grillete de 25 mm o una abrazadera de resistencia equivalente, a unos 450 mm por debajo de lo que será la superficie definitiva del grano.
- Las trincas quedarán dispuestas a intervalos de 2,40 metros como máximo y cada una de ellas se apoyará en un soporte clavado en la cara superior del entarimado longitudinal. Estos soportes serán tablones de madera de 25 mm por 150 mm como mínimo y ocuparán toda la anchura del compartimiento.

➢ *Tela metálica*

La tela metálica es un dispositivo que permite la inmovilización del grano; su objetivo es el mismo que los descritos anteriormente, la sujeción mediante flejes o trincas, es decir, eliminar los momentos escorantes en compartimientos parcialmente llenos, eliminando el movimiento del grano a granel. Su preparación es similar a la utilización de flejes o trincas y tendrá en cuenta las siguientes directrices:

- Se enrasará y nivelará el grano hasta que su superficie quede ligeramente abombada a lo largo del eje longitudinal del compartimiento y se recubrirá con arpilleras, encerados u otro material similar, con una resistencia a la tracción superior a 1344 N por banda de 5 cm.
- Sobre la arpillera o el recubrimiento utilizado, se colocan dos capas superpuestas de tela metálica, la inferior en sentido transversal y la superior en sentido longitudinal, para reforzar el conjunto. Las piezas de tela metálica formarán un solape de 75 mm como mínimo.
- La tela metálica empleada como refuerzo será fabricada con alambre de acero de 3 mm de diámetro, cuya resistencia a la rotura es de 52 kN/cm^2 por lo menos, soldado en forma de cuadrados de 150*150 mm. Los extremos de la tela metálica se aguantarán a babor y estribor del compartimiento con tablones de madera de 150*50 mm.

- Las trincas de sujeción, tendidas transversalmente de un extremo a otro del compartimiento, se colocarán a intervalos de 2,4 metros como máximo. No obstante, la primera y la última trinca no distarán más de 300 mm del mamparo de proa o de popa. Antes de terminar la operación de carga las trincas se sujetarán firmemente a las cuadernas mediante un grillete de 25 mm, que es colocado 450 mm por debajo de la superficie definitiva del grano y pasarán desde este punto por encima de los tablones colocados a babor y estribor, cuya función consiste en repartir la presión que ejercen hacia abajo las trincas. Debajo de cada trinca, se colocarán transversalmente y bien centrados, a todo lo ancho del compartimiento, dos tablones superpuestos de 150*25 mm.
- Las trincas podrán estar construidas de cable de acero con un diámetro de 19 mm, utilizándose cuatro mordazas para formar las gazas, de doble fleje de acero de 50 mm por 1,30 mm, con una carga de rotura de 49 kN como mínimo, yendo los extremos sujetos por tres cierres indeslizables por lo menos; o construidas de cadena de una resistencia equivalente. En ambos casos se deben utilizar medios mecánicos para tensarlas, pues la fuerza que pueden ofrecer es excesiva para realizar la operación manualmente.

6.6 Preparación de los espacios de carga

El viaje del buque en lastre hasta el puerto de carga se emplea para acondicionar los espacios de carga y poder recibir la mercancía en puerto. Antes de la llegada del buque será necesario realizar una serie de operaciones encaminadas a preparar esos espacios en los cuales se estibarán las mercancías. Las bodegas serán inspeccionadas por personal de tierra, que determinará si son aptas para empezar a cargar.

La preparación de los espacios de carga depende de su estructura y de la carga que hayan contenido en el último viaje. Si la carga anterior ha sido el mismo grano que vamos cargar u otro similar y compatible, bastará con retirar los restos sólidos que haya en las bodegas y ventilar el espacio procurando que el grado de humedad sea mínimo. Cuando se prevé un cambio de la carga y ésta es incompatible con la última transportada, además de todo lo anterior deberemos acondicionar las bodegas descontaminándolas y ambientándolas para la nueva carga.

Las operaciones que pueden realizarse en los espacios de carga estarán en función de sus necesidades, que dependerán, como se ha indicado anteriormente, del tipo de carga manipulada, ya que el objetivo es preparar los espacios para recibir la carga y que no se contamine, ni se deteriore durante su traslado. Las operaciones generales son las siguientes: barrer, es decir, retirar residuos sólidos; baldear para eliminar las adherencias de polvo y cascarilla desprendidos por los cereales; secar, ya que el espacio no puede contener residuos líquidos; ventilar para eliminar la atmósfera húmeda; fumigar cuando existan insectos indeseables; olorizar para eliminar olores que puedan ser adquiridos por la carga; finalmente, pasar una ronda de inspección verificando que el espacio se encuentra listo para recibir una nueva carga.

➢ *Operación de barrer*

La limpieza implica adecuar los espacios de carga que pueden ser bodegas y tanques altos, eliminando todos los residuos sólidos que puedan quedar de cargas anteriores o los restos producidos durante las operaciones de descargar. Los cereales suelen quedar después de la descarga en las esquinas y rincones de los refuerzos de las bodegas, por lo cual se deben barrer comenzando por las partes altas hacia el plan de la bodega. Cuando los residuos son abundantes, será necesario retirarlos mediante pequeñas grúas accionadas por motores eléctricos o aire, que permitirán elevar los residuos hacia cubierta.

➢ *Operación de baldear*
Las bodegas quedan ensuciadas por las cargas que son estibadas en su interior especialmente cuando se transportan harinas o se hacen reparaciones. También suelen acumular suciedad en forma de manchas por pequeñas cantidades de cereales que quedan pegados a los costados y se pudran por la exudación producida por los mamparos de acero. Por todo ello, una vez han sido barridas las bodegas y retirados todos los residuos, se inspeccionarán los filtros que deberán quedar limpios para facilitar el drenaje.

Terminada la operación de recogida de residuos, se procederá a baldear, siempre que sea necesario, con un chorro de agua a presión capaz retirar las pequeñas partículas de grano que quedan y el polvo que se haya depositado como consecuencia de la operación de barrido. Durante la operación de baldeo se debe tener cuidado de que los restos que el agua arrastre hacia el pozo de comunicación con el doble fondo no los obstruyan, para lo cual debe ser protegido mediante un filtro metálico con un reticulado de pequeño tamaño, que se limpiará cuantas veces se considere necesario. La operación de baldeo puede ir precedida en ocasiones de agua con detergentes; si así se hiciera, habrá que aplicar primero el detergente y después baldear con agua para eliminar los residuos de producto.

➢ *Operación de secar*
El agua es un producto que produce daños irreversibles en los distintos tipos de grano por lo cual es necesario eliminarla totalmente mediante medios mecánicos. El grano en todas sus variantes al estar en contacto con el agua se hincha, reventado, pudiendo germinar o entrar en estado de putrefacción; en resumen, se deteriora. Las operaciones de secado se llevan a cabo mediante cualquier equipo con capacidad para eliminar el agua de los mamparos y de toda la estructura del espacio de carga.

➢ *Operación de ventilar*
Los equipos de ventilación utilizados en los espacios de carga cumplen los siguientes objetivos: extraer la humedad existente en el espacio de carga, controlar los gases procedentes de otras operaciones, por ejemplo, la de fumigar u odorizar y finalmente, en algunos casos, eliminar las partículas de polvo que hayan quedado, por ejemplo, después de barrer.

➢ *Operación de fumigar*
La presencia de plagas de insectos o roedores es perjudicial para la salud humana debido a la transmisión de enfermedades que pueden realizar y a los desperfectos que pueden causar en la carga, por todo ello es necesario eliminarlos mediante la utilización de plaguicidas. La forma de ejecutar la operación es partir de los principios de seguridad y cumplirlos. Por ejemplo, la regla 4 de la parte A del capítulo VI dice concretamente: "*Se tomarán las precauciones apropiadas de seguridad cuando se utilizan plaguicidas en los buques, especialmente si se trata de fumigar*".

Tanto los insectos y ácaros como los roedores entran en los espacios de carga con los cereales, y si no fueran eliminados, permanecerían en las bodegas eternamente, con la particularidad de que se reproducen rápidamente; por ello, para evitar la presencia de estos huéspedes peligrosos, se procede a fumigar las bodegas.

Antes de proceder a la operación de fumigación, deben ponerse avisos para que la tripulación conozca la fecha, hora y tipo de fumigante empleado, ya que la mayoría son tóxicos y peligrosos para la salud humana. El producto se aplica al espacio de carga poniendo especial cuidado en atacar lugares donde se pueden esconder, por ejemplo, debajo de las soleras, protectores de cables eléctricos, pocetes de sentina o las tapas de los doble fondos.

➢ *Operación de olorizar*
La atmósfera de las bodegas puede quedar contaminada por gases que produzcan olores que al ser transmitidos a la carga la dañen y pueden dejarla inservible, por esta razón es necesario extraer estos

olores a base de introducir aerosoles que actúen sobre el mal olor que está en la atmósfera y el que se ha depositado en la estructura de la bodega.

Las operaciones de limpieza descritas se aplicarán en parte o en su totalidad, teniendo en cuenta el estado en que se encuentren las bodegas, que puede ser, que hayan contenido lastre o que estén vacías, en ambos casos van a recibir carga. En el primer caso, se trata normalmente de la bodega inundable y/o de los tanques altos, y en el segundo serán bodegas que pueden haber contenido una carga similar o compatible a la que se va a tomar o una carga incompatible.

El tratamiento que recibe la bodega inundable y los tanques altos que contienen lastre y el acondicionamiento para recibir una carga de grano a granel necesitan ejecutar las siguientes operaciones:

- Deslastrar y reachicar los espacios con lastre, retirando los residuos de lastre con objeto de reducir el peso en los tanques para aumentar la capacidad de transporte y dejar los espacios sin agua.
- Secar para eliminar los residuos del agua de lastre.
- Ventilar para airear el espacio y retirar la atmósfera húmeda que quede.
- Inspeccionar.

Cuando las bodegas están vacías y van a recibir una carga igual que la anterior, las operaciones que se deben realizar son básicamente limpiar el espacio de los restos de la anterior carga:

- Barrer los restos de grano de la carga anterior y retirar residuos sólidos.
- Ventilar para retirar el polvo y airear para mantener el espacio libre de humedad.
- Inspeccionar.

Cuando las bodegas están vacías, pero la carga anterior es incompatible con la que se va a cargar, las operaciones que se deben realizar para acondicionarlas son:

- Barrer los restos anteriores de carga retirando los residuos sólidos.
- Baldear para eliminar los vestigios de la anterior carga y el polvo acumulado en los mamparos.
- Secar para eliminar el agua de baldeo.
- Ventilar para airear el espacio y retirar la atmósfera húmeda que quede.
- Inspeccionar.

6.7 Planificación de las operaciones

Los datos que se presentan para realizar la planificación están basados en varios puntos de partida que se consideran generales para todos los buques y algunos que son característicos para buques construidos especialmente para dedicarse al transporte de cereales. En todos los casos se prepara una planificación para la realización de las operaciones, en la cual se incluyen los procedimientos de manipulación de las mercancías y se proporcionan directrices para realizar los cálculos y las normas para la preparación de los planos de estiba. Los puntos de partida son los siguientes:

- Las características de los espacios del buque que serán dedicados a la carga y al lastre, es decir, dimensiones de bodegas y tanques.
- Las propiedades físicas y químicas de los productos, ya que influyen en la ubicación dentro de los espacios de carga.
- Las normas de seguridad que se deben tener en cuenta para realizar las operaciones de manipulación de los cereales sin correr riesgos innecesarios.

- Las listas para inspeccionar, que deben ser preparadas teniendo en cuenta el estado de todos los espacios de carga antes y después de haberlos acondicionado para recibir la carga.
- Los cálculos para averiguar el peso de la carga que se puede embarcar.
- Los procedimientos para la distribución de la carga de forma segura según los criterios de estabilidad y condiciones que el buque requiere para poder navegar de forma segura.
- La planificación de la carga se ajustará a todos estos puntos y respetará en todo momento los valores críticos de momentos flectores y esfuerzos cortantes, que se puedan producir durante la realización de las operaciones.

La preparación de la planificación incluirá la documentación que el Capitán deberá presentar antes de cargar el grano a granel para demostrar, si así lo exigiera el gobierno contratante del país en que se halle el puerto de carga, que el buque puede cumplir en todas las etapas del viaje los criterios de estabilidad prescritos en la legislación.

Los puntos indicados tienen como objetivos finales: primero determinar los calados de salida del buque, los calados que tendrá en el intermedio del viaje y los calados finales de llegada al puerto de descarga; en segundo lugar, el objeto es conocer el número de toneladas que se deben estibar en cada fase de la carga de bodegas y, finalmente, calcular el número de toneladas que constituye la carga completa.

6.7.1 Cálculos

Una vez estibado el grano en las bodegas, es necesario realizar el cálculo final de los momentos escorantes que se puedan producir debido a un desplazamiento de la superficie de la carga estibada. El cálculo se basa en las hipótesis de compartimentos que están llenos enrasados o sin enrasar y sobre los compartimentos que están parcialmente llenos.

a) En los compartimientos llenos que hayan sido enrasados en la mayor medida posible, quedan llenos todos los espacios situados bajo las cubiertas y en las tapas de escotilla donde todas las superficies límite cuya inclinación con respecto a la horizontal sea inferior a 30° queda un espacio vacío entre la superficie del grano y la superficie límite, siendo éstas paralelas y calculándose la distancia entre ellas de acuerdo con la fórmula siguiente:

$$V_d = V_{d_1} + 0{,}75(d - 600)\ \text{mm}$$

Donde:

V_d, profundidad del espacio en mm. En ningún caso se supondrá que $V_d < 100$ mm

Vd_1, profundidad normal de espacio indicada en la tabla

d, altura real de la eslora de refuerzo en mm. A la altura de la eslora de refuerzo se le asigna un valor igual a la altura de la eslora o a la del bao de escotilla, si ésta fuese menor.

a. Distancia desde el extremo o el costado de la escotilla al límite en metros **b. Profundidad normal del espacio Vd_1 en milímetros**																
a	0,5	1,0	1,5	2,0	2,5	3,0	3,5	4,0	4,5	5,0	5,5	6,0	6,5	7,0	7,5	8,0
b	570	530	500	480	450	440	430	430	430	430	450	470	490	520	550	590

Tabla 19 Relación entre la distancia y la profundidad

La tabla precisa de las siguientes aclaraciones:

- Cuando la distancia hasta el límite del compartimiento supera los ocho metros, la profundidad normal del espacio se extrapola linealmente a razón de 80 mm por cada metro.
- En la esquina de un compartimiento, la distancia hasta el límite será medida sobre la perpendicular hasta dicho límite desde la línea de la eslora de escotilla o desde la línea del bao de escotilla, si esta distancia fuese mayor.

b) En las escotillas llenas, además de cualquier espacio abierto que quede en la tapa de las mismas, existe un espacio vacío de una profundidad media de 150 mm, medida desde la parte más baja de dicha tapa o desde la parte alta de la brazola a la superficie del grano, tomándose de estas dos distancias la menor.

c) En los compartimientos llenos sin enrasar y en que no sea preciso enrasar más allá de la periferia de la escotilla, se supondrá que la superficie del grano en el espacio bajo cubierta, una vez efectuada la carga, se inclina en todas las direcciones formando un ángulo de 30° con la horizontal desde el borde de la abertura a partir del cual empieza el espacio.

Diámetro mínimo (mm)	Area (cm^2)	Separación máxima (m)
90	63,6	0,60
100	78,5	0,75
110	95,0	0,90
120	113,1	1,07
130	133,0	1,25
140	154,0	1,45
150	177,0	1,67
160	201,0	1,90
170	227,0	2,00

Tabla 20 Aberturas de paso en los baos

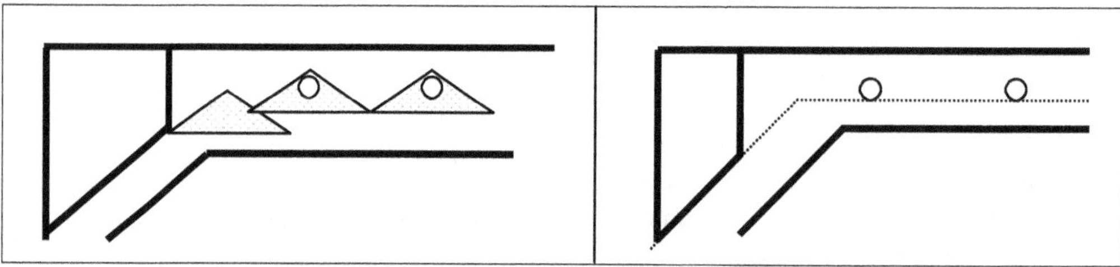

Figura 54 Enrasado del grano

d) En los compartimientos llenos sin enrasar en que no sea preciso enrasar los extremos del compartimiento, se supondrá que una vez efectuada la carga, la superficie del grano se inclina en todas las direcciones desde la zona de carga a un ángulo de 30° con la horizontal desde el borde inferior del bao de escotilla. No obstante, si hay aberturas de paso en los baos de escotilla conforme a lo indicado en la tabla 20, se supondrá que la superficie del grano, una vez efectuada la carga, se inclina en todas las direcciones a un ángulo de 30° con la horizontal desde una línea trazada en el bao de escotilla que representa la media de las crestas y los senos de la superficie real del grano, como muestra la figura 54.

Con el objetivo de demostrar que se cumplen las prescripciones de estabilidad, los cálculos de estabilidad del buque se basarán normalmente en la hipótesis de que el centro de gravedad de la carga en un compartimiento lleno enrasado coincide con el centro volumétrico de la totalidad del espacio de carga. Cuando la administración autorice a tener en cuenta el efecto de los espacios vacíos bajo cubierta, hipotéticamente sobre la altura del centro de gravedad de la carga:

- En compartimientos llenos enrasados, es necesario compensar el efecto desfavorable del corrimiento vertical de la superficie del grano, aumentando el momento escorante supuesto debido al corrimiento transversal del grano, según la fórmula:

  $$M_{et} = 1{,}06 * M_{ec}$$

  Donde:

  M_{et}, momento escorante total
  M_{ec}, momento escorante transversal calculado

  Se supondrá que en los compartimientos llenos sin enrasar, el centro de gravedad de la carga coincide con el centro volumétrico de la totalidad del espacio de carga, sin tener en cuenta para ello los espacios que quedan vacíos.

- Cuando los compartimientos están parcialmente llenos, el efecto desfavorable del corrimiento vertical de la superficie del grano se calculará por la fórmula:

  $$M_{et} = 1{,}12 * M_{ec}$$

En todos los casos expuestos, además de las explicaciones dadas se deberá tener en cuenta que el peso de la carga de un compartimiento lleno enrasado será igual al volumen de la totalidad del espacio de carga dividido por el factor de estiba.

Una vez realizados los cálculos que proporcionan los valores del momento escorante, se indicarán, siguiendo las indicaciones del Código internacional para el transporte sin riesgo de grano a granel, las directrices para el conocimiento de cómo se obtienen los datos en varios supuestos:

- El momento volumétrico escorante supuesto en un compartimento lleno enrasado
- El momento volumétrico escorante supuesto en un compartimento lleno sin enrasar
- El momento volumétrico escorante supuesto en los troncos
- El momento volumétrico escorante supuesto en un compartimento parcialmente lleno

1. Momento volumétrico escorante supuesto en un compartimento lleno enrasado. El primer caso que se contempla es el del compartimento lleno enrasado, ya que a partir de él se pueden establecer generalidades que sirven para los demás casos.

   - El movimiento de la superficie del grano está relacionado con la sección transversal de la parte de compartimento que se considera y el momento escorante resultante debe ser multiplicado por la longitud, para obtener el momento total de dicha parte.

- El momento escorante transversal supuesto debido al corrimiento del grano es consecuencia de los cambios definitivos de forma y posición de los espacios que quedan vacíos, una vez que el grano se ha asentado.
- Se supone que la superficie del grano después del corrimiento formará un ángulo de 15° con la horizontal.
- Al calcular el área máxima del espacio vacío que puede formarse contra un elemento estructural longitudinal no se tendrán en cuenta los efectos de ninguna de las superficies horizontales.
- Las áreas totales de los espacios vacíos iniciales y finales serán iguales.
- Los elementos estructurales longitudinales estancos al grano se consideran eficaces en toda su profundidad, salvo cuando se instalan para reducir el efecto desfavorable del corrimiento del grano, en cuyo caso se aplican las disposiciones contempladas anteriormente.

Según la hipótesis de trabajo, se supone que el momento escorante total de un compartimento se obtiene sumando los resultados parciales obtenidos al considerar por separado las siguientes partes:

a) A proa y a popa de las escotillas:
   - Si un compartimento tiene dos o más escotillas principales por las cuales pueda ser cargado, para determinar la profundidad del espacio vacío bajo cubierta en la parte o las partes que queden comprendidas entre dichas escotillas se utilizará la distancia longitudinal hasta el punto medio de la distancia que haya entre escotillas.
   - Después del supuesto corrimiento del grano, la disposición final del espacio será la que muestra la figura.

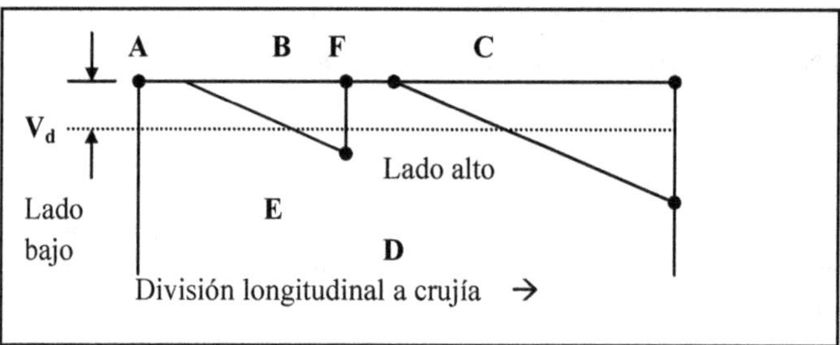

Figura 55 Disposición final a proa y popa del espacio

- Si el área máxima del espacio que se puede formar contra la eslora en B es menor que el área inicial del espacio bajo AB, es decir, AB*Vd, se supondrá que el excedente se transfiere al espacio final que queda en el lado alto.
- Si, por ejemplo, la división longitudinal situada en C se ha instalado de acuerdo con lo dispuesto en A 10.9, se extenderá al menos 0,6 m por debajo de D o E, tomándose de ambas distancias la que dé mayor profundidad.

b) Dentro de la escotilla y a cada lado de ésta, sin división longitudinal:
   - AB El área del espacio que exceda de la que pueda formarse contra la eslora en B se desplazará al espacio final que quede en la escotilla.
   - CD El área del espacio que exceda de la que pueda formarse contra la eslora en E se desplazará al espacio final que quede en el lado alto.
   - Dentro de la escotilla y al nivel de ésta, con división longitudinal.

- El exceso de área del espacio en AB se desplazará a la mitad baja de la escotilla, en la que se habrán formado dos espacios vacíos definitivos separados, uno contra la división longitudinal en crujía y el otro contra la brazola y la eslora del lado alto.
- Si se forma una cubeta de grano ensacado o un fardo de grano dentro de una escotilla, se supondrá, para calcular el momento transversal escorante, que tal disposición es al menos equivalente a una división longitudinal en crujía.
- Si la división longitudinal en crujía está instalada de acuerdo con lo dispuesto en A 10.9, se extenderá al menos 0,60 m por debajo de H o J, tomándose de ambas distancias la que dé mayor profundidad.

c) Compartimentos cargados en común. Se analiza a continuación la configuración hipotética de los espacios que quedan vacíos cuando los compartimentos se cargan en común, teniendo en cuenta tres casos: que no dispongan de divisiones longitudinales en crujía eficaces, que tengan divisiones en crujía eficaces y se extienda o no hasta el interior de la escotilla de la cubierta superior:

- Sin divisiones longitudinales en crujía que sean eficaces:
  - Cuando se considera bajo la cubierta superior, será igual que los supuestos descritos para una sola cubierta en compartimentos a proa y popa de las escotillas.
  - Cuando se trata de ver bajo la segunda cubierta, entonces se supondrá que el área del espacio que puede desplazarse desde el lado bajo, es decir, el área del espacio original menos el área del espacio situado contra la eslora lateral de la escotilla, lo hace del modo siguiente: la mitad hacia el hueco de la escotilla de la cubierta superior y los dos cuartos restantes hacia el lado más alto, uno bajo la cubierta superior y otro bajo la segunda cubierta.
  - Por último, cuando se considera bajo la tercera cubierta y demás cubiertas inferiores, se supondrá que las áreas de los espacios que pueden desplazarse desde el lado bajo de cada una de estas cubiertas lo hacen en cantidades iguales hacia todos los espacios bajo las cubiertas del lado alto y hacia el espacio en la escotilla de la cubierta superior.
- Con divisiones longitudinales en crujía eficaces que se extienden hasta el interior de la escotilla de la cubierta superior:
  - En todos los niveles de cubierta, a ambos lados de la división, se supondrá que las áreas de los espacios que pueden desplazarse desde el lado bajo lo hacen hacia el espacio situado bajo la mitad baja de la escotilla de la cubierta superior.
  - Al nivel de la cubierta situada inmediatamente debajo de la base de la división, se supondrá que el área del espacio que puede desplazarse desde el lado bajo lo hace del modo siguiente: la mitad hacia el espacio situado bajo la mitad baja de la escotilla de la cubierta superior, y el resto, en cantidades iguales, hacia los espacios bajo las cubiertas del lado alto.
  - En los niveles de las cubiertas inferiores a las descritas se supondrá que el área del espacio que puede desplazarse desde el lado bajo de cada una de las cubiertas lo hace en cantidades iguales hacia los espacios de cada una de las dos mitades de la escotilla de la cubierta superior a cada lado de la división y hacia los espacios bajo las cubiertas del lado alto.
- Con divisiones longitudinales en crujía eficaces que no se extiendan hasta el interior de la escotilla de la cubierta superior. Puesto que no cabe suponer que se produzca un desplazamiento horizontal de los espacios al mismo nivel de cubierta que la división, se supondrá que el área del espacio que puede desplazarse desde el lado bajo a este nivel lo hace por encima de la división hacia los espacios de los lados altos, según los principios enunciados.

2. Momento volumétrico escorante supuesto en un compartimento lleno sin enrasar. En este segundo caso, se aplicarán todas las disposiciones aplicadas a los compartimentos llenos sin enrasar, con las excepciones siguientes:

- En los compartimentos llenos sin enrasar que no sea preciso enrasar más allá de la periferia de la escotilla se supondrá que:
  - La superficie del grano después de un corrimiento forma un ángulo de 25° con la horizontal; no obstante, si el área transversal media del espacio vacío en cualquier sección del compartimento, a proa, a popa o a los lados de la escotilla es igual o inferior al área que se obtendría aplicando las disposiciones indicadas, se supondrá que la superficie del grano después de un corrimiento en esa sección forma un ángulo de 15° con la horizontal.
  - El área del espacio vacío en cualquier sección transversal del compartimento es la misma antes y después de producirse el corrimiento del grano, esto es, que no se produce ninguna aportación adicional en el momento debido al corrimiento del grano.
- En los compartimentos llenos sin enrasar que no sea preciso enrasar en los extremos, a proa y a popa de la escotilla, se supondrá que:
  - La superficie del grano después de un corrimiento forma a los lados de la escotilla un ángulo de 15° con la horizontal.
  - la superficie del grano después de un corrimiento forma en los extremos, a proa y popa de la escotilla, un ángulo de 25° con la horizontal.

a) Momento volumétrico escorante supuesto en los troncos.
   - Después del corrimiento supuesto del grano la disposición final de los espacios vacíos, quedará formando un ángulo de 15° en los troncos de alimentación.
   - Si los espacios laterales que hay por el través del tronco no se pueden enrasar adecuadamente, se supondrá que, tras el corrimiento, la superficie queda inclinada a 25°.

b) Momento volumétrico escorante supuesto en un compartimento parcialmente lleno.
   - Cuando la superficie libre del grano a granel no se haya sujetado según las normas indicadas, se supondrá que, después del corrimiento, forma un ángulo de 25° con la horizontal.
   - En un compartimento parcialmente lleno, toda división instalada rebasará el nivel del grano en un octavo de la anchura máxima del compartimento y penetrará otro tanto por debajo de la superficie del grano.
   - En un compartimento en el que las divisiones longitudinales no sean continuas entre los límites transversales, se considerará que la longitud para la que esas divisiones es eficaz como medio destinado a evitar el corrimiento de la superficie del grano en toda la anchura es igual a la longitud real de la parte de la división de que se trate menos dos séptimos de la mayor de las dos distancias transversales siguientes: la que medie entre dicha división y la adyacente o la que medie entre dicha división y el costado del buque. En caso de carga en común, esta corrección no se aplicará a los compartimentos inferiores si el superior es un compartimento lleno o parcialmente lleno.

Todas las hipótesis de cálculo que se han desarrollado son las que presenta el Código, pero puede haber otros casos en que se considere justificado la aplicación de otros métodos, a condición de que se satisfagan los criterios de estabilidad enunciados en el Código y las disposiciones relativas a la carga o los medios estructurales. Cuando se conceda la autorización, los detalles del método figurarán en el documento de autorización o entre los datos de carga de grano.

6.7.2 Procedimientos

El objetivo de los procedimientos es poner de relieve especialmente las norma de seguridad que atañen a la estabilidad, debido a las especiales características de estas cargas.

Las consecuencias que puede tener una mala estiba durante la carga del grano pueden ser fatales para la integridad del buque debido a la incidencia que tiene sobre la estabilidad, razón por la cual los cálculos y análisis que se hacen de ella van encaminados a lograr su máxima fiabilidad.

Los cálculos de estabilidad se realizan a bordo del buque partiendo de los datos del manual de carga, de la información generada por las administraciones y de las normas internacionales. Todo comienza por la información que sobre estabilidad debe llevar y cumplimentar el personal del buque se divide en dos tipos muy semejantes, estando la diferencia en el tipo de buque contemplado y sus características:

➢ Si se trata de un buque que realice viajes internacionales transportando grano a granel, provisto de un documento de autorización, por lo cual el buque deberá cumplir especialmente con el Código internacional para el transporte sin riesgos de grano a granel. La información deberá ser aceptable y/o aprobada por la administración o de un gobierno contratante en nombre de la administración, pudiendo incluir:

- Las características y dimensiones del buque, así como los planos de capacidades y centros de gravedad de los tanques que puedan contener fluidos, junto con las tablas de correcciones por superficie libre de los líquidos.
- El desplazamiento en rosca y la distancia vertical desde la intersección de la línea base de trazado y la sección media al centro de gravedad, es decir, la altura KG.
- La curva o tabla de ángulos de inundación, si son inferiores a 40°, para todos los desplazamientos que permite las operaciones del buque.
- Las curvas o tablas hidrostáticas para calados normales de las operaciones que realiza el buque.
- Las curvas transversales de estabilidad que se precisan para cumplir con los criterios de estabilidad, incluidas las correspondientes a 12° y a 40°.
- Las curvas o tablas de volúmenes, ordenadas de los centros de volumen y momentos volumétricos escorantes supuestos para cada compartimiento lleno o parcialmente lleno, o combinación de éstos, incluidos los efectos de accesorios temporales.
- Las instrucciones de carga en forma de notas que resuman las prescripciones del presente Código.
- Un ejemplo resuelto que sirva de modelo con las condiciones típicas de carga para la salida de puerto, para la llegada a puerto y para algunas situaciones intermedias de servicio desfavorables.

➢ *Criterios de estabilidad*

Un buque que haya sido cargado con grano a granel para ser transportado entre dos lugares deberá cumplir durante todo el viaje con los criterios mínimos de estabilidad sin avería, tras haber tenido en cuenta los momentos escorantes debidos al corrimiento del grano. Los criterios mínimos de estabilidad son los siguientes:

- El ángulo de escora debido al corrimiento de grano no deberá sobrepasar los 12°, pero si el buque ha sido construido el 1 de enero de 1994 o con posterioridad a esa fecha, el ángulo de escora por corrimiento del grano no sobrepasará al ángulo de inmersión del borde de la cubierta, si éste valor es menor.
- Ángulo de inundación (θ_1): es el ángulo de escora a partir del cual quedan sumergidas las aberturas del casco, las superestructuras o las casetas que no pueden quedar cerradas de forma estanca a la intemperie.

- Observando el diagrama de estabilidad estática, comprobaremos que el área neta o residual comprendida entre la curva de brazos escorantes y la de brazos adrizantes hasta el ángulo de escora en que sea máxima la diferencia entre las ordenadas de ambas curvas, o un ángulo de 40°, o el ángulo de inundación (θ_1), el que de todos éstos sea menor, no será inferior en ninguna condición de carga a 0,075 metro radian.
- La altura metacéntrica inicial, después de tener en cuenta los efectos debidos a las superficies libres de los líquidos contenidos en los tanques, no será inferior a 0,30 metros.

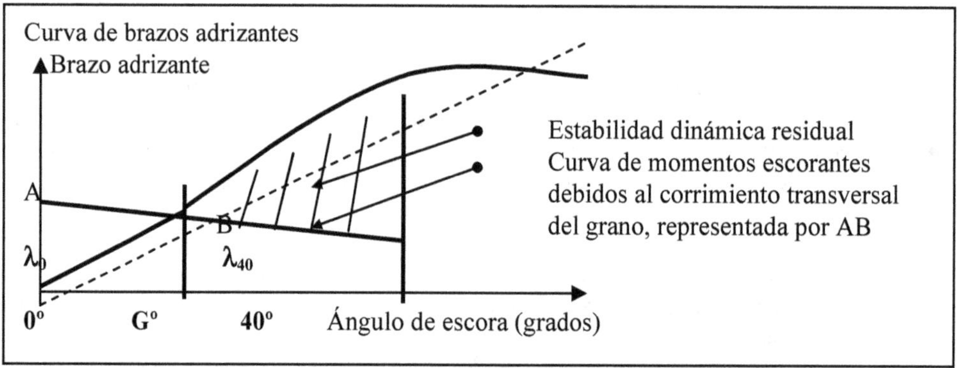

Figura 56 Parámetros sobre la estabilidad del grano

Donde:

- λ_0=momento volumétrico escorante supuesto debido al corrimiento transversal divido por el producto del FE y el desplazamiento.
- $\lambda_{40}=0,80 * \lambda_0$
- FE= factor de estiba que es el volumen por unidad de peso de la carga de grano.
- Desplazamiento máximo: el peso del buque, combustible, agua potable, pertrechos y carga.
- La curva de brazos adrizantes se deducirá de un número de curvas transversales de estabilidad suficiente para definirla con precisión, incluidas las correspondientes a 12° y 40°.

➢ Cuando se consideran las necesidades en materia de estabilidad que son aplicables a buques sin documento de autorización y que transportan cargas parciales de grano a granel, para poder realizar el viaje el capitán debe demostrar de forma satisfactoria y según las normas de la administración o del gobierno contratante del país del puerto de carga que actúe en nombre de aquélla que el buque cumplirá con la condición de carga propuesta, para lo cual deberá tener en cuenta los siguientes puntos:

- El peso total del grano a granel estibado a bordo no excederá de un tercio del peso muerto del buque.
- Todos los compartimientos llenos enrasados deben estar dotados de divisiones longitudinales en crujía que se extiendan a todo lo largo de ellos, desde la cara inferior de la cubierta o de las tapas de escotilla hasta una distancia por debajo de la línea de cubierta igual por lo menos a un octavo de la anchura máxima del compartimiento o a 2,4 m, si esta segunda distancia es mayor. En lugar de divisiones longitudinales en crujía, podrán utilizarse cubetas dentro y debajo de las escotillas, excepto en el caso de la linaza y de otras semillas que tengan propiedades semejantes.
- Todas las escotillas que den a compartimientos llenos enrasados estén cerradas y las tapas trabadas en posición.

- En los compartimientos parcialmente llenos se deben evitar todas las superficies libres del grano, nivelando y sujetando el grano mediante: medios de sobreestiba, flejes o trincas y tela metálica.
- Durante todo el viaje la altura metacéntrica corregido por los efectos de superficie libre del liquido de los tanques debe ser de 0,30 metros o la dada por la fórmula siguiente, si este segundo valor es mayor:

$$GM_c = \frac{\left[L * M * V_d\left(0,25 * M - 0,45\sqrt{V_d * M}\right)\right]}{(FE * D * 0,0875)}$$

Donde:

- L, longitud total conjunta de todos los compartimientos llenos en metros
- M, la manga de trazado del buque en metros
- FE, factor de estiba en metros cúbicos por tonelada
- V_d, profundidad media de los espacios vacíos calculada según la tabla 19
- D, desplazamiento en toneladas

6.7.3 Planos de estiba

Los problemas que presenta la preparación de un plano de estiba de cereales a granel ofrecen menos dificultades que los que presentan otras mercancías, especialmente cuando se llenan las bodegas con cargas completas. La preparación del plano de estiba exige el conocimiento de las características de los granos que van a ser embarcados para realizar una distribución adecuada en los espacios de carga.

Los diferentes casos que se presentan en el transporte de cereales nos indican las variaciones que se pueden dar en la confección de un plano de estiba y son las siguientes:

- Carga realizada en un solo puerto para ser descargada toda ella en un puerto: el plano se limita a reflejar las cantidades de carga en cada bodega y el número de toneladas que deben ser estibadas en las bodegas extremas para que el buque quede en calados. Una variante de este caso sería la carga en un puerto de dos tipos de grano para descargar en un solo puerto.
- Carga tomada en un puerto para ser descargada en dos: el plano de estiba se complica, pues en él se debe reflejar en primer lugar la distribución de la carga en el puerto de salida y en segundo lugar la condición en la que quedará el buque al descargar en el primer puerto parte de la carga y cómo saldrá. Una variante sería tomar dos cargas diferentes en dos puertos para ser descargada también en dos puertos.

Los casos indicados son los más usuales, aunque se pueden presentar esporádicamente otras variantes tanto en la carga como en la descarga, lo que introducirá modificaciones en la preparación del plano de estiba y aumentará la complejidad de su desarrollo.

Como en todos los planos de estiba, se reflejan los cálculos para distribuir el grano a granel teniendo en cuenta las características del buque, los espacios de carga y los tipos grano que deben ser estibados a bordo. Todos estos datos influirán en las condiciones de navegación del buque y nos ayudarán a determinar si la estructura del buque es apta para transportar cumpliendo las normas de seguridad el grano de un puerto a otro.

Los buques que transportan grano deben presentar a las autoridades un documento oficial, que en el caso de España es proporcionado por la Dirección General de la Marina Mercante y consta de varias páginas con los siguientes apartados:

- Primera página: reúne los datos del buque y el dibujo del Plano de carga.

➢ Segunda página: contiene una tabla con la siguiente información:

Buque en rosca y carga de grano.					
Designación	**Capacidad de grano m^3**	**Peso Ton. Métricas**	**VCG en metros**	**Momento vertical m*Tm**	**Centro de gravedad "C" o "V"**
Buque en rosca					
Bodega nº					
....	....	....	....	....	....
Total espacios de carga		Xxx		xxx	

"C" es el cdg de la carga que en espacios llenos tiene en cuenta su asentamiento.
"V" es el cdg volumétrico o geométrico de cada espacio.

➢ Tercera página: contiene la tabla III en la que se indican los valores para calcular el momento escorante total:

Momentos escorantes						
Espacios de carga	**Altura de grano**	**FE M^3/Tm**	**Momentos escorantes volumétricos**	**Momentos escorantes transversales**	**Centros de gravedad "C" o "V"**	**Momentos escorantes totales**
Bodega nº						
Momento escorante total						xxx

➢ Cuarta y quinta página: contienen la tabla I para el cálculo del desplazamiento del buque para la salida de puerto, una situación intermedia y la llegada a puerto; además, hay la tabla II para obtener los valores finales de KG y GM:

Desplazamiento y centro de gravedad durante el viaje.													
Tanques	**Peso especifico**	**Salida de puerto**				**Situación intermedia**				**Llegada a puerto**			
		Peso	**VCG**	**Momento**	**i*δ**	**Peso**	**VCG**	**Momento**	**i*δ**	**Peso**	**VCG**	**Momento**	**i*δ**
Fuel nº													

Lastre													

-----	-----	---	---	------	---	---	---	-----	---	----	----	----	---
Tripulación y efectos													
Pertrechos													
Buque en rosca (de Tabla I)													
Toral espacios de carga. (de Tabla I)													
Desplazamiento		a		b	c	d		e	f	g		M	N

- Tabla II: Cálculo del KG y GM, elegir la situación más desfavorable de las tres.

	Salida	Medio	Llegada
(A) Total momentos (Tabla I) → → → →	B	e	M
(B) Desplazamiento (Tabla I) → → → →	A	d	G
KG sin corregir = A / B			
(C) Total momentos superficies libres Tabla I)	C	f	N
(D) Desplazamiento	A	d	G
Corrección por superficies libres = C / D			
KG corregido			
KM de curvas hidrostáticas del buque para el desplazamiento elegido			
GM = KM – KG (no debe ser menor de 0,30 metros)			

➤ Sexta página: contiene las tablas IV y V; la primera, para calcular el momento escorante máximo

Momentos escorantes máximos admisibles			
KG corregido (de la tabla II).			
Desplazamiento (de la tabla I)			
(A) Momento escorante máximo admisible			
(B) Valor del momento escorante total (de la tabla III)			
Si (A) es mayor que (B), el buque cumple			

- Tabla V

(a) Brazo escorante para buque adrizado. λ_0 = Momento escorante total (de la Tabla III) / Desplazamiento (de la Tabla I) =
(b) Brazo escorante para 40° de escora. $\lambda_{40^\circ} = \lambda_0 * 0,8 =$

Nota: El brazo escorante para una inclinación cualquiera se obtiene por la fórmula $\lambda_\theta = (1 - 0,005\ \theta) * \lambda_0$.

- Tabla VI

Valores GZ residuales.										
Ángulos de inclinación.	**5**	**10**	**12**	**15**	**20**	**25**	**30**	**35**	**40**	**45**
Valores de KN.										
Correcciones KG *senθ (nota 1).										
Valores GZ corregidos (nota 2).										
Brazos escorantes (nota 3).										
Valores GZ residuales (nota 4).										

Nota 1: tomar KG corregido por superficies libres.

Nota 2: se obtiene restando la corrección KG *senθ, del valor KN en la misma columna.

Nota 3: el valor del brazo escorante para cada ángulo de escora viene dado por $\lambda_\theta = (1 - 0,005\ \theta) * \lambda_0$.

Nota 4: GZ residual se obtiene restando el brazo escorante del valor GZ corregido de la misma columna.

➤ Séptima página: Tabla VII

Gráfico para determinar el área residual entre la línea de brazos escorantes y la curva de brazos adrizantes. Área entre las curvas de brazos adrizantes y escorantes.

Algunos planos facilitados por las sociedades de clasificación incluyen tablas auxiliares para realizar la conversión de factor de estiba en diferentes unidades y relacionarlo con la densidad.

FE CuFt/LT	42	42,5	43	43,5	44	44,5	45	45,5	46	46,5	47
FE m^3/MT	1,171	1,184	1,199	1,212	1,226	1,240	1,254	1,268	1,282	1,296	1,310
Densidad	0,854	0,844	0,834	0,825	0,815	0,806	0,797	0,789	0,780	0,772	0,763
FE CuFt/LT	47,5	48	48,5	49	49,5	50	50,5	51	51,5	52	53
FE m^3/MT	1,324	1,338	1,352	1,366	1,380	1,393	1,407	1,421	1,435	1,449	1,477
Densidad	0,755	0,748	0,740	0,732	0,725	0,718	0,711	0,704	0,697	0,690	0,677
FE CuFt/LT	54	55	56	57	58	59	60	61	62		
FE m^3/MT	1,505	1,533	1,561	1,589	1,616	1,644	1,672	1,700	1,728		
Densidad	0,664	0,652	0,641	0,629	0,619	0,608	0,598	0,588	0,579		

La realización de los planos de estiba y de los cálculos que lo acompañan cuenta con una gran ayuda que es el monitor de esfuerzos. Este equipo permite una distribución equitativa de los pesos en los diferentes espacios de carga. Un resumen de los servicios que ofrece el monitor es, por ejemplo:

- Datos de entrada normalmente almacenados en ficheros accesibles de forma automática, por ejemplo: las características del buque, las condiciones en las que queda el buque en diferentes condiciones de carga y lastre, los factores de estiba de diversos productos, y la información de viajes anteriores característicos de las posibles derrotas seguidas para transportar las mercancías.
- Datos de salida a requerimiento del usuario: distribución de la carga, esfuerzos cortantes y momentos flectores, calados finales, escora, o asiento.
- Datos de ayuda que son sugerencias para realizar las diferentes secuencias de carga.

6.8 Operación de deslastre

El objetivo de las operaciones de deslastre es retirar todo el agua utilizada como lastre por dos razones, una para no perder la capacidad de carga, pero además es necesario evitar dejar los tanques con agua, ya que con los cambios de temperatura hacen sudar los mamparos y pueden llegar a deteriorar la carga. Las operaciones de deslastre son en la mayoría de los casos independientes de la de carga, pero puede darse el caso de que ambas sean simultáneas.

El primer caso referido al deslastre independiente de la carga se podría desarrollar teniendo en cuenta que el lastre suele ir en varios espacios: los tanques altos, los tanques de doble fondo, el rasel o *pik* de proa y de popa, los tanques laterales y la bodega inundable. Dependiendo de la configuración del buque, éste dispondrá de una u otra combinación de tanques para lastre. Las operaciones de deslastre deben realizarse manteniendo el buque siempre apopado y encadenando los tanques desde proa hacia popa.

Supongamos un buque con siete bodegas de carga y la siguiente distribución de tanques de lastre: tanques altos, tanques de doble fondo, el *pik* de proa y de popa y bodega inundable, cuando sean independientes de la carga, las operaciones se realizarán de la siguiente manera:

- Primeramente se deslastra el *pik* de proa, los tanques altos y doble fondo de la bodega uno para que el buque adquiera un pequeño asiento y los tanques puedan ser vaciados.
- Las operaciones de deslastre en buques que disponen de bodega inundable, deben seguir con ella, para poder agilizar las operaciones de su acondicionamiento y recibir la carga. Estas operaciones pueden resultar largas si las condiciones climatológicas no son las adecuadas, por ejemplo, cuando hay mucha humedad y temperatura media ambiental. La bodega deberá quedar perfectamente seca para cargar el grano, por ello se han descargado antes el *pik* de proa, los tanques altos y los dobles fondo de la bodega uno, que habrán generado un asiento. Esta operación es prioritaria, ya que al tener que embarcar carga se debe proceder rápidamente al secado y ventilado.
- Una vez terminada la operación con la bodega inundable se debe deslastrar todos los tanques altos, ya que en ellos se cargará grano, por ello también es necesario acondicionarlos rápidamente.
- El tamaño del buque y sus características determinan el asiento aconsejable durante las operaciones de deslastre y reachique, aproximadamente puede ser un valor entre 2,5 y 3,5 metros. El valor del asiento debe controlarse, ya que si es reducido no surtirá efecto para que las aguas corran y poder dejar los tanques secos. Si el valor es muy alto, podría causar problemas en la refrigeración de los motores.[165]
- Las operaciones seguirán desde proa hacia popa deslastrando los tanques de doble fondo en forma escalonada, lo cual irá proporcionando un asiento cada vez más apopante, que es necesario para realizar mejor las operaciones de reachique de los tanques.
- Antes de terminar los tanques de doble fondo de más a popa será necesario abrir el *pik* de popa. con el que se terminará la operación de deslastre.
- La operación final consiste en efectuar la operación de drenado y purgado de las líneas y bombas.

La segunda opción para el deslastre sería ejecutarlo mientras cargamos. Las operaciones se realizarían combinando la cantidad de peso de agua extraída de los tanques con la carga embarcada en las bodegas, manteniendo un equilibrio en los calados y procurando que el asiento no sea elevado. Para realizar las operaciones de deslastre y carga de forma conjunta, normalmente es necesario obtener permiso de la terminal.

6.9 Particularidades de la estiba

Las operaciones de estiba de cereales exige como en otras cargas un acondicionamiento previo de las bodegas, pero en éste caso la inspección es más exhaustiva debido a que el contenido de las bodegas son mercancías destinadas a preparar en muchos casos productos alimenticios. Los procedimientos basados en la planificación y los planos de estiba tienen muy en cuenta que las condiciones de estabilidad del buque en cada fase de la estiba estén dentro de los límites establecidos por los cálculos de estabilidad.

Los problemas planteados en la estiba de cereales y los accidentes ocurridos durante la navegación obligaron a la OMI a introducir un equipo para monitorizar las operaciones. Las reglas se refieren al conocimiento de esfuerzos en diferentes puntos del buque, especialmente en las bodegas de carga, y han sido incluidas en SOLAS recientemente.

➢ *Antes de comenzar a cargar*

El buque deberá llegar a puerto con las bodegas acondicionadas para la carga; no obstante, puede ocurrir que algunas operaciones sea necesario terminarlas estando el buque atracada, por ejemplo la preparación de la bodega inundable o los tanques altos. Cuando el capitán considera que tiene el buque listo para cargar, deberá pasar una inspección previa para detectar las anomalías que puedan existir y corregirlas antes que pasen los inspectores de la terminal.

Cuando las cargas sean harinas o grano con alto contenido en polvo, se cuidará de cubrir antes de comenzar las operaciones todos los equipos de cubierta que tengan partes móviles, para evitar que se dañen. También se colocarán filtros en los sistemas de ventilación y se cerrarán todas las puertas estancas. Todas estas precauciones adoptadas serán aún mayores en caso de que el viento sople hacia la habilitación del buque.

Hay que analizar las condiciones climáticas previsibles durante el tiempo que vayan a durar las operaciones de carga para adoptar las medidas necesarias y disponer de los elementos necesarios a bordo que eviten que el grano se moje o humedezca. El personal de tierra, a sugerencia del capitán, deberá adoptar las precauciones que considere oportunas.

Un punto que debe ser tenido en cuenta en las inspecciones es controlar el grado de humedad del grano, que, como se sabe, depende del tiempo que lleve en el silo o las circunstancias en las que ha sido recogido, pero en algunos puertos el grano es amontonado en espera de la llegada del buque y no es el primer buque que embarca un grano en malas condiciones, con una cantidad de humedad elevada.

Finalmente y antes de comenzar el embarque para poder recibir la carga, el capitán deberá tener en su poder los siguientes documentos:

- El certificado de limpieza y aptitud de las bodegas
- Aprobado el cálculo de estabilidad, que incluye:
    - Criterios de *Rahola*, para la salida, durante la travesía y a la llegada
    - Criterios OMI
    - Valores del brazo GZ.

➢ *Durante las operaciones de carga*

Aplicando la planificación y el plano de estiba preparado, suponiendo el buque propuesto de siete bodegas y tanques altos en ellas, se puede empezar la carga estibando en una primera fase las bodegas uno y dos: 1/2 de su peso total; en las bodegas tres, cuatro y cinco: ⅓ del peso total; y en las bodegas seis y siete: 1/4 del peso total. Cada fase de carga puede estar compuesta de varias pasadas, dependerá de la capacidad de los medios y del volumen de los espacios, pero el factor que más puede influir en el peso de las pasadas son los límites de las curvas de esfuerzos cortantes y momentos flectores de los espacios de carga.

Las operaciones de carga se desarrollarán según el plano de estiba y la planificación que se halla preparado para realizar estas operaciones. El procedimiento de carga podría empezar como se ha indicado en una primera fase, después se seguirá con las demás fases planificadas buscando que la carga se vaya estibando de forma que el buque aumente sus calados de manera progresiva sin que se produzca un asiento importante. La diferencia de calados debe ser mínima, ya que cuanto menor sea, mejores serán las condiciones operativas de la estructura del buque y más exactitud se logrará en la nivelación de la carga en las bodegas.

Una vez se ha conseguido que el buque tenga unos calados iguales, sólo queda cargar para conseguir un calado medio cercano al final. Normalmente se dejan para un segundo término los tanques altos y las bodegas extremas, que servirán para poner el buque en calados; además, si hay alteración de las cantidades a cargar, se podrá efectuar una rectificación. También suelen dejarse para esta última fase de la carga los tanques altos, porque estos disponen de un KG elevado, lo cual serviría para alterar fácilmente las condiciones de la estabilidad si fuera necesario.

La estiba se hará con arreglo a la normativa, que se deberá aplicar según las bodegas vayan a ir llenas o parcialmente llenas. En el primer caso, se debe tener en cuenta el asentamiento del grano enrasando su superficie y utilizar métodos para evitar el corrimiento que pueda producirse con los movimientos del buque. En el segundo caso, se pueden crear superficies libres y momentos escorantes, ya que el grano se comporta como un líquido y se desliza de banda a banda de la bodega afectando a la estabilidad, razón por la cual también habrá que disponer de los dispositivos necesarios que lo eviten.

Según la reglas del Código internacional para el transporte sin riesgos de grano a granel se pueden definir las diferentes condiciones del compartimento cargado y las denominaciones aplicadas en cada caso:

- Compartimento lleno enrasado: es cualquier espacio de carga en el que el grano a granel, después de ser cargado y enrasado queden llenos todos los espacios situados bajo las cubiertas y las tapas de escotilla, alcanzando el nivel más alto posible.
- Compartimento lleno sin enrasar: es un espacio de carga que se ha llenado a la altura de la escotilla todo lo posible, pero que no se ha enrasado más allá de su periferia.
- Compartimento parcialmente lleno: cualquier espacio de carga en que el grano a granel no se haya cargado de las dos formas anteriores.
- Compartimento particularmente adecuado: es un espacio de carga construido como mínimo con dos divisiones longitudinales, verticales o inclinadas, estancas al grano y que coinciden con las esloras de refuerzo de la escotilla o están colocadas de manera que contrarresten el efecto del movimiento transversal del grano. Si son inclinadas, las divisiones deberán tener una pendiente no inferior a 30° con respecto a la horizontal.

El convenio SOLAS dispone de reglas aprobadas recientemente que obligan a los buques a disponer de un equipo capaz de monitorizar los esfuerzos que se producen en diferentes puntos del buque, especialmente en las bodegas de carga.

➢ *Finalizadas las operaciones de carga*

Terminadas las operaciones de carga se retiran los medios de protección colocados en cubierta sobre las maquinillas, grúas y demás equipos con partes móviles. Se comprueba que los calados del buque, sean los previstos en los cálculos y cumplan con las normas de zona y fecha por las cuales el buque navegará. Otra comprobación importante es el adrizamiento del buque, es decir, que las operaciones de carga hayan dejado el buque para zarpar adrizado y que durante la navegación no adquiera una escora por combustibles consumidos.

Finalmente y antes de dar por concluidas las inspecciones, se comprobará que todas las escotillas y aberturas que den a los espacios de carga estén perfectamente cerradas y que los medios de fijación de las tapas de escotilla han sido colocados. El estado de las frisas de las tapas de escotilla que aseguran una buena estanqueidad será necesario comprobarlo antes de cerrar las bodegas.

[161] El aprovechamiento de la doble función de los tanques altos: lastre y carga, se realiza de la siguiente manera: cuando se utilizan para carga, se cierra la conexión de la tubería de los tanques altos con los bajos por medio de tapas ciegas sobre frisas

de caucho o goma que mantengan una buena estanqueidad. Hacen la función de alimentadores y compensan las pérdidas debidas al asentamiento del grano. Cuando son usados para lastre, se abre la válvula que comunica los tanques altos con los bajos y el agua es retirada a través de la conexión con la red de lastre.

[162] *Ore bulk oil.*

[163] Todas las tablas utilizadas para los cálculos de los sistemas y elementos empleados para inmovilizar el grano a granel son copias contenidas en el Código internacional para el transporte sin riesgos de grano a granel, enmendado hasta la fecha y publicado por la OMI.

[164] Siendo un newton equivalente a 0,102 kilogramos.

[165] Si el asiento es grande, podrían quedar al descubierto las aspiraciones de mar, lo cual significa no disponer de agua para la refrigeración.

7. Estiba de contenedores

7.1 Introducción

El capítulo pretende dar una idea general sobre el uso del contenedor y su incidencia en el transporte de las mercancías buscando como objetivo alcanzar la mayor rentabilidad por viaje. Un buque que navegue en lastre supone unos gastos que deben ser sumados a su cuenta particular de explotación, donde aparecerán formando parte del montante negativo, razón por la cual las operaciones se planifican con cuidado y el buque nunca navega en lastre. Normalmente, se suele navegar en todos los viajes con algunos contenedores vacíos.

Las investigaciones sobre restos de buques hundidos han demostrado el uso de contenedores desde los comienzos de la navegación, ya que los pueblos, al desplazarse por mar y ante la necesidad de transportar mercancías, utilizaron envases con diferentes formas que normalmente dependían del tipo de mercancía que se transportaba.

Respecto a los orígenes de la utilización del contenedor actual, no están muy claros, y determinar dónde se utilizó por primera vez tiene varias versiones que dependen del origen del investigador. Al parecer los ferrocarriles británicos hicieron experimentos con unas cajas similares a los contenedores antes de la Primera Guerra Mundial. El tamaño de las cajas presentaba el inconveniente del trasvase de un vagón de ferrocarril a un camión o viceversa. Las dificultades de manipulación, carga y descarga hicieron desistir de la idea a sus promotores. Posteriormente, en la década de los años treinta los ferrocarriles holandeses experimentaron con un sistema de cajas estándares de acero, pero los excesivos costes de la explotación del sistema hicieron que se abandonara el proyecto. Durante la Segunda Guerra Mundial el ejército de Estados Unidos necesitaba transportar grandes cantidades de material con destino a Europa. Con la intención de ahorrar tiempo y evitar los robos, estudió un sistema a base de contenedores estándares que facilitaban el transporte de mercancías, armas y municiones, a los puntos de destino, trasladándolas en barco hasta Europa y después por tren o carretera.

El arranque definitivo para la utilización del contenedor fue realizado curiosamente por una compañía de transporte por carretera en EE.UU., ante las dificultades que se le presentaban cuando las mercancías eran transportadas de costa a costa debido a las inspecciones y las diferentes reglamentaciones de cada Estado. La solución fue diseñar y construir un contenedor estándar que pudiera ser transbordado con facilidad de un camión a otro o a un vagón de ferrocarril. El éxito conseguido le impulsó a introducir el sistema de las cajas estándar en el transporte por mar y crear la naviera *Sea Land.*

Posteriormente la ISO (*International Standardization Organization*) estandarizó las medidas para los contenedores de 20 y 40 pies, destinados al tráfico internacional, y la medida del número de contenedores a bordo de un buque, utilizando de forma convencional el TEU (*Twenty Foot Equivalent Unit*) o unidades equivalentes al contenedor de 20 pies. El uso del contenedor ofrece grandes ventajas a los exportadores e importadores de mercancías, aumentando la seguridad de la mercancía y facilitando su transporte por tierra y mar.

Durante el desarrollo del tema se analizan también los medios de manipulación en tierra, por ejemplo, carretillas elevadoras, grúas pórtico, *trastainers* o *bancarriers,* y la disponibilidad de espacios en las terminales, para transbordar los contenedores a otros modos de transporte o utilizarlos como lugares de almacenamiento y reparación.

7.2 Legislación

El uso y manipulación del contenedor está amparado por una legislación de carácter general que es aplicado a los contenedores y a los buques que los transportan. Deben atenerse a reglas y normas están específicamente preparadas y a otras que, aunque no son dedicadas íntegramente a los buques y contenedores, tienen apartados que se les deben aplicar. Entre los primeros, está el Convenio internacional sobre la seguridad de los contenedores o el Código de prácticas de seguridad para la estiba y sujeción de la carga, y al segundo apartado pertenecen:

- SOLAS 74/78, enmendado hasta la fecha
- Convenio aduanero sobre contenedores de Naciones Unidas, 1972
- Protocolo de Montreal, 1987[166]
- Reglamentos de la UE[167] que traten de contenedores en la década de los ochenta y posteriores
- Código internacional sobre mercancías peligrosas
- Las normas ISO

7.2.1 Convenio internacional sobre la seguridad de los contenedores

El rápido incremento en la utilización de contenedores en el transporte de mercancías por mar y la construcción de buques portacontenedores obligó a la OMI a estudiar su regularización. En 1972 se celebró una conferencia que examinó los estudios realizados y el proyecto elaborado dio origen al Convenio internacional sobre la seguridad de los contenedores (CSC), que aprobado en 1972 en la conferencia convocada conjuntamente por las Naciones Unidas y la OMI, entrando en vigor en 1977. La entrada en vigor del CSC supuso una mejora en todo lo relativo al mundo del contenedor, pero el paso de los años ha hecho necesario la introducción de enmiendas para proporcionar mejoraras en el articulado.

El Convenio tiene dos objetivos, primero mantener un nivel de seguridad aceptable de las personas que manipulan los contenedores, estableciendo procedimientos de prueba generalmente aceptables y prescripciones conexas de resistencia que han resultado adecuadas a lo largo de los años. Otro objetivo es facilitar el transporte internacional de contenedores, para lo cual proporciona reglas uniformes que pueden ser aplicadas por igual a todos los modos de transporte, excepto al aéreo, evitando de esta manera, la proliferación de reglas nacionales divergentes y favorecer el transporte multimodal.

El ámbito de aplicación del Convenio se limita a los contenedores de un determinado tamaño mínimo con dispositivos en las esquinas que facilitan y permiten su manipulación, sujeción y apilamiento. El Convenio establece además procedimientos en virtud de los cuales los contenedores que se utilicen en el transporte internacional deberán haber sido aprobados, por la administración de un estado contratante o por una organización que actúe en su nombre, que facultará al fabricante para que coloque en los contenedores aprobados una placa de aprobación relativa a la seguridad con los datos técnicos pertinentes. La aprobación otorgada por un estado contratante debe ser reconocida por otros estados contratantes, es decir, existe un principio de aceptación recíproca de contenedores aprobados en cuanto a su seguridad que es la clave del convenio; además, una vez aprobado y con la placa correspondiente, se espera que el contenedor circule en el transporte internacional con el mínimo de controles de seguridad.

Las reglas del CSC prescriben específicamente que el contenedor ha de ser objeto de diversas pruebas que representen una combinación de las prescripciones de seguridad, tanto para el transporte de tierra como para el transporte marítimo. Todos los contenedores nuevos serán aprobados de conformidad con estas reglas. El mantenimiento posterior de un contenedor aprobado es responsabilidad del propietario, al cual incumbe que el contenedor se someta periódicamente a revisión.

➢ *Placa de aprobación*

La placa de aprobación relativa a la seguridad será permanente, no corrosible, incombustible y de forma rectangular; debe medir no menos de 200 mm por 100 mm. En la superficie de la placa se estamparán, grabarán en relieve o indicarán de cualquier otro forma que quede permanentemente y legible las palabras "Aprobación de seguridad CSC". Las letras deben tener como mínimo una altura de 8 mm y el resto de palabras y números tendrán una altura mínima de 5 mm. Contenidos de la placa:

- País de aprobación y referencia. El país de aprobación se debe indicar por medio del signo distintivo utilizado para indicar el país de matriculación de los vehículos de motor en el tráfico internacional por carretera.
- Fecha indicando mes y año de fabricación.
- Número de identificación del fabricante del contenedor o en el caso de los contenedores existentes cuyo número no se conozca, el número asignado por la administración. El propietario del contenedor identifica cada unidad siguiendo normas internacionales, que configuran la matrícula, que es alfanumérica y está formada por dos partes: la primera tiene cuatro letras, correspondiendo las tres primeras al fabricante o dueño del contenedor y la cuarta es una "U", que indica que sigue las normas ISO; la segunda parte son siete números, de los cuales los seis primeros forman el número del contenedor y el séptimo es el dígito de control, que es el resultado de una fórmula matemática[168] que individualiza la matrícula y evita que se repita. La segunda parte debajo de la primera tiene dos letras que identifican al país y los cuatro números identifican las características físicas del contenedor según las tablas de la ISO.

XYTU	**1234566**	
US	**2254**	
MGW	**32500 kg.**	**71650 lb.**
Tare	**3890 kg.**	**8580 lb.**
Payload	**28610 kg.**	**63070 lb.**
Cube	**66,5 m³**	**2348 ft³.**

- Peso bruto máximo de utilización en kilogramos y libras
- Peso de apilamiento autorizado para 1,8 g, en kilogramos y libras

- Carga utilizada para la prueba de rigidez transversal, en kilogramos y libras
- La resistencia de las paredes extremas sólo debe indicarse en la placa si están proyectadas para resistir un peso inferior o superior a 0,4 veces la carga útil máxima autorizada, es decir 0,4 P
- La resistencia de las paredes laterales sólo debe indicarse en la placa si están proyectadas para resistir un peso inferior o superior a 0,6 veces la carga útil máxima autorizada, es decir 0,6 P
- Fecha indicando mes y año del primer examen de conservación para los contenedores nuevos y de los exámenes de conservación subsiguientes, si se utiliza la placa con tal fin.

➢ *Normas y pruebas estructurales de seguridad*

En las disposiciones del Código queda implícito que en todas las fases de la utilización de los contenedores los esfuerzos resultantes de los movimientos de la colocación, del apilamiento y del peso del contenedor cargado, así como las fuerzas exteriores, no excederán la resistencia para la que fue proyectado el contenedor. En particular, se da por supuesto que:

- El contenedor se fijará de manera que no esté sometido a fuerzas superiores a aquellas para las que fue proyectado.
- La carga en el interior del contenedor se estibará con arreglo a los usos recomendados en el ramo, de manera que no imponga al contenedor fuerzas superiores a aquellas para las que fue proyectado.

7.2.2 Documentos en la terminal

Los procedimientos para proceder a la descarga de contenedores serán estudiados más adelante, pero aquí se incluye la parte legislativa que deben cumplir los que los manipulan. Las normas vigentes dicen que es la autoridad del puerto la que debe conceder la autorización de importación o exportación para dar salida o entrada a los contenedores por mar.

Cuando los contenedores llegan por tierra para embarcar, deberán entrar provistos de la ficha técnica, el certificado de arrumazón y la carta de porte, que presentarán al personal de la terminal. El proceso que sigue de forma general la justificación del transporte de los contenedores es el siguiente:

- La terminal que acogerá al buque recibirá un archivo codificado del *Bayplan*, el cual será traducido a formato EDI[169] y luego será pasado a la aplicación informática del departamento de operativa. Este archivo contiene toda la información sobre los contenedores que lleva el buque, es decir, los que tienen que ser descargados o cargados en el puerto y otras informaciones, por ejemplo, si contienen mercancías peligrosas o productos frigoríficos.
- Teniendo en cuenta el país donde esté ubicado el puerto donde opere el buque, podrá estar o no permitido el almacenamiento de mercancías peligrosas. En España no se permite almacenar las mercancías denominadas de alto riesgo y su manipulación se realiza siempre de camión a buque o viceversa, según los criterios de la Autoridad Portuaria, que es la responsable de los controles que deben pasar estos contenedores. Las mercancías que no entran en la denominación expresada son recibidas con la autorización de la Autoridad Portuaria y almacenadas en la terminal de acuerdo con las necesidades de segregación indicadas en el IMDG y que se ejecutan automáticamente por la aplicación informática de la terminal.
- El consignatario[170] del buque deberá informar a la autoridad del puerto de los contenedores de mercancía peligrosa que deberán ser descargados y la autoridad del puerto autorizará o no la descarga de estos contenedores, informando de ello vía fax a la terminal que asignará a cada uno un numero de autorización y una normativa a seguir para mantener las condiciones de seguridad.

- El Departamento de Operaciones introducirá la información del fax de autorización al programa informático de operativa. La información a introducir será la siguiente; número de contenedor, número de autorización, peso, número de ONU, clase de IMO, fecha inicial de entrada, si el contenedor debe ir directo a camión o si debe manipularse con presencia de bomberos. Luego, del programa de operativa podemos extraer unos listados de comprobación de la autorización, los cuales nos reflejarán claramente los contenedores que la terminal podrá proceder o no a su descarga.
- Los comunicados de autorización para la admisión de mercancías peligrosas disponen de la información necesaria para proceder a su descarga de manera segura, teniendo en cuenta las condiciones de seguridad exigidas por la Autoridad Portuaria, que normalmente serán diferentes según la carga de cada contenedor y su respectivo riesgo. En la mayoría de las autorizaciones se indica que el contenedor lleva carga contaminante de mar.
- En el caso de haber contenedores sin autorización, la terminal informará al consignatario de que no podrán descargar los correspondientes contenedores. Deberá indicarse claramente el número de contenedor, el número de IMO, la posición de estiba en el buque y el puerto de descarga.

Resumiendo, las notas presentadas debemos tener en cuenta que la terminal confecciona diariamente un informe con la ficha técnica, número y ubicación de todos los contenedores, siendo sus datos actualizados en cortos períodos de tiempo, por ejemplo cada ocho horas, hasta que los contenedores salen de la terminal, bien sea por mar o por tierra. El control y actualización de los contenedores se realiza en la mayoría de puertos españoles a través de un sistema informático, pudiéndose obtener listados que son trasmitidos a los servicios de vigilancia para poder actuar en una presunta emergencia. Cada movimiento que se realiza con el contenedor, ya sea carga, descarga o remoción, es reflejado por el sistema informático, y en el caso de contenedores IMO implica una inspección y comprobación de su estado de conservación, siendo necesario informar de cualquier anomalía para que ésta sea rectificada antes de salir el contenedor de la terminal.

7.2.3 Documento para reflejar averías

Uno de los mayores problemas planteados durante el transporte de contenedores es su pérdida por falta de trincaje o por los movimientos del buque, esto hace aumentar los costes por incremento de las pólizas de seguro. Otro de los problemas es que se reciba el contenedor en malas condiciones, para lo cual se utiliza un documento denominado *Interchange*, que se entrega o recibe según la operación que se esté realizando, en el que se hace constar el estado actual del contenedor en el momento de su recepción a bordo y sirve para exonerar de responsabilidad al buque. La información contenida en él se establece en los siguientes términos:

Fecha y hora del *interchange*.:	Puerto	Nº. del contenedor:
Transportado por: trailer, camión, vagón de ferrocarril.		
Condición: lleno o vacío.		Nº. sello de Aduana:
En depósito aduanero		Procedencia y destino:
Fecha en que fue cargado (o descargado):		
Nombre del buque		Fecha llegada:
Destino		Nº. de viaje:
Consignatario		Transportista:

Los contenedores deben ser sometidos a inspecciones periódicas para detectar los daños que se producen en ellos y sus resultados dan lugar a informes en los cuales se especifican los defectos según una clave de números que viene en el *Interchange*.

1. Corte	6. Deformado	11. Hundido hacia fuera	16. Reparado
2. Agujero	7. Doblado	12. Rayado	17. Interior sucio
3. Partido	8. Rasgado	13. Oxidado	18. Exterior sucio
4. Pinchado	9. Abollado	14. Falta	19. Cierre roto
5. Roto	10. Hundido hacia dentro	15. Sin remaches	20. Avería maquinaria

El informe estará acompañado por un diagrama del contenedor en el cual se señalarán las deficiencias, y será firmado por el representante de los estibadores y el Capitán. Estos informes son la base de todas las reclamaciones que se presentan y sirven para su justificación.

7.3 Contenedores

La carga específica de los buques portacontenedores es el contenedor, por lo cual se describirán los diferentes tipos que han sido y son utilizados desde los comienzos del transporte marítimo para desplazar mercancías de un lugar a otro. La entrada masiva del contenedor en las operaciones de transporte marítimo significó el fin de la carga general, entendida como el transporte de bultos o cajas con muy diferentes configuraciones de tamaño, volumen y peso, que constituía hasta ese momento el tipo de transporte más importante de mercancías por vía marítima.

Al principio las mercancías se estibaron de forma conjunta, pero posteriormente los contenedores se han ido especializando y actualmente hay varios tipos que se utilizan para cargas secas y líquidas a granel, productos sólidos y líquidos envasados o productos que son transportados a temperatura regulada. Resumiendo todos los tipos de contenedores, podemos decir que disponemos de contenedores abiertos y cerrados, que reciben diferentes denominaciones según sea su estructura y la mercancía transportada.

La organización ISO en el ámbito europeo y la ASA en los EE.UU. son las encargadas de la estandarización de las normas[171], para facilitar las operaciones que se deben realizar con ellos. La OMI[172] y las sociedades de clasificación son las normalmente promulgan las normas. Las características respecto a las medidas y pesos más usuales fueron indicadas en un capítulo anterior, por lo cual ahora se describirán los diferentes tipos de contenedores, con el fin de disponer datos para planificar y realizar su estiba a bordo de los buques.

7.3.1 Definición y características

El contendor puede ser definido de varias formas de manera oficial, el CSC, a igual que la norma UNE 49-751 y las ISO/TC 104-138 e ISO/TC-104 proporcionan las características del contenedor y los definen de la siguiente manera:

"Se entiende por contenedor un instrumento de transporte que reúne las siguientes características:

- *Su estructura es de carácter permanente, siendo lo suficiente resistente para permitir un uso continuado.*

- *Está provisto de dispositivos que facilitan su manipulación y trasbordo de un medio a otro de transporte.*
- *El diseño facilita su carga/descarga.*
- *Facilita el transporte de mercancías sin ruptura de carga.*
- *Tiene un volumen interior mínimo de 1 m^3".*

Las siguientes matizaciones permiten clarificar alguna de las características expuestas. Por ejemplo, el contenedor es una unidad de carga completa cuyas mercancías son cargadas en origen y llegan hasta su destino sin operaciones intermedias. La estructura del contenedor debe permitir un uso continuado, por lo que un embalaje/envase no puede ser considerado como tal. Un vehículo no se puede incluir dentro de la definición de contenedor, ya que se indica que la manipulación y transbordo debe ser simple, debiéndose adaptar a todos los medios de transporte. El contendor debe disponer de medios de manipulación porque se elimina la posibilidad de un manejo manual al exigir una capacidad mínima de 1 m^3 para los contenedores de uso marítimo.

La tabla nº 4[173] proporciona un resumen de las dimensiones de los contenedores más usados en el transporte marítimo y multimodal. Aunque las denominaciones de los contenedores de 20 y 40 pies, pudieran indicar que son exactamente el doble uno del otro, no es así, sino que el de 40 tiene una longitud un poco mayor en la cual se incluyen los espacios entre dos contenedores de 20 pies.

El concepto actual del contenedor parte de la estandarización de sus medidas, lo cual permite el desarrollo de medios estándares para su manejo y transporte. Un contenedor es una unidad de carga que se puede definir como un paralelepípedo cuyas ocho aristas son nervios resistentes en cuyos extremos hay unas piezas de acero ranuradas. En las aristas están soldadas ocho caras de chapa corrugada. Los fabricantes deben cumplir los requisitos que previamente hayan sido normalizados. Algunos de ellos son:

- Estar construidos con material suficientemente resistente para poder ser usado varias veces sin que su estructura ni su estanqueidad se resientan, debiendo permitir una estiba firme y segura de la carga en su interior.
- Su diseño ofrecerá facilidades para realizar el trincaje de las mercancías. El piso tendrá un enjaretado de madera o aluminio con puntos que permitan que se fijen las mercanías.
- Están dotados de ocho esquinas o cantoneras con muescas en las cuales se colocan las piezas de sujeción, *twistlock*, para facilitar su manipulación y estiba.
- Diseñado para facilitar el transporte de mercancías sin necesidad de efectuar manipulaciones intermedias de las mismas, lo cual significa que es ideal para ser utilizados en uno o más modos de transporte, sin manipulaciones intermedias de las mismas.
- Dotado de dispositivos que permitan su transbordo de uno a otro medio de transporte, de forma sencilla y rápida. Estos dispositivos no deben rebasar los límites de la estructura exterior.
- Debe disponer de una puerta normalmente frontal o de dispositivos que permitan las operaciones de estiba y desestiba en su interior de forma fácil.
- No serán excedidos en modo alguno los pesos que establecen las normas para cada contenedor.
- Una vez cargado al máximo de su capacidad permitida, deberá satisfacer determinadas condiciones operativas; entre ellas, podrá ser apilado a seis de alturas dentro de límites por medio de dispositivos colocados en las esquinas de la parte superior o inferior del contenedor.
- El suelo del contenedor tiene una estructura transversal para transmitir la carga a las aristas longitudinales. Deberá resistir la presión de una carga uniformemente repartida de por lo menos 200 Kg sobre una extensión de 600*300 mm.

- Los paneles de la parte delantera y trasera deberán soportar una carga uniformemente repartida de no menos de 0,4 veces el máximo de carga útil; en los paneles laterales, la resistencia será de 0,6 veces.

7.3.2 Tipos de contenedores

Las particularidades y estandarización de los contenedores permiten ofrecer volúmenes de carga amplios y una tara mínima para maximizar la carga útil. Los diferentes tipos de contenedores permiten establecer una clasificación general agrupando los contenedores en cerrados y abiertos:

➢ *Contenedores cerrados*

El diseño de los contenedores cerrados permite utilizarlo para el transporte de casi todos los tipos de mercancías y hace que sean, normalmente, los más numerosos a bordo de un buque. Diferentes tipos de mercancías en los tres estados, bien sea a granel o envasadas, son estibadas en los contenedores cerrados. Algunas de estas mercancías son sensibles a las condiciones climatológicas, por lo cual el contenedor dispone de puertas con cierres perfectamente estancos que permiten la estiba en su interior sin riesgos.

- El contenedor cerrado[174] es una denominación general aplicada al contenedor, pudiendo tener diferentes medidas y funciones, dependiendo del uso al que se dedica. Son construidos y utilizados para el transporte de mercancías sólidas envasadas, que son estibadas en su interior a través de puertas frontales.
- Alto cubicaje.[175] Estos contenedores disponen de una altura mayor que los estándares, razón por la cual tienen mayor volumen permitiendo una estiba en su interior de hasta un 13% más. Estos contenedores son muy usados para mercancías de poco peso y elevado volumen.
- Refrigerados. Los contenedores isotermos necesitan de tomas de aire que están situadas en los buques o en los depósitos de almacenamiento de las terminales. La disposición interior permitirá una circulación del aire favoreciendo su renovación con el exterior. Exteriormente, el contenedor tiene situada en un extremo la puerta de entrada y en el otro la unidad de refrigeración. Tanto los buques portacontenedores como las terminales disponen en los espacios de almacenamiento de suficientes enchufes, para que sus equipos puedan seguir funcionando conectados a ellos. Además; en algunos buques y terminales se están introduciendo sistemas para la vigilancia y el mantenimiento de las condiciones ambientales del contenedor, basados en las nuevas tecnologías para la transmisión de datos y la comunicación[176] que están siendo aplicadas cada vez con mayor profusión. Estos nuevos sistemas dan lugar a la generación de nuevos equipos que monitorizan continuamente los parámetros que se necesitan de la carga del interior de los contenedores obteniéndose los valores mediante sensores. El equipo permite obtener registros del estado de cada contenedor y reflejar mediante alarmas, por ejemplo: el valor de las temperaturas cuando éstas se encuentran fuera de los límites fijados o las paradas del compresor por avería.
- Frigoríficos[177]. La función que desempeña un contenedor frigorífico es transportar mercancías a temperatura regulada, hace que su construcción y mantenimiento sea costoso. En primer lugar deben ser estancos y estar perfectamente aislados para evitar las pérdidas de temperatura. los dispositivos de vigilancia de la temperatura deben realizar un registro continuo de sus valores.
- Los contenedores frigoríficos se conectan a las tomas de corriente, bien sea en el buque o en la terminal, para poder mantener en funcionamiento el sistema de frío. Las tomas de corriente son normalmente de 380 y 220 voltios. La construcción de estos contenedores se realiza de acuerdo con las especificaciones[178] de las normas legislativas, siendo sometidos antes de su entrega a rigurosas pruebas con objetivo de certificar sus características.

- Cisternas. El formato de estos contenedores es el de una cisterna en el interior de un bastidor paralelepípedo con las medidas de un contenedor de 20'. Son usados para el transporte graneles líquidos y gases licuados, estando definidas por normas de la OMI, por ejemplo:
  - OMI 1, para productos líquidos corrosivos, tóxicos e inflamables
  - OMI 2, utilizadas para alcoholes, ginebra, *whisky*, ron u otras bebidas con alta graduación de alcohol
  - OMI 3, productos no peligrosos como leche, cerveza, vino, aceites, grasas, resinas y otros líquidos los cuales pueden necesitar de ir a una temperatura durante el transporte
  - OMI 5, utilizadas para gases cómo butano, propano, amoníaco freón
  - OMI 7, utilizadas para gases criogénicos, por ejemplo nitrógeno u oxigeno

  Algunas cisternas también están diseñadas para el transporte de productos en polvo, que son cargados/descargados mediante aire comprimido. Todos los tipos de cisternas disponen de aberturas con cierre y válvula, en la parte superior para la carga y en un lateral frontal para la descarga. Algunos contenedores cisterna están subdivididos transversalmente para disminuir las superficies libres creadas al moverse los líquidos en su interior.
  - Contenedor para carga a granel.[179] Las mercancías estibadas en su interior son graneles sólidos de todo tipo, por ejemplo, grano, harina o fertilizantes. Al igual que las cisternas, disponen de aberturas en la parte superior para la carga y en la frontal para la descarga, pudiéndose efectuar ésta mediante la inclinación del contenedor.

➢ *Contenedores abiertos*

La abertura de los contenedores puede ser por la parte superior o por los laterales. Su utilización suele ser para estibar mercancías cuyo volumen no suele guardar relación con el peso y su estructura que suelen tener irregularidades o apéndices sobresalientes, por ejemplo: una embarcación de vela o un automóvil. Una exigencia importante para las mercancías estibadas en contenedores abiertos es que no se estropeen con las inclemencias del tiempo. Algunos tipos de contenedores abiertos son:

- Contenedores de 20 ó 40 pies: abiertos por la parte superior para facilitar la estiba y carga de piezas que puedan sobresalir. Cuando en el interior del contenedor se estiban mercancías en cajas, se suele proteger mediante lonas que se colocan sobre baos desmontables. Las aberturas de los contenedores pueden ser por la parte superior[180] o lateral[181], dependiendo de las mercancías que se vayan estibar en su interior. Si las mercancías son difíciles de manipular por las puertas se utilizan los abiertos por el lateral. Si las mercancías tienen mucho volumen, se utilizan contenedores abiertos por el techo. Algunos contenedores abiertos son simplemente una estructura abierta por la parte superior y los laterales, denominándose jaulas.
- Contenedores plegables:[182] son aquellos que están diseñados de forma que pueden plegarse cuando están vacíos co: bajo esta denominación se incluyen aquellos contenedores que se utilizan para el transporte, por ejemplo de ganado o automóviles. Las medidas son normalmente las de contenedores de 20 pies.

7.3.3 Particularidades del contenedor como unidad de carga

El contenedor como unidad de carga goza de grandes ventajas[183] para la estiba de mercancías, pero pueden ser objeto de innumerables problemas cuando son ubicados a bordo de un buque, puesto a que están sometidos a una serie de fuerzas cuyo número e intensidad dependerá del tipo de buque. Las malas condiciones en las que se estiban y trincan los contenedores son una de las causas que producen más pérdidas durante el transporte por mar[184], por ello es necesario reforzar o modificar los sistemas tanto de estiba como de trincaje, para lo cual habrá que estudiar y conocer los movimientos del buque.

Estos movimientos son seis: tres de traslación según los ejes X para la traslación longitudinal, eje Y para la traslación transversal y eje Z para la traslación vertical; y tres movimientos de rotación: balance alrededor del eje longitudinal, cabeceo con respecto al eje transversal y guiñada alrededor del eje vertical. Los movimientos afectarán al contenedor y a las mercancías estibadas su interior, especialmente en el caso de contenedores estibados en las filas altas. Se producen movimientos de:

- Balance. Sobre las paredes laterales una presión creciente en el punto inferior del balanceo. Este movimiento del buque sobre su eje longitudinal puede alcanzar los 35° a ambas bandas, varias veces por minuto, lo que significa un problema para el sistema de trincaje.
- Cabeceo. Con éste movimiento la presión se ejercerá sobre las paredes de los extremos del contenedor con mayor intensidad sobre los que están en proa y popa.
- Guiñada. Movimiento que genera una presión sobre las paredes del contenedor.

Todas las fuerzas que soporta el contenedor, bien sean exteriores o las generadas por los movimientos del buque, son transmitidas a través de las cantoneras a la estructura al propio buque. El contenedor deberá resistir, según las normas de ISO, las siguientes tensiones:

- Torsión transversal: 150 Kn (15 toneladas) de tensión y compresión sobre cada extremo, parte superior y fondo.
- Torsión longitudinal: será de 75 Kn (7,5 toneladas) por lado.
- Compresión transversal. La compresión transversal que deberá resistir cada lateral deberá ser como mínimo de 250 Kn (25 toneladas).
- Compresión vertical. ISO recomienda que el mínimo sea de 2,25 R, donde R= peso bruto del contenedor, aplicado en el plan superior, el cual inducirá una carga de 2,7 R en el plan inferior. Esto para contenedores apilados de 6 en 6.
  - Para contenedores de 20 pies, la carga aplicada es de 448 Kn (44,8 toneladas).
  - Para los de 40 pies, 673 Kn (67,5 toneladas).
  - Esto corresponde a aceleraciones verticales de 1,8 g.
- Tensión vertical. Esto está comprobado por el test de elevación y está limitado para 0,5 R, lo cual da una tensión de carga de 100 Kn (10 toneladas), para un contenedor de 20 pies; y de 150 Kn (15 toneladas), para uno de 40 pies.
- Tensiones en las esquineras: 150 Kn (15 toneladas) horizontalmente y 300 Kn. (30 toneladas) verticalmente. Con las trincas a 45°, los límites de carga son de 212 Kn (21,2 toneladas).
- Fuerzas en contenedores recomendadas a los sistemas de trincaje.

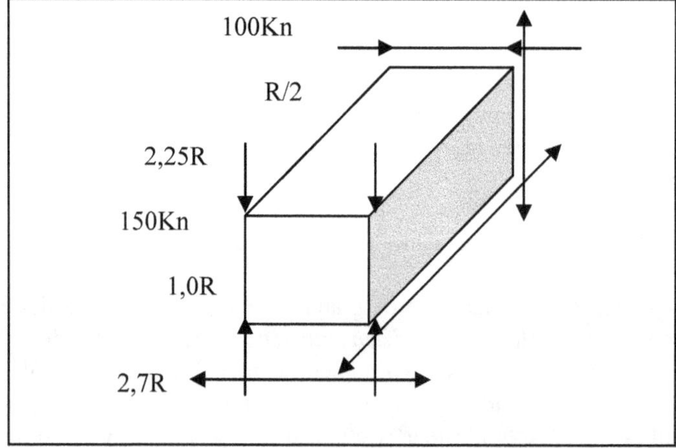

Figura 57 Fuerzas que actúan sobre las esquineras del contenedor

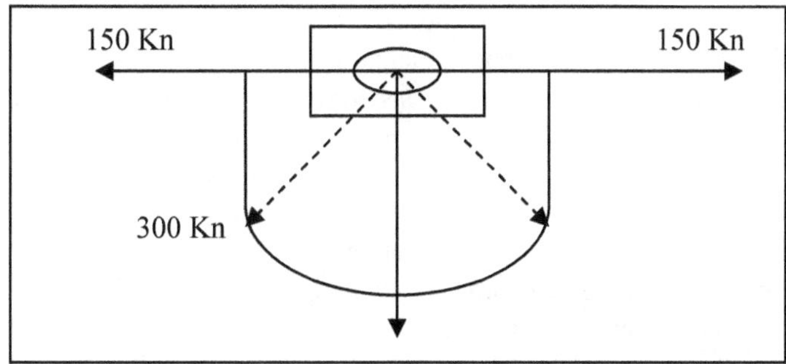

Figura 58 Límites de carga en una esquinera del contenedor

La resistencia estructural de los contenedores se verá afectada de diferente forma según los contenedores estén estibados en cubierta o en bodega, con o sin sistemas de guías, en buques portacontenedores especialmente construidos o no para el transporte. Un esfuerzo importante es el de compresión debido al apilamiento, pudiendo éste ser desde dos a ocho alturas.

Los valores de las fuerzas admisibles por la estructura del contenedor dependen de los movimientos del buque y las aceleraciones creadas, que afectan directamente al contenedor y las mercancías estibadas en su interior. La altura a la cual está estibado el contenedor influye directamente en la amplitud de sus movimientos, siendo mayor cuanto más alto esté ubicado. Por ejemplo, se coloca una columna de contenedores sobre la línea central, el movimiento al que se ve sometido irá aumentando de forma gradual al elevarse su posición respecto al fondo de la bodega. El movimiento de balance es el que más daños proporciona al contenedor y su carga.

Para un balance del buque de 35° a banda y banda, el desplazamiento del contenedor a bordo del buque sobre la línea central será: $D_1>D_2>D_3$·

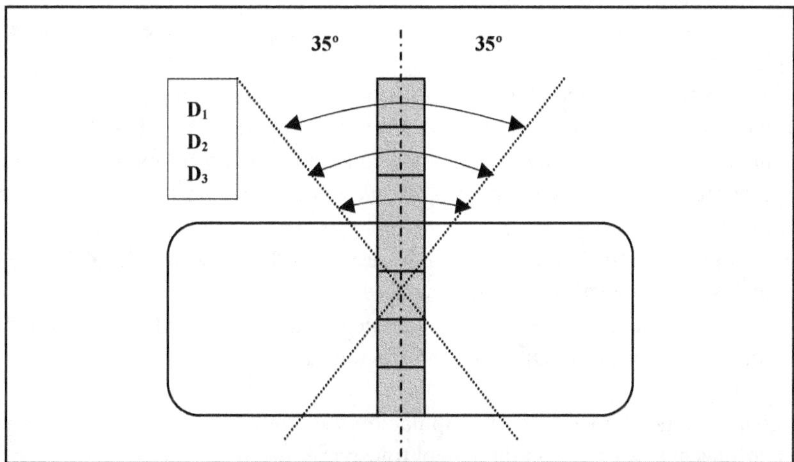

Figura 59 Oscilación de los contenedores

Para reducir los movimientos del contenedor será conveniente tener en cuenta los parámetros fijos, por ejemplo peso, tipo, características de las mercancías estibadas en su interior o velocidad del buque. Considerar los parámetros variables que en ocasiones son de difícil valoración: altura de las olas, corrientes, dirección y fuerza del viento. Además es necesario:

- Estibar el mayor número de contenedores bajo cubierta, ya que los situados en cubierta se ven afectados directamente por la fuerza de las olas y el viento.
- Reforzar el número de trincas y su resistencia según aumenta la altura.
- Colocar los contenedores de menor peso o vacíos en las últimas filas.

➢ *Ventajas e inconvenientes del uso del contenedor*

Anteriormente se ha indicado que la utilización del contenedor supuso un avance extraordinario para el transporte de mercancías y se han descrito diferentes tipos indicando algunas de sus ventajas, que a continuación se complementan con los siguientes datos:

- Se puede mover un mayor volumen y peso de mercancías dentro de una misma unidad, por estar agrupadas en el interior del contenedor.
- Disminuye el número de manipulaciones efectuadas con las mercancías, bien sea envasadas o a granel, con ello también se reduce el riesgo de avería en las mismas.
- Aumenta la rapidez de las operaciones de carga/descarga, reduciéndose el tiempo de estancia del buque en puerto al mismo tiempo que los gastos de estadías y combustible, por lo cual disminuye el tiempo transcurrido desde que la mercancía es entregada por el proveedor hasta que es recibida por el cliente.
- Las mercancías al estar protegidas por el contenedor no necesitan una protección adicional contra robos o inclemencias del tiempo, solo es necesario que sean inmovilizadas en su interior. Además al reducir embalaje se aumenta el espacio dedicado a la carga.
- Teniendo en cuenta todo lo explicado es lógico que haya una reducción de los gastos en todas las operaciones que realiza un buque dedicado al transporte de contenedores, por lo tanto será más rentable su explotación que otro buque que tenga que transportar el mismo número tonelaje y tipo de mercancías.

Las notas anteriores han descrito las ventajas que presenta el uso del contenedor, pero también hay algunos inconvenientes como los siguientes:

- Necesita un mantenimiento durante su explotación, que incluye el arreglo de desperfectos y la limpieza del interior y exterior.
- No es rentable ni práctico el uso del contenedor para el transporte de materias primas a granel, por lo que casi sólo se utiliza exclusivamente con materias envasadas.
- Es antieconómico el uso del contenedor cuando es necesario mantener un gran depósito de contenedores vacíos en espera de uso, ya que es necesario pagar por su almacenamiento en las terminales.
- El uso del contenedor requiere de grandes espacios de almacenamiento, por lo cual en algunas terminales donde existe poca superficie no es rentable.
- El movimiento de contenedores necesita una logística muy amplia y de calidad, para disminuir los tiempos de estancia en almacenes o terminales, lo cual puede llegar a ser un gasto importante.
- Exige unos procedimientos de manipulación y métodos de estiba de gran calidad, para evitar las pérdidas que se producen durante el transporte.

Finalmente, con respecto a las ventajas/desventajas del uso de los contenedores, se indican algunas de las inspecciones que deben sufrir durante su estancia en las terminales. Los procedimientos de inspección física varían de uno a otro puerto y las normas suelen ser diferentes en cada país. En general, los trámites y operaciones de inspección de los que son objeto los contenedores son las siguientes:

- Si la Aduana considera que una mercancía debe ser inspeccionada, lo comunica al agente de aduanas y éste solicita el permiso correspondiente para que el personal de la terminal coloque al contenedor en el área[185] de inspección lo antes posible.
- Cuando se trata de contenedores frigoríficos, suelen pasar la inspección en el lugar de la explanada donde han sido ubicados, debido a la necesidad técnica de conexiones eléctricas.
- El precinto para la inspección es roto por la persona de la terminal encargada de ello, pero en presencia del agente de aduanas, que es quien representa al importador/exportador y es un miembro de la Aduana.

7.3.4 Estiba de mercancías en el contenedor

El transporte de mercancías en un contenedor goza de grandes ventajas, pero para aprovecharlas en su totalidad debe cuidarse que el procedimiento de estiba utilizado sea el correcto y éste dependerá del tipo de mercancías manejadas. El contenedor protege a las mercancías contra las inclemencias climatológicas exteriores, pero en ocasiones, cuando éstas son extremas, pueden afectar a las mercancías de su interior, por ejemplo, las altas temperaturas, nevadas persistentes, la acumulación de hielo y las lluvias intensas. Todos estos factores tienen efectos negativos sobre las mercancías.

La problemática que surge de la estiba de mercancías en el interior del contenedor no afecta directamente a la tripulación de un buque, ya que los contenedores llegan a su costado para ser embarcados, cargados y precintados. Pero indirectamente un problema en el interior de un contenedor puede causar daños a otros contenedores o al propio buque, por lo cual es interesante el conocimiento y características de los productos que hay en el interior. Teniendo en cuenta los riesgos que desde el exterior y en el interior pueden afectar a las mercancías estibadas, se describen a continuación los requisitos que en general y en particular deben cumplir los contenedores abiertos y cerrados.

➢ *Métodos generales para la estiba de mercancías en contenedores*

Las reglas que se proporcionan a continuación son pautas generales sobre la estiba en contenedores, que deben ser usadas en cualquier tipo de contenedor sea abierto o cerrado:

- Inspección del contenedor y mercancías. El contenedor debe ser inspeccionado antes de estibar las mercancías en su interior, pues es necesario comprobar que esté en perfectas condiciones interior y exteriormente, es decir, debe estar limpio de restos sólidos y su atmósfera libre de olores, ya que ambas circunstancias pueden afectar a los productos colocados en su interior. Hay que controlar los embalajes/envases que contengan productos líquidos o gases, comprobando que no estén dañados por abolladuras o fisuras en la estructura. Finalmente, exteriormente hay que revisar su estructura para comprobar que no presenta grietas u otros defectos.
- Selección y segregación de los productos. Las mercancías deben ser seleccionadas antes de introducirlas en el contenedor para evitar los problemas que se pueden dar al tratar de estibarlas. Hay que separar los paquetes, cajas o bultos según los productos que contengan, para realizar una selección previa de los mismos y poder efectuar su segregación en la estiba.
- Distribución por pesos. Los envases y/o embalajes deben colocarse en función de su peso, colocando los más pesados en la parte inferior para que ofrezca resistencia a los menos pesados estibados en las partes altas. Además, hay que repartir el peso uniformemente en todo el espacio del contenedor, procurando que el centro de gravedad quede situado en el centro.
- Estiba de las mercancías. Las mercancías estibadas en el contenedor deben cumplir los criterios generales de estiba, comenzando desde los costados hacia el centro. Si queda espacio libre, se rellenará o apuntalará, de forma que las mercancías queden inmovilizadas.

  - Los envase/embalajes con productos frágiles deben asegurarse con redes que cubran la carga, asegurando sus extremos en la estructura del contenedor. Cuando son apilados en capas, se coloca entre ellas un material rígido para separarlas y distribuir la presión.
  - Las cargas pesadas, como se ha indicado, se deben colocar en la parte inferior, poniendo en los niveles elevados las menos pesadas.
  - Los envases/embalajes deben estar centrados y apuntaladas cuando haya espacio vacío entre ellos, para evitar su desplazamiento dentro del contenedor.
  - Las cargas líquidas en envases/embalajes flexibles se mueven durante el transporte, pudiendo crear una presión sobre las puertas y paredes laterales del contenedor. Cuando se trata de varios envases/embalajes, hay que separar las capas mediante láminas de madera de cierto espesor, que comprimen su parte exterior impidiendo el movimiento del líquido. Cuando se trata de una sola bolsa que ocupa todo el contenedor, hay que amortiguar el movimiento del líquido, fijando las tiras de su arnés en la estructura del contenedor.
  - Los tambores, barriles o cubetas deben estibarse verticalmente uno al lado de otro, ya que en esta posición tienen mayor adherencia. Para separar cada fila se usan planchas de madera o plástico rígido. Si se colocan tumbados, es necesario usar calzos que evitan el movimiento dentro del contenedor.
  - La carga que se coloque en el extremo del contenedor junto a la puerta se debe asegurar trincando los envases para evitar su desmoronamiento o caída cuando la puerta es abierta.
- Medidas de seguridad en el contenedor. Una vez terminada la operación de estiba de todas las mercancías, se cerrarán las puertas, verificando la estanqueidad de las puertas y colocando los precintos que estén indicados en la normativa internacional y/o nacional.

➢ *Métodos de estiba en contenedores abiertos*

La estiba y la sujeción de mercancías en contenedores abiertos y plataformas deben cumplir y seguir las normas generales de estiba que se han indicado anteriormente, pero también hay reglas que están especialmente preparadas para los contenedores abiertos, por ejemplo:

- La plataforma/contenedor abierto que sea utilizado estará en función del peso de la mercancía que se deba estibar, pero también dependerá del volumen y la resistencia máxima de sujeción de los puntos donde se colocan las trincas. Tanto los anclajes como las trincas deben ser comprobados para tener la seguridad de que no sobrepasan las cargas de trabajo.
- La estiba de plataformas/contenedores abiertos en buques portacontenedores o en aquellos que están equipados/adaptados para su transporte deberá ajustarse a lo especificado en las normas del manual del buque y de la OMI.
- El peso de las cajas o bultos con mercancías debe estar distribuido uniformemente en el interior de la plataforma/contenedor, para evitar que se produzca una concentración excesiva de esfuerzos que deformen la estructura de la plataforma/contenedor.
- Las cargas estibadas en plataformas/contenedores abiertos, no sólo deberán ir bien sujetas entre ellas, sino también a las unidades contiguas colocadas en cubierta.
- El lugar de estiba de las plataformas/contenedores abiertos siempre será la última fila.
- Los puntos de fijación de las primeras filas de contenedores estarán sobre la estructura del buque y serán capaces de admitir trincas[186] para soportar las plataformas/contenedores colocadas sobre ellas.

➢ *Métodos de estiba en contenedores cerrados*

La estiba y sujeción de mercancías en contenedores cerrados debe cumplir y seguir las normas generales de estiba que se han indicado anteriormente, pero también hay reglas que están especialmente preparadas para los contenedores cerrados. Teniendo en cuenta que la estiba se realiza en los puntos de origen, el tripulante poco o nada puede hacer respecto ella, pero el conocimiento[187] de su estado constituye una indicación para cuidar la manipulación a la cual se somete el contenedor. Algunas de las particularidades especiales respecto a la estiba en contenedores cerrados son:

- La mercancía puede resultar dañada a consecuencia de la humedad y la condensación que se produzca en el contenedor, ambos parámetros son una consecuencia de la influencia de los agentes meteorológicos externos. La exudación del contenedor, especialmente los estibados sobre la cubierta,[188] pueden dañar a los productos, por lo cual hay que tomar precauciones para evitar su pérdida. Las causas que originan la condensación dentro de un espacio cerrado, pueden ser varias, pero tienen que coincidir para que se produzca el fenómeno. Por ejemplo, si un contenedor ha sido baldeado, tendrá un aire ambiental húmedo, o si los embalajes de las mercancías tienen restos de agua, en ambos casos disponemos de una fuente de vapor. En segundo, lugar debe haber una diferencia de temperatura entre el interior del contenedor y la carga estibada; y en tercer lugar, debe existir un desplazamiento del ambiente frío al cálido. Todo ello dará lugar a una condensación sobre las mercancías y las paredes del contenedor que pueden dañar al producto o al envase. La forma de evitar la condensación es ventilar el contenedor, lo cual en la mayoría de los casos no es posible, por que se debe tener en cuenta y poner cuidado con los productos que son estibados.
- Las cargas estibadas en el interior de los contenedores pueden ser trincadas usando tablones, puntales y planchas de madera para apoyar, apuntalar y aliviar la presión sobre las mercancías, distribuyendo el esfuerzo sobre una mayor superficie, asegurando la carga por secciones y facilitando la descarga.
- La estiba en el interior del contenedor podría necesitar que el espacio fuera dividido, lo cual se realizaría mediante tablones móviles, para separar la carga en capas o segregar la carga en secciones.
- Para reducir las vibraciones y evitar que la carga se mueva, o amortiguar los impactos repentinos y evitar el rozamiento, se usan cojines de espuma plástica y bolsas de aire que permiten rellenar los espacios vacíos.

7.4 Tipos de buques

La aparición del buque para transportar contenedores tiene sus comienzos en la sustitución del tradicional sistema de envases individualizados[189] por el contenedor como medio para guardar pequeños paquetes y bultos, durante su transporte por mar. El contenedor permite almacenar toda clase de mercancías de forma más segura que el antiguo sistema de transporte de la carga, por ello los buques portacontenedores se han ido imponiendo paulatinamente a los buques de carga general, especialmente en las grandes rutas marítimas donde su utilización y número aumenta cada día. Las estadísticas nos muestran como la flota ha crecido de forma rápida y aumenta cada año.

Los buques portacontenedores se encuentran en una posición intermedia entre los buques Ro-Ro y los multiusos[190] con cubiertas horizontales en las cuales transportan cargas rodadas con y sin contenedores. La gran diferencia entre ellos estriba en que los portacontenedores almacenan sus cargas verticalmente, siendo estibadas en bodegas mediante un sistema de guías verticales y los otros buques cargan mediante rampas de acceso horizontal. Los orígenes del buque para transportar contenedores parten de los clásicos buques con cuatro bodegas de carga con sus respectivos entrepuentes en ellos se introdujeron algunas modificaciones para acomodar los contenedores junto a otras cargas.

El año 1956 puede ser considerado como el inicio del transporte de contenedores por mar, en esta fecha, cargado con crudo en sus tanques y varios contenedores sobre cubierta, el buque *Ideal X* partió de Nueva Jersey hacia Houston; fue el primer paso, y al año siguiente se estableció una línea para transportar contenedores desde Nueva York a Florida y Texas, con el buque *Gateway City*, que es considerado como el primer buque totalmente preparado para el transporte de contenedores. Europa tuvo que esperar diez años para ver llegar los primeros buques portacontenedores procedentes de los EE.UU.

La evolución experimentada por los buques dedicados al transporte de contenedores han sido continuas produciendo modificaciones en todos sus sistemas, desde el propulsor hasta los métodos de estiba, pasando por las formas y estructura del casco. Una característica importante ha sido la estandarización de los espacios de carga que ha facilitado las operaciones de carga y descarga proporcionando una mayor fluidez y rapidez en las acciones, disminuyendo el tiempo de estancia en puerto.

Respecto a la evolución de las formas de los cascos de los buques se puede observar que se han logrado diseños con finos que reducen la resistencia a la mar, lo que significa una mayor velocidad. Las innovaciones introducidas en los espacios de carga han logrado su optimización, aumentando el número de contenedores estibados en bodega[191].

La introducción de nuevas tecnologías constructivas en todas las áreas del buque, así como la modificación de los procedimientos utilizados en el manejo de la carga, ha supuesto otro avance significativo en el desarrollo, evolución y utilización de los buques portacontenedores, hasta llegar a los actuales diseños avanzados de buques portacontenedores.

Los diferentes tipos de buques utilizados para el transporte de contenedores han pasado por varias fases, buscando en todas una disminución de los costes de explotación, a base de introducir modificaciones tecnológicas. Gran parte de las mejoras introducidas en este tipo de buques van encaminadas a lograr disminuir su período de estancia en puerto, con lo que se reduce el intervalo de tiempo transcurrido desde la entrega de la mercancía en origen y la puesta a disposición del cliente.

Una de las características que diferencian a los buques portacontenedores de otros es la disposición de sus espacios de carga para almacenar verticalmente los contenedores en el interior de las bodegas, donde son estibados mediante un sistema de guías verticales. Los compartimentos celulares[192] dentro de cada bodega se denominan bahía (*bay*) y comprende, además del espacio celular de la bodega, la sección correspondiente de la cubierta. Separando las bahías, hay un espacio para el acceso a la manipulación de los contenedores. En el caso de los portacontenedores abiertos las guías continúan por encima de la cubierta. Las tapas de escotilla son de tipo pontón, estando reforzadas para soportar el peso de los contenedores que se estiban sobre ellas, que son fijados en los anclajes situados sobre las tapas.

Es necesario e interesante hacer una referencia a la dirección sobre la cual apuntan las nuevas construcciones de buques portacontenedores cada vez con mayor capacidad. Saltada la barrera de los 4800 TEU, aparece en 1996 el *Regina Maersk*, primer buque diseñado para transportar 6000 TEU; sus dimensiones: 319 m de eslora 43 m de manga y 14 m de calado máximo, son el origen de una revolución en las terminales y la logística[193] que se debe emplear para gestionar la cantidad de contenedores transportados. Un año después es entregado el *Sovereign Maersk* buque portacontenedores de 8000 TEU, con unas medidas: 347 m de eslora, 43 m de manga y 24 m de puntal. La puesta en servicio de nuevos buques[194] de los tipos mencionadas supone una decantación del mercado hacia la reducción del número de escalas[195], realizándolas sólo en puertos estratégicamente ubicados, para hacer rentable las operaciones.

Estadísticamente y por tamaños, la flota mundial de buques portacontenedores aumenta anualmente siendo pocos los desguaces y muchos los buques nuevos que entran en servicio. Actualmente[196] la liberalización del comercio globalizando el movimiento de mercancías obliga a transportar grandes cantidades de contenedores, para lo cual se utilizan buques portacontenedores cada vez mayores que pueden ser convencionales o multimodales para cargas combinadas. Los primeros tienen dos tipos de diseño, abiertos o cerrados. Los buques multimodales son los que están preparados para transportar contenedores de varios tamaños, paletas e incluso carga general.

7.4.1 Diseños convencionales

a) Portacontenedores cerrados

La evolución[197] de los buques portacontenedores convencionales cerrados se describirá a continuación describiéndola por décadas, en las cuales se han producido cambios y modificaciones que han afectado al buque y/o a los procedimientos de manipulación de la carga.

Los primeros buques construidos para el transporte exclusivo de contenedores a grandes distancias eran buques con una disposición de seis contenedores en sentido vertical en bodega y siete en sentido transversal. En cubierta cuatro alturas, la última de contenedores vacíos y doce en sentido transversal. Cuando en la bodega se lleva una altura más de contenedores, el que hace siete debe estar apoyado sobre una meseta, que estará fijada a las guías, ya que las normas ISO no permiten que el primer contenedor soporte más de cinco contenedores encima. Estos buques convencionales han ido mejorando sus características mediante la introducción de nuevas tecnologías y cambios estructurales en su diseño, que han afectado a:

- La mejora en el diseño de los buques
- Las modificaciones en los equipos y sistemas de manipulación
- La variación de los tipos y medidas de los contenedores
- La introducción de complejos procesos para el cálculo y distribución de los contenedores es posiblemente lo que mayor rentabilidad le ha producido al armador

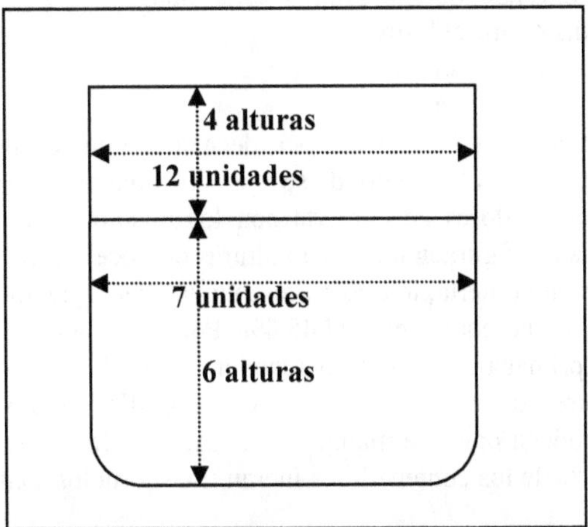

Figura 60 Sección media

Las cifras de estos primeros buques portacontenedores indican que se cargaban 42 contenedores en bodega, seis alturas por siete según la manga y sobre ellos se podían cargar en cubierta tres alturas de doce unidades llenas y una altura de doce contenedores vacíos, lo que significaba que por cada bahía se cargaba un total de 90 contenedores.

La imagen de la sección media de un buque portacontenedor diseñado en los años setenta muestra nueve alturas de contenedores colocados en bodegas por diez ocupando la manga y en cubierta se colocaban tres filas de doce contenedores sobre las tapas de las escotillas. La mayoría de los contenedores, el 71,4%, es transportada en las bodegas de carga, aumentando su número con respecto a anteriores diseños, 48 contenedores más para una misma eslora. La mayor carga de contenedores en bodega significó que hay un mayor número de contenedores resguardado y disminuyó su pérdida por efectos de las condiciones de mar y viento. Otra ventaja es que se redujeron las necesidades de trincaje. Otra novedad introducida en esta década fue el aumento del número y amplitud de escotillas, lo cual mejoró el acceso de contenedores a las bodegas y redujo el riesgo de la torsión producida en el casco durante el proceso de carga/descarga. La tecnología introducida en los espacios de carga redujo la distancia entre contenedores produciendo cambios que permitieron las siguientes ventajas:

- Una disminución del volumen del buque, que a efectos económicos significó una reducción de las tarifas que deben ser abonadas en puerto y canales navegables.
- El aumento de la capacidad de carga de los buques, debido a que las capas más altas de los contenedores en las bodegas fueron trasladadas a las cubiertas y éstas tiene más filas.

La tendencia de los años setenta de incrementar la capacidad de los contenedores siguió en los años ochenta. En 1984 se entregó el primer buque con nuevas características y diseño a USL[198]. Los buques contratados después de la segunda crisis petrolera fueron diseñados para poder combinar la baja velocidad con la gran capacidad[199], pudiendo de esta manera reducir costes y compensar el incremento del precio de los combustibles, manteniendo la misma producción. Los buques fueron empleados en rutas diseñadas para ofrecer un servicio escalonado alrededor del mundo[200].

En la primavera de 1988 la compañía APL (*American President Line*[201]) recibió su primer buque de 4340 TEU que incluía una novedad en su diseño, tenían una manga mayor que las esclusas el canal de Panamá, lo que implicaba que no cruzarían esta vía del Canal, pero tenía los siguientes beneficios:

- Al ser el buque más ancho, tenían mayor estabilidad.
- Posibilidad de disminuir el lastre.
- Aumento de la capacidad de carga.

Otra novedad que equiparon a los buques de esta década fueron los puentes de amarre, que son estructuras de acero colocadas en cubierta donde se fijan unos puntos de amarre. Este sistema permite aumentar una altura de contenedores en cubierta con los mismos dispositivos de amarre, pero de forma más segura, siendo la configuración de ocho alturas de doce a través en las bodegas de carga y cinco alturas de 16 a través en cubierta, lo que representa una carga de 96 contenedores en bodega, es decir, el 54,6%, y 80 en cubierta, equivalente al 45,4%. Por las mismas fechas, principios de 1988, la naviera *Maersk* recibió su primer buque portacontenedor "tipo M", cuya novedad técnica incluía una reducción del espacio entre los contenedores, lo que significa que se pudo disponer de once contenedores a través en bodega con una manga *panamax*, este diseño y otros cambios introducidos permitieron que más del 50% de los contenedores fueran transportados a cubierta.

Otra mejora introducida y donde se han hecho cambios constantes ha sido en el diseño de las escotillas y tapas. Las escotillas utilizadas tienen diversas configuraciones, siendo las más usadas: las de apertura lateral, telescópicas, enrollables, deslizantes y apilables. Cada una de ellas tiene sus ventajas y desventajas, estando su utilización en función del diseño del buque y demás equipos. Una característica que debemos tener en cuenta es su estanqueidad según la utilización que hagamos de ellas. Normalmente, son herméticas al gas, al agua, y evitan la pérdida de temperatura. Estructuralmente[202] las tapas se deben calcular teniendo en cuenta la resistencia a la deformación por temperaturas exteriores extremas, especialmente en los buques que sobre ella deben llevar varias filas de contenedores.

En la década de los noventa se ponen en servicio nuevos buques portacontenedores para cubrir los servicios continentales,[203] son fruto de un nuevo diseño, basado en la introducción de nuevas características, incluyendo modificaciones en el diseño de contenedores. Las mejoras introducidas buscaron el incremento el número de contenedores en cubierta, ya que la capacidad de las bodegas es limitada. Esta fase de la evolución de los buques portacontenedores incluye el rediseño de algunas de las características adoptadas en etapas anteriores. Algunas características interesantes de los buques puestos en servicio por la naviera *Nedlloyd* eran:

- Manga *postpanamax* de 37,10 m que permite estibar quince filas de contenedores de banda a banda colocados sobre cubierta y doce en el interior de las bodegas.
- Una bodega a popa del puente de gobierno y seis bodegas a proa de la superestructura. Las bodegas uno y dos preparadas para el transporte de mercancías peligrosas tenían los paneles que formaban las tapas de las escotillas dispuestos para ser sellados herméticamente.
- Una capacidad total para poder transportar 4410 TEU, de ellos 350 contenedores frigoríficos para ser distribuidos en cubierta.
- Las escotilla tenían una abertura de 31,2 m de ancho y los paneles para cubrirlas carecían de esloras longitudinales de apoyo de los baos.

b) Portacontenedores abiertos

La forma de navegar con bodegas abiertas permanentemente tiene su origen a principios de la década de los setenta cuando la compañía holandesa *Nedlloyd* inició la construcción de una serie de buques dique, sin tapas de escotillas. En 1983 construyó el buque *Happy Buccaneer* para levantar grandes pesos, que en ocasiones precisaba navegar con alguna escotilla abierta para poder acomodar cargas voluminosas. El buque fue autorizado a navegar por la administración holandesa tras solicitar ensayos y pruebas que confirmaron la seguridad del buque. En España, Astilleros Españoles construyó en 1983 en su factoría de Sestao un buque para transportar gabarras flotantes que no tenía escotillas, con una estructura de tipo dique, con amplios orificios en los costados que eran requeridos por la Administración para asegurar el desagüe del agua embarcada.

El tipo convencional de buques portacontenedores de escotillas cerradas ha sido mejorado introduciendo un nuevo concepto, el de buque portacontenedor abierto[204], que revolucionó el diseño de este tipo de buques, ya que prescinde de las tapas de escotilla. Este mismo concepto es utilizado en algunas dragas de succión y en buques de transporte de cargas muy pesadas, en todos ellos al disponer de espacios de carga abiertos tienen especial consideración en el proyecto los estudios relativos a la estabilidad y al achique de agua embarcada. La utilización de guías supone una mejor racionalización del espacio, ya que aprovechamos los espacios ocupados por las tapas de escotilla.

Las características y factores especiales que configuran la construcción de los buques portacontenedores sin tapas de escotilla[205] son:

- El empleo de buques portacontenedores abiertos permite que la mayoría de los contenedores se estiben a través de guías, lo cual facilita las operaciones de carga y trincaje.
- Una automatización de los equipos para manejar la carga reduce el tiempo de estancia en puerto.

- La legislación que se aplica es estricta en cuanto a las bombas de achique que debe poseer el buque, indicando que tengan una capacidad sobrada para la demanda que puedan tener en cada momento. Como en las bodegas de los PCA entra agua, del mar o de lluvia, se disponen bajo los contenedores unos polines de unos sobre la tapa del doble fondo, para evitar que los contenedores se sumerjan en el agua embarcada.
- El mantenimiento se realizará mediante el empleo de programas informáticos que controlen todos los equipos y mediante el empleo sensores puedan detectar cuando el equipo necesita una revisión o cambio de algún elemento. Las sociedades de clasificación aceptan lecturas por medio de los sensores, pudiendo de esta forma programar el mantenimiento y ofrecen información del rendimiento de los equipos a los armadores.
- Un PCA tiene en la ausencia de tapas de escotillas su más destacada característica, lo cual permite que la disposición de las guías en los espacios de bodega pueda sobresalir por encima del nivel de la cubierta. Todos los contenedores se estiban en guías, evitándose las maniobras de colocación y sujeción de contenedores encima de las tapas de escotillas, así como la manipulación de las propias tapas. Es normal que en la primera y a veces la segunda bodega, las escotillas sean convencionales con tapas, debido a los problemas de embarque de agua en las zonas de proa.
- La reducción de personal a bordo, optimizando los procedimientos, obliga a que todo el equipo instalado en los nuevos buques debe estar diseñado para cualquier eventualidad. La falta de personal hace necesario que para evitar averías se duplique la instalación de equipos, el empleo de niveles de alarmas y el empleo de detectores de averías. Todo ello es posible mediante el empleo de aplicaciones informáticas y ordenadores donde se procesan y analizan todos los datos obtenidos y comparan con los guardados en las bases de datos.
- Los buques portacontenedores que realizan viajes transoceánicos pueden sufrir reducciones de personal, pero hay que reconsiderar los trabajos rutinarios de puerto para que las grandes ventajas que ha aportado la contenerización no se pierdan por un exceso de tensión y cansancio producido en el personal.

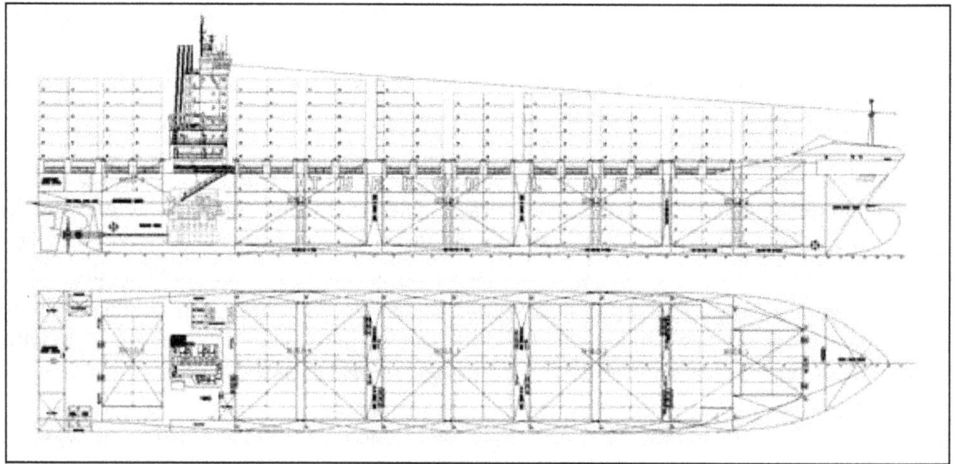

Figura 61 Portacontenedor abierto

Navegar con las bodegas abiertas es algo que parece oponerse al principio fundamental de seguridad que es la estanqueidad del casco, por lo cual es necesario demostrar un adecuado estándar de seguridad y conseguir un certificado de exención, que lo facilitará la administración marítima del país donde se construya el buque y avale entre otros los siguientes puntos:

- Francobordo, su asignación estará condicionada por los siguientes factores:
  - El francobordo mínimo se calculará a partir de las características del comportamiento en la mar del buque y de su estabilidad.
  - Deben realizarse ensayos en aguas agitadas.
  - Hay que demostrar la estabilidad después de averías.
  - El francobordo asignado y la altura mínima en proa nunca serán inferiores a los requeridos para el mismo buque, pero dotado de tapas de escotilla, ni inferiores a los correspondientes de los ensayos con modelos.
- Reconocimientos inicial y periódicos, lo que significa que se debe comprobar el estado del sistema de sentinas, anotándose su estado en el diario de navegación. La Administración hará reconocimientos de este sistema y de la estructura de las bodegas de carga abiertas, a la entrega del buque y en cada reconocimiento de renovación del francobordo.
- La valoración del comportamiento del buque en aguas agitadas, se realizar mediante ensayos que correspondan a una mar irregular de cresta larga y una altura significativa, para una mar de popa, por la aleta, de costado, por la amura y de proa, y en todos los casos con diferentes velocidades y calado máximo. En las pruebas la bodega que sea mas peligrosa por su inundación estará vacío y las demás llenas de contenedores.
- Las necesidades en materia de estabilidad del buque intacto son las mismas que los PCC, pero además en los PCA debe considerarse el efecto de la superficie libre en todas las bodegas de carga. Para determinar el ángulo de inundación se consideraran cerradas las portas de desagüe instaladas en las bodegas de carga y la estabilidad del buque cargado sin avería deberá:
  - Cumplir los criterios de conservación de la flotabilidad del SOLAS.
  - Tener una altura metacéntrica residual positiva.
  - Cumplir las disposiciones sobre el área de la curva de brazos adrizantes.
- El sistema de achique de espacios de carga será diseñado cuidadosamente, debiendo tener suficiente capacidad para poder achicar simultáneamente la embarcada según el resultado obtenido de los ensayos en aguas agitadas y agua de lluvia a razón de 100 mm/h. El sistema de sentina, incluidas las tuberías, deberá incorporar suficientes elementos duplicados de modo que pueda funcionar plenamente en caso de que falle cualquiera de los componentes del sistema, y podrá funcionar con el ángulo limite de escora. Las sentinas de bodegas abiertas tendrán alarmas de alto y bajo nivel.
- Las mercancías peligrosas que pueden estibarse "en cubierta solamente", según especifica el Código IMDG para los buques de carga, no serán transportadas en el interior ni por encima de las bodegas de los PCA. Si así se hiciera, las bodegas se considerarán como espacios de carga cerrados y habrán de cumplir sus prescripciones.

Los PCA pueden presentar ventajas e inconvenientes respecto a los PCC, pero su valoración depende del tamaño de los buques, magnitud del tráfico y el servicio a que se destinen los buques. La comparación entre unos y otros sólo puede hacerse en términos generales, basándose en los rasgos diferenciales más importantes, derivados de la ausencia de tapas de escotillas.

Las ventajas de los PCA son:

- Agilización de la carga por la eliminación de los trabajos de sujeción y trincado de los contenedores.
- Eliminación de las operaciones con tapas de escotillas.
- Disminución del tiempo medio para el posicionamiento de la grúa de contenedores, lo que se traduce en una menor estancia del buque en puerto.

- Reducción de las pérdidas de contenedores estibados por encima de cubierta, debido a golpes de mar.
- Condiciones favorables para la descarga en paralelo.
- Aumento de la seguridad a bordo durante los trabajos de carga y descarga.

Algunos inconvenientes que presentan los PCA se refieren a un mayor coste de construcción y tasas portuarias, sobre los buques pequeños. Problemas en las estructuras de los contenedores al tener una exposición constante de todos los contenedores a la intemperie. Otro problema es una menor flexibilidad para adaptarse a contenedores de dimensiones no usuales y un mayor peso de la pila de contenedores que gravita sobre los inferiores.

Resumiendo, las características de todos los casos contemplados se puede concluir que la tendencia en el diseño y configuración de los espacios de carga es realizar las modificaciones necesarias para lograr poder cargar en bodega la mayor cantidad de contenedores posibles. La justificación es lógica, si se piensa que en bodega los contenedores están resguardados de los efectos de mar y viento que sufren los estibados en cubierta produciendo perdidas diarias de unidades.

7.4.2 Buques combinados

La mayoría de contenedores son de 20 y 40 pies, pero el mercado está demandando buques que sean capaces de transportar contenedores de 30, 35 y 45 pies. Por ello surgen los buques que los puedan transportar y que puedan llevar carga paletizada, para lo cual disponen de un sistema de celdas desmontables en las bodegas. Las ventajas que supone la utilización de este tipo de buques es la posibilidad de adaptar los espacios disponibles de carga a varios tipos de envases estandarizados, lo cual repercute en beneficio del fletador poniendo a su disposición la posibilidad de llenar más el buque.

Los viajes en los que son utilizados estos buques son etapas cortas de cabotaje, por ello presentan un alto grado de flexibilidad para transportar contenedores de cualquier tamaño. Suelen tener dos bodegas que disponen de ventilación para cargas sobre paletas, pudiendo ser utilizadas indistintamente para contenedores de varios tamaños o paletas, incluso tienen conexiones para contenedores frigoríficos.

Suponiendo un buque capaz de transportar 500 TEU, aproximadamente el 70% de los contenedores se estiban en cubierta sobre escotillas. Las tapas de escotilla pueden llevar cargas de 30/60 toneladas y de 75/90 toneladas en bodega sobre la tapa del doble fondo, con refuerzos para los puntos de anclaje. Resumiendo, se puede decir que el buque ofrece la posibilidad de transportar contenedores más grandes en las bodegas, sin que esto encarezca el coste del transporte.

7.5 Equipos de manipulación

El contenedor constituye una unidad de carga que entra dentro del tipo de cargas denominadas modulares, ya que en su interior se estiban otras mercancías, constituyendo todo ello un conjunto con medidas estandarizadas para facilitar su manipulación. Los buques portacontenedores son diseñados, como se ha visto anteriormente condicionados por las cargas modulares que deben transportar, lo cual repercute en ciertos aspectos de las características del buque e inciden sobre sus dimensiones.

La manipulación del contenedor precisa de potentes equipos mecánicos, ya que su estructura y peso así lo exigen. La estiba/desestiba a bordo son operaciones que se realizan mediante grúas, que en algunos casos, tienen sus movimientos controlados mediante aplicaciones informáticas, lo que le proporciona rapidez, exactitud y seguridad.

Una excepción en la forma de manipular los contenedores se puede encontrar en algunos países donde existen puertos en los cuales se cargan/descargan contenedores mediante eslingas, estrobos y ganchos, debido a que se mueven pocos contenedores o se hace de forma esporádica. Las operaciones son lentas, debiendo hacerse con cuidado, pues existe la posibilidad de que una excesiva concentración de esfuerzos al izar los contenedores para estibarlos en el buque o en tierra, origina la rotura parcial o total del sistema produciendo una avería en el contenedor.

Teniendo en cuenta que los buques portacontenedores son cada vez de mayor tamaño y pueden transportar un número elevado de contenedores, se necesita de equipos que muevan la mayor cantidad posible en el menor tiempo para conseguir que la estancia del buque en puerto no se eternice. El número de movimientos es calculado para cada grúa según sean sus características, proporcionándose el resultado en movimientos por hora.

7.5.1 Equipos utilizados en tierra para estibar contenedores

La manipulación del contenedor necesita máquinas de varios tipos que son utilizadas para almacenar, clasificar, acercar y colocar los contenedores a bordo del buque. Estos equipos necesitan tener disponibles grandes espacios para desarrollar su función. Las necesidades de la terminal en grúas y equipos para cargar/descargar los contenedores en el buque y realizar su manipulación en la terminal, se concretan en:

- Grúa pórtico: está constituida por una estructura en forma de torre con un gálibo de tres o cuatro alturas del contenedor y un brazo horizontal sobre el cual se desliza una cabina donde se sitúa el controlador del *spreader*[206], que es la persona que manipula la carga/descarga de los contenedores del buque. El *spreader* es un armazón que cuelga del gancho y es colocado sobre el contenedor para desplazarlo. Las grúas pórtico están montadas sobre raíles y se desplazan paralelamente al muelle, siendo su función la de trasladar los contenedores desde los medios de transporte situados en el muelle al buque y viceversa.

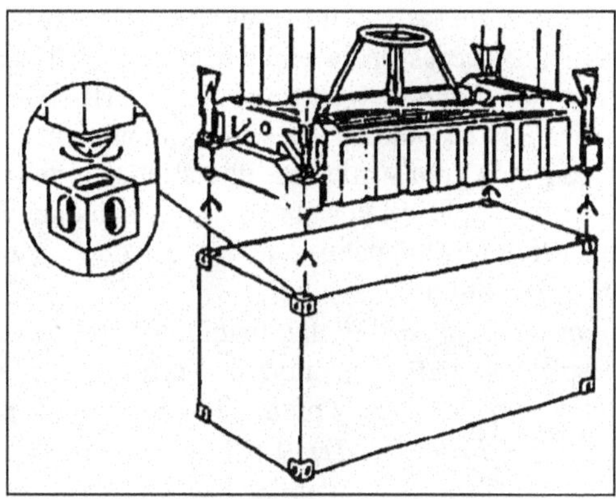

Figura 62 Spreader *con detalle de fijación*

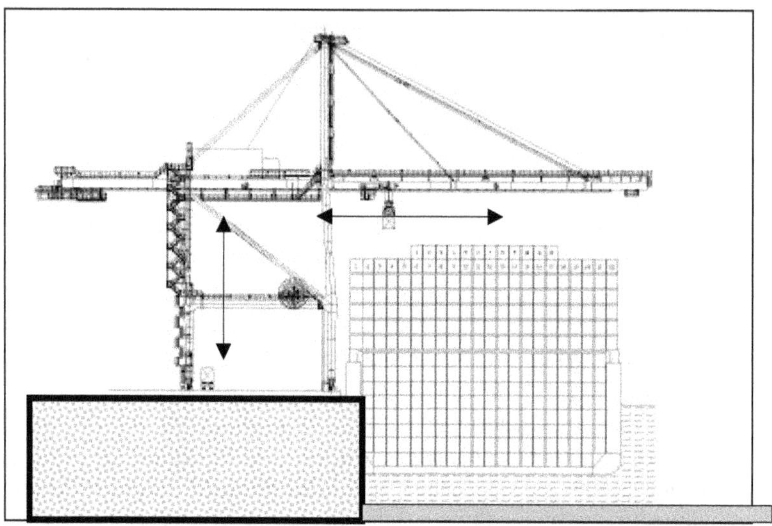

Figura 63 Alcance y elevación de una grúa pórtico Post-Panamax

El alcance de la grúa pórtico está en función de la manga del buque, pudiendo alcanzar un contenedor más. Las grúas tienen una capacidad de poder realizar entre 30 y 70 movimientos por hora, pudiendo alcanzar entre 10 y 18 alturas y hasta catorce filas. Atendiendo a los datos anteriores, las grúas pórtico utilizadas para la manipulación de contenedores se podrían clasificar en cuatro tipos:

- *Feeder*: altura bajo el *spreader* 25 m, pueden alcanzar transversalmente a diez contenedores.
- *Panamax:* altura bajo el *spreader* 31 m, pueden alcanzar transversalmente a trece contenedores.
- *Pos-panamax*: altura bajo el *spreader* 35 m, pueden alcanzar transversalmente a dieciséis contenedores.
- *Super-Post-panamax*: altura bajo el *spreader* 40 m, pueden alcanzar transversalmente a 17/22 contenedores.

- Grúa giratoria de puerto. Suelen estar ubicadas a lo largo del muelle, estando provistas de un accesorio *toplift*, pudiendo mover los contenedores radialmente u horizontalmente.
- Grúa pórtico apiladora. Tienen una movilidad limitada.
- Grúa pórtico móvil o *transtainers*: son utilizadas para transportar y apilar los contenedores, desplazándose por raíles o ruedas en la explanada y en el muelle. Las que van montadas sobre ruedas se denominan *Rubber tyred gantry crane* (RTG), suelen trabajar con cinco y seis alturas de contenedores en bloques de seis. Normalmente un equipo formado por dos *transtainers,* trabaja con cada grúa y mientras uno atiende al muelle, el otro lo hace al tráfico terrestre. Las grúas pórtico que están sobre raíles se llaman *Rail mounted gantry crane* (RMG), tienen una anchura entre patas que les permite abarcar hasta 20 contenedores, pudiendo apilar hasta cinco alturas.
- Carretilla pórtico o *straddle carrier*: es una maquina pórtico con cuatro patas sobre ruedas que permite, el desplazamiento horizontal y vertical de hasta una altura de cuatro contenedores colocados entre sus patas y prendido mediante un *spreader*.
- Carretilla elevadora frontal, *Front Lift Truck* (FLT). Hay diferentes tipos de estas máquinas, que de forma general son utilizadas para apilar y transportar contenedores. Los contenedores llenos pueden elevarlos hasta cuatro alturas. De construcción y funciones similares es la

carretilla elevadora lateral, *Side Loader Truck* (SLT), pero su capacidad para elevar contenedores llenos es la mitad. Los contenedores llenos manipulados por estas carretillas son de 20 pies, los de 40 pies se manipulan si están vacíos. Hay algunos tipos de carretillas de trabajo frontal, que han sido adaptadas para trabajar en el interior de los buques, por ejemplo para mover contenedores llenos y vacíos de 20 pies en buques Ro-Ro o Ro-Lo. La característica que hace utilizables las carretillas en los buques es altura, que es muy baja para poder operar en los espacios de carga.

Además de los diferentes tipos de grúas y máquinas utilizados para el desplazamiento y manipulación de los contenedores, también son necesarios dispositivos para acoplar a las grúas y carretillas con objeto de poder manejar los contenedores con seguridad. Por ejemplo, se utilizan:

- *Sidelift*: es un accesorio para elevar contenedores por medio de dos cierres, *twistlock*, colocados lateralmente muy cerca de la carretilla, hay dos tipos un fijo y otro telescópico, éste segundo utilizado para manipular contenedores vacíos.
- *Toplift*: dispositivo utilizado para manipular contenedores suspendidos de cadenas desde el mástil de la carretilla, pudiendo desde él y para facilitar la toma del contenedor girar de un lado a otro, retroceder y avanzar. El giro de lada a lado es importante cuando se manipulan contenedores frigoríficos, cuyo centro de carga está desplazado a un lado. El *toplift* lleva *twislocks* para sujetar el contenedor por la parte superior. Hay accesorio denominado *toplift* telescópico que está colocado sobre las horquillas de la carretilla, abriéndose o acortándose sus brazos hidráulicamente para adaptarse a la longitud del contenedor. Otra variante es el *toplift* de bajo perfil, cuyas funciones hidráulicas están limitadas para una, vez sujeto el contenedor, ocupe poco espacio en altura e incremente la elevación de la carretilla.
- Eslingas preparadas con una barra para la carga mediante grúa o puntal de contenedores. La longitud de las eslingas debe ser la misma para que el ángulo (v) no sea diferente.

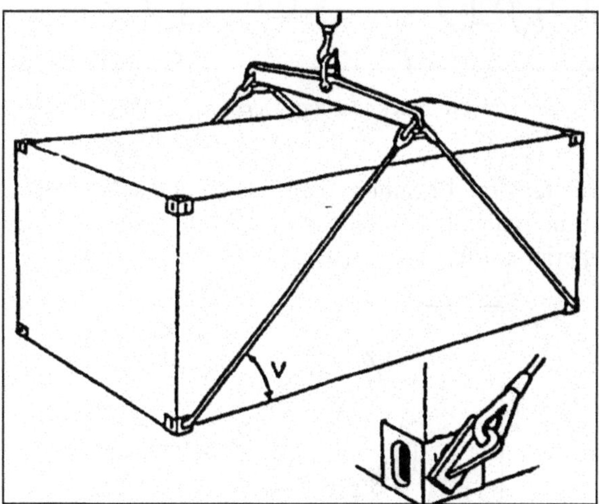

Figura 64 Contenedor con eslingas

- Horquillas: son accesorios con diferente tamaño y resistencia que se introducen en las aberturas de la parte baja del contenedor.
- *Piggy-back*: es un accesorio que tiene cuatro patas controladas hidráulicamente y dispone de movimiento hacia atrás, adelante o de giro, inclinación, desplazamiento lateral para mover y cambiar de lugar semirremolques cargados y vagones de tren.
- PBCH: es una combinación de *toplift* y *piggy-back* usado con carretillas con capacidad superior a 50 toneladas para el manejo de contenedores o semirremolques indistintamente.

7.5.2 Dispositivos para la estiba a bordo

La calidad y número de los dispositivos utilizados para trincar los contenedores a bordo del buque son de varios tipos y formas para poder presentar la adecuada resistencia al lugar en se utilizarán.

- Conos simples: son los elementos destinados a soportar la columna de contenedores, siendo su principal objetivo evitar su corrimiento. Los conos pueden ir soldados a la cubierta o encajar sobre piezas hembras que están sobre cubierta o la tapa de escotilla, ya que algunas de estas piezas sirven para fijar el *spreader* y retirar la tapa de escotilla.
- Conos intermedios. Sirven para conseguir todo el grupo de contenedores forme un conjunto sólido.
- Doble cono. Es utilizado para fijar dos contenedores el situado encima y otro adyacente.
- Tensores de puente: son piezas que se colocan en el último contenedor de cada columna y su misión es mantener el contenedor unido por su parte superior.
- *Twislocks*: son dispositivos que permiten bloquear el contenedor una vez ha sido colocado sobre las cantoneras, con lo cual impiden cualquier movimiento vertical. Además permiten fijar dos contenedores verticalmente, formando una columna rígida que puede ser tratada a todos los efectos como un sólido bloque.

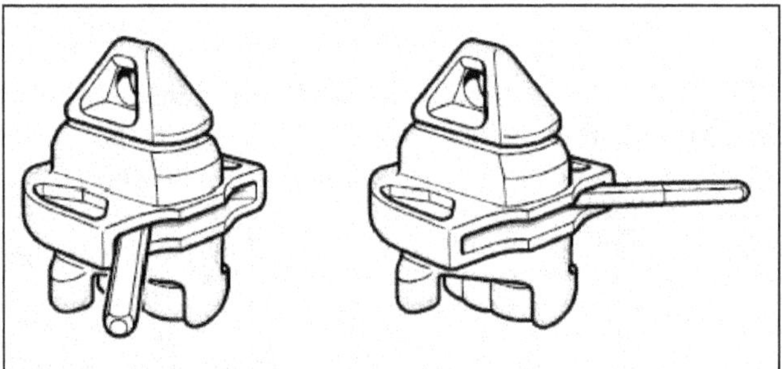

Figura 65 Twistlock *manual: cierre izquierda y derecha*

- *Twislocks* de doble función. El cambio realizado en el diseño de estos dispositivos permite su utilización de forma manual y automática pudiendo trabajar en cualquier posición ya que ambos conos, superior e inferior son iguales.

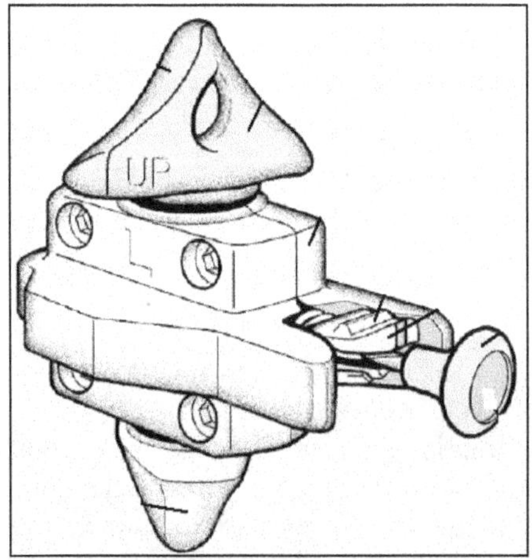

Figura 66 Twistlock *semiautomático*

- Trincas o barras: son elementos que pueden ser de cable, cadena o de barras. Todas deben tener la misma longitud y los puntos de anclaje no deben separarse mucho de la base de los contenedores, entre 1,85 y 3 metros.

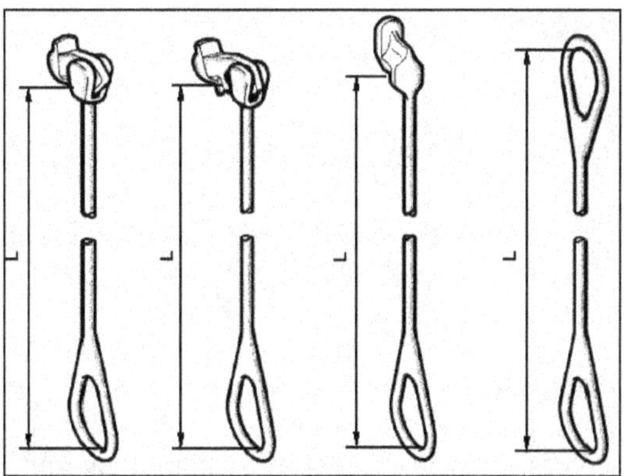

Figura 67 Barras con diferentes enganches

- Bastidores de trinca con forma de "A": Cada trinca está unida a la tapa de escotilla en su parte superior, donde tiene una placa con dos conos superpuestos fijándose el superior a la cantonera inferior del contenedor superior y el inferior se fija en la cantonera superior del contenedor inferior. De esta forma quedan unidos los dos contenedores.
- Puentes de trincaje. Diseñados para reducir el número de trincas empleadas, pero además disminuye la mano de obra utilizada. Sí el soporte de trincaje está amarrado al segundo nivel de contenedores, los pesos por unidad en las filas superiores pueden aumentarse llegando a igualar al de las filas inferiores. Con este sistema se consigue una distribución de los pesos en cubierta más homogénea. El puente aumenta la resistencia a las aceleraciones y evita la fuerza que ejercen los contenedores sobre los extremos de las escotillas durante la navegación.
- Guarniciones de enganche. Sirven para la conexión a la cantonera del contenedor.
- Tensores, para ser utilizados en combinación con trincas de barra, cadena o alambre.
- Cáncamos o argollas, colocados en lugares fijos sobre la cubierta o sobre la escotilla; sirven para hacer firmes los tensores de barra o cadena.

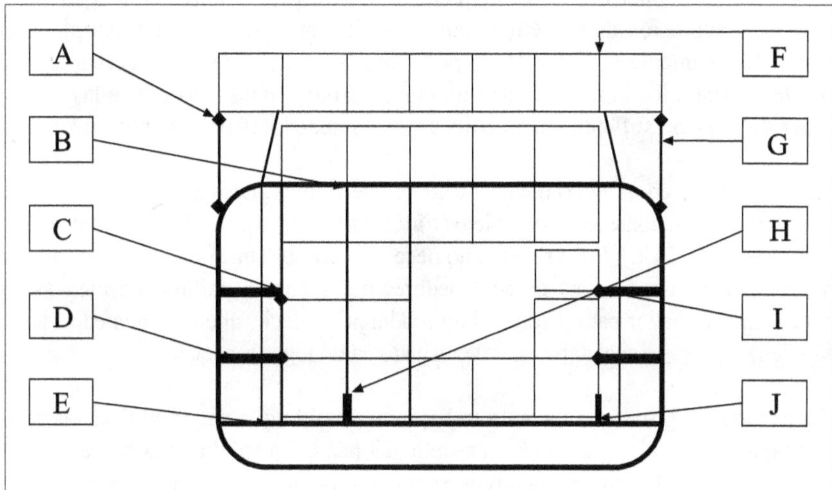

Figura 68 Diversos componentes para trincaje

A, *twistlock* con doble base
B, conos intermedios dobles
C, escuadra con cono
D, barra con soporte
E, conos intermedios con bloqueo (*twistlocks*)
F, tensores puente (*bridge fittings*)
G, barra de base con *twistlock*
H, conos con y sin bloqueo para fundamentos circulares (*stacking cone with blocking for circular sockets*)
I, conos intermedios de compensación (*compensating intermediate stacking cones*)
J, conos cola de milano (*dovetail cones*)

7.6 Planificación de las operaciones

La operativa de los contenedores requiere una planificación[207] muy ajustada en los tiempos, quizás algo más que en otras mercancías, ya que se deben conjugar las acciones en la explanada de la terminal con los del trabajo de las grúas pórtico. La planificación de las operaciones con contenedores debe constar de dos apartados, uno referente a las operaciones del buque y otro relativo a las operaciones que se desarrollan en la terminal; ambos deben estar perfectamente sincronizadas[208] para evitar el desplazamiento erróneo de contenedores. La planificación de los movimientos en la terminal requiere un conocimiento de la ubicación de los contenedores en la explanada[209], para lo cual están referenciados en los archivos y documentos, mediante sus datos identificativos, para poder estibarlos a bordo o ser colocados en la terminal cuando se descargan del buque.

La planificación de la carga/descarga es preparada por el personal de la terminal, ya que es el que primero tiene acceso a los datos de los contenedores que van a ser embarcados/desembarcados. El trabajo incluye tener preparados los documentos[210] y órdenes que permitan el movimiento de cada contenedor.

Los problemas que deben resolver la planificación son los relativos a preparar instrucciones precisas para confeccionar un plano de estiba que eviten las remociones de contenedores, pues esto supone eliminar costosos[211] e improductivos movimientos que se realizan durante las operaciones de carga o descarga. Además, la supresión de las remociones significa una reducción del tiempo de estancia del buque en puerto. Lógicamente se trata de preparar una secuencia de carga/descarga en la que los contenedores estén preparados lo más cerca al muelle de atraque para abastecer a las grúas de manera fluida y disponer del espacio suficiente para colocar los contenedores procedentes del buque.

Un dato a tener en cuenta en el movimiento de los contenedores hacia o desde el buque es que será diferente según se trate de un contenedor completo (*Full Container Load*, FCL) o un contenedor de grupaje (*Less than Container Load*, LCL). Los primeros no necesitan ser abiertos, por lo cual sus movimientos son mínimos. En el segundo caso, se trata de contenedores que incluyen partidas de mercancías de varios exportadores o de un exportador para distintos importadores, es decir, que el contenedor debe ser abierto para su vaciado/llenado, para lo cual debe estar depositado en un lugar especial.

Las instrucciones para las grúas que vayan a trabajar sobre el buque deben indicar las remociones de contenedores o tapas de escotilla para evitar complicaciones en la salida de contenedores del buque o en la estiba de los mismos. La informática representa una ayuda inestimable para conjuntar todos los factores que inciden en la planificación de todas las operaciones que se deben desarrollar.

7.6.1 Cálculos

La realización de los cálculos, tienen como en los demás buques, varios objetivos, por ejemplo: determinar el peso y número de los contenedores embarcados, comprobar que los esfuerzos a los que se verá sometido el buque y su carga durante la navegación están dentro los límites permitidos, y conocer si las condiciones de estabilidad son idóneas para una navegación segura. Para cumplir los objetivos enumerados será necesario calcular y conocer:

- Los pesos que el buque tiene a bordo, ya que restan capacidad de carga.
- La secuencia de los puertos de carga/descarga, pues podría ocurrir que no fuera posible realizar algún trayecto sin la máxima carga.
- Las características, tipo y número de cada contenedor cargado/descargado en cada puerto.

Los resultados de los cálculos[212] proporcionan: la distribución de los contenedores a bordo del buque, es decir, los datos para preparar los planos de estiba; el conocimiento de las condiciones de estabilidad[213], es decir, las curvas de GZ y KN;[214] los esfuerzos a los que se encuentra sometido el buque durante las operaciones de carga/descarga, que se traducen en curvas de esfuerzos cortantes y momentos flectores; los calados y trimado del buque al final de las operaciones. Los anteriores cálculos se deben realizar en cada puerto de la escala del buque en el cual efectúe operaciones, teniendo en cuenta los tanques de lastre y tomando el agua que sea necesario.

7.6.2 Procedimientos

Independientemente de los daños estructurales por una mala manipulación, cuando se investigan las causas de las averías producidas en las mercancías contenidas en un contenedor, se llega a la conclusión de que la mayoría son producidas por una mala estiba, incluso los daños que se producen en los contenedores son también consecuencia de una estiba defectuosa. El conocimiento de estos datos debe predisponer nuestra voluntad para preparar unos procedimientos con los que las operaciones sean realizadas respetando siempre todas las normas de seguridad y supervisando al menos dos veces cada trabajo.

Los objetivos que se deben cumplir con lo procedimientos son los generales de estiba, pero además hay que lograr una perfecta coordinación de toda las operaciones, previamente planificadas, para que optimizando todas sus fases se puedan reducir los tiempos empleados en ellas, trabajando con rapidez y seguridad.

Las diferencias en los buques que transportan contenedores obligan a establecer variaciones en la forma de estibar entre ellos, variando las reglas respecto a la ubicación y trincaje, por lo cual la forma en la que se desarrollan las operaciones, es decir los procedimientos, presentan claras diferencias. Hay un grupo que contiene los procedimientos que deben ser aplicados en buques que no son portacontenedores y el otro reúne los procedimientos que deben ser tenidos en cuenta en aquello buques que han sido diseñados para el transporte y manipulación de contenedores. Los procedimientos en ambos casos implican cumplir las siguientes reglas generales:

- Los contenedores deben estar preparados y clasificados en la explanada de la terminal en los bloques apropiados según sus características. Para los buques que descargan, la terminal tendrá planificados los espacios en los cuales se colocarán los contenedores.
- Durante toda la operación de carga/descarga, el buque debe permanecer adrizado, ya que una pequeña escora puede suponer una complicación para la estiba sobre las guías, por lo que la

operación debe pararse hasta que el buque sea adrizado. La máxima escora podría llegar en algún momento y tipo de buque hasta los 5°.

- Todos los contenedores deben ser inspeccionados antes de su embarque y los que presenten deficiencias en su estructura serán rechazados. El hecho debe ser notificado por escrito a la terminal.
- Solamente por necesidades de distribución de peso y después de un análisis de las posibles consecuencias, se estibarán contenedores más pesados sobre otros que contienen mercancías más livianas.
- Dependiendo del diseño de los espacios de carga puede admitirse la estiba de contenedores de 40' sobre dos de 20 pies. Hay casos puntuales en los que se pueden producir daños estructurales.
- Hay que comprobar que los contenedores sean colocados exactamente sobre los *twistlocks* para que queden estibados de forma segura y evitar que se produzcan daños.
- El peso sobre tapas de escotilla debe ser comprobado y no debe sobrepasar su resistencia por cm^2 para evitar deformaciones, las cuales darían lugar a pérdida de estanqueidad o rotura de los componentes de la brazola.
- Los procedimientos deben prever una variación en el número de grúas indicadas en la planificación para trabajar sobre el mismo buque, pero antes de quitar o poner hay que estudiar y analizar sus posibilidades.
- Los procedimientos que afecten solamente a la carga/descarga mostrarán las indicaciones sobre como se debe distribuir la carga a bordo del buque para resolver los problemas que se pueden presentar.

7.6.3 Planos de estiba

La operación de acondicionamiento de los contenedores a bordo del buque significa preparar un plano de estiba que se ajustará a la planificación de las operaciones y en el cual deben figurar los contenedores colocados en función de sus características y las mercancías estibadas en su interior. Además, el plano deberá respetar en todo momento las particularidades del buque para el cual se realiza y las condiciones de navegabilidad impuestas por su manual de carga.

La planificación permite conocer las operaciones para cada contenedor y los procedimientos previstos, en los cuales, como se ha visto, se tendrá en cuenta si los contenedores están llenos o vacíos, ya que, en el primer caso desgraciadamente su peso suele ser aproximado. Una vez confeccionado el plano de estiba,[215] se dispone de un documento que permite conocer la situación de cada contenedor que sirve de referencia para realizar comprobaciones en caso de pérdidas durante el transporte. Suelen suceder estas pérdidas bastante a menudo y son normales las reclamaciones efectuadas por ello.

La eficiencia de la carga/descarga depende del grado de cumplimiento de la planificación y de que los planos de estiba estén bien preparados. El funcionamiento y organización de cada naviera determina el contenido del plano de estiba y el número de planos con detalles que son preparados, por lo general se suelen confeccionar varios planos, por ejemplo:

- Un plano general con todos los contenedores y su situación
- Un plano con los contenedores que serán descargados/cargados en el puerto de arribada
- Un plano detallado para cada bahía con sus características
- Un plano en el cual figurarán todos los puertos que el buque toca según el orden de escalas y las características de los contenedores cargados/descargados para cada uno de ellos

Si la planificación prevé remociones, estas figurarán en el plano de estiba, indicando si los contenedores afectados están estibados en bodega o sobre cubierta. Para sacar los primeros será necesario levantar la tapa de escotilla y recolocar todos los contenedores que estén encima; si la remoción afecta a contenedores sobre cubierta, los movimientos suelen ser en menor número y la operación es más simple. Hay que recordar que el problema de las remociones tiene su origen en el primer puerto donde la estiba no fue planificada debidamente, por lo cual su solución es difícil.

La preparación de los planos de estiba requiere un conocimiento de la configuración de los espacios de carga. Estos siguen una numeración cuyas normas y reglas están estandarizadas, lo cual ayuda a implementar la planificación, haciendo referencia a los contenedores mediante números que indican la bahía, columna y fila en la cual han sido ubicados a bordo del buque en los diferentes espacios de carga.

- Bahías (*bays*). Los números pares corresponden a contenedores de 40 pies y los impares a los de 20 pies, siendo el orden de numeración de las bahías de proa a popa, estando formadas por columnas y filas:
  - Columnas (*rows*), también denominadas alturas. Son las ubicaciones verticales de los contenedores, numeradas a partir de la línea central del buque hacia el costado de babor con números pares y con números impares los que van hacia estribor. A la línea central se le asigna el 00.
  - Filas (*tiers*). Corresponden a la ubicación horizontal de los contenedores, numerándose a partir del plan de bodega, empezando por el 02 que corresponde a la primera fila, aumentando en números pares. Los contenedores de media altura se señalan con números impares.

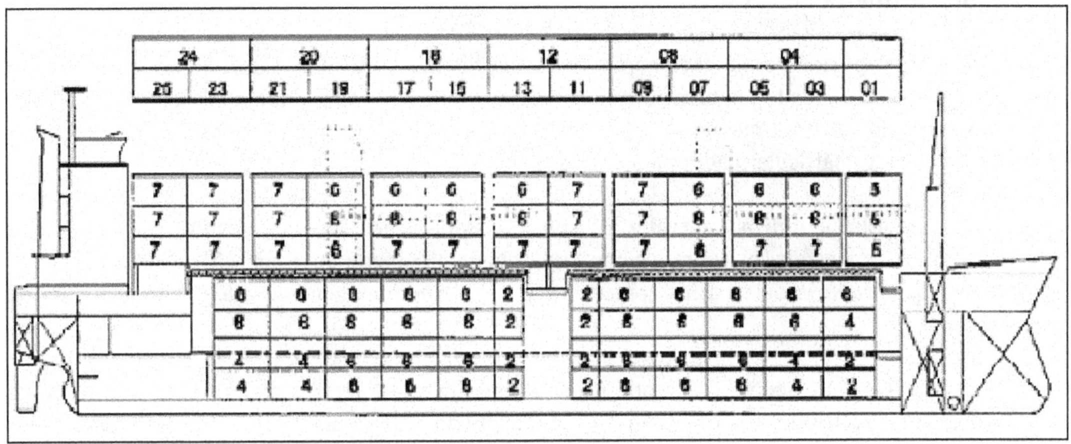

Figura 69 Indicaciones de bahías y alturas

Cada contenedor de 20 o 40 pies es representado en el plano de estiba por una casilla, teniendo en cuenta que cuando dos contenedores de 20 pies son estibados en el espacio de uno de 40 pies, la casilla se divide mediante una línea diagonal, correspondiendo la parte superior al contenedor de proa y la inferior al de popa.

Los planos de estiba, una vez confeccionados tienen, en la mayoría de las navieras una configuración parecida a la distribución presentada para la bodega número uno:

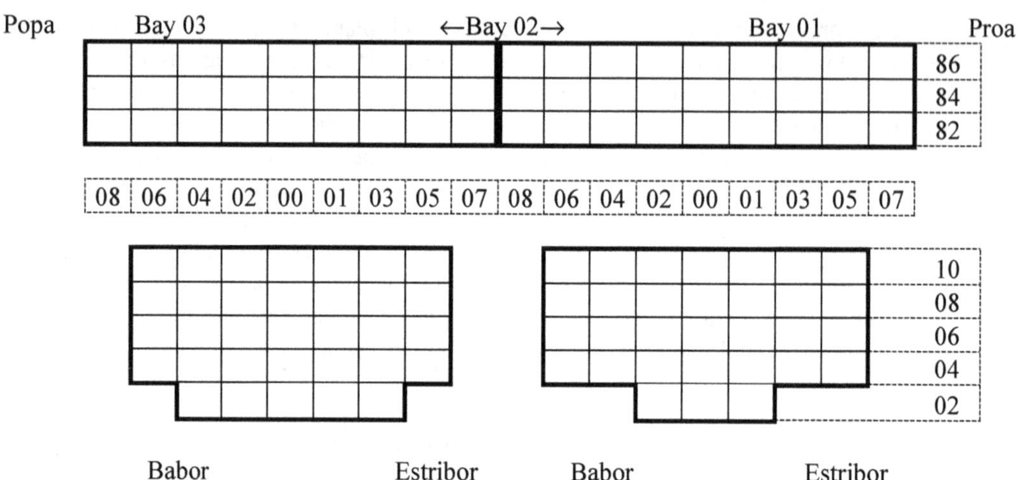

En cada celda es colocada la identificación del contenedor según las normas seguidas en el apartado 7.2.1, lo cual facilita la creación de listados necesarios para las personas encargadas de la carga/descarga y control de los contenedores desde la terminal hacia el buque y viceversa.

Disponer del plano de estiba significa que, una vez terminadas las operaciones de atraque del buque, las grúas comienzan a funcionar descargando y cargando los contenedores ininterrumpidamente, apoyadas por los medios de tracción que, acercan los contenedores a las grúas, y éstas los embarcan.

7.7 Particularidades de la estiba

El transporte de contenedores se hace normalmente en buques portacontenedores, pero en ocasiones por necesidades del mercado también se estiban contenedores en buques que no están especialmente diseñados para ello, es decir, que no han sido proyectados y equipados para ese tipo de transporte, por lo cual se indican las particularidades para ambos tipos.

La operación de trincaje utiliza materiales y dispositivos que deben ser manipulados cuidadosamente evitando golpearlos y arrojarlos sobre los contenedores o en cubierta en espera de ser usados, ya que pueden dañarse y además dañar a los contenedores. Como normas generales de estiba se tendrá en cuenta:

- Estibar los contenedores en sentido longitudinal con la puerta hacia popa, lo cual evita un corrimiento debido a los bandazos y que la puerta del contenedor se vea afectada por los golpes de mar.
- La columna de contenedores situada más a proa no debe rebasar una altura tal que impida la visibilidad desde el puente a una distancia de 1,7 esloras desde la proa.
- La separación entre los contenedores, dentro de cada bloque, según la recomendación de las normas ISO. La separación longitudinal debe ser 76 mm, y la transversal 25 u 80 mm a razón de los 76 mm de separación longitudinal es debido a que con esta distancia entre dos contenedores de 20 pies podrá ser estibado uno de 40 pies coincidiendo exactamente con las cantoneras de los primeros.
- Los contenedores situados en las bandas son los que requieren más atención y necesidades de trincaje, por ser mayor la fuerza de inercia en ellos.

- Los contenedores tienden a deformarse elásticamente. Los movimientos horizontales provocan esfuerzos cortantes sobre el eje del *twislock*.
- Todos los contenedores intentan girar alrededor de los contenedores situados debajo provocando esfuerzos de tracción sobre el eje del *twislock*.
- Una vez terminadas las operaciones de carga, se procederá a realizar una revisión del trincado de los contenedores, extremando las comprobaciones en los lugares conflictivos de estiba.
- La inspección figurará en los procedimientos se efectuará según lo previsto en l, para evitar que el contenedor y/o las mercancías que estén estibadas en su interior sufran daños.

Recordando las notas comunes explicadas en los procedimientos, a continuación se indican las normas particulares que se deben aplicar a buques portacontenedores y buques que no lo son, pero que transportan contenedores.

7.7.1 Estiba en buques que no son portacontenedores

Las normas de estiba aplicadas en estos buques obligan a tomar en consideración algunas reglas que están contempladas en el Código de prácticas de seguridad para la estiba y sujeción de la carga (CPS).[216] La estiba de contenedores en bodega en buques que no están acondicionados para ello suele ser bastante dificultosa y sólo se realiza en casos especiales. Si el buque dispone de entrepuentes, se estibará en ellos colocando dispositivos de anclaje que normalmente se sueldan a los mamparos y suelo.

Los contenedores en cubierta son trincados mediante varios elementos, desde las barras y cadenas a los *twistlocks*, pasando por los puentes, tensores, trincas, guarniciones de enganche y conos. La utilización de varios elementos hace que la estiba en cubierta o sobre las tapas de escotilla sea más compleja. Las características diferenciales con la operación que se realiza en la bodega son debidas principalmente a la configuración y estructura de ambos espacios:

- Supone más tiempo de estancia en puerto, ya que la carga de los contenedores exige una manipulación cuidadosa para colocarlos sobre los *twistlocks* y después reforzar el trincaje mediante barras u otros dispositivos para que los contenedores queden estibados de forma segura.
- Los contenedores que se transporten sobre la cubierta o las escotillas de tales buques se deben estibar preferentemente en sentido longitudinal.
- Los contenedores no deben sobresalir del costado del buque. Se deben utilizar soportes adecuados cuando los contenedores sobresalgan de las escotillas o de las estructuras de cubierta.
- Los contenedores se deben estibar y sujetar de modo que permitan al personal desplazarse con seguridad para realizar las operaciones necesarias en el buque.
- Los contenedores no deben someter nunca la cubierta ni las escotillas sobre las que estén estibados a fuerzas excesivas.
- Los contenedores de la tongada inferior, cuando no descansen en dispositivos de apilamiento, se deben estibar sobre tablones de madera de espesor suficiente, dispuestos de manera que distribuyan uniformemente la carga apilada sobre la estructura de la zona de estiba.
- Cuando se apilen contenedores, se deben usar entre ellos dispositivos de fijación, conos u otros accesorios de apilamiento similares, según proceda.
- Cuando se estiben contenedores sobre la cubierta o las escotillas, se debe tener en cuenta el emplazamiento y la resistencia de los puntos de sujeción.

Todos los contenedores deben estar bien, sujetos de modo que no puedan deslizarse o volcarse. Las tapas de las escotillas sobre las que se transporten contenedores deben estar sujetas adecuadamente al buque. Los contenedores se deben sujetar utilizando uno de los tres métodos recomendados en el CPS o con métodos equivalentes, siendo las trincas utilizadas preferentemente de cable de acero, cadenas o material con similares características de resistencia y alargamiento. Los tres métodos de sujeción no normalizada de contenedores que el CPS recomienda son:

- Método A para contenedores de peso medio, teniendo en cuenta que el peso del de arriba no excede en un 70% del peso colocado debajo.
- Método B para contenedores de peso medio, teniendo en cuenta que el peso del contenedor de arriba puede ser superior a un 70% del peso del de abajo.
- Método C para contenedores pesados, pudiendo el peso del contenedor de arriba ser superior a un 70% del peso del de abajo.

7.7.2 Estiba en buques portacontenedores

La capacidad de carga del buque y el número de contenedores que es necesario cargar/descargar son las características que determina el número de grúas que deben trabajar sobre el buque. El desarrollo de los procedimientos de estiba para un buque portacontenedor, estará previsto en la planificación y su objetivo es reducir el tiempo de estancia del buque en puerto. Algunas recomendaciones sobre el trincaje son las siguientes:

- Los contenedores que son colocados en los espacios de bodega sólo necesitan un trincado simple con conos y puentes intermedios, ya que las guías sustituyen a las barras y cadenas de trincaje; sin embargo, los que se sitúan en cubierta sobre las escotillas deben ser trincados con más dispositivos inmovilizadores, dependiendo su número de la altura y lugar de la cubierta en la cual se realice la estiba.
- Cuando los contenedores se estiban en bodega sobre guías celulares el procedimiento consiste en introducirlos verticalmente de forma que entren dentro de las guías que dividen el espacio de la bodega. Las guías permiten apilar varios contenedores de forma automática, suprimiéndose los dispositivos de trincado.
- Los contenedores estibados sobre la cubierta deben ser trincados para poder resistir los efectos de los movimientos del buque y las fuerzas generadas por el viento y el impacto de las olas. Las trincas inmovilizarán a los contenedores evitando que sean desplazados de su lugar de estiba. El número de trincas y la forma de colocarlas varía con la altura que alcanzan los contenedores, por ejemplo:
- Si hay una estiba de dos alturas de contenedores llenos y dependiendo de la colocación respecto a la línea de crujía, puede ser suficiente utilizar *twislocks*; lo mismo sucederá si son tres alturas y las dos primeras son de contenedores llenos y la tercera de vacíos.
- Si el número de alturas de contenedores es mayor de tres y todos están llenos, se utilizarán *twislocks* y trincas de barras o cadena con tensores[217].
- Si se usan puentes para la unión de cuatro columnas o más de contenedores, habrá que cuidar no rebasar los límites de carga establecidos por el fabricante.
- En todos los sistemas de trincaje se debe tener en cuenta la calidad del material utilizado, ya que durante condiciones meteorológicas adversas o por los movimientos del buque se pueden producir aceleraciones sobre la carga que sobrepasen los coeficientes de seguridad establecidos en los cálculos.

7.8 Operaciones en la terminal

La entrada de los contenedores en la terminal portuaria puede hacerse por mar o por tierra. Los que llegan por mar pueden ser transbordados a otros buques o distribuidos por tierra mediante ferrocarril o carretera. El recorrido seguido por un contenedor podría ser el siguiente: desde el punto de origen es trasladado por carretera o ferrocarril a una terminal para ser embarcado hacia determinado puerto y desde éste es llevado por ferrocarril o carretera a su punto de destino. Puntos intermedios para el destino del contenedor pueden ser el primer puerto desde el cual es transbordado a otros buques más pequeños o las instalaciones de contenedores en puntos del interior denominadas puertos secos. Zaragoza y Madrid son dos de los primeros puertos secos puestos en marcha en España y están proporcionando excelentes resultados.

La capacidad de trabajo de la terminal es la que determina la cantidad de contenedores[218] que puede manejar, por lo cual debe estar preparado para recibir y dar salida a los contenedores de forma rápida, y para ello es necesario que tenga buenos accesos por carretera y ferrocarril. Concretamente y con referencia a España, la red de ferrocarriles españoles dispone de conexión en los principales puertos con la red denominada TECO (Trenes Expreso de Contenedores) y otra con salida a Europa denominada EUROTECO.

Cuando las operaciones de un buque portacontenedor implican la carga y descarga habrá que tener en cuenta el espacio necesario para la ubicación de los contenedores. La planificación del almacenamiento de los contenedores es una operación compleja y puede presentar numerosos inconvenientes que deben estar subsanados y previstos antes de la llegada de los buques para evitar distorsiones en el movimiento de los contenedores.

La infraestructura de una terminal de contenedores consiste en disponer de muelles de atraque áreas de almacenamiento de contenedores, parques de estacionamiento de vehículos, almacenes para operaciones en los contenedores, vías de acceso, edificios de gestión y parques de estacionamiento de medios para la manipulación de los contenedores.

Los muelles de atraque tendrán unas dimensiones adecuadas a los buques que vayan a recibir y dispondrán de grúas adecuadas en función del tonelaje de los buques. Las zonas o patios de almacenamiento estarán divididas por áreas para recibir los diferentes tipos de contenedores que la terminal tenga previsto manejar. Estas zonas deben estar preparadas para operaciones nocturnas y dispondrán de espacio suficiente para que puedan transitar los medios terrestres utilizados para desplazar a los contenedores. Los contenedores serán apilados en orden inverso a su salida de la terminal y la altura estará en función de su estado, dimensiones y mercancías que contengan. Las coordenadas de ubicación de un contenedor dentro del bloque están definidas por la fila, columna y altura que ocupa. Los bloques son rectangulares o cuadrados estando referenciados mediante letras o siglas, lo cual favorece la identificación de la situación de un contenedor.

Movimiento de contenedores terminal/buque y viceversa

Los equipos utilizados en la terminal para la manipulación de los contenedores ya han sido definidos en anteriores apartados; no obstante, aquí se insistirá en los aspectos operativos de los mismos. Los sistemas de estacionamiento de los contenedores utilizan diferentes equipos y en función de sus características[219] se establece el número de metros cuadrados que necesita para operar por TEU manipulado. Los sistemas para desplazar contenedores dentro de la terminal pueden ser:

- Sistemas de carga frontal

- Sistemas en los cuales se emplean plataformas movidas por cabezas tractoras
- Sistema de grúa pórtico sobre raíles
- Sistema de grúa pórtico sobre neumáticos

El sistema elegido por cada terminal puede ser cualquiera de los enumerados o una combinación de varios, todo dependerá de sus instalaciones y del movimiento anual previsto. Es previsible que si los movimientos de los medios no están bien planificados y sincronizados, surjan problemas de tráfico que llegan a suponer un atasco en el desplazamiento de los contenedores, lo que significa pérdida de tiempo y aumento del coste de las operaciones.

La operativa de la terminal está encaminada a tener preparados los contenedores y su documentación para que sufran retrasos en su salida de la terminal. Las operaciones de la terminal alcanzarán su mayor efectividad cuanto menor sea el tiempo de estancia de los contenedores en ella. La coordinación de todas las operaciones se realiza mediante aplicaciones informáticas especialmente diseñadas para ello.

La llegada de los contenedores a la terminal se produce por tierra, siendo colocados en el bloque correspondiente a la secuencia de carga prevista para el buque, es decir, que los más cercanos y altos de la pila serán los primeros en embarcar, siguiendo el resto la secuencia de carga y la planificación realizada para las operaciones del buque.

Los sistemas operativos empleados por las terminales en las operaciones de la explanada entran dentro de la planificación y en ellos se contemplan los movimientos de la carga/descarga de contenedores, que, como ya se ha indicado, son complejos y constituyen operaciones que son complejas en su diseño. El desarrollo de las diferentes fases obliga a valorar y estudiar innumerables variables para lograr que el procedimiento final sea lo más sencillo posible.

Uno de los elementos que debe ser valorado son los medios utilizados para la manipulación, ya que, dependiendo de sus características, se necesitarán emplear un tiempo diferente para los movimientos de contenedores, por lo cual el primer objetivo será el estudio de sus rendimientos para optimizar sus desplazamientos. Los métodos de trabajo inciden en sus planteamientos en los costes de explotación para lograr una amortización rápida de los equipos. A continuación se presentan dos operativas en las cuales se usan RTG en una y SC en la otra, indicando las características diferenciales de ambos sistemas.

El método de manipulación de contenedores para la carga/descarga de un buque en el que se utilizan los RTG tiene unas características que se concretan en:

- La distancia entre la explanada y la grúa pórtico está en función de la hilera en la que se encuentra situado el contenedor, siendo solamente algo grande para las últimas filas; no obstante, el promedio en el recorrido de los contenedores es inferior al de los *straddles carriers*.
- La altura máxima de contenedores a la que trabajan los RTG es de 5 niveles, por lo que la explanada estará más aprovechada que cuando se usan SC.
- Un inconveniente grave es que la avería de un RTG paraliza las operaciones de carga/descarga.
- Una desventaja frente a la utilización de otros sistemas es que se necesitan otras máquinas auxiliares, por ejemplo semiremolques o chasis, para trasladar el contenedor al buque o posicionarlo en un área especial.

- La operativa requiere un control de todos los movimientos y un seguimiento escrupuloso del plan de trabajo previsto; esto, que podría ser un inconveniente, se traduce en una mayor facilidad a la hora de automatizar su procedimiento de actuación.
- La seguridad en las operaciones es mayor, debido a que su margen de movimiento es menor, aunque es necesario un control estricto de los recorridos para cada máquina.
- Poco ágil en operaciones de transbordo selectivo.

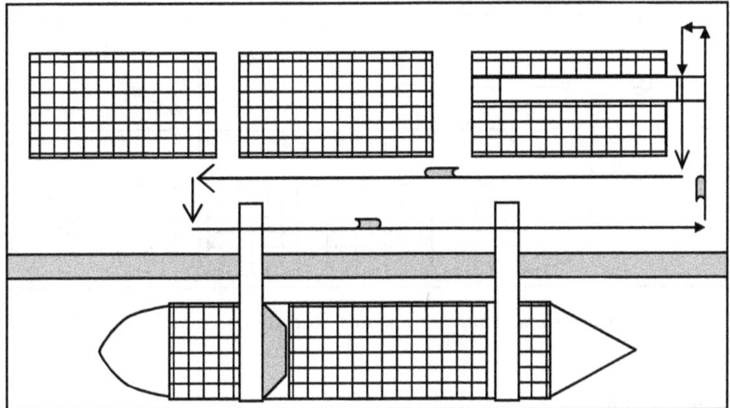

Figura 70 Esquema de dos grúas pórtico trabajando sobre el buque y un RTG por bloque

Los sistemas operativos basados en la utilización de los *straddles carriers* pueden adoptar varios esquemas. A continuación se describen el de *pull-in pull-out* y el de circulación, indicando algunas de las características más destacables.

➢ *Sistema pull-in pull-out*

El sistema se aplica teniendo en cuenta que la situación de los contenedores debe ser perpendicular al muelle. El desplazamiento de los SC consiste en entrar y salir de los bloques de la explanada retirando/colocando el contenedor seleccionado para poner/retirar los contenedores bajo la grúa pórtico que los carga/descarga del buque. Las distancias recorridas son menores, pero es necesario un control preciso para evitar las colisiones entre los SC.

- El sistema facilita la operación de transbordos permitiendo una gran flexibilidad en el trabajo.
- Las operaciones no se ven interrumpidas por la avería de uno o varios vehículos, solamente podrá bajar el ritmo, pero no se paralizan las operaciones.
- La distribución directa facilita la llegada de contenedores a diferentes puntos de la explanada u otros tipos de transporte, por ejemplo, ferrocarril.
- Durante el desarrollo de las operaciones existe una independencia entre las manos que trabajan en el buque, pudiendo variar la planificación reforzando una mano en un momento determinado y utilizar equipo común a varias manos. Es un sistema flexible al cambio de secuencia en las operaciones.
- Es necesario que la explanada de recepción donde se ubican los contenedores esté relativamente cerca de la grúa pórtico.
- Altura máxima de apilado con la cual pueden trabajar los SC es de 3 niveles de contenedores, por lo que con respecto al sistema anterior se produce una pérdida de almacenamiento.
- La velocidad en las operaciones de sistema que utiliza vehículos SC es mayor que la de los RTG, debido a que los contenedores cargados/descargados del buque son situados en el suelo, no sobre remolques o plataformas. Otro factor que hace aumentar la velocidad de las

operaciones es que la densidad de contenedores en la explanada es menor, por lo que se requiere menor número de remociones.

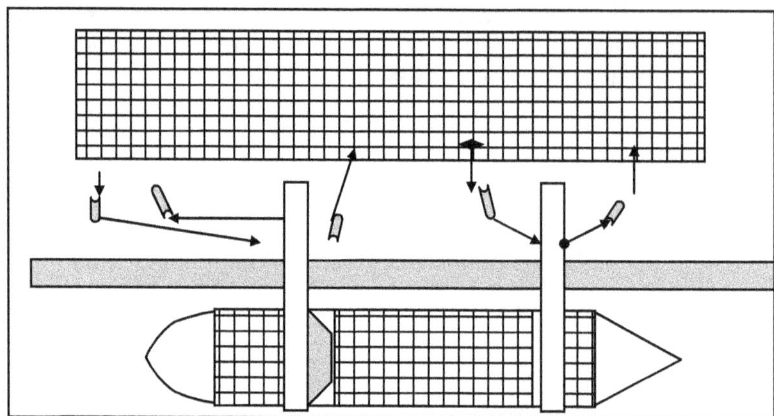

Figura 71 Esquema de vehículos SC trabajando pull-in pull-out

➢ *Sistema de circulación*

La opción de un sistema de circulación utilizando vehículos SC necesita que los contenedores sean colocados paralelos al muelle, siendo sus desplazamientos en sentido circular, pasando por debajo de las grúas pórtico y entrando en los bloques de la explanada.

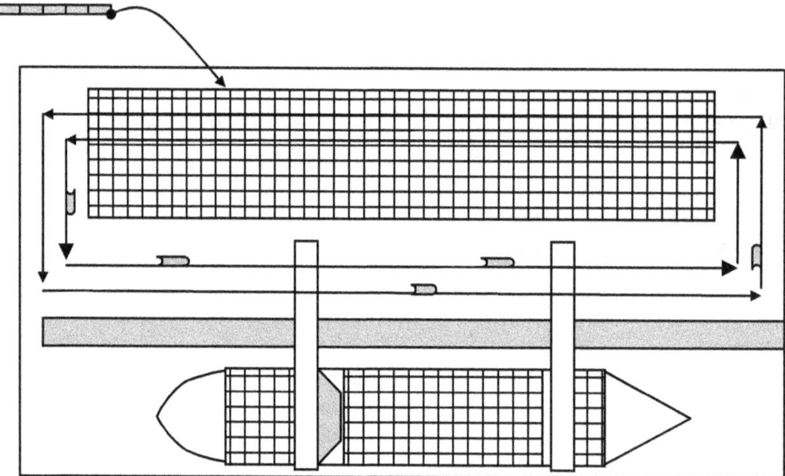

Figura 72 Esquema de vehículos SC trabajando en circulación

Las características del sistema de circulación son similares al *pull-in pull-out;* no obstante, existe una diferencia acusada y es que el control de los vehículos es más sencillo, debido a que trabajan en columna siguiendo una misma dirección. Si se produce la avería de algún SC, se retira del tráfico y las operaciones continúan normalmente.

Cuando las distancias que tienen recorrer los *streaddles carriers* para recoger/almacenar los contenedores procedentes/destinados al buque, los esquemas de tráfico deben ser modificados para reducir el tiempo del ciclo y poder mejorar la eficiencia de la planificación realizada.

7.9 Problemas durante el transporte

El buque debe salir de puerto en condiciones de navegabilidad y preparado para enfrentarse a las condiciones adversas que puedan presentarse durante la travesía. Considerando que la estiba haya sido realizada cumpliendo todas las normas de seguridad, no debería producirse ningún percance, pero la práctica diaria demuestra lo contrario, ya que cada día se produce la pérdida de cientos de contenedores y desmoronamiento de columnas completas debido a condiciones meteorológicas adversas. Las causas más frecuentes por las que suceden estos hechos son la falta de trincaje o inmovilización inadecuada y por golpes de mar. El hecho de que una parte de la carga en cubierta se pierda puede dar lugar a una variación de las condiciones de estabilidad, lo que puede llegar a poner en peligro al buque.

Los problemas enumerados se concretan en que, cuando el buque pierde las condiciones iniciales de salida, su situación se vuelve peligrosa, ya que los cálculos realizados con los contenedores se hicieron para unas condiciones determinadas que se han visto alteradas. Se ha dicho que la planificación es un problema dinámico, es decir, que comporta soluciones complejas, por lo cual siempre se puede escapar alguna mala ubicación de contenedor, que es en muchos casos el origen de la problemática explicada que se producen durante el transporte.

El buque portacontenedor transporta en la mayoría de los casos una carga compuesta de varios tipos de contenedores llenos, pero también se suelen cargar vacíos, operación que es necesario efectuar para evitar el almacenamiento de contenedores en determinados puertos. Los contenedores vacíos son ubicados a bordo, normalmente en los lugares más altos con trincajes livianos. También son colocados en lugares donde es necesario guardar las distancias para contenedores de mercancías peligrosas. Otro factor que influye en la estiba es la ubicación de contenedores especiales con medidas de 30, 40 o 45 pies. Cuando por necesidades en la distribución de pesos es necesario colocar los contenedores según lo indicado, puede resultar que la resistencia de los bloques se resienta y no sea similar, produciendo un fallo de resistencia que da lugar a la pérdida de un contenedor. La consecuencia es un efecto domino que puede afectar a varias decenas de contenedores.

---

[166] Protocolo de Montreal, 1987. Los contenedores frigoríficos que usaban CFC, clurofluorcabonos como refrigerantes, fueron sustituidos, debido a sus efectos perniciosos sobre la capa de ozono y está prohibido su uso. Los cambios producidos afectaron al aceite utilizado en la lubricación del equipo frigorífico debido a la incompatibilidad presentada con los gases R134A, que fueron los que sustituyeron al gas R12. El R134A, hidrofluorcarbono, que es un gas inocuo para la capa de ozono.

[167] Unión Europea.

[168] El dígito de control se calcula estableciendo una relación entre las letras del abecedario y una serie de números, empezando por el 10 y eliminando los múltiplos de 11: A=10, B=12, C=13, D=14, E=15, F=16, G=17, H=18, I=19, J=20, K=21, L=23, M=24, N=25, O=26, P=27, Q=28, R=29, S=30, T=31, U=32, V=34, W=35, X=36, Y=37, Z=38. Se construye una tabla con cuatro filas poniendo en la primera las letras y número del contenedor; en la segunda línea los valores correspondientes; en la tercera línea se empieza con el 1 y se duplica su valor; la cuarta línea es el resultado de multiplicar la 2ª por la 3ª, el ejemplo:

1ª línea	X	Y	T	U	1	2	3	4	5	6
2ª línea	38	37	31	32	1	2	3	4	5	6
3ª línea	1	2	4	8	16	32	64	128	256	512
4ª línea	38	74	124	256	16	64	192	512	1280	3072

Una vez construida la tabla, se suman los valores de la 4ª fila: 38+74+124+256+16+64+192+512+1280+3072=5628 y se divide por 11, resultando 511,6363636. la parte decimal se multiplica por 11, resultando: 6,99999. La parte entera 6 es el dígito de control.

[169] *Electronic Date Interchangue.*

[170] Consignatario puede ser una Sociedad o una persona que está encargada de representar o avituallar al buque en el puerto en el que se halle. Puede actuar como representante del Armador o el naviero.
[171] Uno de los proyectos de Cooperación Europea en el ámbito de la investigación (el COST-315), estudió las consecuencias de la introducción de los contenedores llamados ISO serie 2, a partir de un informe elaborado por el Comité Técnico 104 de la *International Standardization Organization* (ISO), en el cual se especifican las dimensiones y otros aspectos técnicos de los contenedores. Una de las principales razones de este informe es la problemática que presenta en la estiba de paletas con medidas europeas (1000*1200mm ó 800*1200) en los contenedores de la serie ISO 1, largo 40' ó 20'; ancho y alto 8'. La serie ISO 2 con medidas de largo 49' ó 24'5; ancho y alto 8'5.
[172] Convenio Internacional Sobre La Seguridad de los Contenedores. Londres 1974.
[173] Datos en Capítulo II.
[174] *Dry box.*
[175] *High cube.*
[176] Norma ISO 10368 para la transmisión de datos a alta velocidad.
[177] *Reefer.*
[178] La estandarización del diseño de los contenedores y de sus sistemas de ventilación y enfriamiento suponen ventajas en su uso.
[179] *Bulk container.*
[180] *Open Top.*
[181] *Open side.*
[182] *Flat rack.*
[183] Indudablemente también hay algunas desventajas, pero son mínimas.
[184] Las compañías de seguros y las sociedades de clasificación en estudios estadísticos efectuados para los años 2001-2003 consideran dentro de sus conclusiones que el problema de la pérdida de contenedores puede llegar a ser incluso más importante que el del incremento del tamaño de los buques portacontenedores.
[185] El área de inspección está dividida en varias zonas donde son colocados los contenedores según su contenido.
[186] Si se usan trincas de diferente longitud y material deberán tener una elasticidad muy parecida a la general de los bloques de estiba situados por debajo del de cargas pesadas, para evitar de esta manera la sobrecarga que se podría producir en dichas trincas.
[187] Antes de estibar mercancías en el interior de un contenedor se deben analizar sus características y las posibles consecuencias que pueden sufrir si se mantienen durante un largo tiempo en el contenedor.
[188] Los contenedores estibados en el interior de la bodega pueden tener los mismos problemas debido a las temperaturas del interior de la bodega y la falta de ventilación.
[189] Paquetería.
[190] *Multi-purpose.*
[191] El aumento de contenedores bodega ha sido favorecido por la estandarización de las medidas de los contenedores.
[192] Las bodegas están diseñadas con medidas modulares para un mejor aprovechamiento del espacio de carga, evitando la pérdida de espacios muertos.
[193] El incremento indiscriminado y sin control del tamaño de los buques portacontenedores no es factible, ya que podría ocasionar un colapso del transporte. Es necesario una evolución tecnológica, ampliando la capacidad de las terminales para absorber la llegada/salida de cientos de contenedores en pocas horas. Las conexiones de la terminal con su área de servicio debe ser rápida, para lo cual se necesitan vías de comunicación adecuadas. Si los contenedores se quedan en la terminal, se necesitarían extensos espacios que no están disponibles en las terminales, por lo cual hay que recurrir a mejorar las condiciones y alturas de apilamiento.
[194] Un proyecto de Samsung proponía por las mismas fechas un buque de E=345m, M=45,3m, 27m de calado, 150000 toneladas de peso muerto, capaz de transportar 8777 TEU en 18 filas de 6 alturas, es decir 3908 contenedores en cubierta y 16 filas de 10 alturas en bodega, es decir 4862 contenedores. Velocidad de servicio de 25 nudos.
[195] Un análisis de costes entre el tamaño del buque, su velocidad, el número de puertos que debe tocar y la distancia total navegada permite establecer conclusiones que las navieras emplean para el encargo de sus proyectos.
[196] Abril del año 2006.
[197] Desde su aparición, el buque portacontenedor ha duplicado su capacidad cada década siendo en los años 60 de 1000 TEU y pasando con la entrada del nuevo milenio de 8000TEU.
[198] *United States Line.*
[199] Aproximadamente 4481 contenedores.
[200] Al aumentar el tamaño de los buques se deben controlar más los costes y es obvio que cuanto mayor sea el buque más potencia se necesita para moverlo, por consiguiente mayor consumo de combustible. También hay una relación directa entre la distancia navegada y el consumo de combustible.
[201] APL fue la primera compañía en encargar buques con manga mayor que el ancho del Canal.
[202] Una longitud de las tapas que alcance entre el 85 y 95% de la manga, por ejemplo en los buques que transportan productos forestales, forman parte de la estructura del buque, sometiendo a las brazolas a deformaciones dinámicas cuando el buque se encuentra con mares adversas y en puerto cuando varían las condiciones de carga o descarga.
[203] Por ejemplo la *Nedlloyd Lines B.V.* construye varios buques.
[204] El primer buque construido ha sido el *Bell Pioneer*.
[205] *Hatch cover-less container carrier.*

[206] También denominado prendedor.

[207] La planificación proporcionará normas generales que pueden ser utilizadas siempre que en el Manual del buque no se indique ninguna norma o regla que de forma explícita sea contradictoria.

[208] La planificación de las operaciones con buques portacontenedores son dinámicas, debido a las necesidades en cada puerto de la ruta donde se carga/descargan contenedores. Por ejemplo, si partimos del puerto A, se conocerán los movimientos de contenedores que se realizan en él, es decir, lo que se carga para descargar en los puertos B, C, D y E, pero si no se conocen los movimientos que se efectuarán en ellos, el plano de estiba que se prepare en el puerto A puede resultar muy difícil de cumplir.

[209] La planificación deberá estar basada en el manifiesto de carga del buque y para ello será necesario disponer de la ubicación de los diferentes tipos de contenedores, clasificados en llenos y vacíos, separados los primeros según contenga mercancías peligrosas, sean contenedores frigoríficos, refrigerados o cisterna. Además, estarán separados por dimensiones.

[210] Los documentos, aunque están estandarizados internacionalmente, pueden tener pequeñas variaciones de un país a otro, incluso entre puertos del mismo país.

[211] Una remoción lleva consigo gastos de personal y equipos, que junto a la pérdida de tiempo puede suponer un gasto significativo durante la estancia del buque en puerto.

[212] Los cálculos deben hacerse teniendo en cuenta una carga homogénea por cada TEU embarcado/desembarcado, el promedio puede ser entre 12 y 15 toneladas.

[213] En ocasiones, siempre que el desplazamiento lo permita, puede ser necesario lastrar los dobles fondos. Cuando esta operación se haga hay que comprobar las consecuencias de incrementar éste peso.

[214] Además de las curvas hay que tener en cuenta el momento escorante que puede producir el viento, ya que los contenedores sobre cubierta presentan una gran superficie expuesta a la fuerza e intensidad del viento.

[215] El plano de estiba que tienen los estibadores y el buque indicará el movimiento que deberá realizar el contenedor, es decir, si será estibado sobre cubierta o en bodega.

[216] Desde su aprobación ha sido enmendado varias veces, la última el 16 de junio de 1997, mediante la MSC/Circular 812.

[217] Los tensores puente sufren cargas anormales debido al desplazamiento relativo entre las columnas de contenedores.

[218] La estandarización de los contenedores influye de forma directa sobre el diseño de las terminales, permitiendo un abaratamiento en los costes de manipulación.

[219] Por ejemplo, se tiene en cuenta las dimensiones y velocidad de tránsito.

8. Estiba de mercancías sólidas a granel

8.1 Introducción

Los problemas planteados en el transporte marítimo de cargas sólidas a granel se han ido solucionando a través de los años con un alto coste en vidas humanas y buques. La falta de experiencia y conocimientos sobre la respuesta de la estructura del buque durante las operaciones de carga/descarga fue motivo de siniestros graves con pérdida de buques. El transporte de minerales y concentrados fue el más afectado,[220] lo que propició la apertura de investigaciones en busca de soluciones a los fallos cometidos con objeto de introducir modificaciones para corregirlos.

La manipulación de minerales y concentrados requiere una planificación donde los procedimientos deben tener en cuenta las características de los productos, la relación peso/volumen y la resistencia estructural de los espacios de carga. Todos los factores enumerados son analizados a lo largo del capítulo para evitar los problemas que surgen durante la manipulación y transporte, pero también es necesario realizar la planificación de las diferentes rutas por las cuales transitan los buques con minerales, ya que determinan en algunos casos el diseño del buque empleado y la forma de estibar el producto.

Un problema importante es el que se deriva de la densidad de las cargas; si se utilizan todas las bodegas para la carga el KG será muy bajo, lo cual implica un GM grande,[221] dando como resultado un período de balance del buque muy corto. Todo ello influye en la vida de la tripulación produciendo elevadas aceleraciones.

Resumiendo, en este capítulo dedicado al transporte de cargas sólidas a granel, se estudia la forma de evitar los peligros que su manipulación y las operaciones generan, estableciendo las medidas de seguridad del personal que manipula los productos y de los buques que realizan el transporte. Se describen las causas de la combustión espontánea de algunos productos, las materias que pueden volverse semilíquidas o que entrañan peligros de naturaleza química. En todos ellos se contemplan los procedimientos de control antes, durante y después de la carga, especificando las prescripciones sobre segregación y estiba que se deben seguir.

8.2 Legislación

Las normas y reglas necesarias para una correcta estiba y manipulación de las mercancías sólidas a granel están supeditadas a la configuración y estructura del buque, dependiendo de ello su aplicación. Actualmente la legislación se reúne principalmente en el capítulo XII de SOLAS, en el Código de prácticas de seguridad relativas a las cargas sólidas a granel, en el Código de prácticas de seguridad para la estiba y sujeción de la carga, y en el Código de prácticas para la seguridad de las operaciones de carga y descarga de graneleros. La normativa enumerada junto con las circulares de las sociedades de clasificación y las normas dictadas por las administraciones marítimas de algunos países forman un conjunto de donde se extraen las pautas necesarias para confeccionar los manuales de carga de cada buque dedicado al transporte de mercancías sólidas a granel.

Los objetivos de toda la normativa pretenden proporcionar procedimientos para que la estiba y manipulación de minerales y concentrados sea realizada de forma segura y correcta, evitando accidentes desastrosos como los ocurridos durante la década de los ochenta, cuyas investigaciones descubrieron los fallos en la planificación de las operaciones o en el diseño y construcción de los buques. La legislación pretende conseguir que las medidas de seguridad para la estiba y transporte marítimo de cargas a granel sean eficaces, para ello se debe estar constantemente investigando e introduciendo modificaciones encaminadas a:

- Modificar siempre que sea necesario la normativa aplicada, que variará en función de las características generales de partículas de concentrados y minerales de alta densidad a granel.
- Mantener actualizados los métodos de prueba capaces de determinar las características de las cargas transportadas, mejorando su aplicación mediante la introducción de las novedades tecnológicas del momento.
- Cambiar los procedimientos empleados para la manipulación de cargas a granel, que en función de las características de las cargas implementan correcciones durante el desarrollo de las operaciones.
- Estudiar y analizar las causas de los accidentes producidos durante la carga/descarga de los productos que son transportados, ya que ello posibilita la solución de los problemas encontrados.

El origen de las reglas aplicables a graneleros arranca con las primeras conferencias sobre seguridad de la vida humana en el mar, que hicieron un tratamiento inicial de las cargas a granel parecido al de otras mercancías, pero los problemas que fueron apareciendo sirvieron para que la OMI considerara que las normas aplicadas al transporte de cargas granel debían ser diferentes, y así fue puesto de relieve en sucesivas sesiones. Las enmiendas de 1983 al SOLAS 74/78 se reunieron en el capítulo VI "Transporte de granos" y entran en vigor el primero de julio de 1986, afectando a puntos como: divisiones longitudinales en bodegas, alimentadores, o tipos de tapa de escotilla y métodos de sujeción. Otras resoluciones de la OMI: la 304 de la Asamblea once desarrolló el "Código de practicas de seguridad relativas a las cargas sólidas a granel" de 1987; la 434 aprueba el "Código de practicas de seguridad relativas a cargas a granel sólidas"; y la 713, referente al tema de los "Reconocimientos en inspecciones en buques que vayan a transportar cargas a sólidos a granel". En este último se abordan nuevas reglamentaciones, que además de considerar los escantillones de los diferentes elementos estructurales, tiene en cuenta los esfuerzos a los que se ven sometidos. Se implementa un registro de inspecciones continuadas con un control de las zonas de las bodegas de carga a proa, especialmente la número uno y los tanques de lastre, con una medición de espesores en casco, cubierta o cuadernas.

Las sociedades de clasificación han ido incorporando las directrices de la OMI y sus propias circulares, emitidas para la solución de los problemas que surgían en el manejo de minerales y concentrados, formando con todo ello los capítulos de sus propias normas. Posteriormente, las comunicaciones e informes realizados para resolver el problema de la desaparición de *bulkcarriers* dieron lugar a nuevas normas. Hay que destacar la labor de la LR[222] que presentó amplios informes técnicos en los que se estudiaron factores concretos relacionados con las cargas y las operaciones del buque. Las organizaciones internacionales, preocupadas por los sucesos, estudiaron las conclusiones y decidieron implantar normas que corrijan las deficiencias en los buques existentes y que ayudaran a diseñar nuevas construcciones más seguras.

Las nuevas reglas se reunieron para formar el capítulo XII de SOLAS, que entró en vigor el 1 de julio de 1999 y cuyo contenido está resumido en once puntos, en los cuales se ha tenido en cuenta el tamaño y la edad de los buques. Se introducen inspecciones mejoradas con medidas rigurosas que aumenten la seguridad y que eviten situaciones en las que la inundación progresiva de los espacios del buque por un fallo estructural pueda conducir a su pérdida. Los aspectos de seguridad más importantes contemplados para los buques graneleros ponen de manifiesto, entre otros, los siguientes temas:

- Interpretación de la definición de granelero que modifica la recogida en la Regla 1.6 del capítulo IX del SOLAS actualizado[223].
- Los inspectores pueden tener en cuenta las restricciones sobre la carga transportada y considerar la necesidad de reforzar el mamparo transversal estanco al agua o el doble fondo, y cuando se impongan estas u otras restricciones sobre las cargas, el granelero debe colocar una marca con un triángulo sólido sobre su costado.
- Normas que se aplicarán a buques nuevos[224] y existentes, pero que no se aplican a los buques de doble casco. La densidad mínima de la carga[225] a partir de la cual se aplicarán las normas es para buques nuevos de 1,000 kg/m^3 y para buques existentes de 1,780 kg/m^3.
- El planteamiento de los requerimientos de estabilidad para las condiciones en las que queda el buque después de las averías.
- Las normas que deben regir para el reforzado de la estructura en los buques nuevos: tener dobles fondos, mamparos en cada una de las bodegas capaces de resistir la inundación en todas las condiciones de lastre y carga. Para los buques existentes las normas se limitan solamente al mamparo divisorio de las dos bodegas de más a proa y al doble fondo de la primera, de forma que su estructura resista la inundación. Respecto a la necesidad y extensión de refuerzos en este último caso, se permite que se tenga en cuenta restricciones en cuanto al reparto de la carga total entre las distintas bodegas y limitaciones del peso muerto máximo.
- Obligatoriedad para todos los graneleros, con independencia de la fecha de construcción, de llevar un instrumento que provea de información sobre los esfuerzos cortantes y momentos flectores a lo largo de la eslora.

Las reglas incluidas en la nueva normativa aplicada a los buques que transportan cargas a granel sólidas son una continuación de las primeras reglas emitidas por la OMI y las modificaciones posteriores, pero además tienen como base los estudios realizados durante la década de los noventa sobre accidentes y pérdida de buques que transportaban cargas a granel sólidas.[226]

En uno de los apéndices del CPSCDG figura un formulario[227] de información sobre la carga[228], que es un modelo de documentación impresa recomendado y que puede ser complementado por técnicas de tratamiento de datos (TED) y/o intercambio electrónico de datos (IED). El formulario es una declaración de la carga, la cual describe con exactitud, justificando los resultados de las pruebas realiza con ella.

Las Reglas Unificadas de la IACS para graneleros que han entrado en vigor el 1 de abril del 2006 forman el último capítulo de normas que deben ser aplicadas a los buques para aumentar y mantener la seguridad en las operaciones de los buques.

8.2.1 Código de prácticas de seguridad relativas a las cargas sólidas a granel

El origen del Código de prácticas de seguridad relativas a las cargas sólidas a granel (CG) está en los problemas surgidos durante el transporte de éstas que desde las primeras conferencias auspiciadas por la Organización Marítima Internacional fueron puestos de manifiesto. En 1960, la Conferencia internacional sobre seguridad de la vida humana en el mar no pudo elaborar normas pormenorizadas, excepto para el transporte de cargas de grano. Sin embargo, la Conferencia hizo recomendaciones a sus miembros para que prepararan un código que abordase las normas de seguridad y el transporte de cargas a granel, para su implantación a nivel internacional.

La Organización Marítima Internacional puso al servicio del transporte marítimo en 1965 la primera edición del Código de prácticas de seguridad relativas a las cargas sólidas a granel, que posteriormente se ha ido modificando mediante enmiendas que han corregido los problemas que han ido surgiendo durante su aplicación.

El Código es un compendio de reglas que proporciona recomendaciones para que las administraciones marítimas de cada país las apliquen a los buques que entren y salgan en los puertos de su geografía. Los capitanes y el personal que debe manipular las diferentes cargas encuentra en el Código las normas que han de aplicarse en la estiba para poder realizar el transporte sin que se produzcan incidentes y para que las cargas sólidas a granel, con excepción de los cereales[229], puedan llegar a su destino en perfectas condiciones.

El contenido del Código está distribuido en once secciones y siete apéndices en los cuales se reúnen todos los temas relacionados con las materias que actualmente se transportan a granel mediante buques y los pormenores de los procedimientos de estiba, segregación y seguridad que deben ser observados. Algunos de los temas tratados en las secciones son:

- Definiciones, precauciones generales y seguridad del personal o del buque.
- Evaluación de la aceptabilidad de remesas para el embarque de éstas en condiciones de seguridad.
- Procedimientos de enrasado y métodos de determinación del ángulo de reposo.
- Cargas que pueden licuarse.
- Materias que encierran riesgos de naturaleza química.
- Transporte de desechos sólidos a granel.

Los apéndices contienen listas de las materias que son transportadas a menudo, donde se explican las propiedades físicas de las mismas, por lo cual antes de embarcar una carga a granel sólida será esencial comparar los datos disponibles en el Código con los que figuren en los documentos de embarque y los que proporcione la terminal o los depositarios de la carga.

El Código de cargas a granel trata fundamentalmente de tres tipos de carga a granel: las materias que pueden licuarse, las que encierran riesgos de naturaleza química y las que no corresponden a ninguna de esas dos categorías pero que pueden, encerrar otros riesgos. Estos tres tipos reúnen las particularidades más conflictivas de minerales y concentrados, por ello son estudiados y analizados aplicándole la normativa contenida en el Código.

8.2.2 Código de prácticas para la seguridad de las operaciones de carga y descarga

Las reglas contenidas en el Código de prácticas para la seguridad de las operaciones de carga y descarga de graneleros (CPSCDG)[230] fueron preparadas y elaboradas por los grupos de trabajo de la OMI, para introducir una herramienta de trabajo capaz de aumentar la seguridad en los buques graneleros y disminuir el número de accidentes. El objetivo del CPSCDG es proporcionar una ayuda a las personas responsables de las operaciones de carga/descarga de graneleros para desempeñar sus funciones con seguridad. Las reglas tratan fundamentalmente de la seguridad de cargas sólidas a granel, excepto el grano, son un complemento de otras normativas generales sobre seguridad y contaminación, que son contempladas en los convenios de SOLAS, MARPOL y de Líneas de Carga.

El contenido del CPSCDG está formado por una introducción seguida de seis secciones y cinco apéndices que tratan temas como: definiciones e idoneidad de buques y terminales; procedimientos que se realizan en la terminal y el buque antes de la llegada de éste; procedimientos de carga/deslastre y descarga/lastre; plan de carga/deslastre y descarga/lastre en formularios estándares; listas para la comprobación de la seguridad en la terminal y el buque, con directrices para cumplimentarla.

Los diferentes apartados del CPSCDG son incluidos en el desarrollo de este capítulo, ya que son recomendaciones que proporcionan una de orientación a los propietarios de buques, capitanes, expedidores, armadores de graneleros, fletadores y empresas explotadoras de terminales; estando sujetos todos los enumerados a cumplirlo (además de las legislaciones nacionales que con carácter particular sean de aplicación en el puerto y/o en el terminal). Específicamente los apartados del CPSCDG contienen las siguientes directrices:

a) Idoneidad de buques y terminales. El buque es considerado apto teniendo en cuenta las condiciones que necesitan los operadores que los contratan. Los apartados que se indican deben estar incluidos en la planificación de las operaciones, dentro de los procedimientos de inspección que serán realizados por la terminal y el buque nada más llegar.
   - Buenas condiciones de navegabilidad
   - Tripulaciones competentes y oficiales que dominen inglés e idiomas de puerto de carga/descarga
   - Ser estanco a las condiciones meteorológicas y oceanográficas
   - Escotillas identificadas y con aberturas adecuadas
   - Manual de estabilidad y carga aprobada por las autoridades competentes
   - Monitor de los esfuerzos puntuales, cortantes y momentos flectores
   - Respecto a la terminal para que sea adecuada a las características de los buques que debe recibir, por ejemplo: medios de atraque, defensas, línea de atraque, profundidad

b) Procedimientos que se han de seguir en el buque y en la terminal, antes de la llegada de éste. El epígrafe trata de los puntos que el personal del buque y la terminal deben preparar para desarrollar las operaciones. Se enumeran todos los parámetros para preparar los cálculos que se incluirán en la planificación.
   - Intercambio de información
   - Información que el personal del buque facilita al terminal:
     - Hora estimada de llegada y características del buque (nombre, distintivo de llamada...)
     - Plan de carga: estiba por escotilla, orden, cantidades
     - Planificación de las operaciones de deslastre con tiempos estimados de ejecución
     - Calados previstos de llegada y salida
     - Características del buque: eslora, manga, distancias entre escotillas y otros datos
   - Información que el personal de la terminal facilita al buque:
     - Características del muelle de atraque: densidad del agua, profundidad, medios de amarre y otros datos
     - Características de los medios de carga/descarga: régimen (Tm/h), número, secuencias y otros datos
     - Restricciones operativas y/o ruptura de operaciones: por falta de carga, por condiciones meteorológicas adversas, por limitaciones de calado, por deslastre (condiciones del muelle y cercanías) y otros datos

c) Procedimientos que se han seguir en el buque y en la terminal antes de la manipulación de la carga. Se dividen en todo lo que abarca. Los puntos que siguen están dentro del capítulo de obligaciones que deben cumplir los implicados en las operaciones.
   - Buque:
     - Cumplimentar lista de comprobaciones.
     - Supervisar las operaciones para armonizar los regímenes de deslastre y carga.
     - Entregar el plan de carga, teniendo la certeza de que se ha entregado y se conocen todas las medidas que es necesario adoptar para llevarlo a cabo.
   - Terminal:
     - Cumplimentar lista de comprobaciones, siguiendo las instrucciones del plan de carga, llevando un registro de la carga movida y para garantizar las cantidades embarcadas.
     - Evitar que los medios de carga dañen al buque, notificándolo si se producen.
   - Procedimiento:
     - Basado en el plan de carga y en los acuerdos alcanzados por representantes del buque y la terminal en las comunicaciones previas a la llegada del buque y entrevistas mantenidas antes del inicio de las operaciones.
     - Normas de actuación. Cálculos de cantidades. Previsión de tiempos.
   - Documentación escrita de todas las actividades y las operaciones, según los modelos de la OMI o de las diferentes administraciones implicadas.

d) Embarque/desembarque de la carga y manipulación del lastre[231]. La OMI y su grupo de trabajo consideraron que los puntos tratados eran muy importantes, por ello no dudaron en incluir un apartado donde se resumen todas las obligaciones del buque y de la terminal:
   - Establecimiento de las comunicaciones mediante los equipos adecuados.
   - Intercambio de información y notificación por parte de buque y la terminal, de forma escrita, de las variaciones que pueda haber respecto a carga o lastre.
   - Garantizar integridad de la estructura del buque y los espacios de carga mediante la vigilancia y control de las operaciones especialmente al comienzo y finalización de la carga/descarga en cada bodega.
   - Buque y terminal deben poner en conocimiento verbal y por escrito de los daños que alguno de ellos pueda infligir al otro, durante las operaciones con la carga y/o lastre.
   - Mantener el buque adrizado evitando los esfuerzos de torsión que puedan producirse en la estructura del buque.
   - Ajustar procedimientos de carga/descarga y trimado a normas contenidas en el "Código de cargas a granel" de la OMI.
   - Controlar y comparar los datos sobre las cantidades medidas por buque y terminal.
   - Vigilancia del calado y del progreso de las operaciones.
   - Terminal y buque deberán estar de acuerdo con la cantidad movida en cada bodega, antes de dar por finalizadas las operaciones en ella.

Los apéndices del Código sirven para subrayar la seguridad en las operaciones previstas durante la estancia del buque en puerto para cargar/descargar, contienen recomendaciones sobre el contenido de los cuadernillos de información del puerto y del terminal. En ellos se incluyen todos los datos técnicos y burocráticos que el personal del buque puede necesitar para realizar operaciones en la terminal y en el puerto donde ella esté ubicada, así como los formatos y listas de comprobación que deben ser utilizados, por ejemplo:

- Formato preparado por la OMI para reflejar el plan de carga/descarga. Debe ser rellenado en todos sus apartados y contribuye a un perfecto entendimiento entre buque y terminal para desarrollar las operaciones en él planificadas.

- Las operaciones de carga/descarga son precedidas de una lista de comprobaciones de seguridad buque-tierra para carga seca a granel[232]; contiene un conjunto de normas desarrolladas mediante preguntas cortas, que son cumplimentadas por los representantes de buque y terminal, contestando de forma afirmativa. En caso contrario, deberá explicarse las causas y ponerse de acuerdo en las soluciones adoptadas.
- Directrices para cumplimentar la lista de comprobaciones de seguridad buque-tierra. Son una serie de explicaciones y aclaraciones a la lista de comprobación anterior que sirven para corregir errores y entender las obligaciones del personal del buque y de la terminal.
- Formulario de información sobre la carga[233]. Es un modelo de documentación impresa recomendado y que puede ser complementado por técnicas de tratamiento de datos (TED) y/o intercambio electrónico de datos (IED), lo cual agilizará el conocimiento de la información.

8.3 Riesgos en la manipulación de graneles sólidos

El transporte de productos sólidos a granel presenta diferentes problemas, según sean las características de los mismos, que se ven agravados cuando se transportan minerales y concentrados, ya que estos condicionan su manipulación a normas más estrictas. La proliferación de accidentes en buques del mismo tipo obliga a las organizaciones marítimas, empezando por la OMI, a evaluar una serie de problemas para buscar incrementar la seguridad y solventar la problemática surgida.

La consecuencia de los accidentes de buques es que se desvirtúa la imagen de seguridad en el mundo marítimo, poniéndose en entredicho las normativas que regulan las operaciones en los buques graneleros y la calidad del concepto de clasificación[234] junto al de las sociedades que los avalan; por ello se estudian constantemente nuevas normas o modificaciones a las existentes.

Los riesgos relacionados con la manipulación y el transporte marítimo de materias sólidas a granel se agrupan en cuatro apartados que reúnen todo lo relativo a la carga, el buque, la tripulación y el entorno. Cada uno de los apartados tiene características particulares y connotaciones que los pueden relacionar entre sí. El cumplimiento de las reglas de manipulación y una planificación correcta de las operaciones evitan el accidente que siempre está presente y puede ocurrir en cualquier momento.

Cualquier error o alteración en alguno de los cuatro apartados, a pesar de todas las medidas tomadas, puede servir como desencadenante de un accidente directa e indirectamente y de él se derivarán una serie de consecuencias para cada uno de los implicados en la aventura marítima. Es necesario resaltar que los riesgos económicos son asumibles, pero la pérdida de vidas humanas no puede ser valorada[235], por ello es necesario corregir la seguridad en todos los procedimientos de trabajo.

8.3.1 Respecto a la carga

Las cargas sólidas a granel formadas por minerales y concentrados[236] deben ser manipuladas mediante procedimientos que implican aspectos no comunes a otras mercancías, ya que algunos productos a granel pueden licuarse[237] e incluso hay otros cuya naturaleza química los hacen altamente peligrosos, llegando a la autocombustión en casos puntuales. Si además se produce el deslizamiento de la carga de un lado a otro de la bodega, podrá afectar a otras cargas, si las hay, o a la estructura del espacio de carga.

➢ *Licuefacción*

Las características generales físicas o químicas de las materias que pueden licuarse deben tenerse presentes, siempre que se pretendan manipular y antes de efectuar su carga a bordo, será necesario obtener información contrastada sobre sus propiedades características. La carga es susceptible de licuarse cuando tiene un grado de humedad determinado junto a cierta cantidad de partículas de grano fino, en estas circunstancias se produce la licuefacción. La humedad puede no estar visible en forma de agua, pero produce un movimiento dentro de la carga,[238] denominado migración,[239] provocado al sedimentarse la materia debido a las vibraciones y los movimientos del buque. Las cargas formadas por partículas grandes o secas no son susceptibles de licuarse. Los parámetros que indican el grado de licuefacción en minerales o concentrados son:

- El punto de fluidización es un valor del contenido de humedad en tanto por ciento, que refleja el estado húmedo de la materia. El estado de fluidez se produce cuando una masa de materia granular se satura de líquido y por la influencia de fuerzas externas[240] pierde su resistencia interna al corte y se comporta como un líquido.
- El limite de humedad admisible[241] es el contenido máximo de humedad de la materia que se considera seguro para poderla transportar en buques que no están debidamente equipados. Este valor se obtiene del punto de fluidización proporcionado por las pruebas realizadas a cada producto.
- Contenido de humedad es el porcentaje obtenido de una muestra característica, constituida por agua, hielo y la materia de referencia, que se expresa sobre la masa total de dicha muestra.

Para el transporte a granel, los productos tienen limitado el contenido de humedad, ya que cuando éste es superior al límite de humedad admisible, puede producirse la licuefacción de la carga, dando lugar a un corrimiento. Hay que tener en cuenta que la carga puede experimentar una rápida migración de la humedad y generar una base húmeda peligrosa durante el viaje, lo que significa que el peligro de corrimiento se acrecienta, incluso aunque el contenido de humedad de la carga sea inferior al límite de humedad admisible para el transporte. En este estado de fluido viscoso puede ocurrir que la carga se deslice hacia un costado a causa de un bandazo y que con otro bandazo en sentido opuesto no vuelva exactamente a donde estaba, quedando con una pequeña escora. El movimiento continuo del buque dando bandazos a una y otra banda puede llegar a alcanzar progresivamente una escora peligrosa y zozobrar.

➢ *Naturaleza química*

El CG dispone en el apéndice B una lista de materias sólidas que cuando son transportadas a granel debido a su naturaleza o propiedades químicas, pueden presentar un riesgo mientras están siendo manipuladas. Algunas de esas materias están clasificadas como mercancías peligrosas en el Código marítimo internacional de mercancías peligrosas y otras pueden originar situaciones de peligro denominándose materias potencialmente peligrosas sólo a granel (PPG)[242]. Algunos ejemplos de ambos grupos son:

- Al primer grupo pertenecen las siguientes clases del IMDG:
    - Clase 4.1, sólidos inflamables
    - Clase 4.2, sustancias que pueden experimentar combustión espontánea
    - Clase 4.3, sustancias que en contacto con el agua desprenden gases inflamables
    - Clase 5.1, sustancias comburentes
    - Clase 6.1, sustancias tóxicas
    - Clase 6.2, sustancias infecciosas
    - Clase 7, materiales radiactivos

   - Clase 8, sustancias corrosivas
   - Clase 9, sustancias varias
- En el segundo grupo se pueden incluir las materias que pueden reducir el contenido de oxígeno en los espacios de carga, las que son propensas al autocalentamiento y las que se vuelven peligrosas en contacto con el agua.

La problemática planteada por el transporte de estas mercancías a granel obliga a un conocimiento de sus características para preparar la planificación de las operaciones y diseñar procedimientos eficaces que eviten los riesgos que supone su manipulación. Otra cuestión que debe ser considerada son las reacciones químicas que pueden producirse debido a la propia constitución de la materia, por ejemplo, emisión de gases tóxicos o explosivos, combustión espontánea o efectos corrosivos graves. La solución a este problema es un control de la atmósfera del espacio de carga mediante un registro de gases y temperatura, poniendo en marcha los sistemas de ventilación en el momento que los datos obtenidos sobrepasen los límites permitidos.

8.3.2 Respecto al buque

Las condiciones en las que se desarrolla la operatividad del buque inciden en los daños producidos en su estructura, pudiendo ser debidos a una distribución incorrecta e inadecuada de la materia en sus espacios de carga. Los problemas causados son: rotura o agrietamiento de los espacios de carga y pérdida o disminución de estabilidad durante el viaje por corrimiento de la carga.

Los informes realizados después de accidentes en las últimas décadas revelan que los buques[243] que transportan mineral de hierro sufren el 70% de los accidentes recopilados por las estadísticas por un fallo de la estructura, lo cual representa una cifra muy alta, si se tiene en cuenta que un calculo teórico a base de suponer que el riesgo de fallo es proporcional al número de viajes realizados puede significar entre el 15/20%. Esto demuestra que el tipo de mercancía es bastante significativo para poder explicar los fallos estructurales ocurridos en el buque[244], sirviendo para argumentarlo que algunos son debidos a la realización de una mala estiba o distribución de las mercancías, por ejemplo:

- Agrietamiento en las esquinas de las escotillas por movimiento de la carga en la bodega que puede afectar a las brazolas.
- Curvatura de las planchas del centro de la cubierta y en la estructura del doble fondo.
- Corrosión en cuadernas, escuadras y la parte superior de los tanques producida por los gases que pueden desprender los minerales, concentrados y carbones.
- Agrietamiento de los extremos anterior y posterior de la parte superior de la estructura de los tanques.

Un dato curioso observado en el estudio de accidentes es que los graneleros que transportan mineral de hierro y carbón son mayores y más viejos[245] que los que transportan grano u otras cargas. Las tasas esperadas de fallos se estimaron en los estudios sobre la base de suponer que la edad tendría poca importancia en el riesgo y éste sería proporcional al número de viajes. El resultado real fue que los buques de más de 15 años fueron los que tuvieron el mayor número de fallos, aproximadamente el 80%, frente al 30% que se esperaba, según los cálculos teóricos. La estadística de los años posteriores a las investigaciones indican que la edad sigue tiendo un impacto creciente en los accidentes, especialmente cuando el buque supera los 15 años, edad en que están siendo computados casi un 90% de los accidentes ocurridos y un 40% son graneleros del tamaño *Capsize,* con una edad superior a los 15 años.

8.3.3 Respecto a la tripulación

Los buques que efectúan operaciones con minerales, carbones y concentrados, al igual que el resto de buques, deben llevar obligatoriamente a bordo la Guía de primeros auxilios (GPA)[246] y será usada en caso de accidentes relacionados con las mercancías transportadas, pues contiene normas y asesoramiento sobre los problemas de salud que puedan surgir mientras los productos son manipulados y transportados. Por lo cual, antes y durante la carga/descarga, así como en el transporte de materias a granel, se observarán todas las prescripciones relativas a la protección de los tripulantes. Envenenamiento, corrosión de las partes del cuerpo sin protección y asfixia son los principales riesgos en los que se pueden ver involucrados los tripulantes, por lo que es necesario cumplir las normas de seguridad de las reglamentaciones nacionales e internacionales.

Algunos productos transportados pueden oxidarse, dando lugar a una reducción del oxígeno, producción de emanaciones de gases tóxicos o un autocalentamiento de la carga, por lo cual las medidas de seguridad van encaminadas a controlar la atmósfera de los espacios de carga. Consistirán en la instalación de instrumentos capaces de medir y detectar cualquier concentración de gases, y de comprobar la naturaleza de las mezclas gaseosas que puedan generarse, ya que hay productos que, aunque no se oxiden, pueden producir emanaciones tóxicas cuando entran en contacto con el agua y si sólo se humedece podrán ser corrosivos para la piel, los ojos o las membranas mucosas e incluso para la estructura del propio buque.

Los riesgos de manipulación de algunas materias implican un factor añadido, debido al polvo que se genera y al cual está expuesto de forma continua. Las precauciones que se deben adoptar serán vestir ropas adecuadas y utilizar cremas protectoras contra la dermatitis, procurando no exponer partes del cuerpo sin protección al polvo y realizar una adecuada limpieza personal una vez han terminado las operaciones.

El polvo creado por ciertas cargas puede también constituir un peligro de explosión, especialmente durante las operaciones de limpieza o carga/descarga. Este polvo debe eliminarse[247] mediante una ventilación del espacio de carga, impidiendo la formación de una atmósfera polvorienta, ya que el polvo mezclado con los gases desprendidos en una cantidad suficiente crea un riesgo de explosión e incendio.

8.3.4 Respecto al entorno

El entorno marítimo puede verse afectado al producirse un accidente, ya que algunas de las materias transportadas a granel son consideradas mercancías peligrosas. Las derrotas[248] en las que se pierden más buques son lógicamente las más transitadas, pero hay un dato significativo: las condiciones meteorológicas reinantes en los diferentes tramos de las derrotas entre puerto de carga y descarga. Por ejemplo, respecto a buques que transportan mineral de hierro, la proporción de fallos en rutas europeas fue hace un par de décadas substancialmente más alta[249] que la proporcional al número de viajes.

La proporción en rutas europeas ha ido creciendo en los años posteriores, y analizando las pérdidas en el tamaño *Capsiz,e* se observa que mientras en 1990 la mayoría de pérdidas ocurría en el Pacífico, ya que de siete buques perdidos, (cuatro fueron en el Pacífico, uno en el Atlántico y dos en el Índico), en 1994 las pérdidas fueron de cuatro buques en el Atlántico y dos en el Índico.

Las razones para que se estén produciendo estas mejoras pueden ser las inspecciones a las que son sometidos los buques en los puertos europeos, la modernización de las flotas y las mejoras introducidas en la planificación[250] de las operaciones, especialmente en los procedimientos de estiba.

De los tres factores apuntados el último es sobre el cual se puede hacer mayor hincapié, debido a que siempre es mejorable y depende de la formación de la tripulación.

8.4 Tipos de buques

Los buques capaces de transportar cargas a granel sólidas constituidas por minerales, carbones o concentrados pueden estar especialmente construidos y equipados para este transporte y ser buques que no hayan sido especialmente construidos o equipados para su función. El Código de prácticas de seguridad relativas a las cargas sólidas a granel proporciona unas diferencias que matizan cuando un buque ha sido equipado o construido para el transporte de minerales, carbones o concentrados y que serán comentados. En este último hay buques graneleros construidos para el transporte de grano, pero que en ocasiones son utilizados para el transporte de minerales, chatarra o carbones y también se incluyen los buques de carga general. Cuando los buques no han sido construidos para el transporte específico de minerales, las características generales que deben reunir y las normas que deben cumplir son las mismas que para los diseñados para el transporte, pero por ser construcciones diferentes necesitan también cumplir unas normas complementarias.

La configuración de los espacios de carga de los buques dedicados al transporte de minerales debe cumplir con las necesidades de estos; para ello deben disponer de una serie de elementos que conforman y refuercen su estructura. Las bodegas deben estar diseñadas libres de obstáculos para optimizar las operaciones[251] y dependiendo de la zona donde opere estará equipado con los dispositivos necesarios para la operaciones de carga/descarga.

Los últimos diseños de buques tienen bodegas con forma de cajón y amplias escotillas, estando basados en el concepto del doble casco, que se considera una solución satisfactoria como medida de seguridad. El doble casco dificulta las tareas de inspección, pero aumenta la resistencia en determinadas zonas del buque, lo cual es una garantía más de seguridad, que compensa el incremento de coste en la construcción y la reducción del volumen de carga con respecto a buques con casco sencillo. Con estos nuevos diseños se consigue que las bodegas de proa y popa sufran menos los efectos de apelmazamiento de la carga, debido a que su estructura es más estrecha y no tienen una forma uniforme.

8.4.1 Buques graneleros

Los buques que han sido diseñados para el transporte de cargas de concentrados, minerales o carbones disponen de equipamientos construidos para manipular estas mercancías con seguridad y una configuración de sus espacios adaptados a las características de las cargas. Algunas características de estos buques son las siguientes:

- La carga sobre los dobles fondos podría producir una deformación e incluso fisuras en las planchas o los refuerzos interiores del doble fondo.
- Doble fondo elevado para disminuir el GM, siendo la prioridad de la configuración de las bodegas subir el centro de gravedad y minimizar los efectos de los esfuerzos cortantes y momentos flectores durante las operaciones de estiba y transporte. Además es importante el control del trimado y la estabilidad.
- El transporte de algunos minerales concentrados puede requerir la colocación de arcadas longitudinales para disminuir la manga de la bodega.

- Son buques con el puente a popa, lo cual significa un mejor aprovechamiento del espacio de carga, ya que no hay túnel para que pase el eje de la hélice en los tanques o bodegas de popa.
- Anchas escotillas para facilitar la utilización de equipos y dispositivos capaces de realizar las operaciones de carga y descarga.
- Bodegas pequeñas para evitar el corrimiento de carga, ya que así se reduce el brazo.
- La sección de la cuaderna maestra[252] muestra los tanques altos, bajos y de doble fondo.
- Las bodegas centrales tienen mamparos lisos pues los refuerzos están en los laterales, por lo cual los métodos de limpieza utilizados son iguales que en las bodegas, pero implican menor esfuerzo y cuidado.

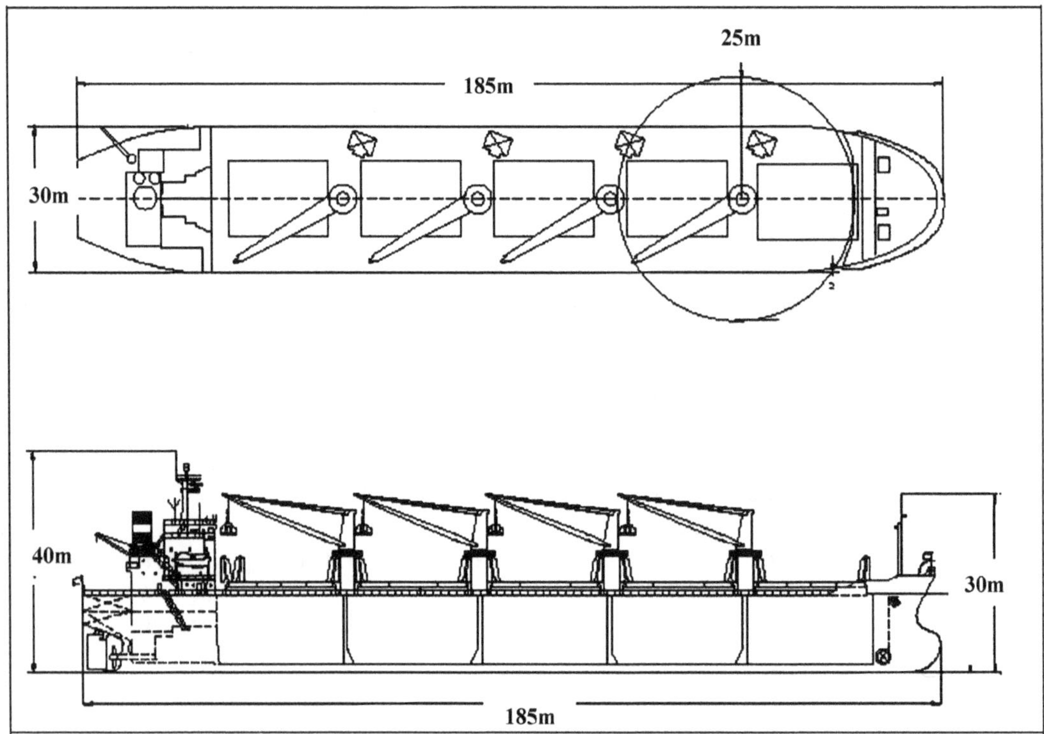

Figura 73 Buque equipado con grúas

Los buques graneleros pueden estar especializados en el transporte de una sola carga, con lo cual las características generales apuntadas anteriormente pueden ser modificadas en función de las características particulares de esa carga. Las condiciones de navegabilidad del buque estarán de acuerdo con su situación operativa que pueden ser lastre, cargado y vacío. Respecto al buque cargado, se puede diferenciar entre un buque construido para transportar carbón solamente, que normalmente se estibará en todas las bodegas, y cuando la carga es mineral o concentrados, que se suele cargar en bodegas alternativas.

8.4.2 Buques autodescargantes

El problema de los gastos de explotación de los buques constituye una base para que los armadores tomen las medidas necesarias para poder trabajar en un mercado cada vez más competitivo. Una de las formas de paliar los gastos del buque es lograr disminuir el tiempo de estancia del buque en puerto, para lo cual entraron en el mercado varios tipos de buques autodescargantes con sistemas de cintas transportadoras y sistemas de puente móvil.

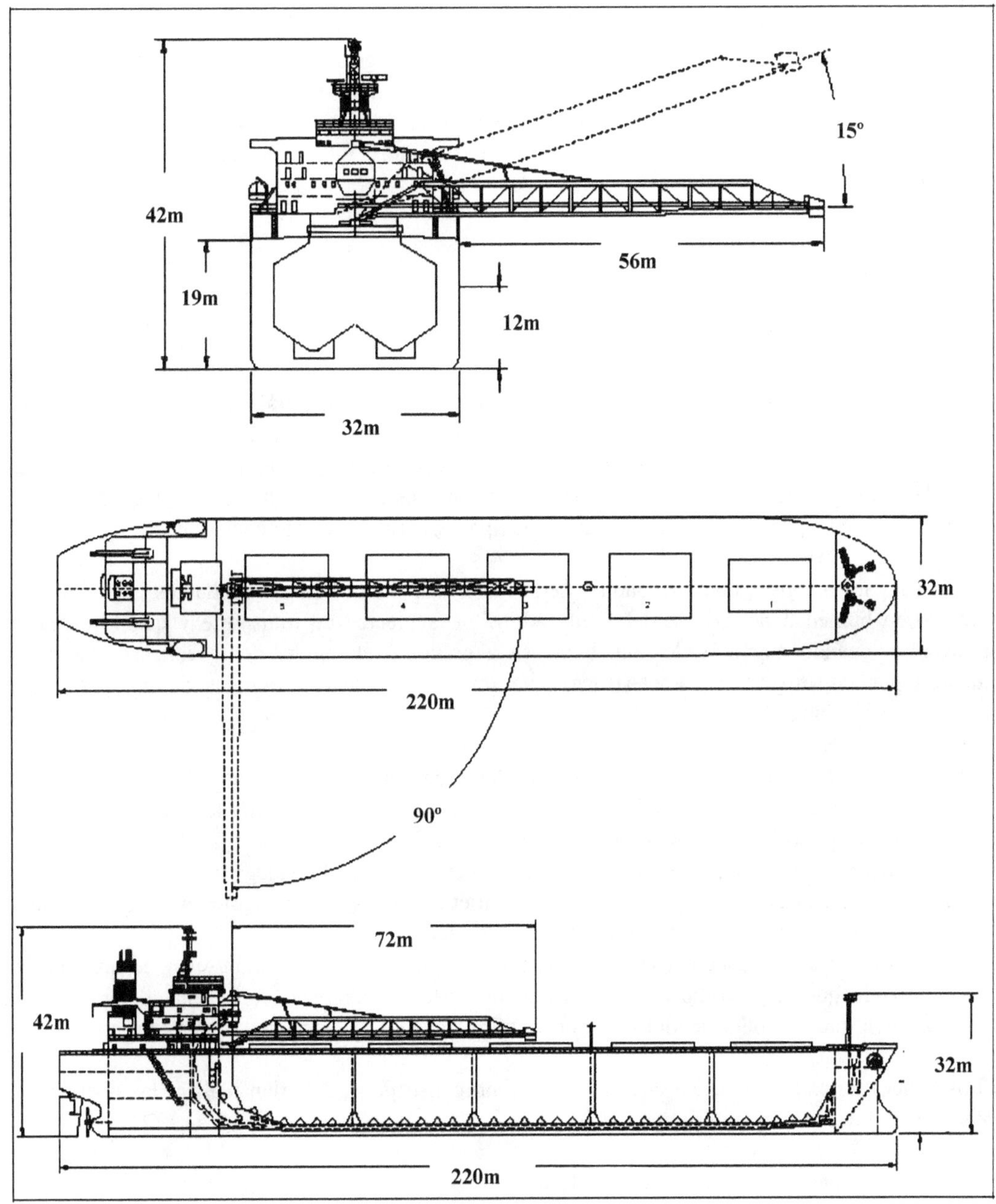

Figura 74 Esquemas de un buque mineralero con sistema autodescargante

La mayoría de estos buques se dedican a un solo tipo de transporte, por ejemplo los hay que transportan cemento o fosfatos. Haciendo una valoración de dos buques que tengan las mismas dimensiones, pero en que uno es convencional y otro tiene un sistema de carga/descarga automático, se llega a la conclusión de que la capacidad del espacio utilizado para la carga es menor[253], pero el tiempo ganado es mayor, quedando compensada la menor capacidad de carga. La configuración especial de las bodegas equipadas con un sistema autodescargante significa un incremento del peso del acero utilizado, lo que disminuye la capacidad de carga, por consiguiente el peso de mercancía transportado.

La figura adjunta muestra un moderno buque con sistema de carga autodescargante; se puede apreciar la configuración del sistema y la longitud del brazo[254] y el ángulo de abertura permite llegar a una distancia muelle adentro donde quedará la mercancía o de donde se recogerá para embarcarla. El promedio de carga/descarga con estos sistemas suele estar entre 3000/5000 toneladas por hora. Este promedio variará en función del desplazamiento del buque.

8.4.3 Buques de carga general

Los antiguos buques de carga general con entrepuentes en cada bodega y una distribución general formada por cuatro bodegas a proa y una a popa del puente de gobierno han sido empleados y en algunos casos, cada vez menos, siguen utilizándose para transportar minerales a granel. Estos buques, cuando carguen minerales, deberán hacerlo cumpliendo las normas obligatorias para ellos y adoptando una serie de precauciones complementarias relativas a la seguridad. A continuación se analizan dos grupos de buques que están bajo la denominación de buques de carga general, los que no han sido construidos pero sí equipados y los que no están equipados pero si han sido construidos.

Las normas para ambos grupos de buques serían que sólo podrán cargar productos a granel cuyo contenido de humedad no exceda del límite admisible a efectos de transporte y que la carga en entrepuentes, cuando hay más de una, bien sea a granel o envasada, debe realizarse de forma cuidadosa por las especiales características que reúne este espacio, algunas de las cuales son comentadas a continuación:

- Es necesario conocer la resistencia estructural de entrepuentes y plan de bodega para no sobrepasar el número de toneladas por metro cuadrado admisible, para lo cual se emplean las fórmulas que calculan la resistencia y se utiliza el FE.
- El mineral cargado en los entrepuentes bajos o en el plan de la bodega deberá ser nivelado de costado a costado para que la base de asentamiento sea mayor y las dificultades para producir el corrimiento de la carga durante la navegación sean mayores.
- Durante la carga/descarga hay que controlar las toneladas que entran/salen de las bodegas evitando que el peso durante las operaciones esté un tiempo excesivo mal repartido, para impedir que se produzcan deformaciones en los sistemas de cierre de las tapas de escotillas.

a) Los buques de carga que están equipados, pero no construidos, deberían realizar las operaciones teniendo en cuenta las siguientes notas:

- Estar equipados significa disponer de divisiones amovibles[255] y dispositivos suficientes que hayan sido proyectados para evitar que si se produce el corrimiento de la carga no sobrepase el límite establecido del ángulo de reposo. Podrán transportar productos cuyo contenido de humedad exceda del límite de humedad admisible a efectos de transporte.
- Las divisiones estarán proyectadas e irán colocadas de modo que sean capaces de absorber las fuerzas generadas por la fluidización de las cargas a granel de gran densidad. Además ayudarán a reducir a un nivel aceptable los momentos escorantes debidos al movimiento transversal en el espacio de carga de materias fluidizadas.

- En el caso de ciertos buques y debido a la configuración particular de los espacios de carga es posible que también sea necesario reforzar los elementos estructurales del buque que limitan las cargas a granel embarcadas.
- El plan de divisiones y dispositivos necesarios junto a las características de las condiciones de estabilidad del proyecto tendrán que haber sido aprobados por la Administración[256] del país en que esté matriculado el buque.

b) Los buques de carga especialmente construidos[257] tienen mamparos estructurales de carácter permanente dispuestos de modo que reducen el corrimiento de la carga a un límite aceptable y por ello podrán llevar productos cuyo contenido de humedad exceda del límite de humedad admisible a efectos de transporte. La solicitud para pedir el documento de aprobación irá acompañada de:

- Los planos de las secciones longitudinales, transversales y los relativos a aspectos estructurales críticos.
- Los cálculos de estabilidad en los que se hayan tenido en cuenta la planificación de la estiba y las medidas adoptadas para evitar el posible corrimiento de la carga. Otros cálculos que muestren la distribución de la carga y de los tanques que contengan líquidos. Condiciones en las que se deben estibar las cargas que pueda fluidificarse.
- Toda la información que pueda complementar el estudio de la solicitud presentada.

8.4.4 Medios de carga/descarga

Los medios utilizados para la carga/descarga de minerales y concentrados se pueden dividir en dos bloques, los que están instalados a bordo de los buques y los relacionados con las terminales en las cuales operan. Suele suceder en determinados casos que los buques son construidos para un tráfico determinado, por lo cual se conoce si las terminales cuentan con medios de carga/descarga. En este caso los buques no los incorporan, pudiendo de esta manera reducir el coste final del proyecto. Los buques que incorporan medios de carga/descarga están constituidos por:

- Grúas fijas montadas sobre cubierta de tal forma que puedan dar servicio a dos bodegas contiguas, es decir, colocadas entre las dos escotillas.
- Grúas instaladas sobre puente móvil que se desplaza sobre cubierta pudiendo dar servicio a cualquier bodega; son típicas en buques autodescargantes.

Las terminales son las que han introducido más modificaciones en los sistemas de caga/descarga, logrando optimizar los tiempos de permanencia de los buques en puerto, empleando para ello:

- Cintas transportadoras para descarga continua. Las bodegas tienen unas tolvas para que material fluya a través de unas puertas accionadas hidráulicamente hasta unas cintas que se deslizan por el doble fondo hasta proa y popa, siendo elevado a cubierta y descargado con otra cinta al muelle.
- Tolvas. Equipos con varias configuraciones y medidas; su función es recibir productos por la parte superior, que a continuación son vertidos por su parte inferior a medios de recogida que pueden ser vagones de tren o camiones.
- Cucharas. Equipos que pueden ser accionados mediante dispositivos eléctricos, hidráulicos y neumáticos. Su capacidad de carga varía en función del fabricante y del uso al cual se destina.

Los equipos y elementos que componen los sistemas de carga/descarga facilitan la libertad para operar en diferentes tipos de puertos, posibilitando incluso el trasvase de la carga a otros buques o barcazas. Ayudan a mantener un control y monitorización de la carga que es estibada a bordo, vigilando de forma eficaz los esfuerzos del buque y evitando que se produzcan daños durante las operaciones.

8.5 Preparación de los espacios de carga

Un granelero es un buque que, aunque esté dedicado al transporte de minerales y concentrados, también puede transportar otras mercancías, por lo cual la preparación y acondicionamiento de las bodegas para recibir la carga dependerá de si la carga anterior ha sido de las mismas características o si es una mercancía que pueda ser incompatible.

El acondicionamiento y preparación de las bodegas para recibir la carga puede comenzar cuando el buque después de haber descargado su carga sale a la mar para su próximo destino o fondea en espera de órdenes. Los espacios de carga tendrán una preparación que dependerá de la carga anterior que haya ocupado la bodega, y en función de ello hay que realizar un número determinado de operaciones para la puesta a punto de recepción de la nueva carga.

La preparación de las bodegas incluye una inspección antes de empezar las operaciones de acondicionamiento que consistirá en varios apartados dependiendo de las características de las mercancías transportadas en el último viaje y la configuración de los espacios de carga. Las cargas transportadas pueden ser minerales, concentrados, carbón o granos, por lo que el acondicionamiento de los espacios de carga difiere, pero se puede reducir a tres casos:

- Si la carga anterior ha sido mineral, carbón o concentrado y se vuelve a cargar la misma mercancía, pero es incompatible por tener diferentes características, el acondicionamiento y preparación de los espacios de carga se realizará de la siguiente manera:
  - Primeramente es necesario realizar la apertura de escotillas con cuidado debido a que puede haber gases peligrosos en su interior. Dependiendo del tipo de carga que se ha transportado, sería conveniente comprobar la atmósfera del espacio y después acondicionar la bodega.
  - La operación de limpieza incluye barrer y baldear bien procurando alcanzar los sitios con angulares, perfiles o cuadernas, en los cuales se suelen acular los residuos, para lo cual se utilizan medios mecánicos. Resumiendo, el orden de las operaciones podría ser:
    - Barrer las bodegas retirando los restos de carga sacándolos fuera de la bodega.
    - Limpiar de residuos los filtros y pozos de recogida de agua.
    - Baldear la bodega con agua salada, pero podría darse el caso de un concentrado o mineral que fuera incompatible con la sal, siendo necesario baldear con agua dulce.
    - Pasada final para comprobar que no queden restos sólidos.
    - Secar y ventilar la bodega.
    - Inspeccionar la bodega.
- Cuando sólo se cambia de carga, por ejemplo mineral, carbón o grano, y tanto el producto descargado como el que se pretende cargar son totalmente compatibles, bastará con barrer las bodegas retirando los restos de mineral o granos, ventilarlas e inspeccionarlas. Como precauciones complementarias a las operaciones, siempre se abrirán las escotillas con cuidado debido a que puede haber gases peligrosos en su interior.
- Si se pasa de mineral, carbón o concentrado, a grano o viceversa, la limpieza y acondicionamiento de las bodegas debe ser más cuidadosa. Es el cambio de las que se denominan cargas sucias: mineral, carbón, o concentrados, a cargas limpias: granos o semillas. Estas últimas pueden ir

destinadas al consumo humano, por lo que no pueden contaminarse con los restos de las primeras. Las bodegas serán acondicionadas siguiendo las mismas pautas que en los casos anteriores, pero siendo más estrictos en cada operación:

- Al igual que en el caso anterior, primero es necesario abrir las escotillas con cuidado y comprobar si hay presencia de gases peligrosos en la bodega. Después seguirán las operaciones de acondicionamiento y limpieza: barrer para retirar los residuos sólidos; baldear primero con agua salada y después con dulce; limpiar filtros y drenar los pocetes y las tuberías; secar; ventilar e inspeccionar.
- Si lo previsto es cargar cereales en espacios donde se ha transportado mineral, carbón o concentrados, después de baldear con agua salada, puede ser necesario fumigar y desinfectar las bodegas; seguidamente se baldeará con agua dulce, para finalizar con el secado, ventilado e inspección de cada espacio.

Las inspecciones se realizan utilizando listas de comprobación, cuyo uso se ha generalizado de tal manera que actualmente son preceptivas en todas las operaciones de transporte, no obstante su aplicación en minerales y concentrados tiene unas especiales connotaciones debido a las características de estos. La ventaja de las listas de comprobación es que en poco tiempo se puede hacer un repaso a todas las fases en las que se desarrollará una operación, evitando que ésta comience con deficiencias y se pueda producir un fallo, es decir, ayuda a prevenir el error. Son utilizadas para proporcionar una mayor seguridad a la tripulación, buque y entorno.

Las listas de comprobaciones reúnen en forma esquemática y simplificada los puntos que se deben comprobar antes de realizar las operaciones con minerales y concentrados para estibarlos a bordo del buque en los espacios de carga. Las primeras listas fueron confeccionadas y aprobadas de forma conjunta por la OMI, las sociedades de clasificación, los operadores de buques, las administraciones y la *International Chamber of Shipping* (I.C.S.) y están incluidas en los manuales de carga del buque.

Las últimas comprobaciones facilitan en ocasiones descubrir detalles que han sido pasados por alto y que podrían dar lugar a cometer errores que después durante el desarrollo de las operaciones pueden resultar fatales al pasar alto pequeños detalles. El contenido de las listas de comprobación suele variar en función del producto transportado y del momento en el cual se pondrá en práctica. Cuando el buque llega a puerto se hace una reunión en la que participan personal del buque y de la terminal donde operará el buque para pasar revista entre otras a los siguientes conceptos:

- Información sobre la estabilidad del buque y condiciones de trimado en las cuales puede estar el buque, mientras duran las operaciones de carga/descarga o lastre/deslastre.
- Características y plan de carga; esto es obligatorio y se debe tener preparado antes de que el buque atraque.
- Revisión por parte de todos los oficiales de las capacidades de su buque en cuanto sobre todo a estabilidad y esfuerzos que puede soportar.
- Información sobre los sistemas de lastre y deslastre, así como sobre las condiciones operativas de los mismos.
- Los accesos que se deben colocar entre la terminal y el buque.
- Comprobación de los sistemas de emergencia y seguridad en el buque y la terminal, así como las medidas de entendimiento entre ambos.
- Sistemas de medición de la carga embarcada/desembarcada.
- Obligaciones de la terminal respecto a proporcionar detalles sobre los medios que se emplearán durante las operaciones; por ejemplo, capacidad de las cucharas o tipos de carretillas que van a ser empleadas.

La preparación de una lista de comprobación en la cual estén incluidos todos los anteriores conceptos soluciona algunos problemas que pueden ocurrir durante una carga o descarga de mercancía y las correcciones sirven para evitar males mayores como, por ejemplo, las diferencias que se producen entre el terminal y el buque, llegando a ocurrir incluso que fletadores y la terminal tomen decisiones para cambiar las secuencias de carga/descarga.

Una vez conocidos todos los términos en los que se desarrollarán las operaciones que el buque efectuará en la terminal y terminadas las operaciones de acondicionamiento de las bodegas, los representantes de la terminal y el personal del buque deben pasar una inspección conjunta, extendiendo la terminal un certificado de aprobación y autorizando las operaciones de carga/descarga.

8.6 Planificación de operaciones

Las especiales características de estas cargas inciden sobre varios factores que obligan a una planificación cuidadosa de las operaciones, debido a las cargas manejadas: minerales, carbones o concentrados. Una adecuada planificación de las operaciones de acuerdo a las instrucciones de las normas internacionales y nacionales reunidas en procedimientos simples que deben figurar en el manual de carga permitirá lograr un nivel de productividad óptimo en la manipulación y además lograr que las mercancías lleguen en buenas condiciones a su destino.

La planificación de las cargas de gran densidad a granel deberá tener en cuenta los riesgos que llevan implícitos, que han sido descritos en párrafos anteriores, dividiéndose en los siguientes apartados: procedimientos donde se reúnen las características generales de las operaciones que afectan a la manipulación y que están contenidas la mayoría de ellas en las listas del Código de prácticas de seguridad relativas a las cargas sólidas a granel; los cálculos que son necesarios para distribuir las mercancías y salir con el buque en una condición determinada; y los planos de estiba donde se reflejan la distribución de las mercancías y cómo debe hacerse la inmovilización de la estiba de las mercancías. Toda la planificación se reúne en notas estándares, ya que debido a los diferentes tipos de buques puede variar aunque las líneas generales sean las mismas.

8.6.1 Cálculos

Las características de los minerales y concentrados[258] son las que indican los cálculos que se deben realizar para cargar/descargar el buque y hacerlo respetando las normas de seguridad. El control de las cantidades embarcadas evitará que se produzcan esfuerzos locales que puedan degenerar en fallos generalizados sobre la estructura del buque y que éste se parta durante las operaciones de carga/descarga.

Las recomendaciones de la IMO van encaminadas a proporcionar normas generales para todo tipo de carga e independiente de la estructura del buque, especialmente cuando no se dispone de información detallada del producto de gran densidad que se pretende embarcar. Se recomienda tener en cuenta las siguientes precauciones:

- La distribución longitudinal del peso debe ser más o menos igual para todos los cargamentos, siendo las toneladas máximas estibadas en un espacio de carga: 0,9*Eslora*Manga*Calado verano.

- Cuando una vez distribuida la carga se enrase mediante los medios habituales, el número máximo de toneladas cargadas en cualquiera de las bodegas inferiores puede aumentarse en un 20%, de la cantidad calculada con la formula anterior.
- Cuando los productos cargados no estén enrasados, o sólo se haya hecho en parte, la altura del vértice de la carga desde el plan de la bodega será: h=1,1∗C∗FE (FE en m^3/Tm, C, calado de verano en metros).

Los cálculos que se realizan con las cargas de alta densidad van encaminados a resolver los problemas de distribución del producto y estudiar las condiciones de estabilidad del buque. En los cálculos para la distribución de la carga hay que tener en cuenta los tiempos muertos que se producen durante las operaciones, ya que pueden ser significativos y en ellos las condiciones de seguridad estructural pueden estar fuera de los límites permitidos.

Para realizar los cálculos de carga/descarga se manejan los datos de la carga, del buque y de la terminal, que en líneas generales son los siguientes:

- Medidas de las bodegas y características de la carga, respecto a esta última es imprescindible el conocimiento del FE y el ángulo de reposo.
- Capacidad de los medios de carga/descarga y tiempos necesarios para efectuar cambios de una bodega a otra. El buque tendrá conocimiento de los cambios de régimen de carga/descarga introducidos por la terminal y que no hayan sido acordados en las reuniones previas al comienzo de las operaciones, pues los resultados de los cálculos podrían variar.
- Los cálculos estarán ajustados a las condiciones de calado y trimado con las cuales el buque deberá salir de puerto una vez finalizadas las operaciones. Además, los cálculos estarán condicionados por las limitaciones de calado en los puertos de carga o descarga.
- Tabla de valores de los pesos existentes a bordo consumos (FO, DO, aceite, agua), lastres, pertrechos y provisiones, ya que estos datos proporcionan el valor del desplazamiento y de la carga a embarcar o sirven para determinar la cantidad de lastre con el cual precisa salir el buque. El objetivo final es el conocimiento de:
  Desplazamiento en lastre = peso de lastre+pesos muertos
  Desplazamiento máximo en carga[259] = carga embarcada+pesos muertos
- Prácticamente se determina la carga/lastre que se puede embarcar en función de los pesos muertos que se tienen a bordo y se asigna una cantidad de carga a las bodegas de proa y popa o se lastra más a proa/popa, en función de los calados de salida.

8.6.2 Procedimientos

Las consideraciones sobre la manipulación de mercancías sólidas tienen por objeto el conocimiento de los sistemas de manipulación y su incidencia sobre la seguridad. Los transportes de mercancías sólidas que se van a contemplar incluyen varios tipos de cargadas a granel en bodegas. Para algunas cargas es necesario calcular y determinar el ángulo de reposo.

El CG denomina ángulo de reposo al ángulo máximo de la pendiente formada en las materias granulares que no son cohesivas, es decir, que se desliza con facilidad sobre ella misma o sobre superficies lisas. Geométricamente es el ángulo comprendido entre el plano horizontal y la superficie inclinada del cono formado por la materia en el espacio de carga o almacenamiento.

El conocimiento del ángulo de reposo es necesario antes de planificar la estiba, pues en el caso de algunos minerales y concentrados suele ocurrir que no se llenan las bodegas y estas quedan con unos conos al finalizar la carga. El Código de cargas a granel[260] facilita dos métodos para el cálculo del ángulo de reposo basados en unas pruebas de laboratorio realizadas en materias granulares no cohesivas con un tamaño de grano no superior a 10mm.

Cuando haya que embarcar un producto susceptible de licuarse, se deberá haber sometido a pruebas de laboratorio para determinar el contenido de humedad, el punto de fluidez en estado húmedo y el límite de humedad admisible a efectos de transporte. El laboratorio utilizará una muestra[261] de la materia que ha de embarcarse y aplicará alguno de los métodos indicados en el CG[262], para obtener los parámetros necesarios. Hay que tener en cuenta que si el contenido de humedad facilitado por los análisis es superior al límite permitido a efectos de transporte o se encuentre cerca de él, no se aceptará el producto para embarcar hasta que se hayan concluido todas las pruebas del laboratorio.

El estado de la carga preparada en el muelle para ser embarcada debe ser comprobada por el personal del buque y cuando su aspecto ofrezca dudas en cuanto a las condiciones de seguridad que debe cumplir, se deberá efectuar una prueba a bordo para determinar de modo aproximado la posibilidad de que tenga un comportamiento de fluido una vez estibada en los espacios de carga del buque. La prueba se realizará llenando hasta la mitad un recipiente metálico cilíndrico de capacidad entre medio y un litro con carga del muelle; se golpea el recipiente contra una superficie dura desde una altura de 20 centímetros; se repite 25 veces a intervalos de uno o dos segundos. Observar la superficie de la muestra, si hay humedad libre o indicios de un estado de fluidez, no se cargará y se pedirá la realización de nuevas pruebas de laboratorio. Si no existe contenido de humedad, se realizará la carga.

Existe la posibilidad de que las pruebas de laboratorio no puedan realizarse, en este caso, si a bordo del buque se dispone de una estufa de secado y una balanza, se puede efectuar una prueba de verificación del contenido de humedad[263] de la materia, aplicando el siguiente procedimiento:[264]

- Contenido de humedad de la materia en el momento de efectuar la toma: $H=100*(m_1 - m_2)/m_1$
- Punto de fluidización por humedad de la materia: $100*\{[(m_3 - m_4)/m_3] + [(m_5 - m_6)/m_5]\}/2$

Complementariamente, los procedimientos deberán hacer referencia a la preparación de los espacios de carga y a diferentes operaciones de limpieza que se deben realizar en función de cuál ha sido el contenido de la bodega, para conocer y desarrollar las necesidades específicas y generales para cada materia estiba.

8.6.3 Particularidades de la estiba

La distribución de carga y la estiba de las mercancías debe hacerse con arreglo a las instrucciones del manual del buque en el cual figuran los datos y características del propio buque, incluyendo, además de las medidas de diseño y construcción, los planos de los espacios de carga con los detalles de su resistencia estructural y ejemplos con diferentes cargas y condiciones de lastre donde se indican los límites permitidos para varias situaciones.

La estiba se realizada siguiendo los procedimientos establecidos previamente, que están justificados por las normas internacionales y nacionales, preparados según a una serie de pruebas que se realizan con los productos que son transportados. El desarrollo de las operaciones que componen la estiba se resume en distribuir la carga adecuadamente, enrasar para evitar su desplazamiento, controlar la humedad, vigilar la temperatura, los gases y las medidas de ventilación. Todos los procesos enunciados se realizarán teniendo en cuenta tres tiempos de carga, el previo antes de embarcar la mercancía, el desarrollado durante la carga y, finalmente, lo que se necesita después de finalizar la estibada a bordo.

➢ *Antes de comenzar las operaciones*[265]

El apartado referente al acondicionamiento de los espacios de carga enumera y desarrolla todas las operaciones que con referencia a los espacios de carga hay que hacer para poder obtener permiso de la terminal y efectuar las operaciones de carga/descarga. Como detalle complementario, cuando se vaya a cargar mineral en forma de polvo,[266] antes de comenzar las operaciones se deben tapar con lonas todos los equipos de cubierta que tengan partes móviles, se colocan filtros en los sistemas de ventilación y se cierran todas las puertas estancas. Las precauciones serán muy cuidadosas cuando haya viento durante las operaciones de carga/descarga.

Una vez atracado el buque sus medios de carga/descarga, es decir, grúas o puntales, deben colocarse en posición vertical o ser abatidos hacia el costado contrario al del atraque, cuando no son utilizados para las operaciones, pues de esta forma no se interfiere con los medios de la terminal. Al llegar el buque al muelle, queda fijado mediante estachas formadas por cabos y/o cables, que si no están sobre maquinillas de tensión habrán quedado fijos en las bitas, razón esta última para que una, vez iniciadas las operaciones de carga, sean revisados y evitar una separación del muelle.

Cuando se prevé embarcar mercancías que se pueden licuar, se tendrán en cuenta las operaciones generales para acondicionar los espacios de carga, pero se deben tener preparadas arcadas y dispositivos para dividir la manga de la bodega, aumentando la altura del KG, ya que se produce una disminución de las superficies libres. Respecto al estado granular del mineral o concentrado que se pretende embarcar, hay que comprobar que esté seco, ya que si está húmedo antes de ser embarcado, después puede adquirir cierta fluidez por efecto de la compactación y las vibraciones producidas durante el viaje, causando problemas.

➢ *Durante las operaciones de carga/descarga*

Las precauciones que se deben adoptar durante el desarrolla la carga/descarga han sido previstas en la planificación de las operaciones y de acuerdo a ella la interrupción de la carga sólo se hará por fuerza mayor, por ejemplo por condiciones meteorológicas que amenazan con lluvia, por lo que los medios de cierre estarán siempre a punto para a ser utilizados.

Las primeras toneladas de carga deben estibarse cubriendo todo el plan de la bodega procurando que el producto llegue a las esquinas, de esta forma la resistencia se reparte por igual. A continuación en función del ángulo de reposo del producto se cargará en el centro la bodega formando uno o varios conos, lo que permite una reducción del GM y una disminución del período de balance al aumentar el KG, cuando la carga se realiza en bodegas alternas[267]. El método de transportar carga en bodegas alternas tiene la ventaja de que disminuye la duración de las operaciones de carga/descarga y de que, al elevar el centro de gravedad del buque, se evita una estabilidad excesiva. Las reglas que es necesario aplicar se deben seguir estrictamente, ya que los minerales y concentrados pueden tener mucha densidad, razón por la cual el GM del buque será grande y el movimiento de balance violento[268], pudiendo causar averías en el casco o las estructuras del buque.

Las cargas de alta densidad y ángulo de reposo de más de 35° suelen estibarse formando una pirámide, pero pera evitar los problemas de estabilidad si se desmorona, la carga se distribuye formando un cono central y dos laterales, con ello se evita una altura excesiva del cono central y su posterior caída. Cuando la carga se distribuye en las anteriores condiciones, hay que procurar que el peso sobre el fondo no pase del límite de resistencia de la estructura y que el producto cubra todo el plan hasta los costados de tal forma que la altura del vértice se reduzca y la distribución del peso sea uniforme.

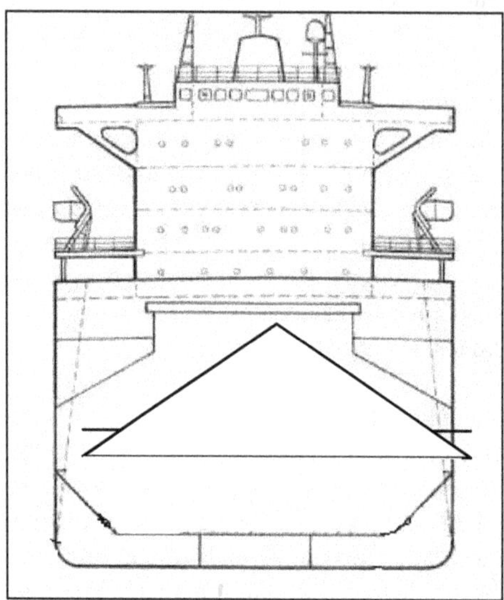

Figura 75 Cono de la carga

Si el cargamento transportado consiste en productos de alta densidad con ángulo de reposo igual o inferior a 35°, pueden licuarse,[269] por lo que los espacios de carga ocupados deben ser llenados, pero sin comprometer su estructura y para evitar un momento escorante excesivo producido por el corrimiento de la carga. Se deben colocar mamparos o arcadas que limiten e impidan que la carga se mueva.

➢ *Finalizadas las operaciones de carga/descarga*

La carga/descarga termina cuando el buque la da por finalizada. Es raro el caso en que la terminal sea la que ordene la finalización de las operaciones. Las acciones que la tripulación debe ejecutar una vez considere que ha recibido la carga prevista o ha terminado la descarga son de inspección y redacción de documentos.

Las inspecciones tendrán como objetivo verificar los calados de salida del buque son los calculados con la carga prevista en cada una de las bodegas, después la tripulación siguiendo las listas de comprobación preparadas repasará todos sus apartados. Un punto importante que hay que tratar con cuidado es el de la estanqueidad. Los dispositivos de cierre estarán ajustados y en perfecto estado para evitar la entrada de aire y agua a los espacios de carga.

Es obvio que el buque tendrá una estabilidad adecuada, pero tratándose de un factor importante para la seguridad del buque, deben ser comprobados todos los datos mediante el monitor de esfuerzos, revisando que las curvas estén dentro de los límites permitidos.

8.6.4 Planos de estiba

Una vez ha sido planificada la carga/descarga, se debe concretar en los planos de estiba que son preparados para desarrolla todas las operaciones, pero además sirven para preparar posteriormente la planificación de la carga en otros viajes. Los planos serán un reflejo de todos los cálculos realizados e incluirán entre otros puntos los siguientes:

- Plazos y momentos para efectuar la apertura de escotillas y bodegas.
- Lugares de inspección de las bodegas tiempo que durará, para obtener el Certificado de aceptación de las bodegas y poder iniciar las operaciones. Todo esto sirve para aquilatar los tiempos perdidos y establecer exactamente la hora de comienzo de las operaciones.
- Distribución de la carga según los cálculos previos realizados para determinar cuánto y cómo se debe embarcar para conseguir los calados previstos, sin sobrepasar los esfuerzos cortantes y momentos flectores en ningún momento de la operación. Para el caso de una operación de descarga será necesario conocer los promedios de descarga y lastre, por la misma razón.
- Inicio de la carga/descarga/lastre, supervisando constantemente la carga que está siendo estibada o permanece a bordo y controlando su reparto en las bodegas.
- Cantidad de carga embarcada en cada pasada. En la operación de descarga será fijada el promedio de descarga y de lastre.
- Trimado del buque y calados del buque al finalizar la carga/descarga.
- Hora del cierre de las bodegas, finalización del lastrado del buque y hora en que finalizan los cálculos finales de buque y terminal, momento en el cual estará listo para abandonar la terminal[270].

Ejemplo de plan de carga/descarga según las indicaciones de la OMI y utilizando el impreso recomendado en el que constan los siguientes conceptos necesarios para efectuar las operaciones y que se describen a continuación.

<table>
<tr><td colspan="2">A</td><td colspan="2">B</td><td colspan="10">C</td><td colspan="2">D</td></tr>
<tr><td colspan="2">E</td><td colspan="2">F</td><td colspan="2">G</td><td colspan="3">H</td><td colspan="3">I</td><td colspan="2">J</td><td colspan="2">K</td></tr>
<tr><td colspan="2">L</td><td colspan="2">M</td><td colspan="2">N</td><td colspan="6">O</td><td colspan="2">P</td><td colspan="2">Q</td></tr>
<tr><td colspan="2">Toneladas:
Grado:</td><td>11</td><td>10</td><td>9</td><td>8</td><td>7</td><td>6</td><td>5</td><td>4</td><td>3</td><td>2</td><td colspan="4">1</td></tr>
<tr><td colspan="16">Totales: Grado: Ton. Grado: Ton. Grado: Ton. Total: Ton.</td></tr>
<tr><td></td><td colspan="2">a</td><td></td><td></td><td></td><td colspan="4">B</td><td colspan="3">E</td><td colspan="3">f</td></tr>
<tr><td></td><td></td><td></td><td></td><td></td><td></td><td colspan="2">c</td><td colspan="2">D</td><td></td><td></td><td></td><td colspan="3">g</td></tr>
<tr><td>1</td><td>2</td><td>3</td><td>4</td><td>5</td><td>6</td><td>7</td><td>8</td><td>9</td><td>10</td><td>11</td><td>12</td><td>13</td><td>14</td><td>15</td><td>16</td></tr>
<tr><td></td><td></td><td></td><td></td><td></td><td></td><td></td><td></td><td></td><td></td><td></td><td></td><td></td><td></td><td></td><td></td></tr>
<tr><td></td><td></td><td></td><td></td><td></td><td></td><td></td><td></td><td></td><td></td><td></td><td></td><td></td><td></td><td></td><td></td></tr>
<tr><td></td><td></td><td></td><td></td><td></td><td></td><td></td><td></td><td></td><td></td><td></td><td></td><td></td><td></td><td></td><td></td></tr>
</table>

Figura 76 Formato OMI: plan carga/descarga

El significado de las llamadas incluidas dentro del formato es el siguiente:

A, plan de carga y descarga. Versión Nº
B, fecha
C, buque
D, viaje Nº
E, puerto carga/descarga
F, carga(s)
G, factor de estiba supuesto de la carga
H, régimen de bombeo de lastre
I, densidad del agua del muelle

J, calado máximo disponible
K, altura máxima de la obra muerta en el puerto de atraque
L, puerto de origen/destino
M, última carga
N, número de cargadores o descargadores
O, régimen de descarga
P, calado mínimo disponible
Q, calado máximo de navegación de llegada

a, carga
b, valores calculados
c, calado
d, máximo
e, valores calculados
f, valores observados
g, calado

1, número de lote
2, número de bodega
3, toneladas
4, operaciones de lastre

- Notas que figuran en el impreso de la OMI:
  - Los valores de MF (momento flector) y FC (fuerza cortante) se expresarán como porcentaje de los valores máximos permitidos en puerto para las etapas intermedias, y en la mar. para la etapa final.
  - Cada fase del plan de carga/descarga se desarrollará respetando los límites admisibles de las fuerzas cortantes que pueda soportar la viga casco, de los momentos flectores y del tonelaje por bodega, según proceda.
  - Es posible que haya que interrumpir las operaciones de carga o descarga para poder embarcar o desembarcar lastre, a fin de mantener esos valores dentro de los mencionados límites.
  - Las operaciones no pueden apartarse del plan anterior sin la aprobación previa del Primer oficial.
  - Abreviaturas:
    Los lotes se numerarán: 1A, 1B, 2A, 2B, cuando se empleen dos cargadores.
    EB = entrada por bomba
    EG = entrada por gravedad
    LL = lleno
    SB = salido por bombeo
    SC = salido por gravedad
    V = vacío

8.7 Problemas durante el transporte

Las condiciones en las que se transportan las cargas a granel pueden generar problemas que deben ser previstos y es necesario tener en cuenta, ya que durante la navegación se convierten en problemas insolubles. Las soluciones mientras se navegan es necesario controlarlas, ya que los efectos de algunas medidas pueden ser contrarios a la seguridad del buque y su tripulación. Por ejemplo, durante la navegación:

- No se puede controlar la distribución de los pesos, ya que son materias a granel sólidas e intentar traspasar mercancía de una a otra bodega, se pueden provocar daños en la estabilidad. Cuando la distribución ha sido inadecuada, la estructura del buque puede sufrir durante toda la navegación por una concentración excesiva del peso, por lo que habrá que considerar cuál de los dos problemas es peor.
- Un problema de estabilidad durante el viaje puede tener solución siempre que los cálculos erróneos en las operaciones de estiba no sean excesivos y el desplazamiento del buque permita el embarque de lastre adicional.
- Cuando el problema de estabilidad es debido a la estiba defectuosa con resultado de estabilidad excesiva, implica violentos balances que pueden provocar el corrimiento de la carga y daños en los elementos estructurales.
- Hay que tener en cuenta que cuando la disminución de estabilidad es originada por un corrimiento de la carga, como se trata de cargamentos secos o aunque sean fluidos, el problema tiene muy difícil solución. La prevención del cumplimiento de los procedimientos de estiba es la única solución.
- Determinados productos, como se verá más adelante, tienen tendencia al calentamiento espontáneo, lo cual exige mantener un control de su temperatura y la del espacio de carga, así como una vigilancia sobre la acumulación de gases mediante la realización de inspecciones diarias.

8.8 Particularidades de algunas cargas

8.8.1 Carbón

El carbón es un producto compuesto por componentes orgánicos y vegetales, mezclados con arcilla, carbonatos, carbono, hidrógeno y otros elementos. La importancia del carbón radica en su potencial calorífico, que es una de las características que se utilizan para la diferenciación de los tipos y clases existentes, por ejemplo, antracita, hulla y lignitos. El carbón mineral se encuentra en cuencas carboníferas, y son explotadas a cielo abierto o mediante la apertura de pozos verticales y galerías horizontales siguiendo las vetas carboníferas.

Los diferentes tipos de carbón que se han comentado tienen algunas características diferenciales que inciden sobre la manipulación y estiba, disponiendo de legislación especial para realizar ambas operaciones debido a que estas mercancías tienen un alto riesgo y peligrosidad. Cuando se transporten carbones que pueden desprender gases tóxicos o inflamables, es obligatorio que los espacios de carga cuenten con una ventilación eficaz.

- Otras características que hacen a los carbones productos peligrosos durante su transporte por mar son las siguientes:
  - La mayoría de carbones pueden desprender gas metano. Una mezcla del 16% de metano con el 5% de aire constituye una atmósfera explosiva que puede inflamarse en contacto con chispas eléctricas o con un cigarro encendido.
  - El metano es más ligero que el aire, por lo que se acumula en la parte superior del espacio de carga y si éste no es estanco puede pasar a otros espacios adyacentes.
  - Los carbones pueden producir reacciones de oxidación, lo que significa que consumen el oxígeno del espacio de carga, produciendo un aumento del dióxido de carbono. El agotamiento del oxígeno hace peligroso la entrada en los espacios de carga.
  - Algunos carbones son susceptibles de autocalentamiento y pueden causar una combustión espontánea en el espacio de carga. Pueden desprender gases inflamables y tóxicos tales como

el monóxido de carbono[271]. Son susceptibles de reaccionar con el agua y producir ácidos que provocan la corrosión de las estructuras de los espacios de carga. Otro gas que se origina es el hidrógeno, que es inodoro; es mucho más ligero que el aire y tiene unos límites de inflamabilidad en el aire del 4% al 75% en volumen.

- El carbón vegetal tiene alguna característica especial diferente a los otros, por ejemplo: puede inflamarse espontáneamente; en contacto con el agua puede experimentar autocalentamiento; no está permitido el transporte a granel del carbón vegetal que según la clasificación del IMDG corresponde a la Clase 4.2; no se embarcará carbón vegetal cuya temperatura sea superior a 55°C y su contenido de humedad superior al 10%.

➢ *Acondicionamiento general del espacio de carga*

Normalmente durante el viaje en lastre y antes de la llegada del buque a puerto se habrán acondicionado los espacios de carga, que en función de la carga que haya sido descargada habrá que someter a varias operaciones, ya que antes de embarcar la nueva carga serán objeto de una inspección por parte de la terminal.

La tripulación debe comprobar antes de llegar a puerto que se ha recibido toda la información respecto a la carga, para poder aceptar su embarque a la llegada a la terminal[272] y además debe preparar la planificación de las operaciones. El agente deberá informar puntualmente de todas las características de la carga, especialmente cuando es susceptible de desprender metano o de experimentar calentamiento espontáneo, porque el acondicionamiento de los espacios de carga deberá realizarse adoptando precauciones especiales. Algunas medidas concretas que se adoptarán son las siguientes:

- Se revisarán todos los espacios de carga, incluyendo los pozos de sentina, vigilando que estén limpios y secos; además se barrerán las bodegas para eliminar todos residuos de materias de desecho procedentes de la carga anterior. Si el espacio dispone de serretas, serán retiradas, para poder efectuar el barrido con comodidad.
- Comprobar las cajas de fusibles, los cables y componentes eléctricos que estén situados en los espacios de carga o en los espacios contiguos, asegurándose de que no existan defectos y estén perfectamente aislados, para poder ser utilizados sin correr riesgos en una atmósfera que puede reunir condiciones de explosividad por los gases emanados de las cargas que recibirá en el espacio.
- Revisar los instrumentos de medición de gases, comprobando las fechas en las que fueron calibrados por última vez. Esta operación debe ser realizada con regularidad y anotada en los libros de mantenimiento, ya que los instrumentos son utilizados a menudo.[273] Los valores que se deben medir con respecto a la atmósfera son la concentración de metano, oxígeno y monóxido de carbono; el valor pH de las muestras de la sentina de la bodega de carga, y la temperatura de la carga y bodega.
- Inspeccionar todos los espacios y equipos de seguridad[274] siguiendo listas de comprobación. Es obligado cumplir sus puntos debido al peligro que representan los gases emanados y los cambios que se pueden producir en las características de la carga.
- Revisar y asegurarse de que en el interior de los espacios de carga y en cubierta existan avisos que prohíban fumar. Comprobar la estanqueidad de las luces revisando sus cierres de seguridad.

Figura 77 Manipulación de carbón mediante cintas y tubos

➢ *Operaciones de carga/descarga*

Los cuidados y precauciones en las operaciones de carga/descarga del carbón son semejantes a las operaciones generales descritas, pero hay una particularidad respecto a la segregación, debido a que hay buques de carga general con estructura de bodega que dispone de entrepuentes que tienen la posibilidad de transportar carbón a granel junto a mercancías de otras clases.

Los carbones son considerados mercancías peligrosas y como tales tienen limitaciones para ser estibados con otras mercancías clasificadas por el IMDG dentro de sus nueve clases, por ello hay que realizar una buena segregación, teniendo en cuenta en primer lugar los apartados correspondientes a cada clase[275] y en segundo lugar todo lo dispuesto en el resto de normas que puedan afectar al carbón directamente. Está prohibido estibar mercancías en bultos o materias sólidas a granel por encima o debajo de la carga de carbón, por ejemplo en la figura adjunta el espacio 3, pudiendo cargarse en los espacios 1 y 4 bajo ciertas condiciones.

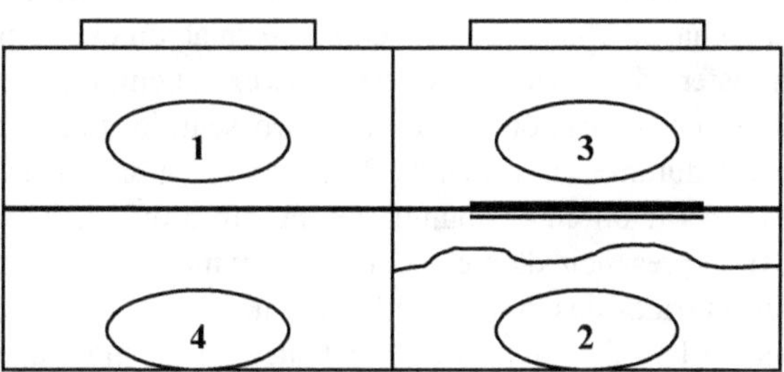

Figura 78 Segregación en bodegas

Un problema añadido que presentan los carbones al ser estibados a bordo es que los tripulantes o personas que estén presentes en las operaciones deberán respetar las precauciones especiales reglamentadas para entrar en espacios de carga que no hayan sido ventilados y que figurarán incluidas en una lista de comprobación.

Básicamente, durante las operaciones de carga/descarga se cumplirán los procedimientos indicados en la planificación, se incluirán, además, los siguientes pasos:

- Durante el tiempo que duren las operaciones de carga/descarga, estará prohibido fumar y utilizar linternas que no sean estancas a los gases; no se permite quemar, cortar, picar, soldar ni efectuar ninguna operación que pueda ser fuente de ignición.
- Mientras se está cargando/descargando, el personal, del buque se asegurará de que el carbón no sea estibado junto a zonas de elevada temperatura.
- Teniendo en cuenta la posible acumulación de gases, hay que mantener suficiente ventilación en el espacio de carga sobre la superficie del carbón durante la operación de carga/descarga.
- El sistema de ventilación no será directo sobre la masa de carbón, ya que esto podría crear unas condiciones favorables al autocalentamiento.
- Si la carga es susceptible de autocalentamiento o el análisis de la atmósfera del espacio de carga indica que ha aumentado la concentración de monóxido de carbono o bien la temperatura de la carga aumenta rápidamente, será preciso cerrar la escotilla inmediatamente, sellando la tapa con una cinta aislante adecuada y poner en marcha los sistemas de seguridad y control de situaciones de emergencia.
- Una vez controlada la situación, se continuará la operación de carga/descarga.
- Concluidas las operaciones de carga de cada bodega y antes de cerrar las escotillas, la tripulación deberá asegurarse que el carbón ha sido enrasado y su superficie tenga un nivel aceptable hasta los mamparos límite del espacio de carga, para evitar que se formen bolsas de gas y que entre aire en la masa del carbón.
- Antes de la salida del buque es necesario efectuar mediciones en la carga y en la atmósfera de la bodega que queda libre y en todos los espacios cercanos a los de carga que estén vacíos.

➢ *Problemas durante la navegación*

Las características de la carga transportada obligan a que durante la navegación se comprueben regularmente la atmósfera de los espacios donde esté estibada la carga y sean inspeccionados los espacios cercanos o situados por encima de los de carga. Toda la información recogida en los controles e inspecciones debe ser consignada en los libros de carga. Los procedimientos y pautas seguidas para el control de la seguridad de la carga durante la navegación son:

- La frecuencia de los controles y pruebas dependerá de la información que los cargadores y receptores de la carga hayan consensuado y de la información que se pueda obtener mediante el análisis de la atmósfera del espacio de carga, una vez concluidas las operaciones.
- Normalmente, salvo una indicación expresa en otro sentido, todas las bodegas se deberán ventilar en superficie durante las primeras 24 horas de la salida del puerto de carga y se deberá efectuar una medición en los puntos de muestreo que se hayan planificado en cada bodega para detectar la presencia de metano, oxígeno y monóxido de carbono.
- Si después de transcurridas las mencionadas 24 horas, las concentraciones de gases en especial la del metano han disminuido hasta situarse en un nivel aceptable, se cerrarán los ventiladores; en caso contrario, deberán permanecer abiertos hasta lograr esos niveles bajos aceptables.
- Las mediciones seguirán realizándose diariamente durante todo el viaje, para prevenir posteriores concentraciones de metano, oxígeno o monóxido de carbono en las bodegas y asegurarse de que los gases que puedan desprenderse no se acumulen en los espacios cerrados contiguos, por ejemplo los lugares de trabajo o pañoles de pertrechos y talleres.
- Si durante la navegación los controles realizados en los espacios de carga indican la presencia de metano u otros gases, deberán adoptarse las siguientes precauciones:

  - Abrir con cuidado las escotillas o las aberturas de espacios de carga, para evitar que los roces metálicos produzcan chispas o la entrada impetuosa de aire.
  - Si el espacio dispone de un sistema de evacuación de gases, ponerlo en marcha para evacuar los gases acumulados antes de abrir las escotillas.
  - Ventilar la superficie de la carga, pero nunca dirigiendo el chorro de aire directamente hacia el carbón, ya que se indicó anteriormente que podría crear condiciones favorables al autocalentamiento.
- Si durante el transcurso del viaje se detecta algún autocalentamiento en la carga, se procederá de la siguiente manera:
  - Se ventilará sólo la superficie de la carga, evitando remover los gases que puedan haberse acumulado.
  - No se utilizará ventilación por aire a presión y bajo ningún concepto se enviará directamente aire a la masa del carbón, pues se fomentaría el calentamiento.
  - Se medirá la temperatura de la carga en cada espacio de carga a intervalos regulares a fin de detectar todo indicio de autocalentamiento. Si la temperatura de la carga excede de 55°C o el nivel de monóxido de carbono aumenta rápidamente, puede estar creándose una situación en la que el incendio sea posible. Se cerrarán completamente los espacios de carga y se cesarán todas las operaciones de ventilación. El capitán solicitará inmediatamente asesoramiento de expertos y considerará la posibilidad de dirigirse al puerto de refugio apropiado más cercano. No se utilizará agua para enfriar la materia o combatir los incendios de cargas de carbón estando el buque en el mar, pero podrá ser utilizada para enfriar los mamparos límite del espacio de carga.
- La presencia de un valor del pH alto indica que existe riesgo de corrosión, por lo cual será preciso efectuar una comprobación de que la sentina de las bodegas están secas. La presencia de agua durante el viaje origina una acumulación de ácidos en el techo del doble fondo y en el sistema de sentinas, que se debe evitar.
- Durante el transporte, no se permitirá al personal entrar en el espacio de carga o en los espacios cerrados contiguos si no han sido ventilados y comprobado el contenido de los gases en ellos. Si no es posible, sólo se entrará en casos de emergencia y lo hará personal debidamente cualificado con un aparato respiratorio autónomo. Además, habrá que observar precauciones especiales para asegurarse de que no se introduce en el espacio ninguna fuente de ignición.
- Todos los espacios del buque se vigilarán y ventilarán durante el transporte teniendo cuidado cuando se utilice una ventilación mecánica, que no presente riesgos en una atmósfera explosiva.

8.8.2 Cemento

El cemento es un producto que está compuesto por varios elementos como la sílice, cal, óxido de aluminio, óxido férrico y otros componentes. Cada uno ellos se mezcla en proporciones que varían en función del tipo de cemento que se quiera obtener. La mayoría de los cementos son artificiales, dependiendo su calidad y características de la temperatura de cocción y de los elementos que se mezclan para su obtención.

El análisis de la problemática planteada en el transporte y manipulación del cemento a granel se realiza presentando en primer lugar sus características, después se describe la configuración de los buques construidos para su transporte a granel, la preparación y acondicionamiento de las bodegas para poder recibir esta carga, y finalmente se indicarán las condiciones en las que se estiba y transporta. Hay que tener en cuenta que también se puede transportar ensacado, para lo cual se estiba sobre paletas o en el interior de contenedores. Las particularidades de esta forma de transporte controlando su incompatibilidad con otras cargas serán descritas en el último apartado de este epígrafe.

➢ *Características de la carga*

El cemento es un producto ávido del agua y humedad, ambas características tienen la facultad de degradar el producto y hacerlo inservible, por lo cual durante su manipulación es necesario cuidar que no entre en contacto en ningún momento con ambientes húmedos. Una propiedad de los cementos es su capacidad de unir, razón por la cual, de forma general, podemos decir que su utilización en diferentes aplicaciones constructivas y de contención consiste en su hidratación y la hidrólisis del aluminato cálcico, siendo el resultado de varias reacciones, en las cuales el tiempo invertido depende del uso al que se destina el producto final, pudiendo oscilar entre algunas horas o días.

Físicamente, el cemento se manipula en forma de polvo o granulado. En el primer caso, es de color grisáceo y está formado por partículas que tienen un tamaño máximo de 0,1mm. Cuando es transportado a granel habrá que tener en cuenta que el factor de estiba oscila entre 0,67/1,0 m^3/tonelada y el ángulo de reposo varía entre 8/90°. Estos dos valores son fundamentales para la carga y dependen estrechamente de la relación aire/cemento de la mezcla estibada en el espacio de carga. Hay que tener en cuenta que una vez asentado el cemento, no experimentará corrimiento, a menos que el ángulo que forme la superficie con el plano horizontal exceda de 30°. Cuando el cemento en polvo está estibado en el espacio de carga, habrá que conocer cual ha sido el procedimiento aplicado, es decir, si ha sido aireado, porque si se somete a este procedimiento, se puede dar una contracción en la masa de hasta un 12%.

El segundo tipo de cemento es el denominado Clinker, que está granulado con un tamaño de partículas entre 0/40mm como máximo un contenido de humedad entre el 0/5%. El ángulo de reposo puede situarse en los espacios de carga, especialmente en las bodegas de 25/45°. El factor de estiba estará comprendido entre 0,61/0,84 m^3/tonelada.

➢ *Características de los buques*

Los buques cementeros son autoestibantes[276], han sido diseñados y construidos para el transporte del cemento a granel. Aparentemente el casco no difiere de otros tipos de buques, pero tienen poco francobordo cuando están cargados, no disponen de palos ni grandes superestructuras en cubierta, a excepción de pequeñas casetas en las que son instalados los equipos utilizados para la carga y descarga.

Algunos buques tienen las bodegas divididas longitudinalmente por la línea de crujía, quedando un espacio entre ambas partes por donde pasa un tornillo horizontal que hace fluir al cemento hacia una caja desde la cual se eleva hasta una determinada altura de cubierta. Otros buques tienen los mamparos de las bodegas inclinados para recoger el cemento y bombearlo hacia el exterior, en este caso el plan de la bodega es de lona de tela de poliéster de gran resistencia y de tejido poroso que permite el paso del aire inyectado a gran presión por su parte inferior, lo que hace que el cemento se fluidifica y tiende a resbalar hacia el punto más bajo. En resumen, la estructura de los espacios de carga dependerá del sistema de carga/descarga con el cual esté equipado el buque.

➢ *Componentes de los sistemas de carga/descarga*

La utilización de equipos y dispositivos mecánicos y neumáticos configuran los diferentes sistemas y pueden variar según las prioridades marcadas por el armador, pero en general los elementos básicos que puede tener un sistema son los siguientes:

- Tomas para cargar el cemento situadas sobre las tapas de escotilla y/o sobre los pasillos laterales de cubierta.
- Extractores: son equipos situados en la caseta de cubierta y su función es sacar el aire viciado de la bodega.
- Sinfines o alimentadores de tornillo, cuya función es estibar el cemento y llevarlo hacia las tolvas en las operaciones de descarga. Están instalados en las bodegas son varios y pueden trabajar independientemente, llevando el cemento hacia las bandas contrarias si fuera necesario, girando en sentido contrario o bien haciéndolo girar en el mismo sentido.
- Tuberías de aspiración. Discurren a lo largo del doble fondo conectando con las de cubierta que se extienden a lo largo de las brazolas de las escotillas para la descarga del cemento hasta el *manifold* donde se conectan mangueras de tierra, procedentes del silo o para la carga de camiones.
- Acumuladores[277] o *reloaders*, situados en las bodegas que tienen la misión de recibir el cemento que ha sido aspirado por la bomba de vacío y desde aquí ser expulsado por medio de los compresores al exterior a través de las tuberías en cubierta.
- Tolvas de succión, situadas en el plan de la bodega en su costado lateral y frontal, tienen forma de embudo con las paredes convergiendo hacia el interior. En las tolvas se produce la fluidificación del cemento a través del aire enviado por las soplantes y es transportado hacia el acumulador por medio de la bomba de vacío. El aire es regulado mediante una válvula automática, para tener en todo momento una mezcla correcta.
- Carro grúa[278]. Sirve para mover los alimentadores de tornillo desplazándolos de proa a popa de la bodega y viceversa. El carro grúa está construido con vigas transversales que se apoyan en unas vigas longitudinales principales situadas una a cada banda a las que van sujetas las ruedas de desplazamiento y la grúa transversal. El movimiento del carro se realiza mediante un motor reductor dos velocidades, la alta para el trabajo normal de descarga y la baja para las primeras pasadas.
- Compresores, situados en la cámara de compresores, trabajan normalmente a una presión de 7 kgr/cm^2. Los compresores suministran el aire necesario que aplicado a los acumuladores se mezcla con el cemento, fluidificándolo y descargándolo desde los mismos a los silos de almacenamiento de tierra

➢ *Acondicionamiento del espacio de carga*

La inspección de las bodegas obliga a tenerlas acondicionadas para recibir el cemento, pudiendo realizar las operaciones mientras el buque se desplaza hacia puerto o al llegar, la cuestión es tener listas las bodegas para la inspección antes de comenzar a cargar. Las bodegas, o cualquier espacio de carga en el, que se vaya a estibar cemento, deben limpiarse a fondo, ya que cualquier resto que exista puede producir una contaminación de la carga e inutilizar al cemento perjudicando sus propiedades de elemento aglutinante. Cuando debajo de la bodega o en los laterales existan tanques de lastre o sentinas, deben ser achicados perfectamente y comprobado su estanqueidad cuando exista una comunicación entre bodega y tanque.

➢ *Planificación de las operaciones*

La planificación de las operaciones implica el conocimiento de las características del cemento y del buque con el cual se realizará el transporte, para poder realizarla manteniendo las normas de seguridad. Los cálculos son la primera parte de la planificación. Están encaminados a conocer las condiciones de salida del buque, es decir, calados, y para ello se necesita el factor de estiba y número de toneladas que se van a distribuir en las bodegas. Los procedimientos son el segundo apartado de la planificación. Aquí están reflejadas todas las normas de seguridad aplicables, y finalmente se deben preparar los planos de estiba, en los cuales se indican todas las particularidades para realizar las operaciones de carga/descarga.

➢ *Operaciones de carga/descarga*

La manipulación del cemento a granel durante las operaciones de carga/descarga exige que se realicen con los espacios de carga cerrados para eliminar la contaminación por el polvo y disminuir la pérdida de carga que conlleva la emisión del polvo, que puede llegar a ser muy importante. Teniendo en cuenta la planificación preparada para las operaciones, es necesario considerar los tiempos de carga/descarga, que dependen de varios factores, por ejemplo:

- Cantidad de cemento en cada espacio
- Funcionamiento del sistema de carga/descarga
- Formación de tapones de cemento en las tuberías
- Longitud de la línea de carga/descarga del buque y de tierra
- Secuencia de trabajo empleada, que puede ser automática o manual, siendo la primera la más efectiva cuando está gobernada por una aplicación informática depurada. La secuencia manual está supeditada a los errores e indecisiones que pueda tener la persona que controle las operaciones de carga/descarga
- La capacidad de las bombas de vacío utilizadas. Las bombas de vacío generan la presión negativa necesaria para hacer fluir el cemento desde las bodegas hacia el exterior
- Estado en el cual se encuentra el cemento
- Planificación y ejecución del procedimiento preparado
- Presión existente

Precauciones durante la operación de carga/descarga:

- Se debe mantener el espacio físico donde se encuentra el cemento seco y libre de cualquier vestigio de elementos contaminantes que puedan inutilizar las propiedades del cemento.
- El cemento deben mantenerse fluidificado en todo momento. Si se está cargando desde tierra, entrará a bordo procedente de camiones o silos, siendo presurizado mediante compresores instalados en tierra. En el caso de la descarga el cemento llegará a los silos o camiones a través de la línea del buque y las conexiones de tierra.
- La estiba dentro de la bodega será controlada mediante inspecciones visuales a través de mirillas, pudiéndose modificar el cambio de dirección del chorro de cemento del ciclón distribuidor.
- Desde el control de carga se tiene información sobre: situación del número de toneladas en bodega, ritmo de carga/descarga, situación del lastre a bordo, calados, asiento, estabilidad del buque, esfuerzos cortantes o momentos flectores.

Particularidades del cemento ensacado

El cemento en sacos es normalmente estibado sobre paletas, pero también son estibados sueltos en los espacios. Los sacos son de papel especial de 5/6 hojas que sean capaces de proteger el producto de la humedad, estos sacos suelen tener un peso de 25/50 Kg. Teniendo en cuenta estos datos cuando, se colocan sobre paletas y hay que limitar la altura y el peso, para evitar el aplastamiento. Las ventajas que presenta el transporte del cemento en sacos son:

- La carga paletizada significa una estiba rápida, es decir, un aumento del ritmo de trabajo y una disminución de la mano de obra, ya que los sacos sueltos o en paletas se cargan/descargan mediante cintas transportadoras.
- Otra cualidad es que desde que sale de fábrica hasta que llega a su destino, los sacos se mantienen sobre la paleta disminuyendo los riesgos de roturas o derrames, es decir, reducción de averías en las operaciones de manipulación.

- Las paletas pueden tener medidas convencionales o adaptarlas a nuestras necesidades. Tanto unas como otras una vez completadas, se cubren con plástico e inmovilizan mediante flejes. Estas operaciones se hacen en la misma fábrica.
- La estiba en paletas elimina el peligro de corrimiento de la carga, pero para tener mayor seguridad es necesario reducir los espacios vacíos y/o trincar las paletas.
- Cuando haya que estibar cemento ensacado sobre otra carga, se construirá un firme con un entarimado para soportar su peso. No es aconsejable hacer esta estiba sobre artículos a los que afecte el polvo del cemento.
- Si se estiban sacos en las bodegas o entrepuentes, se colocaran serretas para evitar el contacto de estos con el costado del buque. No deben hacerse más de nueve tongadas en altura.
- El uso de contenedores favorece el transporte de cemento ensacado, bien sea sueltos o sobre paletas, debido a que constituyen una unidad de carga mayor más fácil de manipular.

8.8.3 Chatarra de metal a granel

Los objetos, utensilios o medios de transporte utilizados por la sociedad, cuando se vuelven inservibles para el uso que fueron fabricados, son aprovechados como chatarra, es decir, que ésta estará formada por los componentes metálicos, pudiendo la chatarra estar constituida por grandes bloques o por piezas metálicas sueltas, lo cual significa que la manipulación de la chatarra estará en función del tamaño y su procedencia.

Los tipos de chatarra pueden clasificarse por el lugar de su procedencia y por el origen primario a que fue destinado el material que la constituye. Así tendremos chatarra con diferentes características, que estará formada por:

- Recortes de chapas que provienen de la fabricación de componentes utilizados en el montaje y construcción de equipos o máquinas utilizados en la industria.
- Componentes metálicos de objetos metálicos desechados por su deterioro.
- Medios de transportes obsoletos o accidentados que son desguazados.
- Virutas metálicas y torneaduras procedentes de la manufactura de piezas metálicas.

Las características de la chatarra son las de los metales de los cuales proceden. No obstante, por ejemplo, al ser desguazados los vehículos, sus piezas deben ser clasificadas y seleccionadas antes de almacenarlas como chatarra, ya que tienen rodamientos y partes movibles que están engrasadas con aceites que pueden crear en un compartimento de carga cerrado incendios o gases irrespirables. Es necesario conocer todos los componentes que forman parte de la chatarra y tenerlos en cuenta antes de manipular la chatarra.

Los procedimientos utilizados para la estiba y trincaje de la chatarra son en muchos casos difíciles de preparar y más aún de aplicar debido su tamaño, forma y masa, lo cual también condiciona los medios empleados, que deben de adecuarse al tipo de chatarra manipulada.

➢ *Acondicionamiento de las bodegas*

La preparación física de las bodegas implica barrer, lavar, achicar el agua y secar, eliminando todos los vestigios de elementos contaminantes que puedan inutilizar las propiedades de la carga a embarcar. Las acciones que se lleven a cabo estarán en función de las condiciones iniciales de la bodega, cuyo estado será el que las defina.

Antes de embarcar la carga, los listones inferiores del forro de serretas deben protegerse con bastante madera de estiba a fin de reducir los daños y evitar que las piezas de chatarra pesadas o con bordes cortantes estén en contacto con las planchas de costado del buque. Deben ser objeto de la misma protección los tubos de aireación y de sonda, así como los conductos de achique y de lastre que estén protegidos únicamente por tablas de madera.

➤ *Planificación de las operaciones*

Las precauciones generales para la manipulación de la chatarra están reglamentadas especialmente en el Código de prácticas de seguridad relativas a las cargas sólidas a granel (CPS); sus normas y las de otras legislaciones forman parte de la planificación que se debe realizar y son incorporadas en los manuales de carga de los buques dedicados al transporte de chatarra. Hay que tener en cuenta que, cuando se trata de chatarra en forma de virutas de taladro, raspaduras y torneaduras, no son aplicables los procedimientos del CPS, sino que se utilizan las reglas y normas del Código de prácticas de seguridad relativas a las cargas sólidas a granel (CG) y las directrices de las sociedades de clasificación.

➤ *Operaciones de carga/descarga*

Los medios utilizados para la manipulación de la chatarra pueden ser grúas con potentes electroimanes, cucharas y cintas transportadoras. Los procedimientos aplicados a la chatarra de metal deben cuidar que la mercancía sea colocada en los espacios de carga de manera compacta, pero es necesario que durante las operaciones se procurare no dejar caer las primeras toneladas desde mucha altura, ya que se podrían dañar las tapas de doble fondo.

Si hay que estibar en el mismo espacio de carga chatarra ligera y pesada, se debe estibar en primer lugar la chatarra pesada, colocando las piezas por orden de tamaño cubriendo todo el plan de la bodega, después se llena los huecos con piezas menores y finalmente se rellenan los pequeños espacios con la chatarra más ligera y de tamaño reducido. A continuación, se procede a estibar una nueva capa de chatarra realizando la misma operación y así hasta completar las toneladas que se deben cargar en la bodega. Como cuidados complementarios que se deben aplicar se tiene:

- No se debe estibar nunca la chatarra encima de torneaduras o residuos metálicos análogos, especialmente las piezas grandes, ya que podrían deslizarse según los movimientos del buque llegando a causar problemas durante la navegación.
- Durante la estiba es necesario cuidar que la chatarra quede estibada de forma compacta y uniforme, sin que haya huecos ni superficies sin apoyo de porciones sueltas de chatarra.
- Cuando la carga consista en piezas de gran volumen y peso de chatarra cuyo movimiento pueda dañar las planchas de costado o los mamparos de extremo, deben ir debidamente sujetas con las trincas adecuadas que inmovilicen las piezas.
- Debido a la naturaleza de la chatarra, no resultará eficaz la utilización de madera para el apuntalamiento, por su poca resistencia.
- Se deben tomar las precauciones necesarias para no sobrecargar los techos del doble fondo o las cubiertas. Antes de cargar hay que consultar los parámetros de resistencia de los espacios.

➤ *Problemas durante el transporte*

La navegación con una carga de chatarra conlleva problemas que pueden surgir cuando los procedimientos de estiba utilizados no han sido los adecuados o se han infringido algunas de las normas de seguridad. Los problemas son los siguientes:

- Corrimiento de la estiba por haber quedado huecos o se haya producido alguna rotura en las trincas que se hayan colocado para sujetar las piezas.

- Adquisición de una escora permanente por inundación de tanques o desplazamiento de piezas.
- Desplazamiento de las piezas pesadas que pueden perforar las planchas de costado por debajo de la línea de flotación y causar una inundación grave.
- Exceso de carga sobre los techos del doble fondo o los entrepuentes, que con los movimientos del buque pueden agravar la estabilidad del buque.
- Balances violentos debido a que la altura metacéntrica sea excesiva.

8.8.4 Partículas de hierro o acero

Las características de las partículas de hierro o de acero son similares en cuanto a las condiciones que reúnen para el transporte. El principal problema que plantea la manipulación y transporte es la temperatura que pueden adquirir las partículas, ya que cuanto menor sea el tamaño de las partículas del hierro o acero, mayor será el riesgo de calentamiento.

La preparación física de las bodegas consiste en acondicionarlas para recibir la carga, éstas pueden ser barrer, lavar, achicar el agua y secar, dependerá del estado del espacio que se debe cargar, por lo que las acciones que se lleven a cabo estarán en función de las condiciones iniciales de la bodega, cuyo estado será el que las defina. La tendencia al autocalentamiento puede llegar a provocar una situación de incendio, por lo que antes de comenzar las operaciones de carga, se deben retirar todos los residuos sólidos o líquidos que tienen aceites o grasas.

Antes de iniciar las operaciones de carga se debe controlar la temperatura en el muelle y ésta no debe ser superior a 55°C; si sobrepasara esta temperatura, se deberá aplazar la carga. Para evitar la situación es necesario tomar ciertas precauciones, como ventilar el espacio antes de recibir la carga. Además, los cargamentos de partículas de hierro pueden venir contaminados por agentes externos, por ejemplo grasas o aceites, que incrementaran el riesgo de incendio en el caso de temperaturas elevadas. Si la mercancía llega en estas condiciones, debe rechazarse o estibarse con cuidado.

Durante el transporte, si la temperatura llega a 85°C, hay un riesgo potencial de incendio, por lo cual se deben tomar medidas para enfriar la carga. Si se dispone de gas inerte, por ejemplo en los buques OBO, se aplicara a las bodegas donde la temperatura es crítica. Si se emplea agua para controlar la temperatura, se debe cuidar la cantidad de agua que se introduce en la bodega, pues se podría poner en peligro la estabilidad del buque. Terminadas las operaciones de control, se cuidará que la temperatura durante el resto de viaje nunca pase de 65°C.

8.8.5 Productos metálicos

La denominación de productos metálicos se emplea para designar artículos pesados de metal de gran densidad como tubos, varillas para la construcción, raíles, láminas de acero, rollos de alambre o bobinas. El transporte por mar de estos productos puede representar problemas y peligros que exponen al buque a riesgos, por lo cual es necesario tener en cuenta:

- Los esfuerzos a que se somete la estructura del buque durante la operación de carga/descarga para no sobrepasar los valores del esfuerzo admisible por casco, la cubierta, el plan de las bodegas y en general la estructura del buque.
- Los esfuerzos resultantes del período de balance, que puede ser escaso debido a una altura metacéntrica excesiva.

- Puede producirse un corrimiento de la carga debido a una sujeción deficiente, con pérdida de estabilidad, avería en el casco, o ambas cosas.

Transporte de bobinas

Las bobinas de chapa de acero pueden estibarse en posición vertical u horizontal, siendo el segundo sistema el que crea más problemas por las necesidades de trincaje que tienen. El peso estándar de las bobinas suele estar entre 5 y 20 toneladas, hay bobinas de pesos mayores que son transportadas por buques especialmente construidos.

La preparación física de las bodegas sigue las mismas directrices que la chatarra y el resto de productos metálicos. El objetivo es eliminar todo vestigio de elementos contaminantes procedentes de otras cargas y las acciones que se lleven a cabo estarán en función de las condiciones iniciales de la bodega.

La carga debe distribuirse de manera que el casco no esté sometido a esfuerzos excesivos, por lo que en algunos casos será preciso no ocupar todos los espacios para no rebasarse la carga admisible tanto en cubierta como en entrepuente o plan de la bodega. Especial cuidado hay que tener cuando los buques disponen de tanques debajo de las bodegas.

Respecto a los procedimientos de carga y estiba se deberá tener en cuenta que cuando los productos metálicos no se estiben de un costado a otro del buque, hay que cuidar y controlar los sistemas de inmovilización para que queden sujetados adecuadamente. Cuando sea necesario sujetar la superficie de la carga, las trincas utilizadas deben ser independientes, ejercer una presión vertical sobre la superficie de la carga y ser colocadas de manera que ninguna parte alguna de la carga quede sin elementos de sujeción.

Transporte de láminas de acero

Las láminas de acero deben ser estibadas en el fondo de las bodegas formando bloques con un peso que estará en función de la resistencia del fondo de la bodega, colocando siempre que sea posible las tongadas de forma regular cubriendo, las primeras todo el plan de un costado a otro del buque.

Transporte de rollos de alambre

El transporte de rollos de alambres tiene connotaciones semejantes a las de las bobinas de acero, pero hay algunas particularidades que deben ser observadas en la planificación y que son necesarias incorporar a ella.

- Los rollos de alambre deben estibarse sobre su parte plana de modo que cada rollo descanse contra el rollo adyacente, y las tongadas sucesivas se deben estibar de manera que cada uno quede colocado entre otros dos de la tongada inferior, en el caso de colocarlos de canto.
- Los rollos deben estibarse apretados unos contra otros utilizando fuertes medios de sujeción. Cuando no puedan evitarse los huecos y existan en los costados o extremos del espacio de carga, será una condición peligrosa y la estiba debe sujetarse fuertemente, apuntalando el bloque de forma que la estiba quede formando un bloque.
- Cuando se sujeten rollos de alambre estibados de costado en varias tongadas es fundamental que se sujeten las tongadas superiores para que los movimientos del buque no perjudiquen a la resistencia de la estiba y ésta no se desmorone.
- El objetivo es formar un bloque grande e inmovible de rollos en la bodega trincándolos juntos, especialmente en lo que respecta a las tres últimas tongada deben.
- Las trincas pueden ser de tipo tradicional, de cable, cadenas, bandas de acero o de cualquier otro material equivalente.

8.8.6 Concentrados de minerales

El término de concentrado se aplica a todas las materias obtenidas a partir de un mineral natural que es sometido a uno o varias operaciones de manipulación y selección mediante la aplicación de procesos de purificación que por separación física o química se puede eliminar la ganga, es decir las partes del mineral que no son aprovechables.

Existe una terminología diversa para describir los concentrados de minerales. Todos los términos conocidos se enumeran en una lista que no es exhaustiva, siendo el factor de estiba de estas materias generalmente bajo entre 0,33 m^3/t y 0,57 m^3/t. La lista que proporciona el apéndice A del Código de prácticas de seguridad relativas a las cargas sólidas a granel es la siguiente:

Blenda (sulfuro de cinc)
Concentrado de mineral de cinc
Mineral de cinc (calamina)
Calcinados cinc y plomo
Concentrado de mineral de cobre
Concentrado de mineral de hierro
Mineral de hierro (pellets en bruto)
Magnetita
Concentrado manganico (manganeso)
Concentrado de mineral de niquel
Piritas (azufre)
Concentrado mineral de plata-plomo
Concentrado de mineral de plomo
Calcinados plomo y cinc (mezclas)
Sienita nefelinica (mineral)
Calcopirita
Fangos de cinc
Mineral de cinc, mineral gastado
Mixtos de cinc y plomo
Cobre-Niquel
Mineral de hierro (magnetita).
Ilmenita ("seca" y "húmeda")
Magnetita-Tconita
Cenizas de Piritas
Pentahidrato en bruto
Piritas (cuprosas)
Sulfuro de plomo (galena)
Residuos de mineral de plomo
Sulfuro de plomo
Sulfuro de cinc (blenda)
Cenizas Piritosas (hierro)
Mineral de cinc, (bruto)
Cinc sinterizado
Precipitados de cobre
Galena (sulfuro de plomo)
Piritas de hierro
Mineral de hierro (en bruto)
Mixtos plomo y cinc
Piritas (finas)
Pirita
Piritas (flotación)
Sulfuro de cinc
Mineral de plomo-plata
"SLIG" (mineral de hierro)

Hay algunas precauciones especiales que se deben observar en la estiba y el transporte de los concentrados que proceden de minerales que han sido sometidos a un proceso mecánico de trituración, filtrado, aglomeración y secado. Las condiciones de carga dependerán de los procesos sufridos del tiempo y lugares de almacenamiento, por lo cual hay que tener en cuenta cual es el estado final del concentrado para planificar el desarrollo de las operaciones.

Las reglas que se aplican para evitar los riesgos de este tipo de cargas son las mismas que las de los cargamentos de minerales, cuando tienen un contenido de humedad inferior al límite admisible a efectos de transporte. Cuando el contenido de humedad es excesivo, hay riesgos de corrimiento. También puede ocurrir que al cargar el aspecto granular indique que la carga está seca, pero puede conservar humedad suficiente para convertirse en fluido al apilarse por efecto de las vibraciones y debido a la larga duración del viaje.

El estado fluido tiene el inconveniente que, cuando la carga se desplaza a una banda, puede quedar sin recuperar, adoptando el buque una escora peligrosa. Si el contenido de humedad es muy alto respecto al grado de cohesión de las partículas, puede ser necesario construir arcadas longitudinales que dividan la bodega en dos partes, disminuyendo de esta forma las superficies libres causadas por una carga semilíquida.

Muchas materias constituidas por partículas finas con un contenido de humedad suficientemente elevado son susceptibles de fluidizarse. Por consiguiente, antes del embarque se comprobarán las características de fluidez de toda carga húmeda o mojada que contenga cierta cantidad de partículas finas.

Las características de algunos concentrados obligan a tener especial cuidado con la cohesión entre las partículas y el contenido de humedad. Una excesiva humedad rompe la cohesión entre las partículas y hace que el mineral se mueva libremente al igual que un líquido, creando unas superficies libres que disminuyen la estabilidad del buque. La movilidad del líquido será mayor o menor según el tamaño de las partículas y el tipo de mineral.

La carga en puertos con condiciones climatológicas frías, obliga a prestar especial atención a las operaciones no sólo al principio, sino durante toda la secuencia, ya que la nieve o lluvia que hayan caído durante su almacenamiento al aire libre o transporte desde el punto de producción pueden haber incrementado el grado de humedad. Circunstancia que será negativa durante el transporte por mar.

---

[220] En la década de los ochenta los accidentes se incrementaron de forma alarmante.

[221] Lógicamente, cuanta más carga se tiene a bordo, más bajo será el c.d.g. del buque, por lo cual en la relación: GM=KM – KG, al disminuir el KG, aumentará el GM.

[222] Lloyds Register.

[223] Buque granelero que, en general, se construye con una sola cubierta, tanques en la parte superior de los costados y tanques laterales tipo tolva en los espacios de carga y destinado principalmente al transporte de carga seca a granel.

[224] Se consideran buques nuevos: los construidos a partir del 1 de julio de 1999, con una eslora mayor de 150 m, entendiéndose como eslora la definida en el Convenio internacional de líneas de carga en vigor.

[225] El control de la densidad de la carga se realizará por una organización acreditada.

[226] La mayoría de estos informes fueron redactados por la Lloyds Register en la década de los ochenta y noventa. Uno de los estudios efectuado entre 1991 y 1996 indica que se produjeron 84 pérdidas de buques lo que significó 500 vidas humanas.

[227] El formulario se ajusta a las prescripciones de la regla 2 del capítulo VI del Convenio SOLAS, del Código de cargas a granel.

[228] Certificados adicionales que debe poseer el buque: Certificado del contenido de humedad y del límite de humedad admisible a efectos de transporte. Certificado de exención.

[229] Estos están sujetos a otras reglas y supeditados a otros códigos.

[230] Fue aprobado el 27 noviembre 1997, mediante la resolución 862 durante la asamblea de la OMI número veinte.

[231] En una reunión, previa a las operaciones, entre representantes de la terminal y buque, se confirmarán todos los detalles del plan de carga/deslastre ó descarga/lastre, para cumplir los objetivos que garanticen la estructura del buque durante las operaciones.

[232] El formato de la lista tiene un encabezamiento en el cual figuran: fecha, puerto, terminal/muelle, profundidad del agua en el atraque, altura mínima de la obra muerta, nombre del buque, calados de llegada medido/calculado, calados calculados para la salida.

[233] Este formulario no se utiliza si para la carga que se va a transportar se requiere una declaración según lo prescrito en la regla 5 del capítulo VI del convenio SOLAS, en la regla 4 del Anexo III del MARPOL y en código IMDG.

[234] El término clasificación empleado en éste contexto no tiene la lectura habitual, sino que indica el conjunto de datos que las sociedades analizan, por lo que se pone en duda es su propio trabajo.

[235] Las compañías de seguros establecen indemnizaciones para las lesiones producidas a las personas, incluso ponen un precio a la pérdida de una vida, pero ninguno de los familiares de la víctima estará de acuerdo. La vida no se puede comprar ni vender.

[236] Una definición de la carga sólida a granel sería: cualquier materia no líquida ni gaseosa constituida por una combinación de partículas, gránulos o trozos más grandes, generalmente de composición homogénea, que se embarca directamente en los espacios de carga del buque sin utilizar para ello ninguna forma intermedia de contención.

[237] La licuefacción de la carga que se puede producir inducida por las vibraciones y el movimiento del buque cuando las condiciones de mala mar son duras.

[238] El agua se desplaza progresivamente, pudiendo ocurrir que en algunas partes se produzca el estado de fluidez y en otras no.

[239] La migración de humedad suele producirse en algunos concentrados de minerales y ciertos carbones.

[240] Vibraciones o los movimientos del buque.

[241] Se calcula con respecto a una carga que puede licuarse.

[242] La problemática sólo se presenta cuando las mercancías se transportan a granel.

[243] Las estadísticas indican que, según el número de viajes realizados, los buques con un tamaño *Handimax* y *Panamax* deberían representar el 80% de los fallos detectados, pero la realidad puso de manifiesto que los tipos más pequeños sólo significan el 40% de los fallos, mientras que el 60% fue detectado en los de tamaño *Capesize*, lo cual significó que el 10% de la flota de graneleros tuvo el 60% de las pérdidas de buques.

[244] El diseño estructural del buque en su totalidad, incluye los detalles de soldadura, tolerancias y control de calidad.

[245] Hace unos años había la tendencia a que un granelero después de haber cumplido una etapa transportando grano, se le dedicaba al transporte de carbón, chatarra o minerales.

[246] La GPA ha sido preparada por la OMS, la OMI y la OIT.
[247] El polvo producido por algunas cargas puede eliminarse mediante la pulverización de agua cuando se está limpiando la bodega, pero esta medida debe ser aplicada con precaución debido a que puede crear otros problemas.
[248] Condiciones en las que se explota el buque, significa estudiar las áreas de navegación y derrotas por las cuales debe navegar, así cómo las condiciones de mantenimiento de sus sistemas de propulsión, manejo de la carga o pintura de protección.
[249] Un 35% y se había calculado un 5%.
[250] Ejerciendo un control sobre la distribución de mercancías en los espacios de carga; vigilando durante las descargas el uso cucharas y carretillas; o usando los métodos adecuados de limpieza y baldeo en las bodegas.
[251] Una forma de bodega ortogonal con tanques altos y bajos elimina los peligros de cámaras de aire cuando las bodegas se completan, reduciendo el corrimiento de la carga.
[252] Ver figura 73.
[253] Hay menor volumen de bodegas por el espacio perdido al ser ocupado por los equipos de carga/descarga y mayor peso muerto, por lo cual la carga embarcada es menor.
[254] Conocido por el término inglés *shiploaders*.
[255] Las divisiones que se utilicen para estas finalidades no serán de madera.
[256] En estos casos los buques llevarán un comprobante de aprobación otorgado por la administración.
[257] Estos también llevarán un documento de aprobación otorgado por su administración.
[258] Cuando se trata de materias que puedan licuarse, hay que tener en cuenta los parámetros específicos de ellas.
[259] Se calcula para el calado correspondiente a la zona y fecha por la cual el buque navegará.
[260] Apéndice D dentro de los apartados D.2.1 y D.2.2.
[261] Muestra de prueba característica: es una muestra lo bastante grande como para hacer posible la comprobación de las propiedades físicas y químicas de la remesa a fin de satisfacer prescripciones determinadas. Para obtenerla se utilizará un procedimiento apropiado de muestreo sistemático.
[262] Los procedimientos de prueba recomendados en el apéndice D del CG, reflejan la opinión de la mayoría de los países que han participado en su preparación, pero podrán utilizarse otros métodos que hayan sido aprobados por las autoridades competentes.
[263] Los valores encontrados permitirán conocer el contenido límite de humedad admisible a efectos de transporte en la materia que será igual al 90% del punto de fluidización por humedad.
[264] Apéndice D dentro de los apartados 1 y 4.
[265] Las bodegas deben ser inspeccionadas antes de empezar a cargar para poder recibir los certificados extendidos por el inspector que acrediten que reúnen las condiciones para recibir la carga.
[266] Azufre, fosfatos y otros.
[267] Los escantillones de los elementos estructurales suelen permitir las operaciones de carga en bodegas alternativas, normalmente se utilizan las impares dejando las pares vacías.
[268] Son buques rígidos con excesiva estabilidad.
[269] El objetivo de los procedimientos de estiba es alertar a las personas que deben manipular materias que pueden licuarse de los métodos que deben emplear y las reglas de seguridad que deben seguir para evitar que se produzcan problemas durante el transporte. Uno de los problemas inherentes a estas cargas es su corrimiento, y para evitarlo o para por lo menos reducir este riesgo al mínimo, se indican las precauciones que se estiman necesarias.
[270] En la mayoría de las terminales se solicita una hora de finalización de la carga, para disponer lo necesario y poder sacar al buque del muelle. Esta hora será facilitada por el buque contando el tiempo necesario para la firma de la documentación y la preparación del buque a son de mar.
[271] Este gas es inodoro, un poco más ligero que el aire y tiene unos límites de inflamabilidad en el aire del 12% al 75% en volumen. Es tóxico por inhalación de sus vapores, siendo su afinidad para la hemoglobina de la sangre más de 200 veces superior a la del oxígeno.
[272] Antes del embarque, el expedidor o su agente notificarán al capitán por escrito las características de la carga y los procedimientos de manipulación segura recomendados para su embarque y transporte. Como mínimo, deberá proporcionar las especificaciones del contrato de la carga en cuanto a contenido de humedad, contenido de azufre y tamaño de las partículas, especialmente si la carga es susceptible de desprender metano o de experimentar calentamiento espontáneo.
[273] Por ejemplo: antes y durante la carga, mientras se transporta el carbón o para entrar en los espacios de carga.
[274] Hay que hacer especial énfasis en la comprobación de los equipos de respiración autónoma, que estén en los lugares indicados en los planos de contingencias del buque y en condiciones de uso.
[275] La primera parte se cumple siguiendo lo indicado en el IMDG, que dice los carbones se estibarán "separados de" los productos de todas las divisiones la clase 1 (excepto la 1.4), las clases 2, 3, 4 y 5; y todas las materias sólidas a granel de las Clases 4 y 5.1.
[276] También denominados autocargantes.
[277] *Reloaders*.
[278] *Gantry*.

9. Estiba de mercancías sólidas a temperatura controlada

9.1 Introducción

Los productos o mercancías perecederas son aquellas que deben ser manipuladas manteniendo siempre una determinada temperatura para evitar que se deterioren, incluyéndose en ellas todos los productos alimenticios, incluso los de uso industrial que en ocasiones necesitan un tratamiento especial para ser transportados. Los controles técnicos a los que se deben someter incluyen los parámetros de salubridad necesarios para la conservación de sus características durante los procedimientos de manipulación a los que son sometidos en las operaciones de estiba, carga/descarga y transporte.

La variedad de mercancías que pueden ser estibadas en un medio de transporte a una temperatura determinada pueden empezar por todo tipo de frutas y legumbres, pasar por carnes y pescados, terminando con productos lácteos. Hay una variedad muy amplia de mercancías, cada una con sus características peculiares, lo cual requiere realizar un extenso análisis y una planificación metódica de su transporte y manipulación, para lograr que las mercancías lleguen a su destino en las condiciones requeridas por receptor. Se deben matizar todas las necesidades específicas de cada mercancía estudiada, ya que ello influye en cualquier planificación.

El transporte de cargas perecederas a temperatura controlada surge por el incremento del consumo de estos productos en lugares distantes a los de producción; por ejemplo, la carencia de condiciones climáticas para el cultivo de frutales en algunos países hace necesario su transporte en grandes cantidades hacia los centros de consumo; la falta de zonas de pesca cercanas a la costa obliga salir a grandes distancias para realizar la captura de especies y transportarlas a puerto; hay países con una excedencia de animales aptos para el consumo humano que necesitan enviar la carne a los países deficitarios. Cualquiera de estas peculiaridades hace que surjan tráficos con buques especialmente diseñados para el transporte de mercancías perecederas. Es un transporte delicado donde las medidas de seguridad respecto a la conservación y mantenimiento del producto deben ser respetados para evitar su pérdida.

La mayoría de las dificultades que presenta la estiba y transporte de mercancías a temperatura regulada se derivan de las propias características de cada producto, pero, además, todas ellas tienen un riesgo común, el control que es necesario efectuar de la temperatura por ser mercancías perecederas. De forma general, las condiciones y términos que deben cumplir los tres grupos en los que se reúnen los productos son las siguientes:

- Los productos congelados tienen un intervalo de temperaturas de gran amplitud, normalmente entre 15°C y 25°C bajo cero, siendo la problemática causada por una variación en la temperatura escasa, es decir, en el supuesto presentado hay un intervalo de diez grados en el que apenas se producen diferencias en la calidad del producto.

- Los productos refrigerados no admiten la misma variación. Aquí la oscilación de temperaturas admisible pueden llegar a ser del orden del medio o un grado. Cuando las diferencias superan estos valores, las mercancías se estropean.
- Los productos frescos empiezan a degradarse desde el mismo momento que los sacamos de su hábitat natural, ya que la temperatura es un factor decisivo que contribuye a la aceleración de su estado, por lo que las condiciones térmicas del entorno en el cual son transportados los productos debe ser cuidadosamente controlado.

La OMI no dispone de convenios o códigos específicos que regulen la manipulación de mercancías que son transportadas a una temperatura determinada. Algunos de los productos perecederos utilizados por el hombre para su alimentación son manipulados de acuerdo a las reglas preparadas por las empresas y organizaciones implicadas en su comercialización; además, los países redactan manuales[279] para que la manipulación de los productos sea realizada respetando las normas higiénicas básicas. También las sociedades de clasificación han emitido circulares generales para la manipulación y transporte de mercancías perecederas a larga distancia. Algunas de estas sociedades[280] son las que han preparado las reglas y procedimientos que ofrecen nuevas perspectivas para disponer por vía marítima de los medios y técnicas de atmósfera controlada.

El punto de partida y sobre el cual se profundiza en todas las reglas y circulares promulgadas es el mantenimiento de la denominada cadena del frío que no puede ni debe interrumpirse bajo ningún concepto. Todos los transportes utilizados, buques, vehículos vagones de tren o aviones, deben respetar esta cadena del frío. Por ejemplo, en España, el Real Decreto 1010/2001 de 14 de septiembre determina cuáles son las autoridades competentes en materia de transporte de mercancías perecederas y mediante él se constituye una comisión para la coordinación de dicho transporte, que además encauzará los aspectos técnicos para representar a España en los distintos organismos internacionales que se ocupan de la materia. Cuando el transporte utilizado es un vehículo que lleva mercancías perecederas, además de la normativa general del transporte de mercancías, tendrá que cumplir con el "Acuerdo sobre transportes internacionales de mercancías perecederas y sobre vehículos especiales utilizados en este transporte" (ATP). Además se debe cumplir con las normativas y controles sanitarios que para la manipulación o transporte de cada producto puedan existir en cada país. Cualquier clase de normativa cumplirá con los parámetros de temperatura controlada para mantener la cadena del frío.

9.2 Tipos de productos

Las mercancías y productos perecederos[281] objeto de transporte pueden ser sólidos o líquidos, pero los temas desarrollados en éste capítulo solo analizarán a las mercancías sólidas, que son desplazadas en espacios de carga donde su ambiente estará a una temperatura que dependerá de sus características.

La atmósfera puede ser preparada para mantener el producto refrigerado a temperaturas que permitan mantener sus características o acondicionar el ambiente con una temperatura sostenida adecuada. La variedad de mercancías sólidas[282] que pueden ser transportadas a temperatura controlada se reúnen en los siguientes apartados:

a) Frutas: plátano, manzana, pera, naranja, uva, piña.
La carencia de condiciones para la producción de frutas en algunos países y el exceso en otros hace necesario su transporte, lo cual genera un tráfico con buques especialmente diseñados para ello.

b) Legumbres y hortalizas: guisantes, brocoli, cebollas, tomates.
Las extensas áreas de producción de legumbres constituyen el punto de partida para su transporte hacia lugares en los que son requeridos por los ciudadanos.
c) Carnes: ternera, cerdo, conejo, cordero, pollo, avestruz.
La cría de animales aptos para el consumo humano genera un comercio de exportación de carnes a países que normalmente tienen mayor capacidad económica.
d) Pescados y mariscos: merluza, bacalao, atún, calamares, langostinos.
El transporte de pecados tiene su origen en las capturas realizadas por países con grandes flotas pesqueras con un excedente de consumo que para su comercialización necesitan enviarlos a los países consumidores.

Para completar la anterior lista de mercancías en las que la temperatura de transporte es un factor determinante para mantener sus características en buen estado hasta que lleguen a su destino, se deben añadir otros grupos como:

e) Productos lácteos: leche, mantequilla o queso.
Estos productos se generan normalmente en países con fuertes industrias transformadoras especializadas en los productos derivados de la leche y sus grandes producciones dan lugar a un transporte hacia otros.
f) Animales vivos: corderos, terneras, toros.
Hay animales que son enviados de unos países a otros vivos para su crianza o sacrificio y consumo. Las variaciones de temperaturas durante el transporte son muy grandes, estos pueden morir o no ser entregados en los puntos de destino en las debidas condiciones, por lo cual es un transporte donde la temperatura debe ser controlada.
g) Productos líquidos: zumos, vinos, aceites.
Cuando las producciones son muy elevadas en países de poco desarrollo industrial, los productos obtenidos son enviados a lugares donde son comercializados, para ello se transportan a granel en buques construidos con características que cubran sus necesidades.

Los productos hortofrutícolas, las carnes y pescados mantienen sus características desde que son recolectados unos o capturados en la mar, siempre y cuando su temperatura sea respetada, especialmente para evitar la pérdida de peso o sabor. Las condiciones de transporte para los productos congelados se concretan en controlar la temperatura indicada para ellos, lo cual implica mantenerla siempre aunque la mercancía cambie de modo de transporte.

9.3 Medios y modos de transporte

Una característica diferencial que tienen las mercancías perecederas con respecto a otras es que la mayoría de ellas,[283] cuando son transportadas, necesitan ser estibadas en un envase y/o embalaje, aunque sea mínimo, para poderlas manipular. Los medios primarios utilizados para la estiba son cajas o bultos con diferentes medidas, según la mercancía que se manipule. Suelen estar estandarizados para a su vez poder ser estibados en medios secundarios constituidos por paletas y contenedores. La tecnología actual permite desarrollar el envase/embalaje apropiado, para cumplir con su objetivo fundamental, es decir, que el producto llegue en óptimas condiciones al mercado del consumidor.

El material utilizado en las cajas no está normalizado para todos los usos, ya que cada empresa utiliza el que cree más conveniente para sus productos, necesidades de transporte y mercado al que se destinan; no obstante, para algunas mercancías están siendo estandarizados los materiales al mismo tiempo que las medidas.

Cajas, paletas, contenedores y vehículos son descritos a continuación de forma general, destacando las características que los convierten en los medios idóneas para usar en cada momento según sea el tipo de mercancía. Todos los medios enumerados permiten un transporte seguro en buques diseñados para el medio y otros en los cuales se pueden transportar cualquier tipo. Además de ser transportadas por mar, las mercancías perecederas pueden ser transportadas por tierra y por aire, para lo cual se utilizan vehículos, vagones de ferrocarril y aviones.

9.3.1 Cajas y bultos

Los medios primarios de estiba constituidos por cajas y bultos deben reunir una serie de características acordes con su utilización. Los constructores tendrán en cuenta que estos medios primarios de estiba serán utilizados para mercancías perecederas, por lo que el primer factor a considerar son todas las características físicas y químicas del producto, después se debe analizar bajo qué tipo de atmósfera será transportado y por último valorar el tiempo que tarda desde que el producto sale del punto de origen hasta el punto final de consumo. Estos tres datos son los que van a proporcionar los parámetros necesarios para seleccionar el material utilizado y la configuración de la caja o del bulto para las mercancías transportadas.

➢ *Características del producto*

Las cajas y bultos utilizados para el transporte de mercancías perecederas se han construido tradicionalmente de madera y cartón. La posterior aparición de otros materiales cómo plásticos o aluminio facilitan el diseño y manejabilidad, permitiendo nuevas formas que se adaptan muy bien a ciertos tipos de mercancías. En la mayoría de los casos, las características del producto son las que determinan los materiales usados que además deben cumplir con la legislación existente.

➢ *Tipo de atmósfera mantenida durante el transporte*

La atmósfera es básicamente el factor que determina el material del envase/embalaje, ya que influye sobre las características de algunos productos. Si el período es largo, el frío puede afectar a la durabilidad del material, por lo cual éste tendrá resistencia para proteger de los cambios de temperatura y los daños por mala manipulación. La degradación del material, especialmente cuando se utiliza madera o cartón, permite la acumulación de microorganismos perjudiciales. Las cajas o bultos para mercancías perecederas no pueden ser herméticas para permitir que los efectos de la temperatura del espacio de carga lleguen a la mercancía estibada.

➢ *Tiempo invertido en el transporte*

La duración del trayecto empleado obliga a diseñar el envase con especificaciones que prioricen las ventajas de su uso respecto a la protección física del producto utilizando criterios como la carga máxima de apilamiento y la deformación máxima que puede experimentar la caja antes de sufrir un colapso en su estructura.

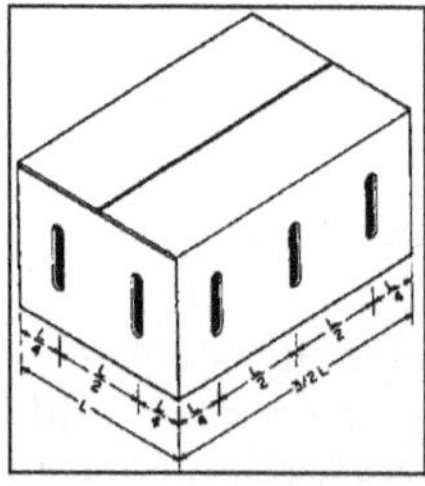

Figura 79 Caja agujereada para fruta

Los envases/embalajes formados por cajas y bultos deben garantizar la preservación del producto y permitir una manipulación eficiente desde los lugares de los cuales salen con destino a los centros de comercialización. La figura muestra una caja especialmente preparada para transportar fruta, para lo cual dispone de orificios para la ventilación. El cumplimiento de los factores analizados incluye en todo momento las normas legislativas promulgadas por los organismos y organizaciones competentes.

9.3.2 Paletas

Las mercancías formando unidades de carga tienen la ventaja reducir la mano de obra al efectuar una manipulación mecánica y además los productos tienen una mayor protección durante el transporte. Actualmente, dependiendo del tipo de mercancía, el 90% de los envíos se realizan mediante el uso de cajas sobre paletas.

Las características y dimensiones estándar de las paletas se han visto anteriormente,[284] por lo cual no se insiste en ello, pero es necesario acotar unas notas sobre una de las dimensiones: la altura. El tipo de mercancía que se estiba sobre la paleta y el envase/embalaje son los que determinan la altura de las paletas. Otro punto a considerar es la configuración de los espacios de carga de buques que habitualmente transportan mercancías a temperatura regulada. En estos buques el espacio está optimizado para evitar pérdida de estiba, lo que significa que las paletas ocupan bodegas y entrepuentes completos.

El diseño de las paletas debe permitir que entre, la parte inferior y la parte superior de la paleta, cuando tengan la mercancía estibada, haya espacio suficiente para la circulación del aire en el espacio de carga, logrando de esta forma que la carga sea transportada de forma segura y llegue en perfectas condiciones a los centros de consumo. Antes de decidir el tipo y medidas de las paletas es necesario tener en cuenta la posibilidad de que el transporte sea multimodal, por lo que al utilizar varios modos de desplazamiento pueden surgir problemas de estiba entre unos y otros, si su capacidad no se adapta a las medidas de paleta elegidas para el transporte.

9.3.3 Contenedores y vehículos

Los contenedores han sido descritos en apartados anteriores indicando las medidas[285] estándares y tipos[286] existentes en el mercado. Sin embargo, como complemento se indicarán algunas características de los contenedores refrigerados y frigoríficos. Respecto a los vehículos capaces de transportar mercancías a una temperatura controlada y que pueden ser transportadas en buques de carga rodada, hay varios tipos: vehículo isotermo, refrigerado o frigorífico. Las diferencias entre ellos están en el diseño y en los equipos que proporcionan las temperaturas de transporte.

Las características relevantes de los contenedores y vehículos que favorecen las condiciones ambientales en su interior, esenciales para mantener la cadena del frío y las mercancías en perfecto, estado son el aislamiento y la circulación del aire. Las particularidades de ambas características son las siguientes:

- Aislamiento. Los contenedores utilizados para transportar productos perecederos deben tener un aislamiento capaz de eliminar la transferencia de calor a través de sus paredes, lo cual significa un control sobre el material utilizado en el exterior y el que forma las paredes del interior. Las paredes interiores están formadas por varias capas espumas plásticas recubiertas por una lámina de acero o aluminio que proporciona resistencia al conjunto aislante. Algunos contenedores tienen las paredes exteriores de aluminio o pintadas con pinturas capaces de reflejar los rayos solares, de esta forma no se calientan e incrementan el aislamiento. Las puertas del contenedor deben mantener una estanqueidad que no permita la filtración de aire del exterior.

- Circulación del aire. La circulación del aire generado en el interior del contenedor o vehículo frigorífico sirve para transferir el calor desprendido por el producto al exterior o a los sistemas de enfriamiento, cuando existe un circuito cerrado. La circulación del aire asegura la uniformidad en el reparto de la atmósfera ambiental durante el transporte.

Los métodos para hacer circular el aire en contenedores[287] y vehículos refrigerados permiten su entrega desde la parte inferior[288] o superior,[289] siendo escogido el método en función del tipo de transporte utilizado, terrestre o marítimo y del tipo de mercancía perecedera estibada. Algunos vehículos y contenedores transportados por mar están equipados con entrega de aire desde abajo, sistema que impulsa el aire hacia arriba a través de la carga a razón de 90/145 metros cúbicos por segundo y una presión estática[290] entre 0,35/0,70 kilopascal, volviendo el aire a la unidad de refrigeración por encima de la carga.

Los vehículos y contenedores están equipados con sensores de temperatura que obtienen datos sobre las temperaturas que son prefijadas, la temperatura de salida del aire que es introducido en el contenedor, temperatura del aire que retorna en el contenedor, temperaturas de diferentes puntos y sobre la humedad relativa. Los datos van directamente a un equipo de registro, pero además pueden ser presentados en monitores colocados en los lugares de control de la carga. Las sondas instaladas miden la temperatura con un rango de precisión[291] que depende de los dispositivos utilizados.

9.3.4 Buques frigoríficos

El transporte marítimo emplea buques paletizados para grandes volúmenes de mercancías utilizando el recurso del contenedor para cantidades pequeñas o selectivas de productos. Es ventajosa la utilización del contenedor cuando el sistema de transporte es multimodal, especialmente en las operaciones de exportación "puerta a puerta", evitando la ruptura de carga. El transporte por mar también suele incluir cajas a granel cargadas directamente en los buques, teniendo en general dos inconvenientes, un costo más elevado y una cadencia de carga menor.

A principios de la década de los ochenta se generalizó la construcción de buques[292] para el transporte de fruta equipados con máquinas frigoríficas capaces de generar la temperatura necesaria para el tipo de producto transportado. Estos buques operan con paletas que se cargan directamente en sus bodegas y suele utilizarse para transportar un solo tipo de productos. La dimensión de las bodegas de los buques están adaptadas a las paletas estandarizadas para las frutas de 1*1,20m, pero también suelen transportar carga en contenedores en la cubierta, para lo cual está equipada con enchufes para contenedores[293] a temperatura controlada. Las bodegas y entrepuentes para una buena estiba de cajas o paletas con productos en su interior:

- Dispondrá de enjaretados de aluminio, diseñados para soportar la carga de las carretillas que se utilizan en bodega para preparar la estiba y la carga que supone el apilado de las paletas.
- Revestimiento de material aislante que puede ser corcho, lana de vidrio o espuma de poliuretano. Sobre ellos se coloca una hoja de contrachapado, de aluminio o de acero inoxidable.

Los buques frigoríficos están construidos y diseñados para el transporte de mercancías perecederas, bien sea en condiciones de refrigeración o congeladas, para lo cual tienen sus espacios de carga acondicionados y equipados pudiendo realizar el transporte sin que los productos sufran daños. Hay también buques que pueden ser dedicados al transporte de algunos productos perecederos, disponiendo, de los espacios de ventilación forzada en bodegas, pero se les exige que desarrollen gran velocidad, que el viaje no dure más de dos o tres días, y que la ventilación forzada sea capaz de renovar 30 veces por hora el aire de la bodega vacía o 70 veces por hora cuando está llena.

Como características generales de los buques frigoríficos, podrían destacarse las siguientes:

- Formas del casco finas para poder desarrollar grandes velocidades.
- Carga paletizada, acceso transversal.
- Doble fondo desde el mamparo de proa al de popa.
- Eslora dividida por mamparos transversales en compartimentos de carga.
- Espacios de carga con mamparos de superficie llana recubriendo las cuadernas mediante de serretas.
- Los equipos proporcionarán temperaturas adecuadas para mantener los productos congelados o refrigerados.
- Las tapas de escotilla están diseñadas para trabajar entre unos márgenes de temperatura, por ejemplo ±30ºC, si la temperatura es superior, los circuitos hidráulicos pueden fallar al perder viscosidad el aceite, y la tapa de escotilla caer lentamente hasta que salta la alarma de los seguros.
- Actualmente hay numerosos buques que disponen de portas de acceso lateral por las cuales entran las paletas de forma automática, lo que agiliza las operaciones y facilita la estiba/desestiba.

Los problemas que surgen son diferentes según la carga se efectúe en las bodegas y entrepuentes o en contenedores y vehículos, ya que en la mayoría de los casos el contenedor y el vehículo se ponen a disposición del usuario listos para ser utilizados con cualquier tipo de carga perecedera, solamente será necesario ambientar térmicamente su interior. En las bodegas y entrepuentes es necesario realizar una serie de operaciones para acondicionarlos a la carga que se espera recibir.

9.4 Acondicionamiento de espacios de carga

La preparación de los espacios de carga tiene como objetivo llegar a puerto en las condiciones exigidas por el contrato para efectuar la carga y estiba de los productos cumpliendo las normas de seguridad y los términos estipulados por el fletador en el contrato firmado. Las operaciones que se realizan son generales, refiriéndose a contenedores y vehículos por un lado, y a buques por otro.

El transporte de las mercancías perecederas a larga distancia realizado por vía marítima o terrestre requiere que los espacios de carga se acondiciones en función del producto estibado en su interior y en la mayoría de los productos según la duración del viaje. Esta preparación del espacio[294] para recibir la carga requiere varias operaciones, que difieren según se trate de bodegas y entrepuentes o cuando se cargue en vehículos o contenedores. Todas las operaciones se pueden reunir en dos grupos:

- Operaciones generales
- Acondicionamiento térmico
- Inspección de espacios de carga
- Mantenimiento durante el transporte

Los tres primeros apartados serán cumplimentados antes de realizar la carga de mercancías; sin embargo, algunas acciones del segundo apartado deben ser respetadas durante la operación de carga y al finalizar la misma, ya que las variaciones de temperatura pueden representar graves problemas para las mercancías que se están manipulando.

Las operaciones de acondicionamiento térmico de los espacios de carga ayudan a establecer las condiciones óptimas que necesitan las mercancías perecederas para su mantenimiento, lo cual significa que un espacio acondicionado térmicamente incluye una planificación de los métodos de ventilación, refrigeración y congelación.

La inspección de los espacios de carga supone la culminación de los trabajos realizados anteriormente y queda refrendado mediante el correspondiente certificado emitido por el personal que realiza la inspección, sirviendo para avalar que los espacios de carga están listos para recibir la mercancía.

El mantenimiento durante el transporte de mercancías perecederas consiste en operaciones capaces de conservar sus propiedades hasta que lleguen a los centros de consumo, evitando que no se altere su estructura, lo cual se consigue controlando su temperatura y la de los espacios donde han sido estibadas.

9.4.1 Operaciones generales de limpieza

Las operaciones que se realizan antes de la llegada del buque a puerto son las que denominaremos generales y esencialmente consisten en la limpieza y acondicionamiento de las bodegas y entrepuentes. La preparación de las bodegas comienza unos días antes de llegar a puerto, en el momento en que se recibe la orden de carga del armador o consignatario, en la que se indica el tipo y cantidad de fruta que debe ser cargada. Todas las operaciones van encaminadas a asegurar que las bodegas estén limpias, secas y libres de olores, para evitar que se pueda producir una contaminación de la carga que vamos a tomar con la transportada anteriormente, o entre las cargas, si son varias las que se deben tomar.

Las operaciones de limpieza tienen pequeñas variantes que están en función de si cargamos la misma fruta o tomamos otra diferente. Además, se tendrá en cuenta si se cambia de carga, por ejemplo, de fruta a pescado, de pescado a fruta, de fruta a carne, de carne a fruta. Las instrucciones que se deben seguir suelen ser procedimientos contenidos en el manual de carga del buque, donde se explica en detalle el acondicionamiento y puesta a punto de las bodegas para estibar la mercancía[295].

9.4.2 Operaciones de acondicionamiento térmico

Una vez ha sido limpiado el espacio, se debe proceder a realizar las operaciones de acondicionamiento térmico que son realizadas antes, durante y al finalizar la carga, siendo mantenidas durante el transporte hasta llegar a su destino las mercancías. Además de la temperatura, es importante establecer la circulación del aire que es un factor necesario para la protección de los cargamentos refrigerados de alimentos perecederos. Las capacidades de refrigeración no tienen sentido si el aire refrigerado no circula correctamente para mantener la temperatura del producto.

La mayoría de los productos perecederos son enfriados a temperaturas que puedan garantizar su calidad, siendo este proceso de enfriamiento quizás la parte más importante de la cadena de frío. Las etapas posteriores sirven para la conservación del producto en una atmósfera fría para que llegue en buenas condiciones al destino. Por ejemplo, durante el transporte no se enfrían los productos, solo se evita que la temperatura aumente.

En cambio, en la conservación y el transporte, solo se pretende asegurar que la fruta ya enfriada no entre en contacto con fuentes de calor mediante la circulación de aire frío alrededor de las paletas. Por lo tanto en estas operaciones una capa de aire frío interpuesta entre las paredes y las paletas impedirá que las ganancias de calor a través de las paredes del recinto eleven la temperatura de la fruta.

Todas las técnicas de acondicionamiento de los espacios de carga van encaminadas a disponer de una atmósfera controlada completamente, es decir, conocer además de la temperatura las cantidades de gases contenidos en su interior o que puedan ser generados por las mercancías perecederas estibadas. En general, se necesitarán mediciones de los siguientes gases, oxígeno, dióxido de carbono y etileno, así como el contenido de vapor de agua, para conocer los valores del punto de rocío,[296] humedad absoluta[297] y humedad relativa[298] de las bodegas de un buque, o dentro de un contenedor.

Los métodos empleados en el acondicionamiento térmico en las bodegas y espacios de carga del buque son ventilación, preenfriado, refrigeración y congelación. Durante la preparación del espacio todos los parámetros enunciados deben ser controlados en función de la temperatura específica de la carga, el volumen total de mercancía estibada y de la duración del viaje.

La ventilación es el primer paso para el acondicionamiento de un espacio, porque según sean las características de la carga se debe retirar el calor que hay en el interior del contenedor, vehículo o bodega formada por el calor almacenado en mamparos, techo y suelo.

➢ *Ventilación*

Las circunstancia que rodean la aplicación de este método han sido descritas en los apartados: 3.7 Meteorología de las bodegas y siguientes, por lo cual se remite al estudiante a ellos. Particularmente en el caso de cargar un vehículo o contenedor, por ejemplo con un sistema de ventilación desde abajo es necesario que la carga cubra el piso y los espacios sin carga deben ser cubiertos, para mantener la presión del aire debajo de la carga.

➢ *Preenfriado*

Los productos congelados y los enfriados tienen diferentes cantidades de intercambio de calor, por lo cual un correcto preenfriado de los mismos tendrá un efecto positivo en su vida útil y mejorará las condiciones en las que llega a los centros de consumo. En consecuencia, los productos deben ser siempre preenfriados a la temperatura de transporte requerida antes de ser introducidos en el espacio de carga.

Los espacios de carga deben ser preenfriados, pero en el caso de contenedores frigoríficos no debe hacerse.[299] El motivo es que cuando las puertas de un contenedor preenfriado se abren, el aire ambiental más caliente se encontrará con el aire frío del interior y ocasionará la adherencia de una gran cantidad de agua condensada en las paredes internas. Esta agua condensada puede dañar las etiquetas del embalaje y debe ser eliminada del interior del contenedor a través del serpentín del evaporador.[300] El calor también entra en el contenedor durante la operación de llenado y junto con el que continuamente emite la carga debe ser eliminada. En un clima tropical con un aire excesivamente caliente y húmedo, cualquier preenfriado del contenedor puede ocasionar problemas y daños a los productos.

➢ *Refrigeración*

La calidad del aire en la bodega de un buque es un factor a tener en cuenta siempre, especialmente cuando el buque está en la mar con carga, o cuando se realizan las operaciones de carga/descarga. El aire puede contaminarse, por lo que las operaciones se deben realizar rápidamente, por ejemplo en el caso de fruta paletizada, el enfriamiento rápido por aire frío forzado permite bajar la temperatura de la fruta en tiempos de 10/15 horas.

➢ *Congelación*

Los espacios frigoríficos proporcionan temperaturas variables para distintos transporte de productos congelados para ello disponen de unidades que producen frío para mantener la temperatura necesaria para que no se deteriore.

Si se utilizan contenedores, cuando se llenen, es decir, durante la consolidación de la carga, se debe previamente realizar la extracción del calor de su interior y calcular el que pueda ser generado por las diferentes fuentes incluidos los productos, para controlar el desprendimiento de gases y su efecto sobre los propios productos estibados en su interior. Los contenedores frigoríficos están diseñados para mantener la temperatura de los productos, pero no están construidos para bajar la temperatura de los mismos. En el caso de cargar los productos a una temperatura superior a la de transporte, el esfuerzo en la maquinaria de frío será considerablemente mayor y puede incluso resultar en fallo de la misma.

9.4.3 Inspección de bodegas

La tripulación habrá realizado una inspección previa de los espacios de carga antes de llegar el buque a puerto para comprobar que están preparados para recibir la carga y los sistemas de mantenimiento funcionan correctamente. La ronda de inspección se hará por todas las bodegas y entrepuentes, controlando que no haya residuos de carga, que las serretas no estén sueltas o falten, que los enjaretados estén alineados y sin roturas, que no existan malos olores, no haya moho en las esquinas o las rejillas de ventilación estén colocadas y que no queden aguas sucias.

Una de lista de acciones ayudará a verificar el estado de los espacios y equipos de mantenimiento antes de pasar la inspección definitiva[301] de los inspectores de la carga, que serán los que proporcionen el certificado que autoriza el comienzo de la operación de carga. Un ejemplo de lista para espacios de carga formados por bodegas y entrepuentes podría ser:

- Estado de limpieza de la bodega completa, ¿han sido retirados los restos sólidos y líquidos?
- Funcionamiento correcto de las unidades que componen el sistema de refrigeración.
- Revisar el estado de los listones en los mamparos de la bodega y enjaretados del suelo.
- Inspeccionar dispositivos y sistemas de estanqueidad de las bodegas/escotillas.
- Probar funcionamiento de puertas de casetas y su cierre hermético.
- Comprobar la calibración de los termostatos conforme a las necesidades del producto.
- Verificar ubicación de puntos de toma de muestras para gases en los espacios de carga.
- Espacio ventilado y acondicionado para recibir la mercancía.
- Funcionan correctamente los conductos y sumideros de refrigeración de la bodega.

La lista de inspección utilizada para contenedores o vehículos que deben recibir cargar podría ser la verificación de los siguientes apartados:

- Funcionamiento correcto de la unidad del sistema de refrigeración.
- Calibrado del termostato.
- Verificación de la instalación y funcionamiento de los conductos y sumideros de refrigeración.
- Condiciones de los sellos y hermeticidad de las puertas cuando están cerradas.
- Estado del contenedor respecto al acondicionamiento térmico para recibir la carga.
- Estado físico del contenedor respecto a existencia de grietas y la existencia de olores.
- Volumen del contenedor para la carga que recibirá.

La última operación previa a la carga de la mercancía es la comprobación de su estado cuando está en el muelle después hay que seguir las normas existentes sobre seguridad y los planos de estiba preparados para la carga, y finalmente, una vez terminada la estiba de la mercancía a bordo, se seguirán las indicaciones de los manuales de carga. Resumiendo, podemos decir que debemos comprobar la carga en el muelle, vigilar su estiba a bordo y verificar las condiciones en las que queda una vez terminada la operación.

9.4.4 Mantenimiento durante el transporte

Las operaciones realizadas con las mercancías para ser transportadas tienen éxito cuando comienzan en la zona de producción. El tratamiento correcto de los productos es esencial para que durante el transporte no se produzcan problemas y que lleguen a su destino en perfectas condiciones. El mantenimiento de las condiciones iniciales implica:

- El tratamiento previo de los espacios de carga, realizado de forma correcta.
- Estiba adecuada en los espacios de carga: contenedores, vehículos y bodegas.
- Control de la temperatura, verificación de los períodos de ventilación y registro de las condiciones de humedad durante todo el viaje.
- Proteger el producto del daño físico causado por las solicitaciones mecánicas a que estará sometido durante el transporte.
- Revisión del estado de los sistemas de inmovilización utilizados.
- Comprobación de la estanqueidad de todos los cierres de aberturas de las bodegas, así como de los sistemas de ventilación.

9.5 Planificación de las operaciones

El transporte de mercancías a una cierta temperatura exige la preparación de procedimientos que contengan las indicaciones necesarias para poder realizar, en primer lugar, el acondicionamiento de las bodegas; en segundo término, desarrollar las operaciones de carga/descarga, estiba/desestiba, lastre/deslastre y transporte; y en tercer lugar, preparar los cálculos y planos de estiba.

Los documentos que acompañan a las mercancías facilitan la información para realizar la segregación en la estiba, indicando las pautas de compatibilidad de las cargas mixtas. Los factores que deben ser considerados son varios. En primer lugar, la temperatura a la que debe ser transportado cada producto, establece una diferencia básica que se debe cumplir. Dependiente de la temperatura se tiene la humedad relativa y la composición que puede tener la atmósfera, una vez estibada cada mercancía. Por último, se deberá tener en cuenta el tipo de envase y/o embalaje en el cual se hace la estiba primaria de cada mercancía.

Los tres factores considerados son medibles, por lo cual se puede establecer unos valores que serán implementados en los procedimientos de manipulación y estiba de los productos perecederos. Las temperaturas para los productos transportados juntos deben ser similares. Por ejemplo, los tomates requieren una temperatura de 13°C, por lo cual no podrán estibarse con la lechuga cuya temperatura es de 0°C. Respecto a la humedad relativa también debe tener valores similares, ya que hay productos pueden transportarse en contacto con el hielo y otros se estropean por el contacto con el hielo o por saturación de agua. Hay algunos productos como es el caso de frutas y vegetales que producen gas etileno[302] durante la respiración. Las zanahorias y lechugas pueden ser dañadas por el etileno, por lo cual no podrán estibarse con manzanas, plátanos, melones o peras, que producen cantidades significativas de etileno. Dentro del tipo de atmósfera y los gases que la forman, deberemos tener en cuenta que no se mezclen los productos que despiden olores[303] con los que los absorben; por ejemplo, los olores despedidos por las manzanas, naranjas, limones, o pescados y mariscos son absorbidos fácilmente por los productos lácteos y las carnes.

La parte final de la planificación reunirá todos los datos necesarios para establecer los planos de estiba que serán seguidos por las personas implicadas en las operaciones de carga/descarga, ya que facilitará su trabajo y las condiciones de navegabilidad del buque.

9.5.1 Cálculos

La preparación y realización de cálculos está función de los espacios disponibles en los buques para carga, que pueden ser paletas, contenedores o vehículos, estos últimos llegan al muelle con la carga estibada en su interior. Normalmente las medidas de vehículos, paletas y contenedores están estandarizadas por lo que para realizar los cálculos se dispone de datos conocidos. Resumiendo, para realizar los cálculos se necesita:

- El volumen y medidas de los espacios de carga del buque
- Resistencia de tapas de escotilla, planes de bodega y entrepuentes
- Peso, volumen y medidas de los contenedores que van a ser cargados
- Características y tipo de las mercancías que van a ser cargadas en paletas
- Características y tipo de mercancías estibadas en los contenedores y vehículos

Además, los cálculos deberán determinar los pesos embarcados[304] y en función de ellos las condiciones de navegabilidad del buque, es decir: estabilidad, calados y trimado. Para estos cálculos hay que tener en cuenta la segregación que pueda ser necesario efectuar y la compactación de la carga en el interior del envase primario.

El personal del buque tendrá que preparar los cálculos necesarios para buscar los valores idóneos capaces de mantener constantemente los niveles de temperatura y composición de la atmósfera del espacio,[305] para evitar que la mercancía se vea dañada y su conservación sea perfecta durante el tiempo que la mercancía permanezca a bordo. Los cálculos determinarán:

- Calor residual, contenido en la atmósfera que está en el interior del espacio de carga y en su estructura. Su valor podrá estar limitada en función del material que forma parte de su estructura.
- Calor exterior, que penetra a través de las escotillas de la bodega o del piso, paredes y techo del contenedor. Es un dato variable que dependerá de la diferencia entre la temperatura del aire interior y exterior, del tipo y grosor del aislamiento, y de la superficie expuesta.

- Calor de infiltración es aquel que entra procedente del aire tibio exterior a través de las fisuras que puede haber en puertas o escotillas. Aunque el espacio se considere estanco, se propone un valor constante mínimo.
- Calor de la mercancía, es decir, aquel que posee el producto procedente mientras está siendo manipulado. Cuando está por encima de la temperatura de manipulación en cada momento. éste valor figura en las tablas proporcionadas por los manuales.
- Calor de respiración generado por el propio producto, especialmente las frutas y vegetales frescos. Los productos respiran a un ritmo diferente y el ritmo al cual el calor de respiración se genera varia también de acuerdo a la temperatura del producto. El valor es menor a temperaturas cerca del punto de congelación que a la temperatura que tiene cuando se realiza la recolecta en la plantación.
- Respecto a la cantidad de carga embarcada se calculará y determinará:
  - El peso total embarcado en cada espacio
  - La pérdida de espacio de carga en función de las características de la carga embarcada:
    - Carga rodada
    - Contenedores
    - Paletas
    - Bultos
  - Las necesidades en materia de medios para la inmovilización de las mercancías embarcadas.
  - La compactación de la carga en el interior de las unidades para determinar las necesidades en materia de temperatura y ventilación

La estación del año y duración del viaje por mar serán dos factores a tener en cuenta en todos los cálculos en los cuales intervengan los parámetros de temperatura, ya que su variación puede alterar las condiciones de transporte y degradar las características de las mercancías transportadas antes de llegar a los centros de consumo.

9.5.2 Procedimientos

La manipulación y ubicación de las mercancías precisa de unos procedimientos que se deben establecer las normas para que el transporte sea realizado en condiciones óptimas de seguridad y las mercancías lleguen a su destino manteniendo todas sus propiedades. Los procedimiento de las diferentes operaciones deben considerar la posibilidad de que algunas sean realizadas en horas nocturnas o diurnas, esto significará que las temperaturas ambiéntales pueden ser muy diferentes cuestión importante para las mercancías que se manipulan.

Otro punto que deben abordar los procedimientos para los productos que van a ser transportados son las listas de inspección, ya que las reglas variarán y los controles realizados dependerán de las mercancías que vayan a ser transportadas y las condiciones en que se efectúe: en fresco, congeladas, ventiladas o refrigeradas. El acondicionamiento de los espacios de carga constituye otro apartado de los procedimientos, y finalmente, para el caso del transporte de frutas y vegetales, es necesario introducir normas para comprobar su grado de madurez, ya que si son embarcadas en esas condiciones no llegarán a destino en buen estado.

La estiba debe ser rápida y fiable por las especiales condiciones de temperatura en las que se debe realizar. Rápida, para lo cual se necesitan equipos de manipulación que operen a velocidad elevada, para que los buques estén poco tiempo en puerto. Fiable, ya que es un transporte delicado, y una pequeña variación de la temperatura puede estropear la carga.

Las características y peculiaridades de cada producto obligan a que cuando es necesario estibar varios juntos en el mismo espacio de carga, se deberá estudiar la compatibilidad que haya entre ellos, y caso de no existir, establecer los procedimientos de segregación necesarios. Normalmente, los cargamentos de mercancías perecederas son homogéneos, pero cuando no es así, se pueden presentar los problemas de segregación, que son más acuciantes cuando se trata de mercancías refrigeradas, especialmente en el caso de las frutas cuya respiración puede suponer un grave problema para otras frutas e incluso otros productos.

Las características del producto que debe ser estibado conjuntamente con otros proporcionan los datos necesarios para realizar una estiba segregada y facilitan la labor del personal encargado de prepararla, bien sea en la bodega de un buque o en un contenedor. La planificación y los planos de estiba contendrán especificaciones claras respecto a las mercancías que no se estibarán conjuntamente en el mismo espacio de carga para ser transportados.

9.5.3 Planos de estiba

Los productos perecederos requieren planos de estiba simples, ya que la distribución de cargas en los buques frigoríficos se reduce a considerar los problemas que pueden presentar las incompatibilidades de productos y conocer los datos necesarios para realizar los cálculos de estabilidad. Cuando los productos perecederos se transportan en unidades de carga, contenedores o vehículos, los planos de estiba son semejantes a los ya explicados en el capítulo de carga rodada.

La preparación de los planos de estiba para transportar frutas exige el conocimiento de los pesos para poder realizar una buena distribución de mercancías que son transportadas en paletas, cajas o bultos. La pérdida de espacio suele ser mínima, lográndose una estiba compacta. Los planos reflejan la situación de las conexiones para los contenedores o los vehículos en el caso de carga rodada.

9.6 Manipulación de frutas

Las operaciones que se deben realizar con las frutas para transportarlas requieren en general una preparación y preenfriamiento del producto antes de proceder a cargarlo, bien sea en un buque, contenedor o vehículo. Sin embargo, algunas frutas en determinadas condiciones de recogida deben enfriarse después de ser cargadas, para lo cual es necesario mantener un riguroso control de la temperatura del aire existente en el espacio y de su circulación, durante la operación de estiba de la carga, hasta alcanzar la temperatura indicada por la documentación que avala las características de la mercancía. En la mayoría de los casos la fruta se transporta refrigerada, pero también puede hacerse en estado fresco o congelado.

La fruta es recogida, seleccionada, empaquetada y almacenada en las mismas áreas de producción, lo cual implica que los controles empiezan en la recolecta de los productos. Algunas frutas necesitan cuidados especiales por su delicada naturaleza, lo cual significa seguir normas estrictas durante las operaciones, para evitar problemas o daños que surgen, posteriormente, en los centros de distribución, y que tienen su origen en la deficiente manipulación de que han sido objeto.

Las operaciones que se llevan a cabo con la fruta dependen en general del tipo y de las condiciones de transporte en las cuales se vaya a trasladar, término éste que normalmente es pactado desde origen a destino. Algunas fases de la manipulación tienen pequeñas diferencias en función de los espacios en las que serán estibadas y transportadas, por ejemplo, buque o contenedor.

La manipulación de las frutas está incluida en la planificación de las operaciones que siguen las normas internacionales y la de los departamentos correspondientes de cada país. En el caso de España es el Ministerio de Comercio quien dispone de recomendaciones para el transporte de frutas frescas, refrigeradas y congeladas, sugiriendo las temperaturas en °C para cada producto y teniendo en cuenta la duración del viaje y las condiciones en las cuales se transporta.

Las operaciones de carga/descarga y estiba/desestiba se realizan mediante medios mecánicos constituidos por cintas transportadoras que llevan las cajas y paletas hasta la misma bodega a través de portas laterales. En las operaciones verticales se utilizan grúas o puntales que introducen la carga en las bodegas por eslingadas y después es acomodada en su interior mediante carretillas elevadoras. También se usan las carretillas elevadoras para manipular la carga en los camiones que meten o sacan la fruta desde el almacén procurando no deshacer las paletas. No obstante, no se hace siempre así, ya que en ocasiones se deshacen las unidades de carga transfiriendo las cajas sueltas al camión que ha de conducirlas al almacén.

9.6.1 Transporte en buques

El ciclo de transporte de la fruta se desarrolla en varias fases, que deben ser planificadas con antelación, asignando a cada una la temperatura y el tiempo que debe ser mantenida, según los cálculos realizados por los productores en origen y por el personal del buque que se encarga del transporte. El objetivo final de la planificación es evitar la pérdida de la fruta, para lo cual en el caso del transporte por mar en los espacios del buque se controla la temperatura en los siguientes tramos de manipulación:

- T1. Temperatura en el campo de recolecta[306] y los almacenes de la explotación, esperando su traslado al almacén del puerto o del buque donde se cargará. La estación de recogida de la fruta y el estado de maduración serán un indicativo de la temperatura que tiene en ese momento y constituye el punto de referencia para el transporte de la fruta.
- T2. Temperatura de la fruta mientras se transporta al costado del buque, bien sea desde los almacenes situados en la terminal portuaria o desde los lugares de recogida.
- T3. Temperatura de acondicionamiento de los espacios de carga del buque.
- T4. Temperatura durante las operaciones de carga y estiba a bordo del buque, ya que hay una pérdida de temperatura del espacio y de la fruta, por lo que es necesario fijar un valor que recupere las pérdidas. Es necesario que en el muelle o terminal de carga la fruta sea inspeccionada para evitar la entrada de producto en malas condiciones y que durante su transporte termine de estropearse.
- T5. Temperatura necesaria para el mantenimiento de la calidad en la fruta durante su transporte por mar.[307] Este valor es controlado durante todo el viaje, para lo cual los sensores situados en los espacios transmitirán de forma automática los valores a un monitor que a su vez pondrá en funcionamiento los equipos de frío.
- T6. Temperatura durante la operación de descarga[308]. Cuando el buque llega al muelle debe ser inspeccionado y descargado. En ambas operaciones la temperatura interior de los espacios de carga sufre variaciones pues deben estar abiertos, primero mientras los inspectores de sanidad y los representantes de los receptores de la carga toman muestras para hacer un análisis que determinen si sus características y estado son los indicados en el contrato de fletamento. En segundo lugar, las tapas de escotilla se abrirán al recibir el permiso de descarga. La fruta sufrirá una pérdida de temperatura que será compensada.

Los valores de las temperaturas en cada fase[309] irán incrementándose y acercándose al indicado en el documento de transporte marítimo, procurando que las variaciones no sean grandes y siempre positivas, para evitar la degradación de las características y cualidades de las frutas. También hay generalidades, por ejemplo, cuando las frutas se transportan congeladas, normalmente la temperatura del producto en el momento de la carga deberá ser de -18°C o inferior, y por supuesto deberá mantenerse durante todo el transporte.

La problemática que representa el transporte de fruta a una temperatura determinada se debe a que es necesario mantener ésta durante el transporte para evitar que se pueda dañar, lo cual obliga a seguir un control de la temperatura en todas las operaciones, ya que las diferentes manipulaciones pueden condicionar el estado final de la mercancía y al ser entregada al receptor en el lugar de destino, no encontrarse en las condiciones deseadas por éste. Se debe tener en cuenta que algunas frutas sólo admiten una pequeña variación de la temperatura.

9.6.2 Transporte en contenedores

La planificación y los cálculos realizados para conocer la temperatura que debe reinar en el interior del contenedor durante el transporte de la fruta sufren algunas modificaciones en función del lugar donde se efectúe la arrumazón del contenedor. Si la fruta es estibada en el punto de recolecta, teniendo en cuenta las fases indicadas para el transporte por mar en buques, la fruta pasaría de la temperatura ambiental (T1) a la correspondiente al transporte (T5), por lo cual el contenedor mantendría la misma temperatura siempre hasta el lugar de consumo.

La llegada del buque a puerto de descarga está precedida por un intercambio de información sobre el contenido de los contenedores y las condiciones de temperatura. Los cálculos en la planificación tendrán en cuenta el tiempo que los equipos del contenedor tienen que estar desconectados mientras se realiza su descarga y son colocados en la zona de estacionamiento de la terminal, para evitar que la carga se deteriore. El buque y los receptores de la mercancía se pondrán de acuerdo en los tiempos estimados de la descarga.

La manipulación de contenedores en los cuales se han estibado cajas de fruta sigue las normas generales con la inclusión de algunas particularidades, debido a que las cajas de fruta deben ser transportadas a una temperatura determinada, por lo que deben disponer de enchufes para los equipos de refrigeración. Para la carga y estiba de paletas se utilizan cintas y carretillas elevadoras.

9.6.3 Problemas durante el transporte

Las operaciones de transporte marítimo que se llevan a cabo con la fruta dependen del tipo y condiciones de transporte fijadas por el fletador, desde origen a destino. En el transcurso del viaje pueden sufrir varios problemas las frutas, siendo uno de los principales la maduración del producto. La forma en la que están envasadas y el tipo de envase pueden aumentar o disminuir los problemas.

Los envases/embalajes utilizados para el envase de la fruta son normalmente cajas rectangulares cuyas medidas no están normalizadas; sin embargo los colectivos del sector adoptan las dimensiones que permiten cubrir la superficie de las paletas, para aprovechar de esta forma el espacio y dar mayor consistencia a la paleta. Los frentes de las cajas llevan aberturas para permitir la circulación del aire dentro de la caja y en algunos casos una abertura en la parte superior que permite conocer el estado de la fruta sin necesidad de destapar la caja. Se utilizan tres clases de unidades de carga para estibar las cajas: paletas, jaulas y contenedores.

La mayor parte de las frutas consumidas no suelen ser frescas, es decir, que no proceden directamente de la huerta al consumidor, sino que debido a las cantidades necesarias para abastecer los mercados, proceden de almacenes con cámaras donde están guardados a cierta temperatura, por lo que necesitan unas condiciones de mantenimiento hasta que llegan al ciudadano.

La fruta sufre un proceso de maduración desde su recolecta, es una actividad orgánica que se desarrolla en la fruta y debe ser controlada cuidadosamente. Este periodo conviene que sea largo, para que su conservación sea también lo más duradera posible y pueda ser transportada a mayores distancias. Hay que tener en cuenta que una temperatura demasiado alta y una humedad excesiva favorecen el proceso de maduración, por ello ambos parámetros deben ser controlados desde que la fruta es cortada.

El proceso bioquímico de oxidación de determinadas materias orgánicas, también llamado respiración de la fruta, genera calor y desprende determinados gases, siendo en orden cuantitativo el más importante el anhídrido carbónico[310] y en el cualitativo el etileno[311]. Una variación en la temperatura produce un incremento de calor que acelera la maduración, por lo que los espacios de carga deben ser previamente enfriados y controlados durante el transporte.

La producción de CO_2 tiene un valor bajo, casi constante, mientras la fruta está verde y, aumenta considerablemente, hasta llegar a un máximo, al aparecer los primeros síntomas de maduración, para volver luego a un nivel bajo, un poco más alto que cuando la fruta estaba verde. Existe una relación exponencial entre el anhídrido carbónico producido y el calor generado. Se admite para algunas frutas, como valor medio de producción de CO_2 el de 15 grms/hora/tonelada de fruta, el cual permite calcular el calor producido, es decir el calor que debe absorber la instalación frigorífica del buque para retardar la maduración de la fruta que se cifra en aproximadamente 370 Kcal/T/hora en las condiciones citadas.

9.7 Particularidades de algunas frutas

Los valores de los parámetros presentados para las diferentes frutas han sido obtenidos de manuales editados por los ministerios de agricultura de varios países y servirán para poder establecer las condiciones en las que el producto puede ser manipulado. Se trata de datos orientativos, no obstante en algunos casos son exactos y empleados en el transporte bien sea por mar o por tierra. Los datos proporcionados sobre las temperaturas pueden variar, ya que dependen básicamente del estado en que se encuentre la fruta en el momento de ser recolectada.

La primera parte del capítulo ha sido dedicada a desarrollar temas generales que pueden ser aplicados a todas las frutas con pequeñas variaciones. Las operaciones generales descritas son aplicadas a cada producto en particular; no obstante, hay algunas diferencias en cuanto a manipulación y procedimientos, que son las que se destacan para cada una de las frutas, siendo reunidas en cuatro apartados: características del producto, acondicionamiento del espacio de carga, planificación de las operaciones y problemas que pueden surgir durante el transporte.

Plátano

El plátano[312] es una fruta cuyas características hacen que madure rápidamente, por lo cual el tiempo de recogida desde que se considera que está listo para el transporte, dependerá de la duración del viaje, es decir, que los plátanos son recolectados con un grado de madurez que dependerá de los días que vayan a tardar en llegar al consumidor, lo cual implica por parte del productor conocer la fecha en la cual el buque arribe a puerto. Las particularidades de su manipulación se enumeran a continuación.

➢ *Acondicionamiento del espacio de carga*

Al igual que el resto de cargas transportadas a temperatura regula, los espacios para la estiba de la fruta deben ser acondicionados térmicamente y estar limpios de restos sólidos u olores, por lo cual antes de recibir la carga se realizarán las siguientes operaciones:

- Veinticuatro[313] horas previas a la recepción de la carga comenzará la operación de enfriamiento del espacio de carga para que éste tenga la temperatura adecuada a los plátanos o bananas. Esta operación previa se efectuará a la temperatura de transporte de la fruta.
- Durante el enfriamiento previo, la salmuera[314] circulará por el haz de tuberías de las baterías de serpentines a 0°C y la temperatura del aire a los refrigeradores en las bodegas será de 7°C. La temperatura de la salmuera no debería pasar de 0°C, pero para evitar que se forme hielo nunca será inferior a -3°C en toda la operación. Es necesario mantener los refrigeradores y retornos de aire a los entrepuentes[315] cerrados, pues en caso contrario entraría aire exterior que tiene una temperatura mayor y sería prácticamente imposible enfriar los entrepuentes.

➢ *Planificación de las operaciones*

Las operaciones de manipulación están basadas en su planificación e incluyen una inspección que se realiza cuando la carga está disponible en el muelle[316], lista para embarcar. Los controles que se realizan son al menos tres, uno antes de comenzar la carga, otro a mitad de la carga y otro un poco antes de finalizar. En los controles se toman las siguientes medidas:

- Temperatura de la pulpa que debe ser similar a la de ambiente, por ejemplo, 27°C[317]; si fuera inferior, puede significar que la fruta ha estado almacenada en cámaras frigoríficas y no es fresca. Si la temperatura es de 30°C o más, supondrá que el tiempo necesario para la reducción a bordo será mayor y habrá más posibilidades que madure durante el viaje[318].
- Aleatoriamente hay que controlar las cajas y vigilar que la fruta no esté madura, es decir, debe estar verde, dura y libre de moho u otras enfermedades, para ello se comprueba:
  - Cortando un plátano por la mitad y observando si fluye el *látex*.
  - Se intenta pelar el plátano y la casca debe quedar pegada.
  - El olor será semejante al del pepino.
- Las paletas deben estar sin daños visuales, por ejemplo, falta de trincas o cajas aplastadas.

Además de planificar los procedimientos de inspección y los tiempos que se deben emplear hay que prever los tiempos de carga y estiba, para lo cual es necesario realizar un plano de estiba con todos los datos de cajas, paletas y espacios de carga. Otro dato importante en la planificación son las incompatibilidades de estiba que tiene el plátano debidas a que se trata de un fruto delicado que debe almacenarse solo, pues las características y medidas empleadas para su conservación son incompatibles con las de otros productos; por ejemplo, se puede destacar el caso especial de las manzanas, debido a que desprenden gran cantidad de etileno.

➢ *Operaciones de carga/estiba*

Para dar comienzo a la operación de carga, todos los refrigeradores deben estar en funcionamiento y la salmuera que esté circulando estará lo suficiente fría para asegurar la temperatura de los espacios de carga. Una vez se ha conseguido que la temperatura de los refrigeradores sea la indicada para el transporte, la temperatura de la salmuera se elevará al máximo nivel que permita mantener la temperatura solicitada.

Durante la carga, el personal del buque controlará la carga y estiba de las cajas de fruta, que entrarán en cajas individualmente o paletas observando las siguientes normas:

- Hay que vigilar las condiciones de las bodegas durante las operaciones de estiba evitando la entrada de plátanos maduros. Si se descubren paletas o cajas donde haya fruta madura, se ordenará que sean retirados al exterior, quedando estacionadas en el muelle para su posterior contabilización como carga no embarcada.
- En caso de condiciones climáticas adversas, especialmente si llueve o hay mucha humedad depositada en las paletas o cajas, se debe interrumpir la carga y bajo ningún concepto se permitirá la carga de cajas que estén mojadas, porque perjudicarían a la mercancía.
- Durante toda la carga la temperatura en cualquier parte de la bodega nunca será inferior a 13,3°C[319], los ventiladores estarán funcionando en marcha lenta y la salmuera circulará a 0°C.
- Cuando un entrepuente este medio cargado pondremos los ventiladores en marcha rápida con el objetivo de enfriar el cargamento lo más rápido posible.
- Si las cajas entran por cinta y se estiban manualmente habrá que mantener una vigilancia sobre el trabajo de los estibadores:
  - Que no se golpeen las cajas al cargar.
  - Que no se pongan cajas de canto.
  - Que se deje un mínimo de 30 centímetros entre la última fila de cajas y los techos de cada entrepuente,[320] esta precaución nos permite asegurar una buena circulación de aire en los retornos a través de los agujeros de los enjaretados y las cajas de fruta.

➢ *Conservación de la fruta*

Los plátanos necesitan una manipulación correcta a la temperatura indicada para su conservación, para absorber el calor generado por el proceso de maduración es necesario enfriar la fruta y eliminar los gases producidos, evitando que se acumulen en los lugares de almacenamiento o estiba.

El embarque del plátano no debe efectuarse más tarde de haber transcurrido 48 horas de su corte, las bodegas del buque deben estar pre-refrigeradas antes del embarque y durante el viaje deberá asegurarse el mantenimiento de la temperatura, circulación de aire y conservando la humedad relativa en los valores estipulados en el contrato de transporte. Los factores que intervienen en la maduración del plátano y sirven para retrasarla conservando la fruta hasta su llegada a los centros de consumo son tres: temperatura, circulación de aire y humedad relativa.

La temperatura ideal de conservación para el plátano es de 12°C, permitiéndose una fluctuación de ±0,7°C; sin embargo, en los transportes refrigerados desde Canarias a la Península se mantiene la temperatura entre 12°C/14°C, lo cual está justificada por la corta duración del viaje. Durante el transporte la temperatura de las bodegas y entrepuentes debe ser constantemente registrada, pues una temperatura del plátano inferior a 7°C provoca el inicio del proceso de congelación.

La circulación tiene por objeto la eliminación de los gases acumulados en los espacios de carga que dañan al plátano, pero no existe evidencia de que el CO_2 por sí solo pueda hacerlo, lo que ocurre es que el etileno[321] ($C_2 H_4$) que desprende es un acelerador del proceso de maduración y la velocidad de producción del $C0_2$ llega a cuadriplicarse, aumenta la producción de calor. Todo ello de forma conjunta produce la maduración rápidamente y con ello la pérdida de la fruta.

El etileno es, pues, un importante acelerador de la maduración. Se ha observado, por ejemplo que cuando el nivel de producción de este gas está comprendido entre 100/200mmgms/ton/día a 12°C de temperatura y existe una concentración de 0,5 partes por millón, se inicia el proceso de maduración del plátano. El mantenimiento por debajo del 3% de $C0_2$ garantiza la eliminación del etileno y la consecución de una atmósfera adecuada quedando estabilizada,[322] a pesar de que la fruta sigue respirando[323] y modificando el estado de la atmósfera del espacio de carga.

En los espacios de carga y almacenamiento debe mantenerse recirculación de aire en circuito cerrado con un coeficiente de remoción de 70/100 veces/hora, con objeto de garantizar la uniformidad de temperatura, el régimen de renovación podrá reducirse a la mitad una vez establecida la temperatura fijada. Por lo general, cada hora deberá efectuarse una renovación de aire interior del espacio con el fin de eliminar los gases desprendidos y mantener el régimen de humedad relativa. Los buques actuales llevan sistemas de medición automáticos, que realizan el control de la atmósfera de las bodegas y conservación de la fruta. El grado de humedad correcto evita el resecado de la fruta.

➢ *Medidas adoptadas después de terminada la carga*

Al finalizar la carga de un entrepuente se mantendrá la ventilación abierta[324] para que renueve la atmósfera con el fin de quitar posibles malos olores, después se cierran los refrigeradores y retornos, se coloca el regulador automático con una temperatura de 13,3ºC. Con estas condiciones del espacio se comienza el período de reducción que será como máximo de 36 horas. Durante todo el período de reducción tendremos toda la ventilación cerrada.

El período de reducción finalizará cuando las temperaturas de los retornos en los entrepuentes esté dos grados por encima de las temperaturas de entrada de aire en las bodegas. Aproximadamente la temperatura de los retornos debe ser de 13,8ºC, si fuera mayor indicaría que el plátano todavía absorbe frío y que no ha alcanzado la temperatura de transporte.

Las entradas a los espacios de carga deben ser accesibles para poder inspeccionar la mercancía durante el viaje, por lo que la colocación de las últimas filas de cajas o paletas debe ser controlada por el personal del buque, evitando que la entrada quede bloqueada. Además, cuando haya cajas con fruta madura, debe quedar espacio para que puedan ser sacadas al exterior.

➢ *Problemas durante el transporte.*

Las normas internacionales de las administraciones[325] pueden fijar unas condiciones mínimas para el transporte de plátanos, por ejemplo: temperatura en bodega 12,5ºC, una humedad relativa del 85/90% y un contenido de CO_2 no superior al 3%. Estos valores variarán en función de la variedad de plátano y de las condiciones impuestas por los propietarios de la carga en los contratos de fletamento.

Las inspecciones realizadas durante el viaje tienen como objetivo comprobar el estado de la carga y verificar que las temperaturas a las cuales se mantienen los plátanos son las adecuadas. La operación de comprobación consiste en:

- Hacer una hendidura con un cuchillo cerca del centro, se tira de la piel de manera que solamente se arranque la telilla para ver si hay congelación.
- Se parte un plátano con las manos por la mitad, sale un líquido lechoso, si al juntar las dos mitades se tiene la sensación de que se pegan, indica que el plátano esta en buen estado y no tiene helada. Si por el contrario tiene helada, las gotas salen despacio y son muy claras.
- Tomar la temperatura de pulpa diariamente; debe de estar 0,3ºC por encima de la temperatura de retorno del aire.

Durante todo el viaje además de las inspecciones de la fruta se controlarán los gases existentes en los espacios de carga, ya que cuando el plátano empieza a madurar sube el índice de CO_2 en las bodegas y aumentan las temperaturas de retornos, por lo que:

- Se registrará continuamente el porcentaje de CO_2 en todos los espacios de carga y se tomarán muestras directamente para comprobar que el porcentaje de dióxido de carbono nunca sea superior al 2/3%. Además el CO_2 en las bodegas es peligroso para el hombre que entre en ellas para realizar las inspecciones. Si se diesen porcentajes altos se abriría toda la ventilación y los extractores se pondrían a funcionar a toda potencia.

- Se recomienda, con carácter general, una humedad relativa del 85/90%, que deberá mantenerse lo más constante posible. Las variaciones tolerables son del orden del ± 2% respecto al valor óptimo establecido. Las mediciones deberán realizarse diariamente.
- Durante toda la travesía es muy importante que los refrigeradores nunca bajen de los 13,3°C, ya que si permanecen entre 3/5 horas por debajo de esa temperatura se corre el riesgo de congelación del plátano.
- Se debe bajar al menos dos veces diarias a controlar las temperaturas[326] en todos los entrepuentes, vigilando que la diferencia entre refrigeradores y retornos oscile entre 0,4 y 0,6°C.
- Cuando se baje a las bodegas, hay que rastrear la fruta madura, que desprende un olor característico y permite ser localizada rápidamente. Si hay fruta madura, debe ser sacada al exterior.
- Si por cualquier circunstancia se produjera una condensación sobre el producto, será necesario eliminarla antes de las 24 horas, manteniendo la temperatura y la humedad relativa dentro de los valores permitidos.
- Si la duración del transporte es de 15/20 días, en condiciones normales el plátano pierde, por resecado, alrededor de 15 g/Kg./día, lo cual puede llegar a influir en el peso embarcado y que debe ser entregado en destino.

Piñas

La piña es un producto tropical cuyo cultivo exige las condiciones meteorológicas de los países ubicados en zonas del ecuador o en latitudes cercanas. La piña tropical suele tener entre 25/35 cm de altura y 10/15 cm de diámetro oscilando su peso entre los 2/3 kilos. Los valores oscilan según la variedad de fruta y el lugar donde es cultivada. La piña es una fruta sensible a los cambios de temperatura. Los valores para su conservación oscilan no permiten su transporte a temperatura inferior a 7°C, se acondicionan los espacios entre 7/13°C y una humedad de 85/90%. La producción excesiva y la falta de consumo hacen que sean exportadas por mar a lugares donde sus cualidades son apreciadas. Las particularidades de su manipulación se enumeran a continuación.

➢ *Acondicionamiento del espacio de carga*

Antes de embarcar se deben inspeccionar las piñas y si están maduras el Oficial de guardia las debe rechazar. Ésta comprobación de hace aleatoriamente verificando si la fruta presenta un color amarillento y esta blanda, no se aceptará. La piña al madurar pierde agua y se ablanda, por lo cual sólo se admitirá al embarque la fruta dura, siendo comprobadas al tacto.

Las bodegas, entrepuentes o contenedores tienen instalados termómetros que deben ser comprobados antes de cargar es conveniente comprobar los termómetros[327] para controlar la calidad de las medidas efectuadas con ellos, ya que una temperatura inferior a 5,5°C es peligrosa porque el tanto por ciento de que la carga se estropee es muy elevado.

La bodega debe estar limpia de restos sólidos antes de embarcar la piña, pero es más importante tener en cuenta la condensación que se puede producir debido a la presencia de agua en las sentinas, ya que estas se llenan con frecuencia. Además deben ser achicadas para evitar que haya agua en el plan y que las cajas de cartón se estropeen.

➢ *Planificación de las operaciones*

Los cálculos previstos para la manipulación de la piña deben incluir el período de reducción[328] que será como máximo de 48 horas. El tiempo dedicado a esta operación es crítico, ya que tanto si es demasiado largo como corto, la estructura interna de la piña puede sufrir daños irreversibles. Dicho período[329] comienza al cerrarse un entrepuente ya cargado, en este momento se pone el equipo de regulación[330] automática a 7ºC. La ventilación del espacio estará cerrada hasta que finalice período de reducción, que será cuando la temperatura de la entrada de aire es de 7ºC y la del retorno esté dos grados por encima, es decir 9ºC,[331] la comparación de estas dos temperaturas proporciona una idea del calor que se produce en las bodegas.

La operación de estiba de las paletas será programada de forma que queden unos 30 centímetros entre la última caja y el techo del entrepuente, para asegurar de esta forma una buena circulación del aire de los retornos. La altura alcanzada por las paletas dependerá del material que constituye las cajas. Si se cargan cajas de piñas en las bocas de escotilla y la bodega dispone de entrepuente alto, es conveniente mantener los ventiladores trabajando en marcha rápida, ya que con el ventilador en marcha lenta todo el aire frío será absorbido por las cajas de abajo. Al ir subiendo el aire, se calienta, de forma que a las cajas de la escotilla solamente llega aire caliente, corriendo el peligro de que las piñas maduren.

Los métodos de carga recomendados incidirán en que las paletas deben ocupar el espacio de carga en función de las medidas de las bodegas, ya que puede ser mejor cargar en sentido babor-estribor que en sentido proa-popa, para asegurar una buena circulación del aire entre las cajas. Otra circunstancia que hay que tener en cuenta es que cuando la carga se realiza estibando cajas sueltas y paletas de cajas; estas últimas se colocan en los costados, situando las cajas sueltas en el centro. Todas las mercancías deben evitar el contacto directo con los mamparos, situando material aislante, si es necesario, entre los mamparos y las cajas y paletas.

➢ *Problemas que surgen durante el transporte*

Durante el viaje se deberá controlar el CO_2 que haya en las bodegas[332], el índice de CO_2 nunca debe ser superior al 2%, en caso de sobrepasarlo, se abrirá automáticamente la ventilación funcionando los extractores a toda potencia, para renovar el aire viciado por otro fresco del exterior. En el transporte de la piña es importante mantener una buena ventilación, es decir, aire fresco como mantener la temperatura adecuada. Aunque tengamos dificultades en alcanzar los 7ºC (la piña embarca con una temperatura de pulpa de 26/30ºC), nunca es conveniente mantener la ventilación cerrada mas de 48 horas. Es mejor alargar el período de reducción que mantener aire viciado en la bodega.

Las piñas verdes maduras son susceptibles a los daños causados por enfriamiento al exponerse a temperaturas por debajo de 10ºC. Los síntomas de los daños causados por enfriamiento son: se detiene el proceso de maduración, se torna color marrón o grisáceo, la masa se empapa de agua, se marchita la corona, aparecen manchas verdes y no desarrollan un sabor bueno. Las frutas refrigeradas son especialmente susceptibles a pudrirse si no se mantienen refrigerados.

La piña también es transportada enlatada, para lo cual son colocadas en cajas de aproximadamente 20 kg y éstas, sobre paletas, son estibadas en contenedores o directamente en las bodegas de los buques. La piña en estas condiciones no necesita de espacios acondicionados térmicamente, solamente serán espacios en los cuales exista una buena ventilación para evitar los problemas de condensación que se puedan producir en atmósferas con exceso de humedad.

Manzanas

La manzana es una fruta en la que se debe destacar como característica importante para su manipulación la durabilidad de su período de conservación y su resistencia al deterioro de sus propiedades alimenticias. Las manzanas maduran constantemente cuando su temperatura está por encima de 4ºC, por lo que es necesario refrigerarlas inmediatamente después de retirarlas de los árboles y mantenerla en bodega entre 0/4ºC con una humedad relativa entre 90/95%. Las manzanas son recolectadas en las plantaciones e inmediatamente se hace una primera clasificación en función de sus características exteriores, por ejemplo, tamaño o defectos, pasando después a una sección embalaje, siendo guardadas en almacenes con una determinada temperatura, que dependerá del tipo de manzana.

Las condiciones en las que se almacenan las manzanas después de ser recogidas son en la mayoría de los casos la temperaturas a la cual se transportan hasta los puntos de venta, por lo que los espacios de carga deben ser acondicionados a esa temperatura, que se mantendrá hasta que sean distribuidas en los lugares de comercialización. Cualquier variación de las normas generales de acondicionamiento térmico estará reflejada en los documentos de transporte, que indicarán las condiciones que los dueños de la mercancía recomiendan.

Los métodos de carga recomendados para las manzanas son parecidos a los de otras frutas, ya que los sistemas de embalaje también lo son. Las manzanas se transportan en cajas de conglomerado que pueden manipularse sueltas o estibadas longitudinal y transversalmente sobre paletas.

La fruta es sacada del almacén a cierta temperatura, por lo cual la operación de carga debe ser planificada de forma que se emplee el menor tiempo posible. Las cajas o paletas deben ser apiladas una al lado de la otra, sin dejar espacios, reduciendo en lo posible el contacto con los mamparos. La altura de las cajas no debe ser excesiva, dependerá de la resistencia del material con el que han sido construidas, para evitar que se aplasten y estropeen las manzanas.

Debido a que las manzanas se transportan a temperaturas cercanas al punto de congelación, son bastante susceptibles a los daños causados por enfriamiento, por lo cual se debe utilizar un sistema de calor controlado por termostato para evitar la congelación. El exceso de calor en climas extremadamente fríos, también puede ser muy perjudicial para la mercancía. Durante el transporte debe ser controlado el etileno, ya que las manzanas, al igual que la mayoría de frutas lo producen, por lo que además de la temperatura en los controles diarios se registrará el contenido de etileno.

Naranjas

La producción de cítricos es muy abundante en países de la franja mediterránea, siendo consumida en abundancia pero también es exportada por mar a áreas distantes. Las normas generales de manipulación de las frutas son aplicadas a las naranjas, pero hay algunas particularidades diferentes en su transporte y se enumeran a continuación.

Las características estándar para el transporte son las siguientes: la temperatura, desde que es recogida y durante el tiempo que dura su transporte hasta el punto de comercialización, debe estar entre 0ºC/9ºC, siendo la humedad relativa del 85/90%, lo cual sitúa el punto de congelación de la cáscara de la naranja en -1,3ºC y el de su pulpa en -0,8ºC.

La manipulación y preparación de las naranjas para ser transportadas varía según el área de producción, en general, la fruta es lavada, encerada, sometida a tratamiento y empaquetada. Los espacios de carga son acondicionados térmicamente para recibir las naranjas, pero también se carga a temperatura ambiental. Cuando las naranjas son sometidas a un enfriamiento previo, es necesario que el espacio tenga la misma temperatura y ésta se mantenga durante el tiempo que dura su transporte, bien sea por mar o en camión por carretera.

Si durante el transporte la temperatura oscila, las naranjas se pudren y son susceptibles a daños causados por enfriamiento y otras enfermedades de la corteza[333]. La putrefacción se puede reducir utilizando inhibidores, manipulando con cuidado las naranjas para evitar que se produzcan grietas en la corteza y manteniéndolas a una temperatura de refrigeración adecuada.

Uvas

Una gran parte del cultivo de la vid se emplea para la fabricación de vinos, pero otra parte de uvas se consume tal cual se recoge de los viñedos. En los países en los que la producción es abundante se exporta por mar a otros. Las particularidades de su manipulación se enumeran a continuación.

Las uvas demás de ser preenfriadas según la temperatura de transporte deseada, pueden ser tratadas contra los mohos usando SO_2 lo cual implica tener un cuidado adicional ya que estas emisiones además de corroer los metales son tóxicas para el ser humano. Las normas generales de transporte y manipulación están indicadas en los documentos que avalan las condiciones en las que el dueño quiere que lleguen al mercado. Además, es necesario seguir las recomendaciones que eviten los daños.

Las características de las uvas varían en función de la variedad, que a grandes rasgos se dividen en dos las que tienen y las que no tienen semilla. Esta característica obliga a tomar precauciones diferentes, especialmente en lo relativo al valor de la temperatura desde que el producto es recolectado hasta que llega a los centros de consumo. Durante el tiempo que dura el transporte, la temperatura oscila entre 0°C/2°C, siendo la humedad relativa de 90/95%, con estos valores se sitúa el punto de congelación entre -1,3°C/2,3°C.

La planificación de las operaciones incluye el acondicionamiento de los espacios de carga antes de recibir la carga, lo cual significa adecuar la temperatura de los contenedores o bodegas. La estiba de contenedores sigue las normas generales, colocándose en bodega o sobre cubierta en lugares cercanos a conexiones eléctricas. Los racimos de uvas son colocados en cajas de cartón, madera o plástico que a su vez con estibadas sobre paletas. De forma que cuando se estiban en los contenedores o en las bodegas y entrepuentes el sistema de refrigeración o ventilación haga circular el aire desde abajo hacia la parte superior. Las cajas son colocadas a mano sobre las paletas, alcanzando una altura que dependerá de la resistencia del material con el cual han sido construidas las cajas.

La preparación de los planos de estiba se realiza adoptando las precauciones relativas a la segregación en caso de estiba de varios productos. Cuando sólo se transportan uvas sólo es necesario adoptar las rutinas generales de carga. Cuando las cajas de uvas son transportadas junto a otros productos, hay que realizar una segregación, especialmente cuando se trata de productos que desprendan fuertes olores, por ejemplo, las cebollas verdes o los cítricos, porque pueden absorber el olor. Además, hay que evitar que las uvas tengan contacto directo con envases metálicos fríos, ya que se puede producir un deterioro del producto por congelación.

9.8 Manipulación de hortalizas y legumbre

Las normas sobre manipulación y planificación de las operaciones descritas para algunas hortalizas y legumbres son generales, al igual que los procedimientos apuntados, por ello se presentan pautas que pueden ser utilizadas por productos similares. Además de las particularidades que afectan directamente a cada producto, deberán cumplir las normas generales de estiba que son aplicadas a las mercancías perecederas.

La comercialización de los productos requiere mantener una apariencia fresca, para ello es preciso comenzar a bajar la temperatura y eliminar el calor tan pronto como sea posible después de la cosecha y después mantener una temperatura, para que el proceso de enfriamiento previo no sea deteriorado por las variaciones de calor.

La utilización del transporte marítimo de hortalizas y legumbres casi se reduce exclusivamente al embarque de contenedores y vehículos refrigerados preparados para eliminar una cantidad razonable de calor además del producido por la respiración de los productos. También hay que contabilizar la transferencia de calor del vehículo o el contenedor.

Los valores presentados para las diferentes hortalizas y verduras han sido obtenidos de los manuales editados por los ministerios de agricultura de varios países y servirán para poder establecer las condiciones en las que el producto puede ser manipulado. Se trata de datos orientativos, pero en algunos casos son exactos y empleados en el transporte, bien sea por mar o por tierra. Las operaciones generales descritas son aplicadas a cada producto en particular, pero hay algunas diferencias en cuanto a manipulación y los procedimientos, que son las que se destacan a continuación en cada una de las hortalizas y verduras.

Remolachas
La remolacha es un producto que tiene diversas variedades pudiendo ser destinado al consumo humano o para alimento del ganado, pero el cultivo mayor es el dedicado a la remolacha azucarera, de la cual se obtiene entre el 30/50%, dependiendo de la cosecha anual, del azúcar consumido en el mundo. Las remolachas se transportan en cajas con dimensiones adaptadas a las paletas o contenedores en los cuales se estiban para el transporte marítimo, pero cuando se transporta desde el campo a las fábricas se realiza a granel en vagones de ferrocarril o camiones, no siendo sometidas a ningún tratamiento, ya que el trayecto suele ser de corta duración.

La remolacha destinada al consumo en fresco tiene problemas de mantenimiento, especialmente las hojas, que son susceptibles de estropearse y pudrirse por la acción de bacterias. Para evitarlo se transporta refrigerada o con hielo encima para eliminar el calor que generan, o bien se somete a un preenfriamiento rápido, manteniendo la temperatura en espera de ser transportada.

Las condiciones generales de estiba y transporte optimo son una temperatura de 0ºC, con una humedad relativa del 98%, para un punto de congelación de -0,4ºC/-0,9ºC. Respecto a la estiba, se recomienda colocar las cajas en grupos formando unidades mayores que serán trincadas mediante fleje o alambre. Cuando la remolacha se estiba en cajas y éstas se colocan sobre paletas, se hará a lo largo y al través, ocupando las medidas de la paleta. Si se coloca hielo encima de la carga, es necesario dejar unos centímetros para que el hielo rellene ese espacio. Si no se usa hielo, se debe preenfriar la remolacha y utilizar un método de estiba que permita el flujo y circulación del aire.

Tomates
Las variedades de tomates que hay en el mercado son productos híbridos que incorporan productos para que ofrezcan resistencia a las enfermedades. El color varía del rojo intenso al rosado claro y su piel también ofrece una tersura lisa o rugosa según la variedad. La tomatera es una planta poco resistente al frío, por lo que se cultiva en zonas de climas calurosos y en invernaderos. Los tomates se cosechan cuando están verdes y se les someten a un lavado y clasificado, siendo posteriormente empaquetados en cajas.

La mayoría de productos frescos pierden su calidad si se mantienen a temperatura ambiente, por lo que los tomates son colocados durante 48/72 horas en un área de almacenamiento a una temperatura de 21ºC y cierta humedad relativa que depende de la variedad tratada. La extracción del calor evita el deterioro, por lo que los contenedores o camiones donde son estibados los tomates en cajas son revisados y acondicionados antes de que el producto entre en el interior.

Las condiciones generales para la estiba y transporte de los tomates se concretan en mantener una temperatura óptima durante el transporte entre 13ºC/21ºC, la humedad relativa del espacio de carga estará entre el 90/95%. En estas condiciones el punto de congelación permitido es de -0,6ºC. Si la temperatura quedara por debajo de los 10ºC, los tomates podrían sufrir daños causados por el enfriamiento degenerando su calidad interna llegando a hacerlos incomestibles. Cuando la del espacio supera los 21ºC, los tomates pueden madurar demasiado rápido y llegar podridos al lugar de destino. La mayoría de cargas de tomates se transportan en cajas que son estibadas sobre paletas y éstas son apiladas en los compartimentos de carga del buque o en contenedores refrigerados. En cualquiera de los medios se debe tener en cuenta que hay que dejar espacio suficiente para la circulación del aire.

9.9 Manipulación de carnes

La producción masiva en algunos países de animales destinados al consumo humano crea la necesidad de enviar a otros los excedentes de carne, también se produce el envío de los animales en vivo[334], pero esto supone perder grandes espacios de carga, lo cual encarece el precio del flete, razón por la cual sólo se hace en casos muy concretos, siendo lo normal que se envíen los productos de los animales sacrificados en origen, eliminando las partes de menor valor y algunas incomestibles. Las carnes son envasadas y transportadas a bajas temperaturas, refrigeradas o congeladas, respetando el ciclo de frío que se establece en función del tipo de carne y que empieza en el matadero de origen. Luego pasan por los transportes de carretera o tren y finalmente almacenadas en espera de su traslado, a bordo de buques para ser transportada por mar.

El transporte de productos cárnicos debe cumplir las legislaciones en materia de sanidad establecidas por las organizaciones internacionales, que en algunos casos son más exigentes que las nacionales. Cuando se trata de exportar, el país de origen puede suavizar las medidas de control higienico-sanitarias para tratar de dar salida a sus productos, pero el país receptor las endurece para evitar la entrada de productos en malas condiciones o de baja calidad, razón por lo cual es necesario unas normas internacionales que establezcan el punto de unión entre las legislaciones nacionales.

Las carnes de los animales ofrecen dos partes diferenciadas para el consumo: la masa muscular y las vísceras, siendo solamente objeto de transporte por mar la primera. Hay varias razones por las que existe un tráfico importante de productos cárnicos, pero posiblemente la principal es que tienen un alto contenido en proteínas, que constituyen uno de los alimentos básicos del ser humano. La composición de las carnes tiene además un alto contenido en grasas[335] y vitaminas[336].

9.9.1 Preparación de los espacios de carga

La preparación de bodegas para recibir la carga comienza desde el mismo momento en que la bodega ha sido descargada teniendo en cuenta que el producto que se transporta es destinado al consumo humano, lo cual endurece las condiciones requeridas a los espacios de carga. Es necesario que el espacio de carga sea preparado cuidadosamente, haciendo una esmerada limpieza del mismo, eliminado los residuos sólidos o líquidos, las manchas de suciedad, los microorganismos y los malos olores, para lo cual se realizan las siguientes operaciones:

- El acondicionamiento de los espacio de carga para recibir los productos cárnicos sigue las normas generales de limpieza, comenzando por barrer y baldear la bodega y entrepuentes para retirar los residuos sólidos y a continuación se eliminan los microorganismos, para lo cual se realiza una fumigación del espacio. Esta última operación puede dejar malos olores que sería necesario eliminar posteriormente, utilizando ozono, que además de reducir los malos olores en los espacios, de carga servirá para retirar el olor que haya sido absorbido por los aislamientos defectuosos. La planta de ozono[337] se pondrá a trabajar sobre la bodega con objeto de eliminar los olores desde el momento en que haya terminado el baldeo, para lo cual se deben cerrar todas las entradas y salidas de aire. Normalmente la planta funcionará durante veinticuatro horas ininterrumpidamente sobre el mismo espacio, pero dependerá de su volumen. Las trazas de ozono que puedan quedar serán eliminadas ventilando la bodega con aire fresco.
- Los enjaretados, madera de estiba u otros materiales que estén colocados en el interior de las bodegas deben ser levantados, limpiados y vueltos a colocar de forma que no entorpezcan la circulación del aire.
- Terminadas las operaciones de acondicionamiento de los espacios de carga, se deben comprobar todos los instrumentos de medida que haya en el interior: termómetros, detectores de incendios, medidores de CO_2, medidores y detectores de otros gases.
- Se hará una inspección de todas las tuberías por las cuales deben pasar fluidos, para determinar si hay alguna pérdida y realizar la reparación correspondiente antes de cargar.
- Se comprobarán las cajas de conexiones eléctricas y el cableado que haya en el interior del espacio de carga, debe tener una buena estanqueidad y aislamiento del ambiente que pueda haber en la bodega.
- Se revisarán las juntas de estanqueidad de las tapas de escotilla y de las puertas de entrada a los espacios de carga.
- Los espacios de carga del buque deben reunir las condiciones de temperatura y humedad adecuadas al producto que se va a transportar, para lo cual después de haber realizado las inspecciones y observado que todo está en condiciones de recibir la carga, se enfriarán los espacios de carga por debajo de la temperatura de transporte. Finalmente veinticuatro horas antes de recibir la carga se comprobará que todo el calor residual del espacio de carga ha sido eliminado.

9.9.2 Refrigeración

Uno de los métodos para el transporte de productos cárnicos es el empleo de técnicas de refrigeración que consisten en bajar la temperatura de la carne y mantenerla cercana al punto de congelación de esta forma el agua que hay en la carne se mantiene líquida (-0,4°C) desde el punto de origen, que suele ser la misma sala de despiece, normalmente anexa al matadero donde se sacrifican los animales, hasta su destino. Es necesario comenzar la refrigeración[338] después del sacrificio pues se debe evitar la putrefacción que se produce debido a la interrupción de la circulación sanguínea que aporta O_2 y nutrientes hace que las bacterias anaerobias comiencen a desarrollarse y la carne pierda sus propiedades deteriorándose. La temperatura óptima de almacenamiento y transporte puede variar algo dependiendo del animal y de las partes de donde procede la carne, no obstante no suelen ser valores muy diferentes.

La técnica que se aplica a la carne para su refrigeración[339] es un procedimiento rápido para reducir su temperatura hasta 3/4°C en el menor tiempo posible. La bajada de temperatura se debe conseguir que sea en toda la masa del producto, vigilando la zona media del producto donde la temperatura puede ser de 40°C después de haber sido sacrificado el animal. Ésta temperatura puede aumentar en 2/3 grados centígrados en las siguientes horas, debido a las reacciones que se producen y en las cuales se libera calor. Los factores de temperatura y humedad son determinantes para la conservación de la carne, por ello deben ser mantenidos durante todo el transporte evitando con ello que la carne pierda peso o que en el momento que sean alterados de forma significativa se estropea la carne, por lo cual, es muy importante que desde que se inicia el ciclo del frío, éste sea mantenido hasta el punto de consumo.

Los parámetros de trabajo que se proporcionan en la siguiente tabla son recomendaciones para el transporte de productos refrigerados, han sido obtenidos de tablas usadas internacionalmente para el control de la calidad de los productos cárnicos.

Refrigerados	Temperatura °C	Humedad relativa	Almacenamiento
Carne de vacuno	-1,5 a 0	90	10 a 15 días.
Ternera	-1 a 0	90	1 a 3 semanas
Cordero	-1 a 0	90/95	1 a 2 semanas
Cerdo	1,5 a 0	90/95	1 a 2 semanas

Tabla 21 Parámetros de carnes refrigeradas

Las paletas con cajas de carne serán inspeccionadas y comprobadas físicamente, antes y durante el embarque, para evitar que sean embarcadas en malas condiciones. También será verificada la temperatura de la carne embarcada en bultos, un pequeño aumento en la superficie de la carne no será causa de rechazo, mientras que presente buenas condiciones el bulto, pero será rechazada si presenta señales de humedad.

Una vez acondicionados los espacios de carga comenzará la carga, siendo la temperatura en bodega entre 1°/-1°C, no obstante la temperatura máxima aconsejada en el momento de cargar podría ser sobre 4°C. Si la estiba de la mercancía no ocupa toda la superficie del plan de la bodega o entrepuente, se cerrarán temporalmente toas las entradas para prevenir la pérdida de temperatura por entrada de aire caliente. Terminada la carga de una bodega, deberá sellarse y anotar las condiciones generales del momento, tanto del espacio como del producto.

La planificación de la carga tendrá en cuenta el tiempo de estiba y manipulación de la carne desde que es retirada del transporte de tierra e introducida a bordo en la bodega, para establecer la pérdida de temperatura del espacio mientras se realiza la recepción del producto. Normalmente esta temperatura debe ser superior a la de transporte, para compensar las pérdidas que se producen durante la manipulación.

Las medidas de precaución tomadas para el transporte de cada producto cárnico dependerán de la forma en que se realice y estarán en función de la duración del viaje. Se pondrá especial cuidado en evitar la condensación de vapor de agua sobre las superficies frías de la carne o sobre los mamparos.

9.9.3 Congelación

La operación de congelación de la carne consiste en reducir la temperatura en todos sus puntos por igual a un valor inferior al punto de congelación, que dependerá del tipo de carne del animal sacrificado. El procedimiento de congelación en esencia consiste en una caída rápida de la temperatura, para evitar la que el hielo no ejerza su función destructiva sobre las células. El objetivo se consigue sometiendo la carne a un descenso de temperatura ≤ -18°C durante un tiempo de veinticuatro horas. Hay que tener en cuenta que cuando la carne se somete a un proceso de congelación se consigue suprimir la actividad de los microorganismos, por lo que las normas de seguridad aplicada para la manipulación varían con respecto a las empleadas en la refrigeración. Algunas carnes son protegidas por una envoltura de naturaleza y consistencia apropiada al producto, para prevenir y evitar el contacto directo con el medio ambiente.

La carne una vez descongelada podrá conservarse unos días o unas horas, dependerá de la masa del bulto y de la temperatura y humedad del nuevo ambiente; por ejemplo, un cuarto de ternera podrá conservarse durante una semana a una temperatura de 0°C y en un ambiente con humedad relativa del 80/90 %, siempre que la descongelación se haya realizado lentamente. Las carnes congeladas pueden ser embarcadas teniendo pequeñas diferencias con la temperatura de transporte, ya que una vez estibadas en los espacios de carga del buque, se podrá recuperar rápidamente los grados perdidos durante la manipulación y embarque, es decir, que el proceso de congelación no quedará roto por unos grados de más o de menos.

➢ *Precauciones durante el transporte*

La temperatura de transporte para la carne congelada deberá ser inferior o igual a -14°C, admitiéndose una tolerancia en el transcurso del viaje, entre la carga y la descarga, de 3°C. Las bodegas y espacios que contengas productos congelados deben estar cerradas y selladas herméticamente, evitando la entrada o salida de aire y los equipos que mantienen la temperatura de congelación deberán funcionar en circuito cerrado.

Cuando la carne debe permanecer estibada en bodegas, entrepuentes o contenedores durante largos períodos, debido a la duración de los viajes, se aumentará el contenido de CO_2 en el espacio para limitar la actividad de los microorganismos y el crecimiento de mohos. El nivel de CO_2 debe ser controlado debido a que un valor alto produciría un cambio de color en la carne del rojo al marrón y la grasa se vuelve gris.

Los productos cárnicos congelados admiten una humedad relativa mayor que los refrigerados, ya que las bajas temperaturas impiden el crecimiento de los microbios. A una temperatura de -60°C el agua de la carne está congelada y los procesos de degradación microbiana detenidos. La carne podría permanecer en estas condiciones por tiempo ilimitado.

Durante la estiba de las carnes congeladas que han sido enfriadas a la temperatura de transporte se colocarán pegadas a los mamparos o en contacto con el piso, dejando un espacio para circular el aire frío alrededor del perímetro de la carga e interceptar el calor que pueda irradiar el espacio físico y que llegue hasta la carga congelada.

Congelados	**Duración del almacenamiento en meses, según la temperatura indicada**		
	-18°C	-25°C	-30°C
Carne de vacuno	12	18	24
Ternera	9	11	12
Cordero	9	12	24
Cerdo	6	12	15

Tabla 22 Parámetros de carnes congeladas

Los parámetros de trabajo que se facilitan en la siguiente tabla son, al igual que para los productos refrigerados, recomendaciones, en este caso para el transporte de productos congelados, y han sido recogidos de tablas usadas internacionalmente.

La carne congelada deberá mantener la temperatura durante el transporte igual o inferior a -14°C, admitiéndose una tolerancia en el curso del transporte entre la carga y la descarga de 3°C.[340] Es recomendable que para mantener una buena calidad del producto durante el transporte, su temperatura en el momento de la carga sea cercana a la del almacenamiento o estiba, no debiendo sufrir dicha temperatura variaciones significativas durante toda la manipulación. Una elevación superior a 3°C puede provocar en algunas carnes la recristalización dando lugar a un crecimiento de los cristales de hielo.

Cuando la carne es preparada en paquetes para su comercialización, el transporte bajo esta forma suele hacerse a granel en contenedores, debiendo haber sido congelada mediante el sistema de congelación ultrarrápido. La masa de las piezas puede ser grande ya que en ocasiones se trata de animales partidos en dos mitades, esto significa que pueden tener un peso apreciable, por lo cual se estiban suspendidas en ganchos.

9.9.4 Planos de estiba

La realización un plano de estiba para la carga de productos cárnicos tendrá en cuenta las condiciones generales que se aplican a otros productos que se transportan a temperatura regulada. Será necesario que en el plano figuren los datos y normas indicadas en la planificación, la cual se realiza teniendo en cuenta las características de cada tipo de carne, el peso de cada pieza, caja o bulto y su volumen. En la confección del plano deben quedar claramente indicados los pesos embarcados en cada puerto, así como los espacios que serán descargados, cuando la carga es fraccionada. Si se carga/descarga varios tipos de carne y sus temperaturas de transporte difieren, es necesario especificar el orden de carga/descarga para acondicionar el espacio dedicado a cada producto.

Los planos de estiba deben seguir las normas generales de estiba buscando el cumpliendo de los criterios generales y el máximo aprovechamiento de la capacidad de transporte del buque, siempre que no queden mermadas sus condiciones de navegabilidad. Deben quedar reflejadas la temperatura de cada espacio y las posibles variaciones que se puedan producir durante cada operación de manipulación.

9.10 Manipulación de pescados y mariscos

Los pescados y mariscos son manipulados y transportados manteniéndolos en estado fresco, pudiendo también ser refrigerados o congelados dependiendo de la distancia que halla entre el lugar de captura y los centros de consumo. Las características de los pescados y mariscos no deben ser alteradas, y para ello es importante que desde el momento de la captura hasta que es estibado en el espacio de carga en el cual será transportado pase el menor tiempo posible.

Los datos presentados para los diferentes pescados y mariscos han sido obtenidos de los manuales editados por los ministerios de agricultura de varios países y servirán para poder establecer las condiciones en las que el producto debe ser manipulado. Se trata de parámetros orientativos, pero en algunos casos son exactos y se emplean en el transporte, bien sea por mar o por tierra.

El transporte de pescados y mariscos suele realizarse en forma multimodal, considerando que en el buque transcurre la primera etapa, normalmente, desde su captura en los bancos de pesca al lugar de su almacenamiento en el buque. Los procesos a los que se somete la mercancía durante esta etapa forman parte de la manipulación a bordo de los buques pesqueros, que tiene fases diferentes según sea pescado tratado entero o sin vísceras. Los métodos de estiba aplicados son refrigeración, congelación o almacenamiento con hielo.

Una segunda etapa se produce cuando el buque lleva el pescado hasta los puertos de descarga, o bien lo transborda a otros buques en la misma zona de pesca, para que estos a su vez lo transporten a puerto[341]. La tercera etapa sería la discurre desde que la mercancía pasa del buque a otros medios, pudiendo ser estos vehículos o vagones de ferrocarril; finalmente, hay una cuarta etapa, que es la que transcurre hasta que la mercancía llega a los mercados de las ciudades a donde acceden los consumidores.

Los tipos de pescado utilizados para el consumo humano[342] son muy diversos y sus características difieren en varios puntos por lo que es necesario clasificarlos para su transporte; por ejemplo, se elige el sistema de estiba en función del contenido de grasa que permite hacer una clasificación de los pescados en tres grupos: pescado blanco con un contenido en grasas menor del 5% de su peso en fresco son, por ejemplo, bacalao, doradas, gallos, lenguados, merluza, o rape; pescado azul, con un porcentaje de grasas superior al 10% de su peso en fresco son, por ejemplo, anguila, angula, atún, o salmón; los pescados con un contenido intermedio de grasas, entre el 5/10%, se denominan semigrasos, y entre ellos tenemos el bonito, boquerón, caballa, o sardina.

La conservación del pescado depende de sus características. Por ejemplo: cuando se trata de pescado grasoso y entero, hay que cuidar el tiempo utilizado en las operaciones, ya que se deteriora con rapidez. Su estiba con hielo puede producir el aplastamiento por lo que se debe colocar en cajas con hielo. El método de refrigeración es mejor y causa menos problemas al pescado, pero se usa cuando el tarda en llegar al consumidos de 1/6 días. La congelación del pescado a bordo de los barcos pesqueros asegura la mejor calidad del producto, siendo necesario que el transporte hasta el consumidor sea realizado manteniendo la temperatura interna lo más constante posible, para que llegue congelado al consumidor final.

9.10.1 Estiba y transporte

La estiba de pescados y mariscos es realizada en espacios en los que la atmósfera está a temperatura regulada para evitar que pierda calidad o se deteriore. Las condiciones de los espacios de carga y su preparación requieren seguir las normas generales y algunas particulares en función de la temperatura y que son especificadas a continuación:

- Los espacios en los que se estibará el pescado/marisco deben estar acondicionados térmicamente, limpios de restos de cargas anteriores y con una atmósfera limpia de olores.
- El aislamiento debe ser comprobado y restaurado en los lugares en que haya sido dañado o ofrezca suspicacias sobre su efectividad.
- Cuando los espacios son para productos con hielo, hay que tener en cuenta:
- La temperatura en el interior de la bodega, contenedor o vehículo deberá ser de 0°C/2°C, siendo aconsejable que la temperatura máxima del pescado en el momento del transporte tenga un valor inferior a 2°C.
- Si la temperatura del aire es baja, por ejemplo de -1/-2ºC, se produce una congelación inadecuada.

- En los espacios de carga no refrigerados el hielo debe absorber el calor que entra en ellas y el desprendido por el propio pescado/marisco.
- Si se estiba pescado a granel de pequeño tamaño con hielo,[343] no se debe hacer en capas gruesas, para evitar su aplastamiento. Igual precaución hay que tener cuando se emplean cajas, teniendo además en cuenta no llenarlas a tope.
- Si el pescado es estibado en cajas, debe dejarse un pequeño espacio colocando una paleta vacía o un listón cada tres o cuatro cajas para que fluya el agua del deshielo.
- Las primeras cajas colocadas sobre el plan de la bodega se estibarán sobre enjaretados.
- Espacios para mercancía refrigerada:
  - El sistema de refrigeración estará regulado mediante por varios termostatos situados a diferentes alturas de la bodega para controlar el ambiente de toda la bodega. La temperatura de parada se puede fijar en 0,5ºC y la de activación en 2ºC.
  - La circulación del aire no debe ser realizada mediante ventiladores, ya que el pescado/marisco expuesto a corrientes de aire se deshidrata con rapidez deteriorándose.
- Espacios para mercancía congelada:
  - La temperatura de transporte del pescado/marisco congelado deberá ser mantenida igual o inferior a -18°C, admitiéndose una tolerancia desde la carga a la descarga de 3°C.

➢ *Problemas durante el transporte*

Las alteraciones de las características del pescado durante el transporte se producen por no haber tenido el tratamiento adecuado, por ejemplo:

- Deshidratación de la masa carnosa. Se observa en pescado almacenado durante largo tiempo sin haber tomado precauciones iniciales en su enfriamiento.
- Signos de putrefacción o presencia de peces podridos que han sido congelados. Obedece a anomalías producidas con anterioridad al proceso de congelación. Este problema se detecta cuando el pescado es descongelado, por lo cual sucede en casa del consumidor. Se evita controlando la totalidad del pescado y evitando que se mezclen partidas de peces capturadas en diferentes momentos.
- Si el pescado es almacenado durante largos períodos, la acción del oxígeno atmosférico sobre las grasas produce un color amarillento. Para evitar la oxidación de las grasas y la desecación superficial del pescado, una vez ha sido congelado se protege rociándolo con agua[344] o se envasa con plástico que es impermeable al aire. Ambos sistemas evitan el deterioro del producto.

9.10.2 Planos de estiba

La preparación y realización del plano de estiba para pescados y mariscos, requiere tener en cuenta todos los conceptos de la planificación, ya que en ella se han tenido en cuenta las características de cada producto, peso y volumen de cada bulto o caja que se deberá embarcar y el número de los puertos donde se cargará y descargará la mercancía. Todo ello estará especificado en las instrucciones que acompañan al plano, que son preparadas siguiendo el orden de embarque para cada puerto, en el caso de disponer de productos para varios puertos, pudiendo ser por ejemplo que se consignen los datos en los planos de estiba siguiendo el siguiente esquema:

- Indicar los espacios reservados para cada puerto y dentro de cada puerto el orden de carga que podría ser:
  - Cajas y bultos más pesados con destino al último puerto
  - Envases/embalajes frágiles y ligeros

- Envases/embalajes voluminosos y ligeros
- Indicar el espacio reservado para cargas unitizadas, por ejemplo contenedores, que serán normalmente las últimas embarcadas.

Para confeccionar los planos de estiba se siguen una serie de normas generales, algunas de las cuales son las siguientes:

- Se buscará el máximo aprovechamiento de la capacidad de transporte del buque, siempre que no queden afectadas las condiciones de navegabilidad.
- Con una buena estiba se intentará reducir al mínimo el tiempo de las operaciones de descarga, colocando mercancías con mismo destino de tal modo que la descarga se pueda efectuar con varias manos a la vez. Evitaremos que se produzcan situaciones que impliquen operaciones de remoción de la carga, las cuales suelen ser muy costosas.
- Se tendrán en cuenta las características de las mercancías, es decir, dimensiones, pesos, factor de estiba y grado de delicadeza, por si es necesario efectuar la segregación.
- Cuando se cargan mercancías de varios pesos y dimensiones, intentaremos rellenar los huecos[345] que quedan entre unas y otras, evitando la pérdida de espacios[346].
- Una estiba selectiva evitarán el aplastamiento, colocando las mercancías pesadas debajo de las ligeras. También se evitará la fricción y la perdida de estabilidad.

Los viajes que puede realizar un buque se planifican buscando la mayor rentabilidad posible durante su duración, para lo cual un documento básico son los planos de estiba, que deben ser preparados con cuidado. Para ello se necesitan los planos, tablas de cubicación y dimensionado de las bodegas, las curvas de esfuerzos y estabilidad, y las características de la carga, al menos peso, volumen, propiedades y factor de estiba.

Cuando el buque de carga cubre una línea regular, la confección del plano de estiba ofrece más facilidades, porque suele ser repetitivo, pero es necesario realizar una serie de cálculos para determinar la carga que se embarca en el viaje y las condiciones de su transporte. Algunos de los casos más comunes que se pueden dar en el viaje del buque son:

- Buque que carga en un puerto para otro, donde deja toda la carga.
- Buque que carga en un puerto para varios, donde va dejando la parte de carga correspondiente a cada uno de ellos.
- Buque que carga en un puerto para varios, donde deja la parte de carga para él y toma carga para los restantes puertos.
- Buque que carga en varios puertos para uno, donde deja toda la carga.
- Buque que carga en varios puertos para varios donde la carga correspondiente a cada uno.
- Buque que carga en varios puertos para descargar en varios, donde, después de dejar la carga, toma otra nuevamente para el último puerto.

Los cálculos y el plano de estiba, se realizan en cada puerto que el buque toca, bien sea para cargar o descargar, siempre y cuando las condiciones del viaje hayan variado. Por ejemplo, si el viaje es completo, las condiciones son diferentes en cuanto a la carga a manejar; si el viaje es redondo, las condiciones son cambiantes, cuando la descarga se realiza en varios puertos y se toma carga, bien sea para uno o varios puertos.

Los planos de estiba tienen que ser finalizados en cada puerto, pero deben tenerse en cuenta (siempre que se conozcan) las posibles variaciones que se pueden dar en otros puertos y reflejarlas en los planos. Si la información que se recibe en el primer puerto de carga indica los diferentes puertos que se van a tocar para cargar, las mercancías previstas en cada uno de ellos y los puertos de destino correspondientes, disponemos de datos suficientes para preparar un plano de estiba para todo el viaje. Si se debe cargar en varios puertos para completar la carga, al llegar a los distintos puertos generalmente puede haber una variación en la información previa, por lo cual se tiene que retocar el primer estudio. Así pues, en cada puerto se va completando el plano de estiba definitivo, que quedará terminado al conocer la mercancía del último puerto.

---

[279] Manuales de productos agrícolas que son editados por los países productores. En ellos se describen normas para la manipulación, conservación, almacenamiento y transporte. Además se proporcionan las características de los productos y se enumeran las incompatibilidades con el fin de estibar correctamente cada producto.

[280] La *Lloyd's Register* ha elaborado reglas para el uso correcto de las instalaciones de atmósfera controlada.

[281] Los productos perecederos alimenticios o de uso industrial precisan de unas condiciones especiales de manipulación y un control de la temperatura para su conservación durante el almacenamiento, transporte, carga y descarga.

[282] Todas las mercancías perecederas tratadas son de consumo humano.

[283] Algunas mercancías sólidas y líquidas son transportadas a granel, por ejemplo: zumos, lácteos, grandes piezas de carne o pescados de gran tamaño.

[284] Capítulo II.

[285] Capítulo II, apartado 2.4.3.

[286] Capítulo VII, apartado 7.3.2 Tipos de contenedores.

[287] Los sistemas de circulación del aire con salida hacia arriba utilizados en los contenedores refrigerados son de alta velocidad pero baja presión. El aire se mueve por encima de la carga hacia yendo abajo al final de la carga pasando por la puerta trasera, así como por debajo y a través de la carga para volver a la unidad de refrigeración en la parte delantera del vehículo.

[288] La circulación de aire desde la parte inferior del contenedor se realiza a través de un suelo especial.

[289] Los contenedores, independientemente del tipo de circulación del aire disponible, pueden mejorar sus funciones mediante la implementación de modificaciones en su construcción. Por ejemplo, en los conductos situados en el techo que dirigen el aire desde el soplador hasta el fondo del contenedor, o en los canales verticales dentro de las puertas que deben ser capaces de mantener la circulación del aire en esa zona evitando que se produzca el bloqueo entre la carga y la puerta, por el movimiento de la mercancía.

[290] Si se mantiene una presión estática alta debajo de la carga se asegura un movimiento a poca velocidad pero constante del aire por los espacios pequeños de la carga.

[291] Algunos dispositivos permiten la apreciación de ±0,05°C, lo que proporciona una gran seguridad en la conservación de los productos transportados.

[292] Un tipo de buque estándar construido con 16000m^3, admitía 5000 paletas y 200 contenedores de 20 pies en cubierta.

[293] *Reefers plugs.*

[294] Entre los espacios de carga no se hace referencia a vagones de tren, porque sus operaciones son similares a los vehículos.

[295] El capítulo III en su apartado 3.6, describe las operaciones realizadas para acondicionar las bodegas.

[296] Cuando tenemos en una atmósfera una cantidad de vapor de agua a una temperatura, si disminuimos ésta, se produce una condensación a partir de un valor de ella denominado punto de rocío.

[297] La humedad absoluta es el peso de vapor de agua existente en el espacio de carga por unidad de volumen de aire seco.

[298] La humedad relativa se define como la relación existente entre la cantidad de vapor de agua presente en el aire y la máxima cantidad que podría existir a la misma temperatura sin producirse condensación.

[299] El preenfriado del contenedor solamente se permite cuando las temperaturas en la cámara frigorífica y en el contenedor sean idénticas y para ello se utiliza un túnel de frío formado por un conducto estanco entre la cámara frigorífica y el contenedor que evite la entrada de aire caliente.

[300] Cuando el agua y el calor pasan a través del serpentín del evaporador, se forma hielo y la maquinaria de frío entra en un período corto de descarche. Como resultado del mismo, habrá menos capacidad frigorífica para enfriar la carga.

[301] La inspección final de las bodegas realizada conjuntamente entre tripulante e inspectores de la carga tiene como objetivo detectar cualquier fallo que impida recibir el certificado de conformidad para cargar.

[302] La producción de etileno es menor a temperatura cercana del nivel de congelación que a temperaturas más altas.

[303] Algunos productos, por ejemplo, las manzanas, son capaces tanto de generar como de recibir olores.

[304] El factor de estiba para cada mercancía y espacio utilizado será el facilitado en el contrato de fletamento, que podrá coincidir o no con el real calculado al terminar la estiba en el interior de cada espacio.

[305] El sistema generador de frío debe tener capacidad suficiente para eliminar todo el calor generado por las diferentes fuentes presentes en los espacios de carga.

[306] Las frutas son recolectadas con un grado de madurez que dependerá de los días que vaya a tardar en llegar al consumidor después de ser recogida.

[307] La temperatura de transporte debe mantenerse mientras no se reciban instrucciones por escrito de los dueños de la carga.

[308] Normalmente los ventiladores de refrigeración deben estar en funcionamiento en todos los espacios hasta que la descarga haya finalizado.

309 Esta planificación es general y será necesario tener en cuenta las particularidades de cada producto.
310 Dióxido de carbono, CO_2.
311 El etileno (C_2H_4), es un gas incoloro con olor parecido al éter, es un acelerador del proceso de envejecimiento de la fruta y de su maduración. Por ejemplo las siguientes frutas tienen una tasa significativa de producción de etileno: manzana, aguacate, melón, papaya, granadilla, melocotón, pera y ciruela. El efecto del etileno depende no sólo del propio producto, sino también de la temperatura, tiempo de exposición y concentración. Muchos productos, si son expuestos durante períodos prolongados, son sensibles a concentraciones de etileno tan bajas como 0,1.
312 La denominación de plátano se emplea en este "Manual de estiba para mercancías sólidas" el producto canario, y para el resto de frutas similares se usa el nombre de banana.
313 Dependiendo de los sistemas de enfriado y la capacidad de aislamiento de las bodegas, el manual de carga indicará para cada período de tiempo (48, 24, 12 horas antes de cargar) la temperatura idónea a que se debe acondicionar la bodega.
314 Se supone que los equipos de enfriamiento trabajan con este líquido.
315 Normalmente todos los buques están equipados con ellos.
316 El plátano llega a los almacenes del muelle procedente de las plantaciones en camiones o vagones de ferrocarril, siendo los inspectores de la carga, es decir, los representantes del propietario de la mercancía los que realizan el control del peso de las cajas o paletas, tamaño del plátano y condiciones en las que llega.
317 Esta temperatura dependerá del lugar de embarque.
318 En algunos casos puede ser obligado que no se empiece la carga o se pare y se realice una protesta por escrito.
319 Si la temperatura baja de los 13,3°C, el plátano podría congelarse y estropearse toda la carga.
320 Entre la última fila y el techo cuanto mayor altura se deje mejor para la circulación del aire.
321 Es altamente inflamable en concentraciones comprendidas entre el 3 y el 33% del volumen.
322 La estabilización de la atmósfera se realiza por ventilaciones controladas, introduciendo aire y eliminando $C0_2$.
323 La respiración eleva el contenido de $C0_2$ en la atmósfera y reduce el oxígeno.
324 El tiempo de funcionamiento dependerá del volumen del espacio.
325 En España el plátano canario se distribuye por todos los puertos del territorio nacional y hay una comisión para conocer e intervenir en los daños y averías que se produzcan durante el transporte, respondiendo el transportista de los daños que hubiera podido sufrir la fruta por causas imputables al buque, por ejemplo, las mojaduras con agua de mar.
326 En la aplicación de la temperatura hay que tener en cuenta las diferencias que en la misma pudieran existir entre distintos puntos del compartimiento.
327 Se colocan en un cubo con hielo y se verifica si existe desviación con 0°C, anotándolo en caso afirmativo.
328 El período de reducción es el tiempo que tarda la piña en pasar de la temperatura a la que llega al buque, 28/30°C a la temperatura de transporte: 7/13°C.
329 El período de reducción se debe hacer siempre con los ventiladores trabajando en marcha rápida para enfriar la carga lo mas rápidamente posible.
330 Si es necesario se coloca el *set point* manualmente.
331 El retorno se lleva el calor desprendido por la fruta o el acumulado por pérdidas debido a fisuras o mal aislamiento.
332 Para ello se utilizarán equipos automáticos o tubos Dragger manuales.
333 Las naranjas de todas las áreas de producción de cítricos son susceptibles a la pudrición por el moho azul y verde.
334 Los países árabes que tienen producción deficitaria de corderos importan estos animales vivos en ciertas épocas debido a costumbres y hábitos religiosas.
335 Algunos exportadores importadores clasifican las carnes por el contenido de grasas, lo cual se debe tener en cuenta en el momento de preparar el espacio de carga para transportarla.
336 Son importantes las vitaminas B12 y B2 (niacina), siendo esta última inexistente en los vegetales.
337 El ozono elimina los malos olores sólo del aire, para lo cual se introduce por los troncos de ventilación y se hace circular en la zona afectada.
338 La velocidad de enfriamiento dependerá de varios factores, por ejemplo: peso del animal sacrificado, calor específico de la carne o proporción de grasa.
339 Para mantener una buena refrigeración en la bodega es necesario mantener una circulación del aire permanentemente entre las diferentes piezas del casco por lo que su estiba obliga a mantenerlos separados. Si tenemos demasiado producto estibado en la bodega, disminuye la velocidad de refrigeración. Este punto plantea problemas al transporte de carne de forma refrigerada, ya que el FE (densidad de la carga) será alto, por lo cual tendremos poco peso transportado. $P=V*\delta$; $\delta=1/FE$; $P=V/FE$; Si FE>>>>, el peso <<<<.
340 Este valor depende del tipo y masa de los trozos de carne.
341 Normalmente esto ocurre cuando el pescado o marisco va destinado al consumo en países situados lejos del lugar de captura.
342 Los pescados tienen desde el punto de vista nutricional varios componentes que los hacen imprescindibles en las dietas del hombre, razón por la cual su consumo no sólo se realiza en los países con costas o ríos, sino en los países interiores.
343 El tamaño de los trozos de hielo es determinante en la conservación del pescado, ya que contiene bolsas de aire, lo que favorece la descomposición del pescado. El agua de fusión contribuye al enfriamiento del pescado, ya que al ponerse en contacto el agua helada con el pescado, pasa calor de éste al agua favoreciendo la conservación.
344 Proceso denominado glaseado.
345 La pérdida de espacios puede dar lugar a un corrimiento de la carga con la consiguiente rotura de trincas.
346 Término muy utilizado en ingles, *broken stowage.*